职业教育精品规划教材

机 械 制 图

满维龙　主编

中央广播电视大学出版社 · 北京

图书在版编目（CIP）数据

机械制图/满维龙主编. —北京：中央广播电视大学出版社，2015. 9

ISBN 978-7-304-07325-1

Ⅰ. ①机… Ⅱ. ①满… Ⅲ. ①机械制图—职业教育—教材 Ⅳ. ①TH126

中国版本图书馆 CIP 数据核字（2015）第 194928 号

职业教育精品规划教材

机械制图

JIXIE ZHITU

满维龙　主编

出版·发行：中央广播电视大学出版社

电话：营销中心 010-66490011　　总编室 010-68182524

网址：http：//www. crtvup. com. cn

地址：北京市海淀区西四环中路 45 号　　**邮编**：100039

经销：新华书店北京发行所

策划编辑：戈　博　　**责任校对**：李雪冬

责任编辑：韦　鹏　　**责任印制**：赵连生

印刷：北京博图彩色印刷有限公司

版本：2015 年 9 月第 1 版　　2015 年 9 月第 1 次印刷

开本：787mm×1092mm　1/16　　**印张**：16. 25　　**字数**：382 千字

书号：ISBN 978-7-304-07325-1

定价：36. 00 元

（如有缺页或倒装，本社负责退换）

前　言

本教材是根据教育部工程图学教学指导委员会制定的《普通高等院校工程图学课程教学基本要求》及近年来发布的有关制图的国家标准，针对应用型高等学校的人才培养目标和教学特点，吸取同行专家、教师及广大读者的意见编写而成的。本教材配有习题集与电子课件，适用于高等学校机械类、近机类各专业使用。

本教材编者在总结多年来工程图学教学改革经验的基础上，注重机械制图在应用型学生工程素质和综合能力培养中的作用，注重对学生绘图能力、看图能力、空间想象能力、严谨的工作态度以及创新思维方面的培养。

本教材具有以下特点：

1. 注重采用由浅入深、由简单到复杂，前后衔接，逐步提高认识规律，注重采用图文并茂、视图与实物立体图对照的表现手法，使教材内容形象直观、简明实用，便于学生较快、较好地掌握画图规律。

2. 加强绘制草图技能的训练和测绘能力的培养，全书始终贯穿草图与测绘训练的横向和纵向联系，便于学生尽快地掌握徒手绘制图样的基本能力。

3. 突出基本概念、基本原理和基本分析方法的讲解，采用较多的实例代替理论分析。

4. 淡化器件内部结构分析，重点介绍器件的符号、特性、功能及应用。

5. 为全面培养学生的绘图技能，将 AutoCAD 2010 作为计算机绘图的基本常识集中放在项目 11 中，消除在各章分散介绍不便于教师授课和学生学习的弊端。

6. 采用任务驱动编写形式，符合应用型高等教育的实际需要，便于教学及相关人员使用。

全书共分 11 个项目，内容包括绪论、制图的基本知识、投影基础、基本体、立体表面的交线、组合体、轴测图、机件图样的画法、标准件与常用件、零件图、装配图、计算机辅助绘图和附录。其中带“*”号的内容可根据教学对象选用。

本书由安徽三联学院满维龙任主编，长春职业技术学院林源、蒋浩及长沙职业技术学院刘永祥任副主编。本教材在编写过程中参考了一些国内同类优秀教材与研究成果，并得到了许多同人的大力支持，在此一并致谢。

由于编者水平和掌握的资料所限，书中纰漏和不足之处在所难免，恳请读者批评指正。

编　者

目　录

绪　　论

1. 本课程的性质和教学目标

工程图学是工程技术界的一门研究技术图样的绘制原理和应用的学科。它是人们在长期的生产实践活动中，经过不断发展和完善而逐渐形成的一门独立的学科。其研究对象是技术图样。

技术图样就是在工程技术中，根据投影原理、国家标准或有关规定，准确地表示工程对象，并注有必要的技术说明的图，简称图样。在实际生产中，无论机器与设备的设计、制造与维修，还是房屋、桥梁、船舶等的设计、建造与维护，都要按照图样来进行。设计部门通过图样来表达其设计思想和意图；生产与施工部门根据图样进行制造、建造、检验、安装以及调试；使用者也要通过图样来了解其结构、性能及原理，以掌握正确的使用、保养、维护、维修的方法和要求。因此，图样是表达和交流技术思想的必备工具，也是用来指导生产、施工、管理等工作的重要技术文件，是工程界的共同技术语言。它可以通过手工绘制，也可以在计算机上通过绘图软件来生成。因此，凡是从事工程技术工作的人员，都必须掌握绘制和阅读工程图样的能力。随着市场全球化的发展，国际之间的交流日益频繁，在技术交流、国际合作、引进项目、劳务输出等国际交往的过程中，工程图样作为“工程师的国际语言”更是不可缺少的。

图样的种类很多，不同的行业或专业对图样有不同的要求和名称，如机械图样、建筑图样、水利图样、电气图样等。机械图样是其中的一种，它是用来表达机械零部件或整台机器的形状、大小、材料、结构以及技术要求等内容的，是机械制造与生产加工的依据。

“机械制图”课程的研究内容是机械图样绘制与识读规律的理论和方法，它是高等院校机械类相关专业和非机械类工科专业培养生产一线高级工程技术应用型人才的一门实践性很强的技术基础课程。其主要任务是培养学生具有基本的绘制和识读机械图样的能力。

本课程的教学目标如下：

(1) 能正确、熟练地使用常用的绘图工具和仪器。

(2) 了解、贯彻《技术制图》《机械制图》等国际、国家标准的有关基本规定，并具备查阅标准的能力。

(3) 掌握正投影的基本理论和用正投影法绘制图样的方法。

(4) 掌握机件的表达方法及相关标准。

(5) 掌握常用件和标准件（主要是螺纹紧固件）的规定画法。

(6) 了解零件图和装配图的作用及内容，掌握阅读机械图样的方法。

(7) 具有一定的计算机绘图能力。

(8) 具有认真负责的工作态度和严谨细致的工作作风，努力提高自身的综合素质，培养创新能力。

2. 本课程的内容与要求

本课程的主要内容包括制图的基本知识与技能、投影基础、机械制图以及计算机绘图四部分。学完本课程，应达到如下要求：

(1) 通过学习制图的基本知识与技能，应熟悉并遵守国家标准规定的制图基本规定，学会正确使用绘图工具和仪器，掌握平面图形的绘图方法、技巧及徒手绘图的能力。

(2) 通过学习正投影法的基本原理和投影图，应掌握用正投影法表达空间形体的基本理论和方法，具有绘制与识读空间形体投影图的能力。这部分内容是绘制与识读有关机械图样的基础，是学习本课程的重点。同时，还应初步掌握轴测图的基本概念和画法，了解三角投影法的基本概念。

(3) 机械制图部分是本课程的主要内容，通过学习该部分，应掌握机械图样的图示特点和表达方法，初步掌握机械图样的方法，能正确绘制和识读中等以上复杂程度的机械零件工作图和装配图。

(4) 随着现代计算机技术革命所催生的数字化生存时代的到来，手工绘图正逐步被计算机绘图代替。作为未来的工程技术人员，在掌握了绘图和识图的基本技能以及投影原理的基础上，必须学会常用绘图软件，如 AutoCAD、CAXA 电子图板的基本操作，并能绘制简单的机械图样。这将充分发挥设计人员的创造性，大大缩短产品的设计周期，更有助于促进产品的标准化、系列化和通用化，在最短的时间内获得最高的收益。

3. 本课程的学习方法

本课程将把学生带进一个完全崭新的图学领域，学习时根据以上所述该课程的性质、内容、要求及学习目标，应遵循下述方法：

(1) 端正学习态度，自觉刻苦钻研。“兴趣是最好的老师”，首先要培养兴趣，继而自觉、主动地学习，认真听讲，及时复习，反复练习。同时，还要具备较强的自学能力，以适应科技新时代及终身学习的需要。

(2) 严格遵守制图标准。在学习中，应认真学习《技术制图》《机械制图》等国际、国家的行业标准，熟记各种代号和图例的含义，并养成在绘图过程中自觉严格遵守标准的好习惯。

(3) 坚持理论联系实际。投影基础与机械制图是既互相联系又各有特点的两部分，投影基础是机械制图的理论基础，机械制图是投影理论的具体应用。前者比较抽象，系统性和理论性较强，后者比较实际、具体，实践性较强。在学习时，必须认真学习投影原理，掌握空间形体与投影图之间的内在关系，反复进行“由空间到平面，由平面到空间”的画图与读图的训练，不断提高绘图及识图的能力。

(4) 努力培养耐心、细致的工作作风和良好的绘图、读图习惯。在生产实践中，绘图和读图的丝毫差错都会给生产和施工带来严重损失。因此，在学习中自始至终都要严格要求，一丝不苟，规范训练，树立对产品和工程负责的观念，切实培养认真负责的工作态度和耐心细致的工作作风，绝不能忽视这种职业素质的训练。

4. 我国工程图学发展简介

劳动创造了人类文明，在人类文明的发展史中，也凝聚着我国劳动人民的智慧。作为世界上工程技术发展最早的文明古国之一，我国工程图学的发展也有着悠久的历史。早在春秋时期的《周礼·考工记》中，就有“规、矩、水、绳墨”等制图工具的记载。迄今我国发现的最古老的一幅建筑施工图是战国时期的一块“兆域图”铜版，它于 1977 年在河北平山的中山王墓中被发掘出土，其上用不同粗细的金属线画出了标有尺寸和文字说明的陵墓平面图，还使用了1∶500的比例及正投影法和阶梯剖。由宋代李诫所著的建筑工程巨著《营造法式》，它的附图中绘制了大量的平面图、立面图、剖视图以及透视图和轴测图，仅附图就占了全书的1/6。另外，在明朝宋应星所著的《天工开物》一书中，也绘有大量的立体轴测图来表达各种器械的立体形状和结构。《营造法式》和《天工开物》这两部书至今还完好地保存在国家历史博物馆中。这些充分展现了我国古代高水平的制图技术。

但在近代，由于历史的原因，我国工业生产和科学技术的发展相当缓慢，因而工程图学的发展也曾一度止步不前。

在新中国成立后，百废待兴，工业生产和科学技术得到迅猛发展，工程图学也随之得到了前所未有的进步。1959年，新中国的第一个制图规范——《机械制图》国家标准由国家科学技术委员会颁布。此后，随着生产实践经验的不断积累，又对其进行了多次修订，使之不断完善，技术水平也不断提高。但由于“文化大革命”等历史条件的限制，这些标准过多地强调了国内的经验，相当多的内容与国际标准不符。因此，20世纪80年代，我国又相继颁布并实施了一大批有关制图的国家标准和行业标准，尤以1984年经国家标准局批准颁布的《机械制图》国家标准最为典型，还有在技术内容上具有统一性和通用性的《技术制图》国家标准。同时还规定，各项标准每经过五年都要进行一次复审和确认，并于1991年完成了这项工作。这些标准的颁布和实施对我国工业生产和科学技术的发展起到了积极的推动作用。另外，我国在工程图学的理论与应用、图样标准化技术、制图技术与装备、图学教育理论及教学改革等方面都有不同程度的发展。特别是从1967年开始研制计算机绘图设备以来，1977年就设计出具有世界先进水平的大型绘图机和彩色显示器，随着现代计算机技术的飞速发展和已经到来的新技术革命所催生的数字化生存时代的到来，各种绘图软件不断出现和升级，CAD及计算机绘图技术越来越多地应用于我国的科研、生产、教育、管理等各个部门，同时，国际交流与合作也日益增多，这些都必将推动我国的工程图学向着更高水平的方向快速前进。

项目1 制图的基本知识

学习目标

1. 正确、合理地使用常用的绘图工具和仪器；
2. 熟悉并遵守国家标准有关图纸幅面、格式、比例、字体、图线及尺寸标注等有关规定；
3. 掌握几何作图的方法；
4. 掌握平面图形的绘制方法与步骤。

任务1 国家标准有关《机械制图》的规定

任务目的

通过本任务的学习，要求掌握国家标准有关《机械制图》的基本规定，主要包括对机械图样图纸、比例、字体、图线的基本规定；掌握国家标准对机械图样尺寸标注的基本知识。

任务引入

在各个工业部门，为了科学地进行生产和管理，对图样的各方面，如图幅的安排、尺寸标注、图纸大小、图线粗细等，都需要有统一的规定，这些规定称为制图标准。

本任务主要包括图纸幅面的规定；比例；字体、图线画法；尺寸标注。

知识准备

一、图纸幅面的规定（GB/T 14689—2008）

（一）图纸幅面

绘制图样时，应优先采用表1-1中所规定的幅面代号和图框尺寸，必要时，也允许选用国家标准所规定的加长幅面。这些幅面的尺寸由基本幅面的短边成整数倍增加后得出。

表1-1 图纸幅面代号和图框尺寸 mm

幅面代号	A0	A1	A2	A3	A4
$B\times L$	841×1 189	594×841	420×594	297×420	210×297
a	25				
c	10			5	
e	20		10		

(二)图纸格式

每张图纸都应用粗实线画出图框和标题栏的框线。图框有两种格式:不留装订边和留装订边。需要装订的图样,应留装订边,其图框格式如图 1-1 所示;不需要装订的图样,其图框格式如图 1-2 所示。但同一产品的图样只能采用同一种格式,图样必须画在图框之内。

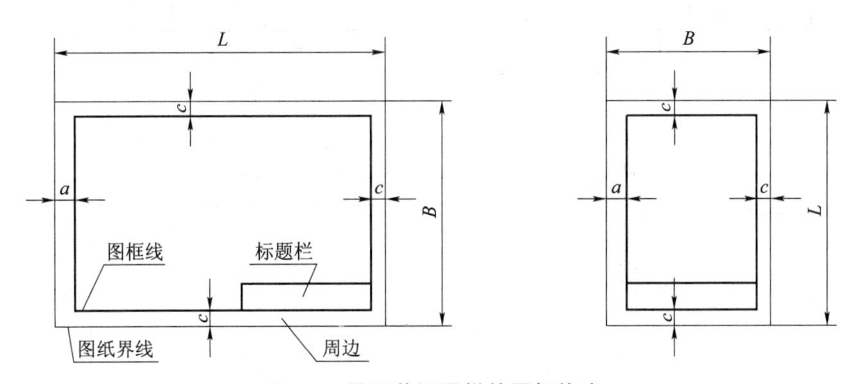

图 1-1 需要装订图样的图框格式

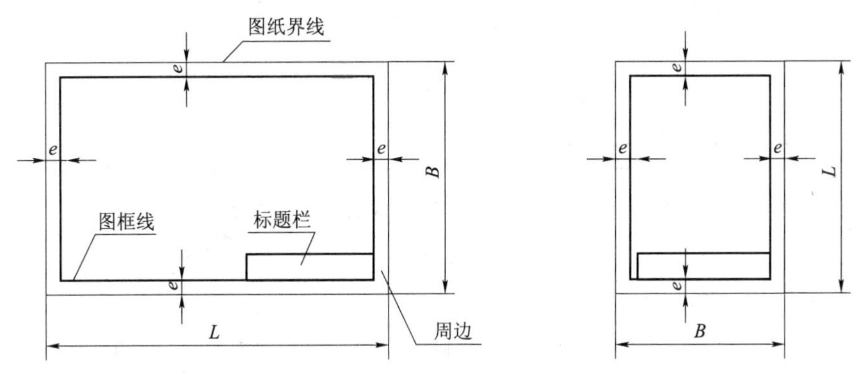

图 1-2 不需要装订图样的图框格式

(三)标题栏的位置和格式

为了使绘制的图样便于管理及查阅,每张图都必须有标题栏。标题栏的位置一般在图框的右下角。若标题栏的长边置于水平方向并与图纸长边平行,则构成 X 型图纸;若标题栏的长边垂直于图纸长边,则构成 Y 型图纸,如图 1-3 所示。看图的方向应与标题栏的方向一致。GB/T 10609.1—2008《技术制图 标题栏》规定了两种格式,包括下列内容:零件的名称、制图者的姓名、制图日期、制图的比例、图号、审核者的姓名、审核日期等,如图 1-4(a)所示。对于具体分栏格式及尺寸,制图作业中建议采用如图 1-4(b)所示的格式。

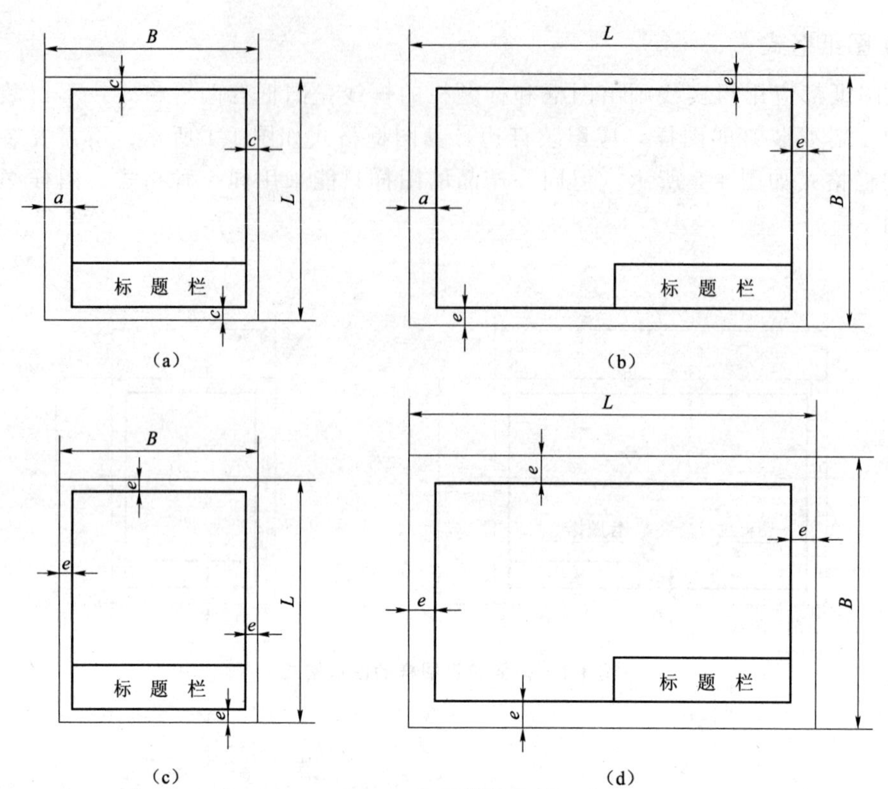

图 1-3 标题栏的位置

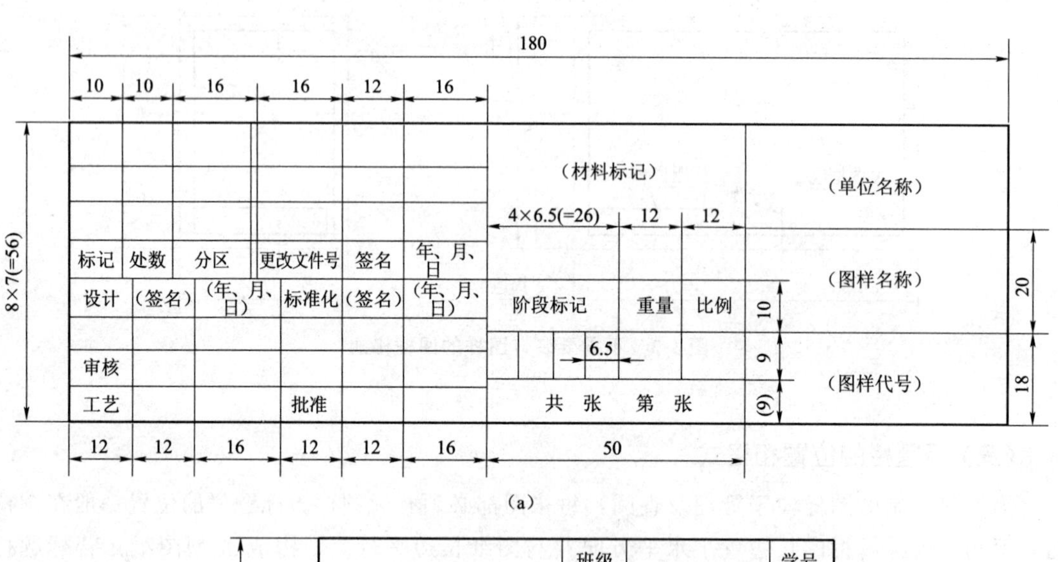

(a)

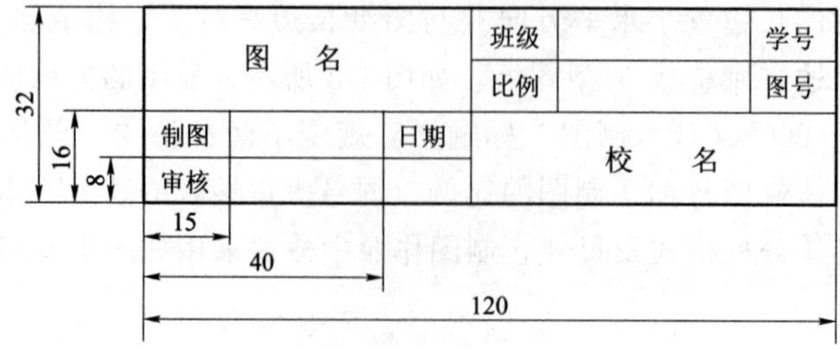

(b)

图 1-4 标题栏的格式

二、比例（GB/T 14690—1993）

比例是指图样中机件要素的线性尺寸与实际机件相应要素的线性尺寸之比。比例分为原值、缩小、放大三种。画图时，应尽量采用 1∶1 的比例（原值比例）画图。

绘制图样时一般应采用表 1-2 中规定的比例。

表 1-2　比例

种类	比例	
	第一系列	第二系列
原值比例	1∶1	
缩小比例	1∶2、1∶5、1∶10、1∶10^n、1∶2×10^n、1∶5×10^n	1∶1.5、1∶2.5、1∶3、1∶4、1∶1.5×10^n、1∶2.5×10^n、1∶3×10^n、1∶4×10^n、1∶6×10^n
放大比例	2∶1、5∶1、10^n∶1、2×10^n∶1、5×10^n∶1	2.5∶1、4∶1、2.5×10^n∶1、4×10^n∶1
注：n 为正整数		

无论放大或缩小，图样上标注的尺寸均为机件的实际大小，而与采用的比例无关。绘制同一机件的各个视图时应采用相同的比例，并在标题栏的比例栏中填写。当某个视图需要采用不同比例时，必须另行标注。

如图 1-5 所示为采用不同比例所画的图形。

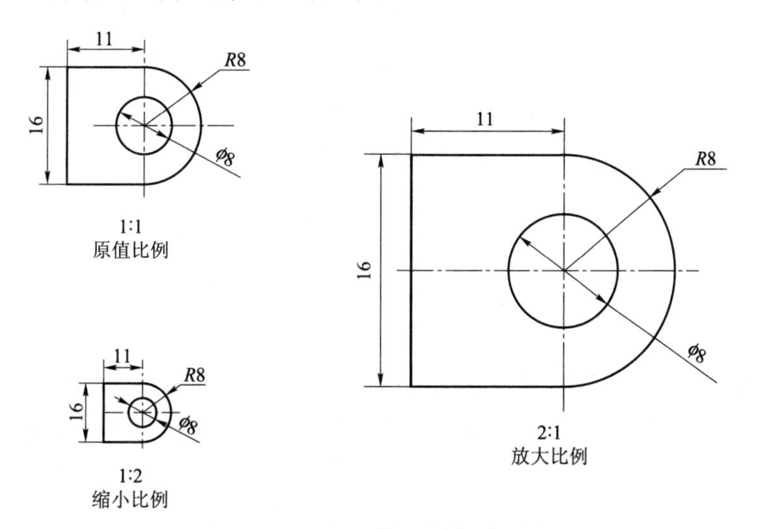

图 1-5　采用不同比例所画的图形

三、字体（GB/T 14691—1993）

（一）汉字

图样中的汉字应采用长仿宋体，字的大小应按字号规定，字体号数代表字体的高度。高度尺寸为 1.8 mm、2.5 mm、3.5 mm、5 mm、7 mm、10 mm、14 mm 和 20 mm，字体高度按比例递增。写汉字时，字号不能小于 3.5 mm。字宽一般为字高的 2/3。

长仿宋体汉字书写的特点是横平竖直、起落有锋、粗细一致、结构匀称。

如图 1-6 所示为长仿宋体汉字书写示例。

10号字

字体工整笔画清楚间隔均匀排列整齐

7号字

横平竖直注意起落结构均匀填满方格

5号字

技术制图机械电子汽车航船土木建筑矿山井坑港口纺织服装

图 1-6　长仿宋体汉字书写示例

（二）字母和数字

在图样中，字母和数字可以写成斜体或直体，斜体字字头向右倾斜，与水平基准线呈 75°角。字母和数字一般写成斜体。字母和数字分 A 型和 B 型，B 型的笔画宽度比 A 型宽，我国采用 B 型。用作指数、分数、极限偏差、注角的数字及字母，一般应采用小一号字体。如图 1-7 所示为字母和数字书写示例。

ABCDEFGHIJKLMNOPQRSTUVWXYZ

abcdefghijklmnopqrstuvwxyz

0123456789

图 1-7　字母和数字书写示例

四、图线画法

绘制图样时所采用的各种线型及其应用场合应符合国标的规定。表 1-3 中列出了 8 种线型及其应用（GB/T 4457.4—2002）。图 1-8 中列出了各种形式图线的主要用途。

图线分粗、细两种。粗线的宽度 b 应按照图的大小及复杂程度，在 0.5～2 mm 选择；细线的宽度约为 $b/2$。

图线宽度的推荐系列为 0.18 mm、0.25 mm、0.35 mm、0.5 mm、0.7 mm、1 mm、1.4 mm、2 mm。制图作业中一般以选择 0.7 mm 为宜。

表 1-3 线型及应用

代号	线型		名称	应用
01	实线		粗实线	1. 可见轮廓线； 2. 表示剖切面起讫的剖切符号
			细实线	1. 尺寸线及尺寸界线； 2. 剖面线； 3. 指引线； 4. 重合断面的轮廓线
			波浪线	1. 断裂处边界线； 2. 视图和剖视图的分界线
			双折线	断裂处边界线
02			虚线	不可见轮廓线
10	点画线		细点画线	1. 轴线； 2. 对称中心线； 3. 剖切线
			粗点画线	有特殊要求的线或表面的表示线条
12			双点画线	1. 相邻辅助零件的轮廓线； 2. 可动零件的极限位置的轮廓线； 3. 假想投影轮廓线

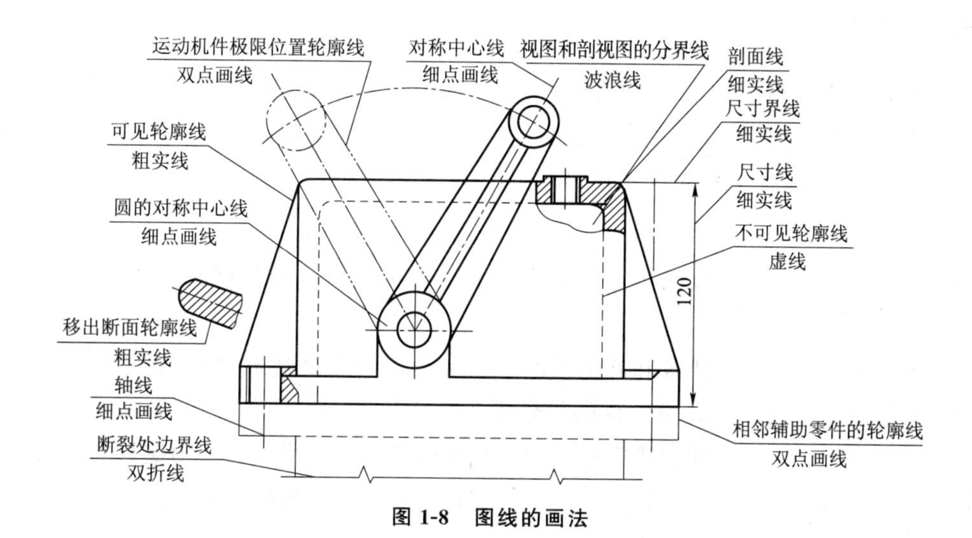

图 1-8 图线的画法

绘图时，图线的画法有如下要求（如图 1-9 所示）：

（1）在同一图样中，同类图线的宽度应基本一致。虚线、点画线及双点画线的线段长度和间隔应各自大致相等。

（2）两条平行线（包括剖面线）之间的距离应不小于粗实线的 2 倍宽度，其最小距离不得小于 0.7 mm。

(3) 绘制圆的对称中心线时，圆心应为线段的交点。

(4) 在较小的图形上绘制点画线或双点画线有困难时，可用细实线代替。

(5) 点画线、虚线以及其他图线相交时，都应在线段处相交，不应在空隙处或短画处相交。当虚线成为实线的延长线时，在虚线和实线的连接处，虚线应留出空隙。

(6) 点画线和双点画线中的“点”应画成约 1 mm 的短画，点画线和双点画线的首尾两端应是线段而不是短画。

(7) 轴线、对称中心线、双折线和作为中断处的双点画线，应超出轮廓线 2～5 mm。

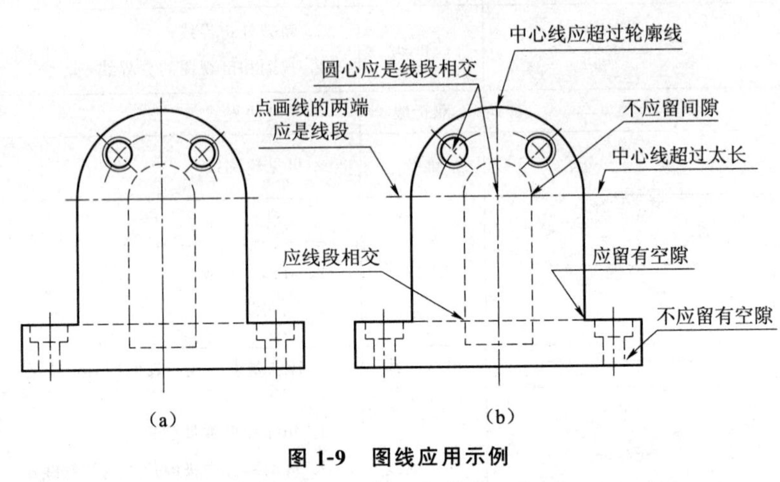

图 1-9　图线应用示例

(a) 正确；(b) 错误

五、尺寸标注

在工程图样中，视图表达了机件的形状，其大小则通过标注的尺寸确定。标注尺寸必须按国家标准中对尺寸标注的基本规定进行标注。下面介绍国标（GB/T 4458.4—2003 及 GB/T 16675.2—2012）中有关尺寸标注的一些基本内容。

(一) 基本规则

(1) 机件的真实大小应以图样上所注的尺寸数值为依据，与图形的大小及绘图的准确度无关。

(2) 图样中（包括技术要求和其他说明）的尺寸，一般以毫米（mm）为单位。如采用其他单位，则必须注明相应计量单位的代号或名称。

(3) 图样中所标注的尺寸为该图样所表示机件的最后完工尺寸，否则应另加说明。

(4) 机件的每一尺寸一般只标注一次，并应标注在反映该结构最清晰的图形上。

(二) 标注尺寸的基本规定

完整的尺寸标注包含下列四个要素：尺寸界限、尺寸线、尺寸线终端（箭头）和尺寸数字，具体如图 1-10 所示。

1. 尺寸界线

尺寸界线表示所标注尺寸的起始和终止位置，用细实线绘制，并应由图形的轮廓线、轴

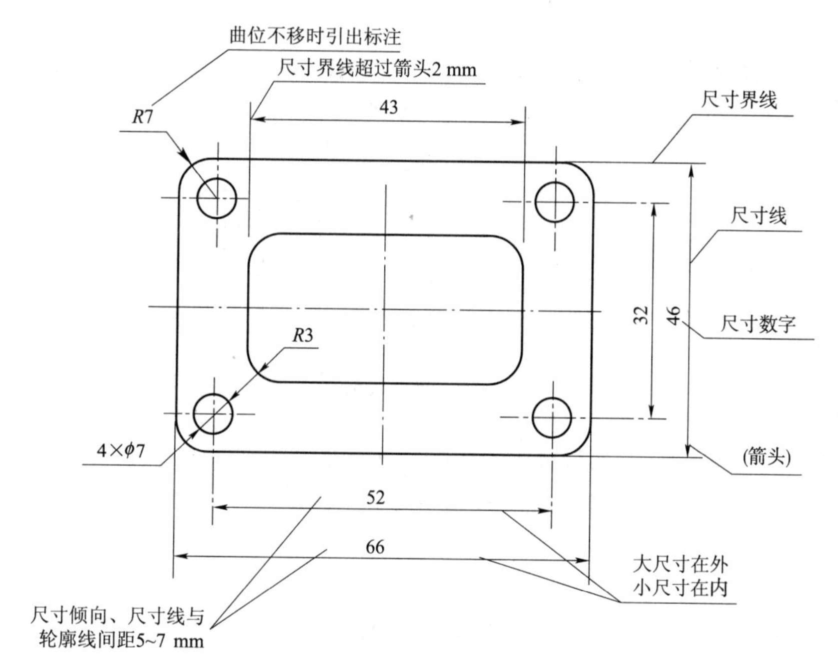

图 1-10 尺寸的组成及标注

线或对称中心线处引出，也可利用轮廓线、轴线或对称中心线本身作尺寸界线，如图 1-11（a）所示。尺寸界线一般应与尺寸线垂直，并超出尺寸线 2 mm 左右。特别需要时，尺寸界线可画成与尺寸线成适当的角度，此时尺寸界线尽可能画成与尺寸线成 60°，如图 1-11（b）所示。

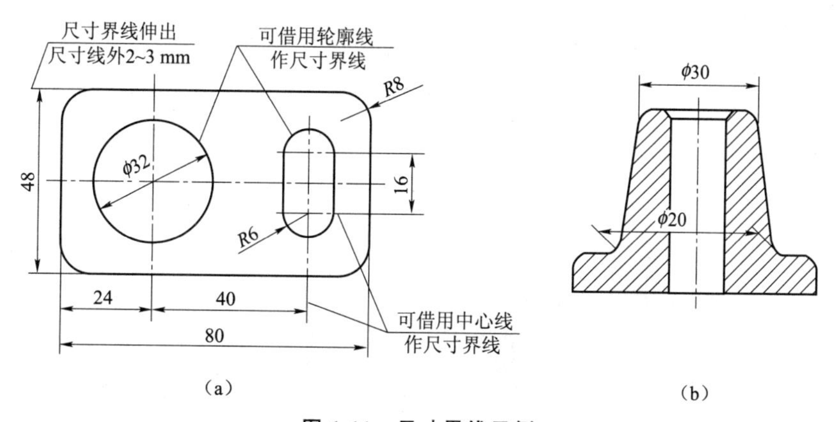

图 1-11 尺寸界线示例

2. 尺寸线

尺寸线表示所标注尺寸的范围，用细实线绘制。尺寸线不能用其他图线代替，不得与其他图线重合或画在其延长线上，并应尽量避免尺寸线之间及尺寸线与尺寸界线相交。

标注线性尺寸时，尺寸线必须与所标注的线段平行，相互平行的尺寸线小尺寸在内，大尺寸在外，依次排列整齐。各尺寸线的间距要均匀，间隔应大于 5 mm，以便注写尺寸数字和有关符号。

3. 尺寸线终端

尺寸线终端有两种形式：箭头和细斜线。机械图样一般用箭头形式，箭头尖端与尺寸界线接触，不得超出，也不得离开，如图 1-12（a）所示。

图 1-12　尺寸线箭头

当尺寸线太短，没有足够的位置画箭头时，允许将箭头画在尺寸线外边；标注连续的小尺寸时可用圆点代替箭头，如图 1-12（b）所示。

4. 尺寸数字

尺寸数字表示所标注尺寸的数值。

(1) 线性尺寸的标注。线性尺寸的数字应按如图 1-13（a）所示的方向填写，在图示 30°角范围内，应按如图 1-13（b）所示形式标注。尺寸数字一般应写在尺寸线的上方，当尺寸线为垂直方向时，应注写在尺寸线的左方，也允许注写在尺寸线的中断处，如图 1-13（c）所示。狭小部位的尺寸数字按如图 1-13（d）所示的方式注写。

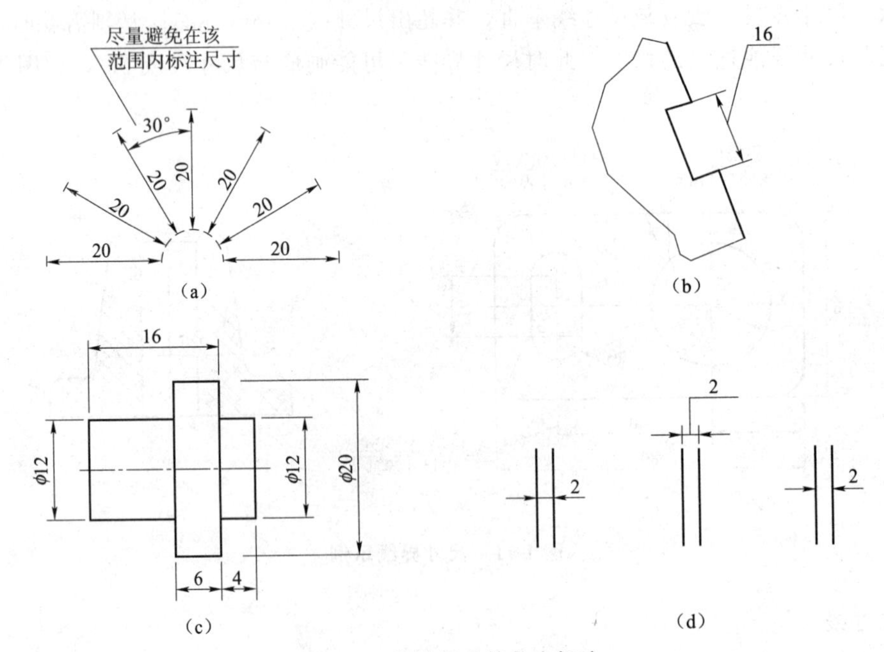

图 1-13　线性尺寸的数字标注

(2) 角度尺寸的标注。角度的尺寸界线应沿径向引出，尺寸线是以角的顶点为圆心画出的圆弧线。角度的数字应水平书写，一般注写在尺寸线的中断处，必要时也可写在尺寸线的上方或外侧。角度较小时也可以用指引线引出标注。角度尺寸必须注出单位，如图 1-14 所示。

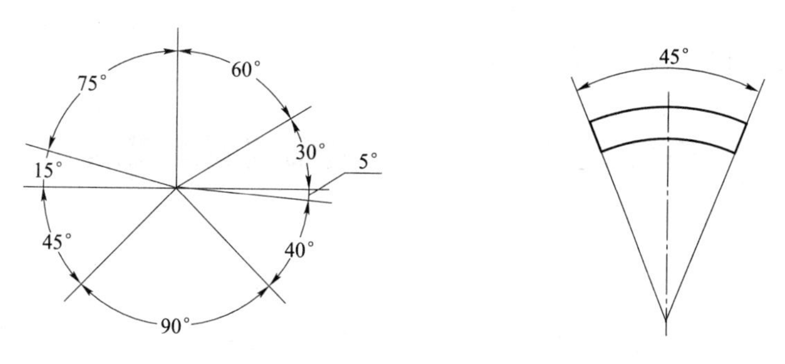

图 1-14　角度尺寸标注示例

(3) 圆弧、半径及其他尺寸的标注。标注圆及圆弧尺寸时，一般可将轮廓线作为尺寸界线，尺寸线或其延长线要通过圆心。大于半圆的圆弧标注直径，在尺寸数字前加注符号“ϕ”，小于和等于半圆的圆弧标注半径，在尺寸数字前加注符号“R”。当没有足够的空间时，尺寸数字也可写在尺寸界线的外侧或引出标注。圆和圆弧的小尺寸，以及常见结构的尺寸可按图 1-15 标注。

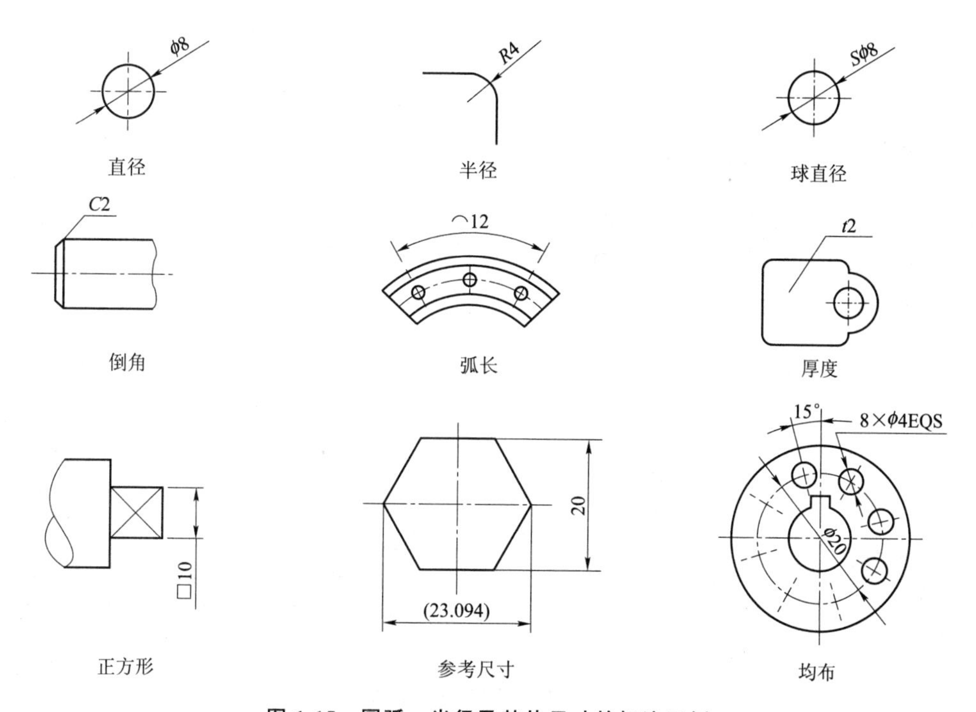

图 1-15　圆弧、半径及其他尺寸的标注示例

(三) 标注尺寸时应注意的问题

1. 尺寸数字

同一张图上基本尺寸的字高要一致，一般采用 3.5 号字，不能根据数值的大小而改变字符的大小；字符间隔要均匀；字体应严格按国标规定书写。

2. 箭头

同一张图上箭头的大小应一致，机械图样中的箭头一般为闭合的实心箭头。

3. 尺寸线

互相平行的尺寸线间距要相等，尽量避免尺寸线相交。

任务2　常用绘图工具和仪器的使用

任务目的

通过本任务的学习，要求掌握最常用的绘图工具（图板、丁字尺、圆规、铅笔等）的使用方法及注意事项，为今后规范尺规作图奠定基础。

任务引入

正确使用绘图工具对提高绘图速度和绘图质量起着重要的作用。因此，应了解绘图工具的用途，并熟练掌握它们的使用方法。绘图工具和仪器包括铅笔、图板、丁字尺、三角板、圆规和分规等。

本任务主要包括图板、丁字尺、三角板；圆规和分规；曲线板；铅笔。

知识准备

一、图板、丁字尺、三角板

图板是铺贴图纸用的，要求板面平滑光洁；因其左侧边为丁字尺的导边，所以必须平直光滑，图纸用胶带固定在图板上。当图纸较小时，应将图纸铺贴在图板靠近左上方的位置，如图 1-16 所示。

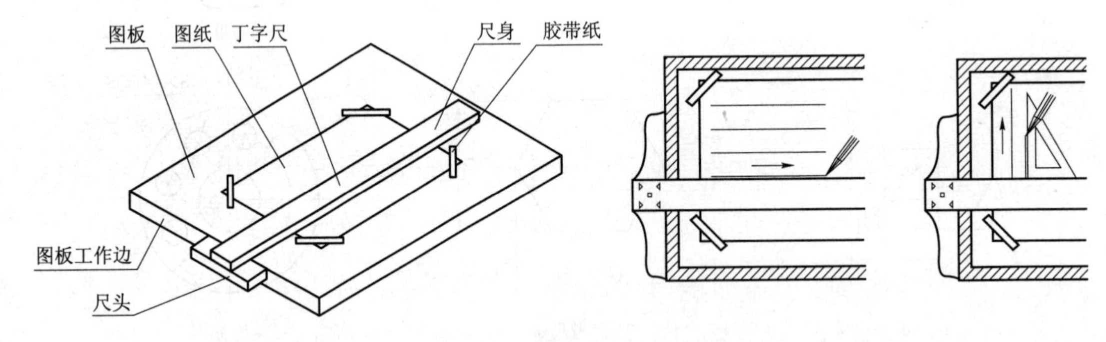

图 1-16　图板和丁字尺

丁字尺由尺头和尺身组成。使用时，尺头的内侧边必须紧贴绘图板左侧，用左手推动丁字尺的尺头沿图板上下移动，把丁字尺调整到准确的位置，然后压住丁字尺进行画线。

三角板分 45°和 30°、60°两块，可配合丁字尺画铅垂线及 15°倍角的斜线；或用两块三角板配合画任意角度的平行线或垂直线，如图 1-17 所示。

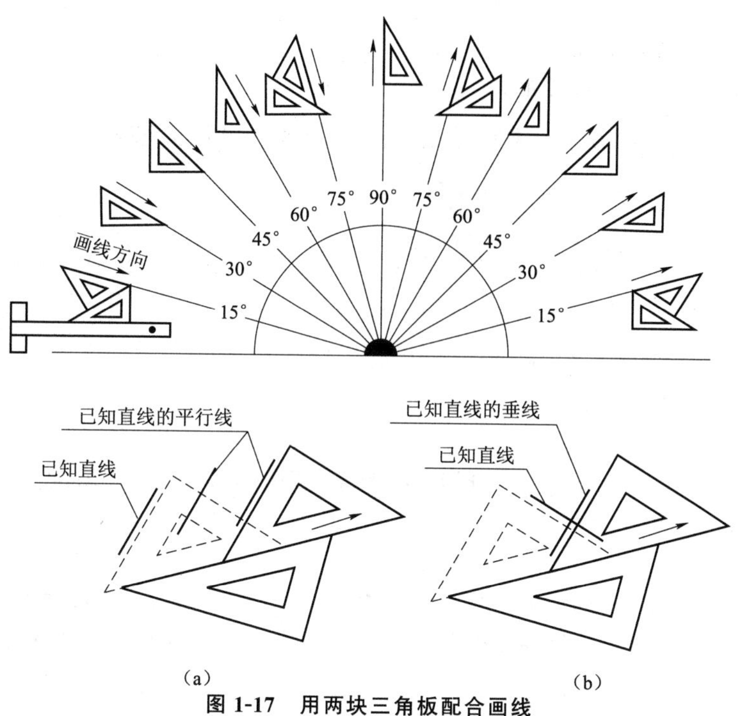

图 1-17　用两块三角板配合画线

(a) 画任意直线的平行线；(b) 画任意直线的垂线

二、圆规和分规

(一) 圆规

圆规用来画圆和圆弧。圆规的一个脚上装有钢针，称为针脚，用来定圆心；另一个脚可装铅芯，称为笔脚。

在使用前应先调整针脚，使针尖略长于铅芯，如图 1-18 所示。笔脚上的铅芯应削成扁铲形，以便画出粗细均匀的圆弧。

画图时，圆规向前进方向稍微倾斜；画较大的圆时，应使圆规两脚都与纸面垂直，如图 1-19 所示。

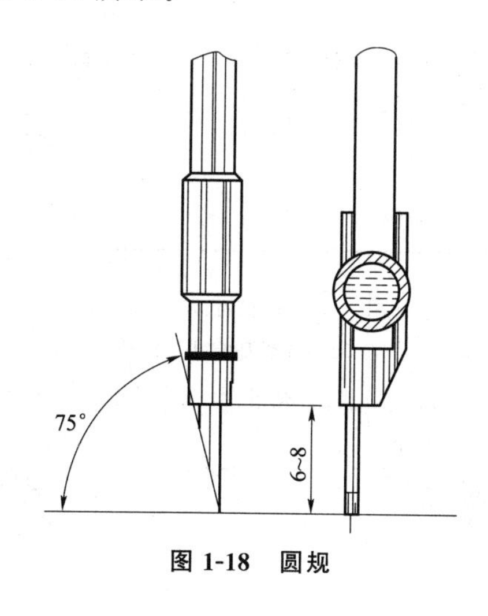

图 1-18　圆规

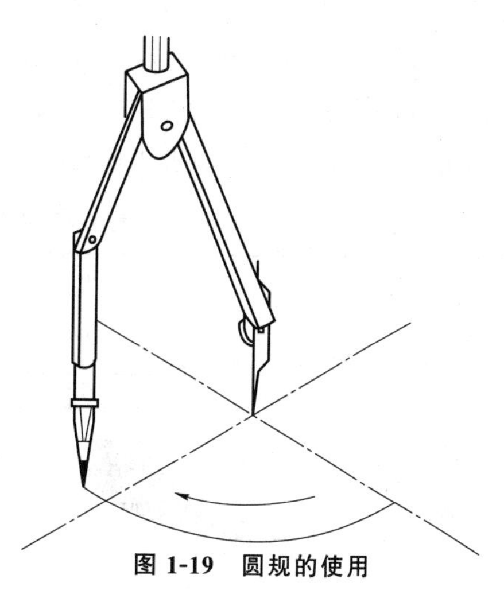

图 1-19　圆规的使用

(二) 分规

分规是用来等分和量取线段的，如图 1-20 所示。

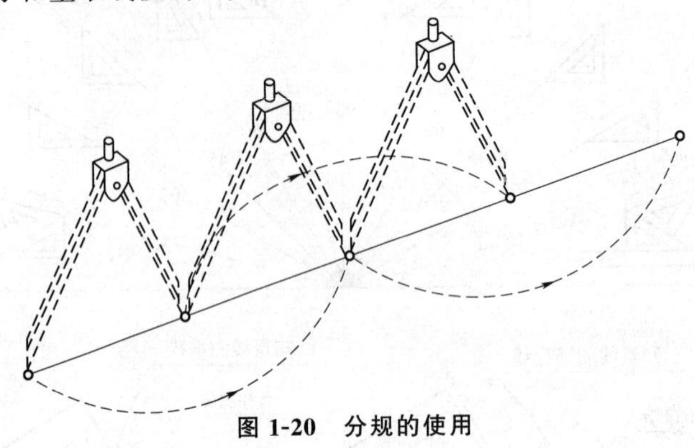

图 1-20　分规的使用

三、曲线板

曲线板是用来绘制非圆曲线的。首先要定出曲线上足够数量的点，再徒手用铅笔轻轻地将各点光滑地连接起来，然后选择曲线板上曲率与之相吻合的分段画出各段曲线。注意留出各段曲线末端的一小段不画，用于连接下一段曲线，这样曲线才显得圆滑，如图 1-21 所示。

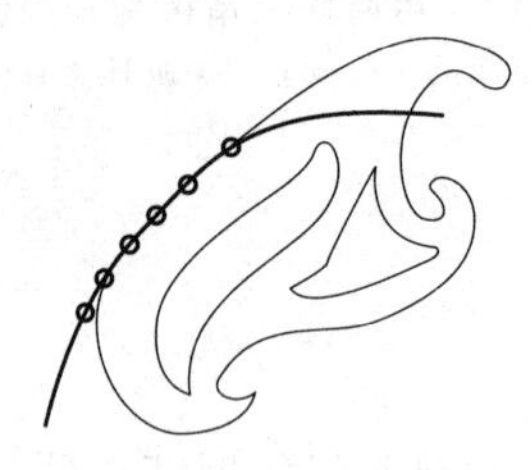

图 1-21　用曲线板作图

四、铅笔

常用绘图铅笔的铅芯按软硬程度的不同分别以字母 B、H 前的数值表示。字母 B 前的数字越大，表示铅芯越软；字母 H 前的数字越大，表示铅芯越硬。标号 HB 表示铅芯软硬适中。画图时，通常用 H 或 2H 铅笔画底稿；用 B 或 HB 铅笔加粗、加深全图；用 HB 铅笔写字。

铅笔可修磨成圆锥形或扁铲形。圆锥形铅芯的铅笔用于画细线及书写文字，扁铲形铅芯的铅笔用于描深粗实线。如表 1-4 所示。

表 1-4　铅笔与铅芯的选用及削磨

项目	铅笔			圆规用铅芯	
用途	打底稿 加深细实线	写字	加粗粗实线	打底稿 加深细线圆	加深粗线圆
软硬程度	H 或 2H	HB	B 或 HB	H 或 HB	B 或 2B
削磨形状	圆锥形		b 扁铲形	楔形或锥形	b 四棱柱形

图样上的线条应清晰、光滑，色泽均匀。用铅笔绘图时，用力要均匀。用锥形笔芯的铅笔画长线时，要经常转动笔杆，使图线粗细均匀。

五、其他常用绘图工具

工程中常用的绘图工具还有比例尺、模板等。

（1）比例尺。作图时，为方便尺寸换算，将常用比例按照标准的尺寸刻度换算为缩小比例刻度或放大比例刻度刻在尺上，具有此类刻度的尺称为比例尺。当确定了某一比例后，不需要计算，可直接按照尺面所刻的数值，截取或读出实际线段在比例尺上所反映的长度。

（2）模板。为了提高绘图速度，可使用各种多功能的绘图模板直接描画图形。有适合绘制各种专用图样的模板，如椭圆模板、六角螺栓模板等。模板作图快速、简便，但作图时应注意对准定位线。

任务 3　几何图形的作图方法

任务目的

通过本任务的学习，要求掌握最常见的几何图形的作图方法（直线圆弧连接、作正多边形等），为今后规范尺规作图奠定基础。

任务引入

在绘制的机件图样中，虽然机件的轮廓形状是多样化的，但它们基本上都是由直线、圆弧和其他一些曲线组成的几何图形，所以在工程图样中需要运用一些基本的作图方法。

本任务主要包括线段和圆周的等分；斜度和锥度；圆弧的连接；椭圆的画法。

知识准备

一、线段和圆周的等分

（一）等分直线段

过已知线段的一个端点，画任意角度的直线，并用分规自线段的起点量取 n 个线段。将等分的最末点与已知线段的另一个端点相连，再过各等分点作该线的平行线与已知线段相交即得到等分点。如图 1-22 所示。

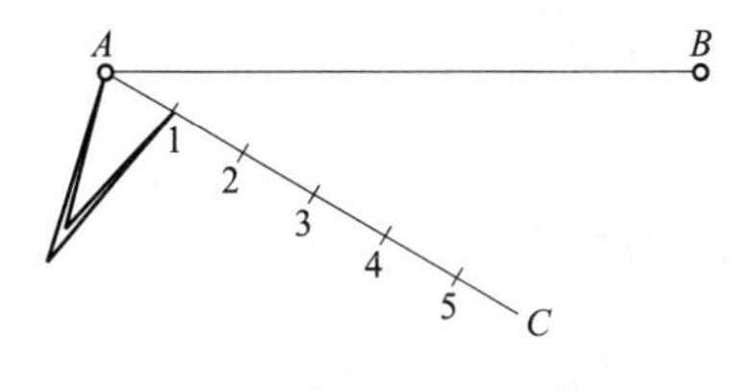

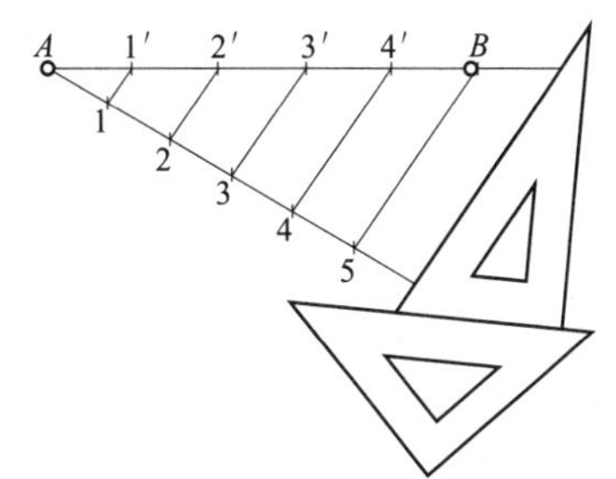

图 1-22　等分直线段

作法：(1) 过端点 A 任作一条直线 AC，用分规以等距离在 AC 上量 1、2、3、4、5 各一等分。

(2) 连接 $5B$，过 1、2、3、4 等分点作 $5B$ 的平行线与 AB 相交，得等分点 $1'$、$2'$、$3'$、$4'$即为所求。

(二) 等分圆周

下面介绍圆内接正五边形、正六边形的作法，并以正七边形为例，介绍圆内接正 n 边形的近似作法。

1. 正五边形

正五边形的画法如图 1-23 所示。

(1) 作 OA 的中点 M。

(2) 以 M 点为圆心，$M1$ 为半径作弧，交水平直径于 K 点。

(3) 以 $1K$ 为边长，将圆周五等分，即可作出圆内接正五边形。

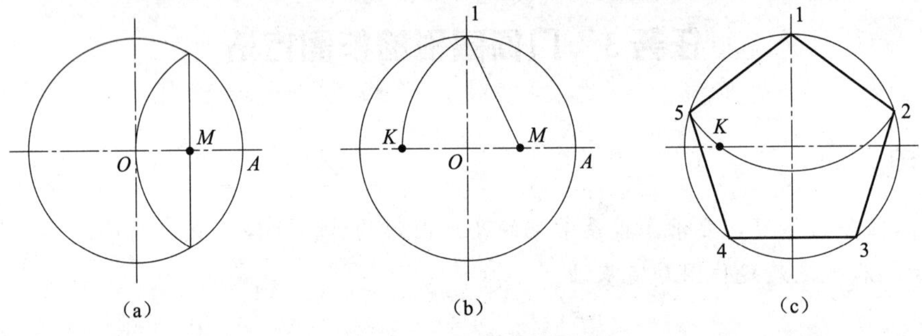

图 1-23 正五边形的画法

2. 正六边形

正六边形的画法如图 1-24 所示，分为圆规作图和三角板作图两种。

(1) 圆规作图。分别以已知圆在水平直径上的两处交点 A、D 为圆心，以 $R=D/2$ 作圆弧，与圆交于 B、C、E、F 点，依次连接 A、B、C、D、E、F 点即得圆内接正六边形，如图 1-24 (a) 所示。

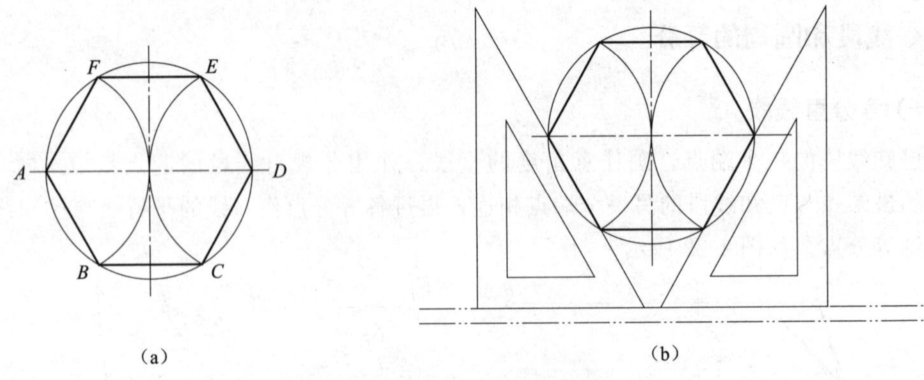

图 1-24 正六边形的画法

(2) 三角板作图。以 60°三角板配合丁字尺作平行线，画出四条斜边，再以丁字尺作上、下水平边，即得圆内接正六边形，如图 1-24 (b) 所示。

3. 正 n 边形

正 n 边形的画法如图 1-25 所示。n 等分铅垂直径 AK（在图 1-25 中 $n=7$），以 A 点为圆心，AK 为半径作弧，交水平中心线于点 S，延长连线 $S2$、$S4$、$S6$，分别与圆周交于点 G、F、E，再作出它们的对称点，即可作出圆内接正 n 边形。

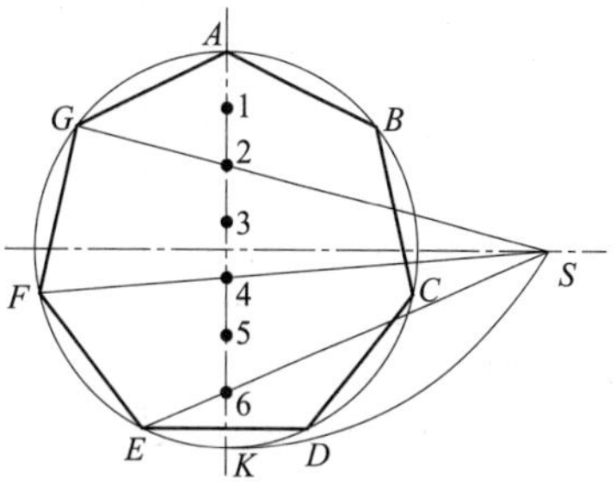

图 1-25　正 n 边形的画法

二、斜度和锥度

1. 斜度

斜度是指一直线（或平面）对另一直线或平面的倾斜程度。斜度的大小就是这两条直线夹角的正切值。斜度的比值要化作 1∶n 的形式，并在前面加注斜度符号“∠”，其方向与斜度的方向一致。斜度的符号如图 1-26 所示，其画法如图 1-27 所示。

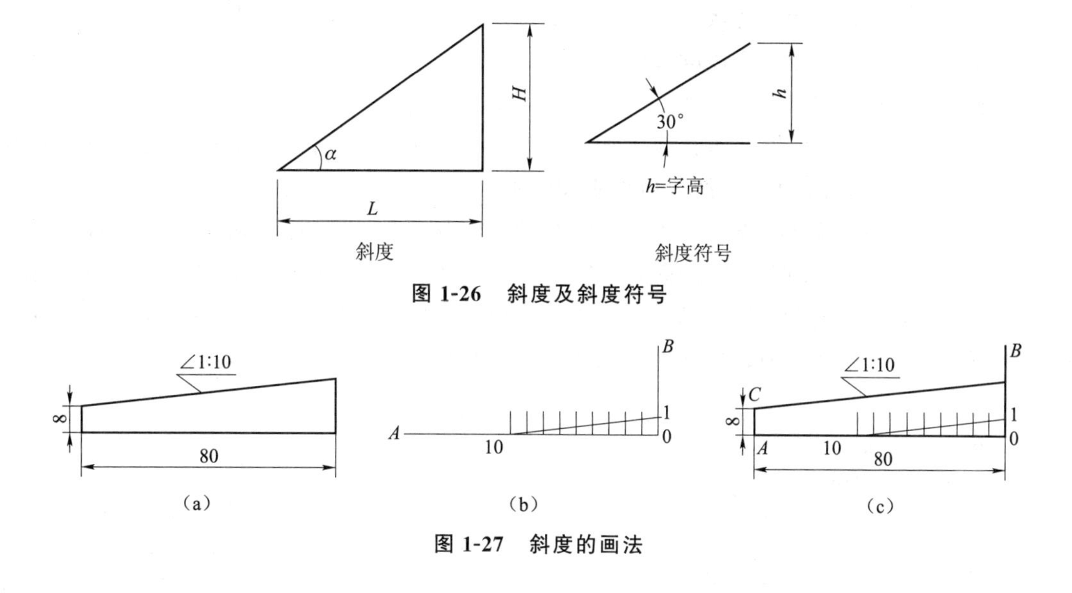

图 1-26　斜度及斜度符号

图 1-27　斜度的画法

2. 锥度

锥度是指正圆锥的底圆直径与其高度之比，或正圆台的两底圆直径差与其高度之比。锥度的大小也是圆锥素线与轴线夹角的正切值的 2 倍。锥度的比值也要化作 1∶n 的形式，并在前面加注斜度符号，其方向与斜度的方向一致。锥度的符号如图 1-28 所示，锥度的画法如图 1-29 所示。

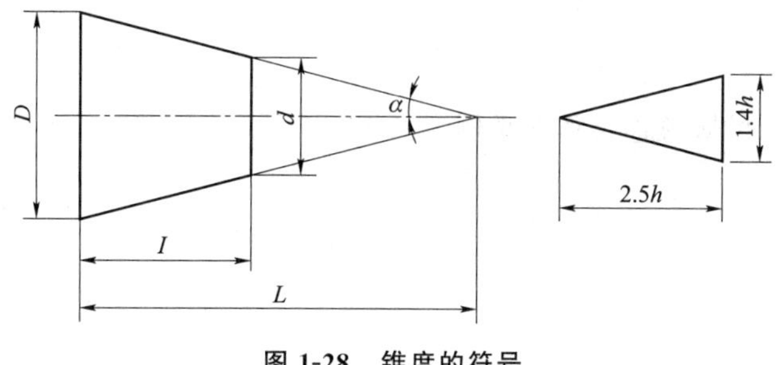

图 1-28　锥度的符号

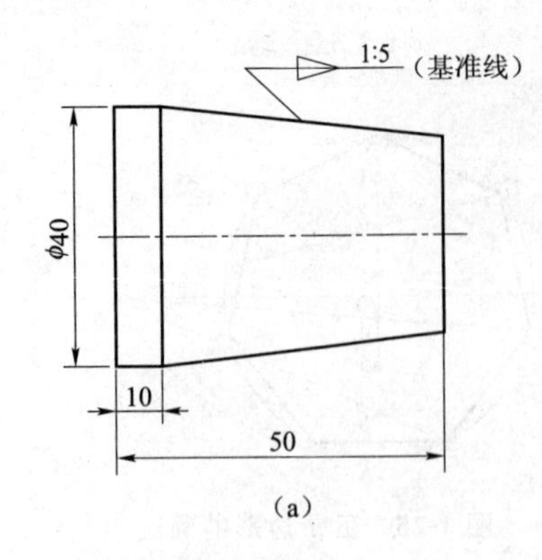

（a）

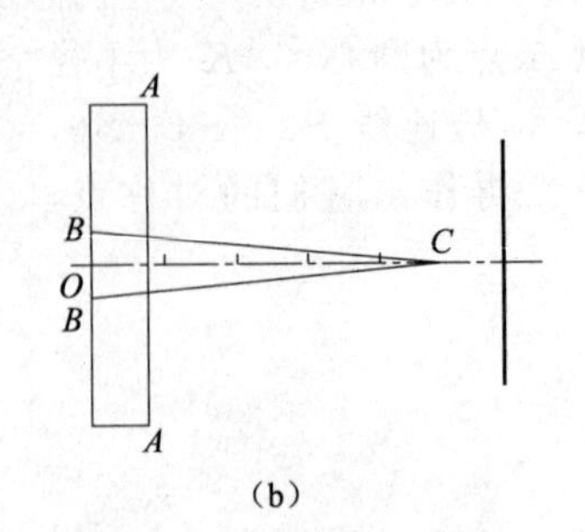

（b）

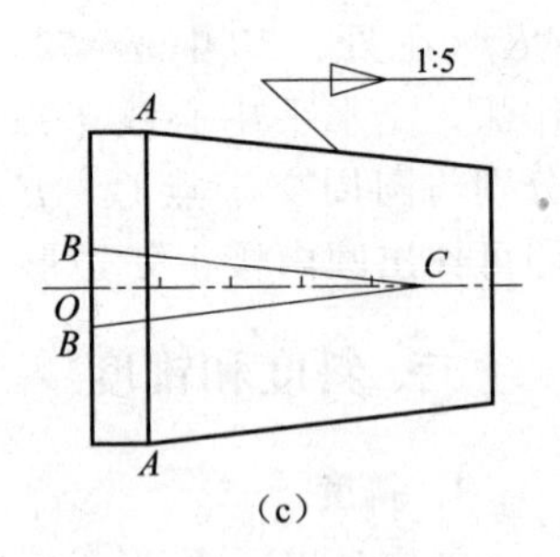

（c）

图 1-29　锥度的画法

三、圆弧的连接

用已知半径的圆弧光滑连接（相切）两已知线段（直线或圆弧），称为圆弧连接。为了保证相切，必须准确地作出连接圆弧的圆心和切点。

1. 圆弧连接的基本作图

（1）半径为 r 的圆弧与已知直线 I 相切，圆心的轨迹是距离直线 I 为 r 的两条平行直线。当圆心为 O 时，由 O 向直线 I 所作垂线的垂足就是切点，如图 1-30（a）所示。

（2）半径为 r 的圆弧与已知圆弧（半径为 R）外切，圆心的轨迹是已知圆弧的同心圆，其半径 $R_1=R+r$。当圆心为 O_1 时，连接圆心线 OO_1 与已知圆弧的交点就是切点，如图 1-30（b）所示。

（3）半径为 r 的圆弧与已知圆弧（半径为 R）内切，圆心的轨迹是已知圆弧的同心圆，半径 $R_2=R-r$。当圆心为 O_2 时，连接圆心线 OO_2 与已知圆弧的交点就是切点，如图 1-30（b）所示。

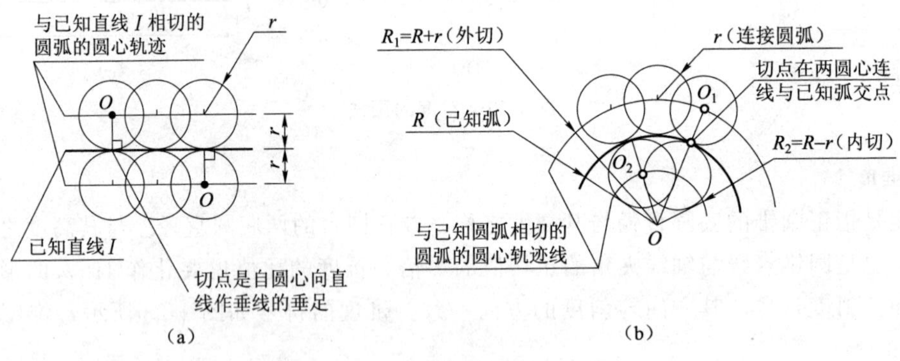

图 1-30　圆弧连接的基本作图

2. 圆弧连接作图

用已知半径为 R 的圆弧连接作图举例，如表 1-5 所示。

表 1-5 圆弧连接作图举例

项目	已知条件	作图方法和步骤		
		1. 求连接弧圆心 O	2. 求切点 A、B	3. 画连接弧并描粗
圆弧连接两已知直线	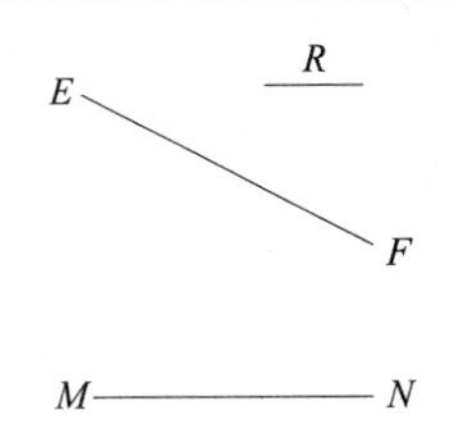	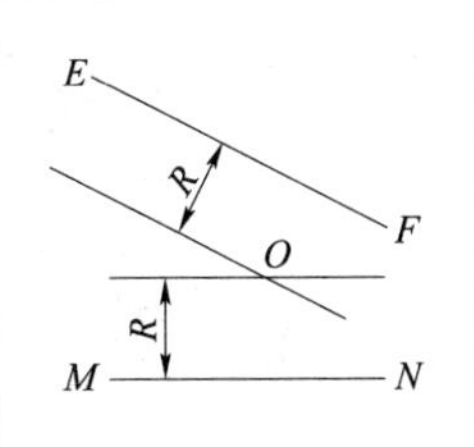	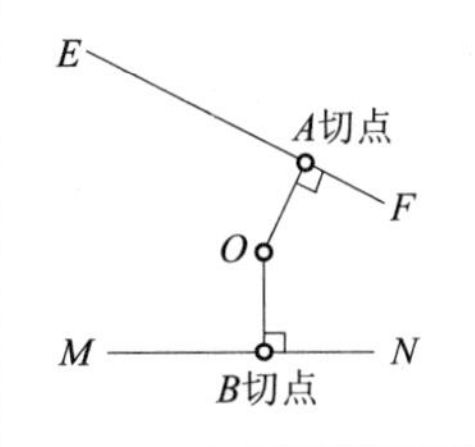	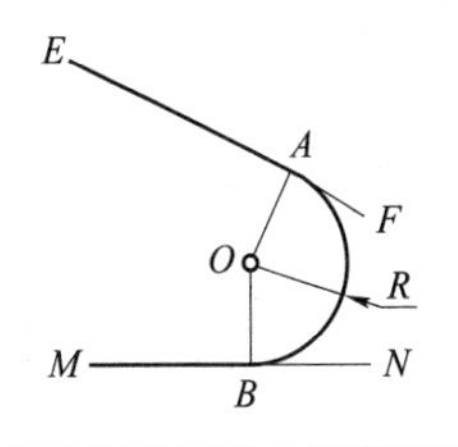
圆弧连接已知直线和圆弧	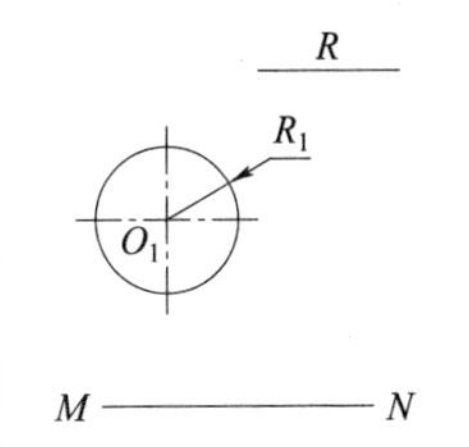	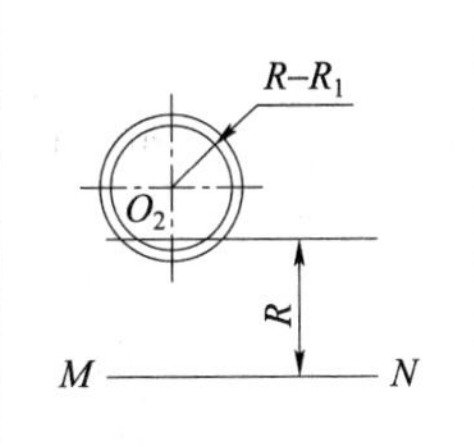	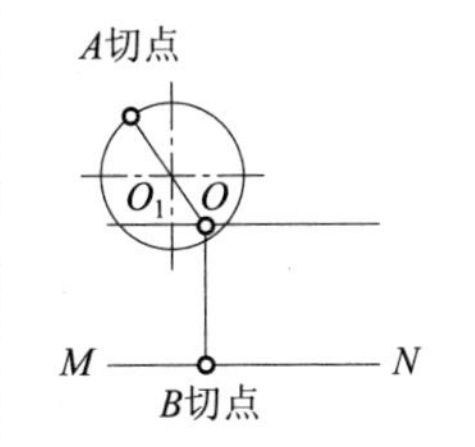	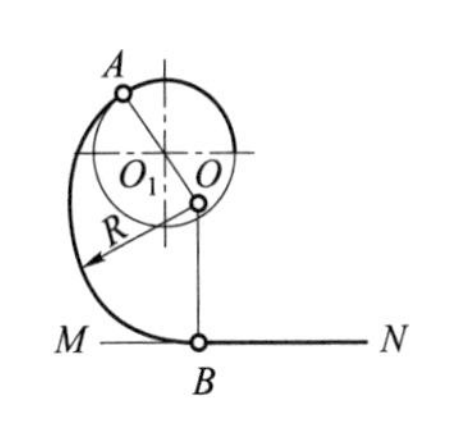
圆弧外切连接两已知圆弧	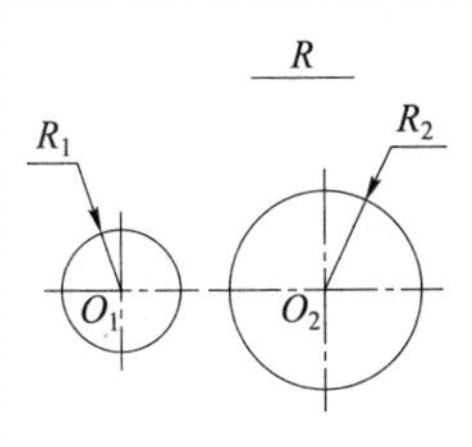	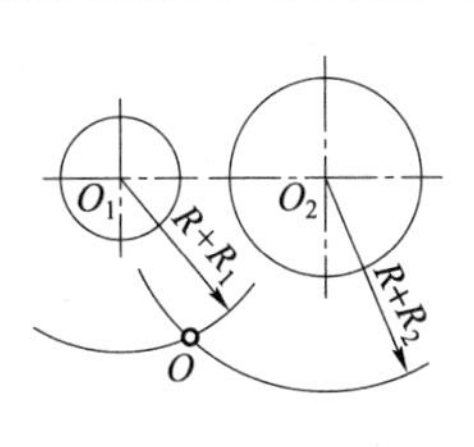	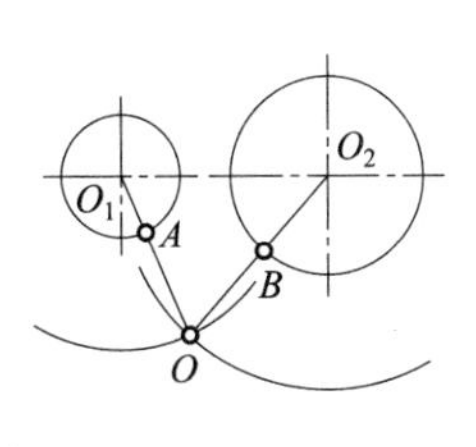	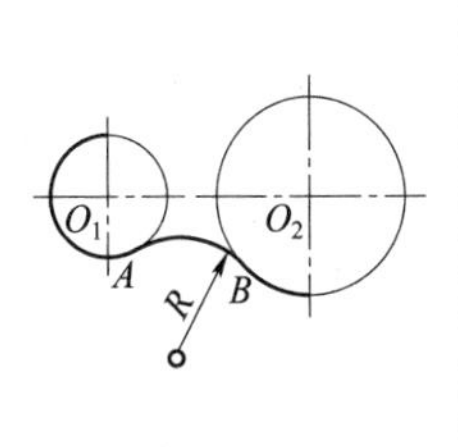
圆弧内切连接两已知圆弧	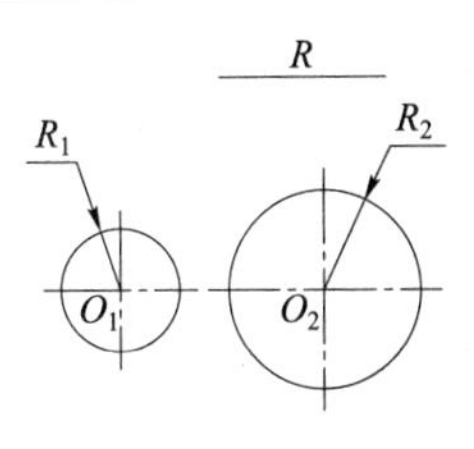	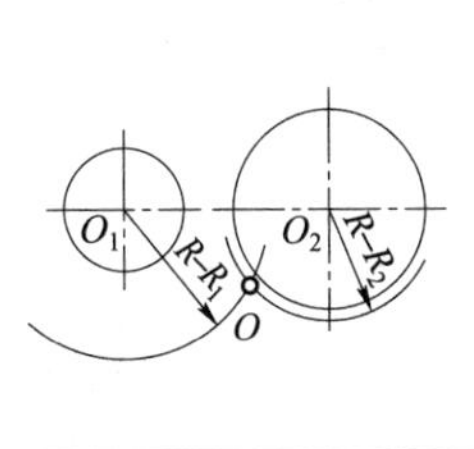	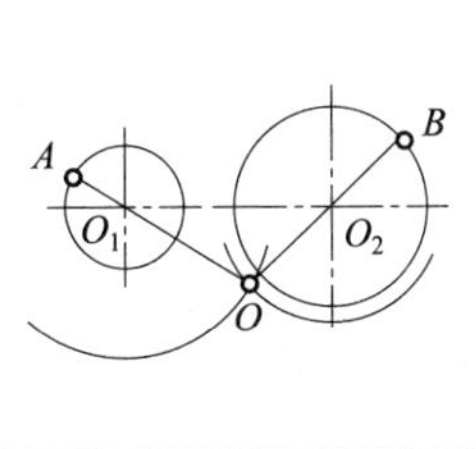	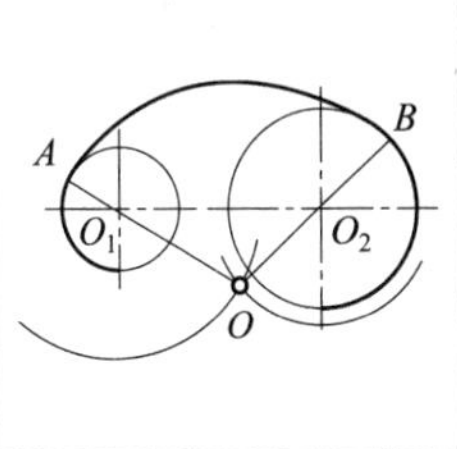

3. 作与已知圆相切的直线

与圆相切的直线，垂直于该圆心与切点的连线。因此，利用三角板的两条直角边，便可作圆的切线。

如图 1-31（a）所示是过圆上一点 A 作圆的切线。

如图 1-31（b）所示是过圆外一点 K 作圆的切线。

如图 1-31（c）、（d）所示是作两圆的公切线。

四、椭圆的画法

椭圆的常用画法有同心圆法和四心圆弧法两种。

1. 同心圆法

如图 1-32（a）所示，以 AB 和 CD 为直径画同心圆，然后过圆心作一系列直径与两圆相交。由各交点分别作与长轴、短轴平行的直线 ，即可相应找到椭圆上各点。最后，光滑连接各点即可。

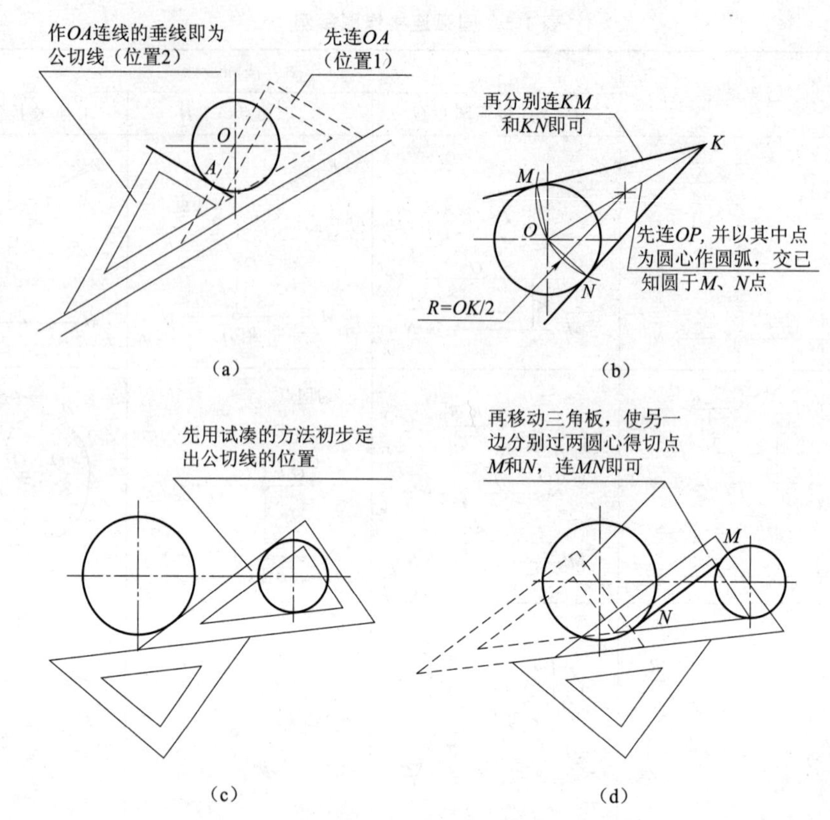

图 1-31　作圆的切线

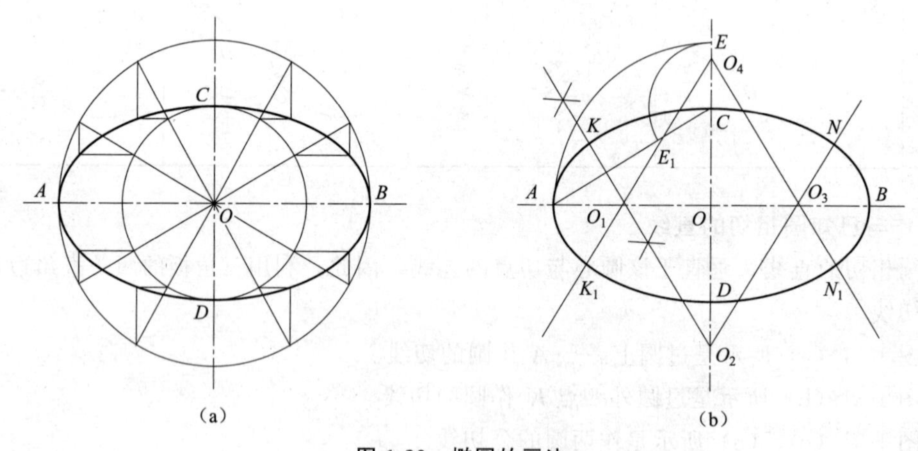

图 1-32　椭圆的画法

(a) 同心圆法；(b) 四心圆弧法

2. 四心圆弧法（椭圆的近似画法）

已知椭圆的长轴 AB 与短轴 CD。

(1) 连 AC，以 O 为圆心，OA 为半径画圆弧，交 DC 延长线于 E。

(2) 以 C 为圆心，CE 为半径画圆弧，截 AC 于 E_1。

(3) 作 AE_1 的中垂线，交长轴于 O_1，交短轴于 O_2，并找出 O_1 和 O_2 的对称点 O_3

和 O_4。

(4) 分别连 O_1O_2、O_2O_3、O_3O_4、O_4O_1。

(5) 以 O_1、O_3 为圆心，O_1A 为半径；O_2、O_4 为圆心，O_2C 为半径，分别画圆弧，与连心线相交，K、K_1、N_1、N 为连接点即可。

任务4　平面图形的绘制

任务目的

通过本任务的学习，要求了解尺规绘图的一般流程，了解徒手绘图的基本知识。

任务引入

仪器绘图做绘图前的准备工作，固定图纸，画底稿，铅笔加深。徒手画草图要掌握握笔的方法、直线的画法、圆和曲线的画法。

本任务主要包括仪器绘图；徒手绘图。

知识准备

一、仪器绘图

1. 准备工作

画图前，应先了解所画图样的内容和要求，准备好必要的绘图工具，如圆规、铅笔、橡皮、丁字尺、图板、三角板、透明胶带等。清理桌面，暂时不用的工具、资料不要放在图板上。

2. 选定图幅

根据图形大小和复杂程度选定比例，确定图纸幅面。

3. 固定图纸

图纸要固定在图板左下方，下部空出的距离要能放得下丁字尺，图纸要用胶带纸固定，不得使用图钉，以免损坏图板。

4. 画底稿

画出图框和标题栏轮廓。画图形时，应先画出各图形的对称中心线、圆形的中心线，再画主要轮廓线，然后画细部。注意各图的位置要布局匀称，底稿线要细、轻，但应清晰。

5. 检查并清理底稿，加深图形和标注尺寸等

加深图形的步骤与画底稿时不同。一般先加深图形，其次加深图框和标题栏，最后标注尺寸和书写文字（也可在注好尺寸后再加深）。

加深图形时，应按照先曲线后直线、由上到下、由左到右、所有图形同时加深的原则进行。将同一种粗细的图线加深后，再加深另一种图线；在粗细相同的直线中，将同一方向的直线加深完后，再加深另一方向的直线。

6. 全面检查图纸

加深图形后再一次全面检查全图，确认无误后，填写标题栏，完成全图。

二、徒手绘图

依靠目测来估计物体各部分的尺寸比例，徒手绘制的图样称为草图。在设计、测绘、修配机器时，都要绘制草图，所以徒手绘图是和使用仪器绘图同样重要的绘图技能。

（一）草图的绘制方法

绘制草图时使用软一些的铅笔（如 HB、B 或者 2B），铅笔削长一些，铅芯呈圆形，粗细各一支，分别用于绘制粗、细线。

画草图时，可以用有方格的专用草图纸，或者在白纸下面垫一张有格子的纸，以便控制图线的平直和图形的大小。

1. 直线的画法

画直线时，可先标出直线的两个端点，在两点之间先画一些短线，再连成一条直线。运笔时手腕要灵活，目光应注视线的端点，不可只盯着笔尖。

水平线应自左至右画出；竖直线自上而下画出；当斜线的斜度较大时，可自左向右下或自右向左下画出，如图 1-33 所示。

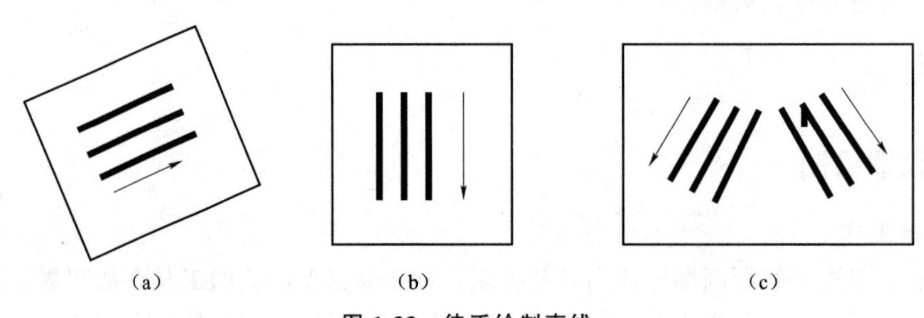

图 1-33　徒手绘制直线

（a）画水平线；（b）画竖直线；（c）画斜线

2. 圆的画法

画圆时，应先画中心线。较小的圆在中心线上定出半径的四个端点，过这四个端点画圆。稍大的圆可以过圆心再作两条斜线，再在各线上定半径长度，然后过这八个点画圆。当圆的直径很大时，可以用手作圆规，以小指支撑于圆心，使铅笔与小指之间的距离等于圆的半径，笔尖接触纸面不动，转动图纸，即可得到所需的大圆。此外，也可在一个纸条上作出半径长度的记号，使其一端置于圆心，另一端置于铅笔，旋转纸条，便可以画出所需的大圆。如图 1-34 所示。

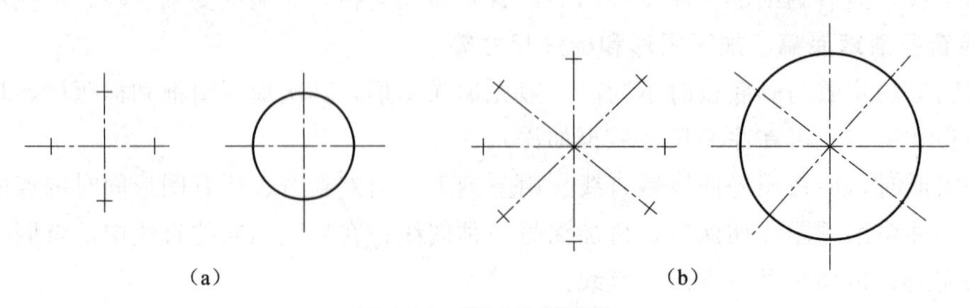

图 1-34　徒手绘制圆形

（a）画小圆；（b）画大圆

（二）徒手绘制平面图形

徒手绘制平面图形时，也和使用尺、规作图时一样，要进行图形的尺寸分析和线段分析，先画已知线段，再画中间线段，最后画连接线段。在方格纸上画平面图形时，主要轮廓线和定位中心线应尽可能利用方格纸上的线条，图形各部分之间的比例可按方格纸上的格数来确定。

项目小结

本项目主要介绍了各种绘图工具、仪器及它们的使用方法，介绍了国家标准中有关图纸幅面、格式、比例、字体、图线及尺寸标注的有关规定。需要掌握几何作图的方法和平面图形的绘制方法与步骤。

项目2 投影基础

学习目标

1. 了解投影的概念和分类，掌握正投影的基本性质；
2. 掌握构成形体基本几何元素的投影规律及作图方法；
3. 掌握平面上取点、取线的作图方法。

任务1 投影法及其分类

任务目的

通过本任务的学习，要求了解投影的概念和分类，知道不同类型投影法的投影特性，尤其要掌握正投影的基本性质。

任务引入

用灯光或日光照射物体，在地面或墙面上便产生影子，这种现象叫作投影。投影的分类和点、直线、平面的单面投影特性的分析是三视图的基础。

本任务主要包括投影法与投影的概念；投影法的分类及应用；正投影的基本性质。

知识准备

一、投影法与投影的概念

光线照射物体时，可在预设的面上产生影子。利用这个原理在平面上绘制出物体的图像，以表示物体的形状和大小，这种方法称为投影法。工程上应用投影法获得工程图样的方法是从日常生活中自然界的一种光照投影现象中抽象出来的。

如图2-1所示，三角板在灯光的照射下在桌面上产生影子，可以看出，影子与物体本身的形状有一定的几何关系，人们将这种自然现象加以科学的抽象得出投影法。将光源抽象为一点 S，称为投影中心，投影中心与物体上各点（A、B、C）的投影连线（SAa、SBb、SCc）称为投影线，接受投影的面，称为投影面。过物体上各点（A、B、C）的投影线与投影面的交点称为这些点的投影。

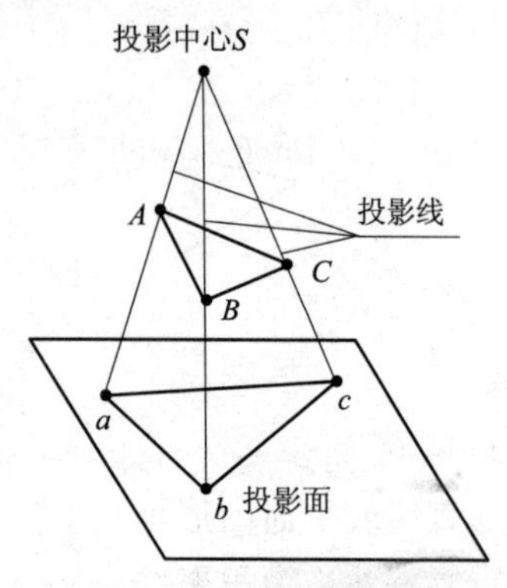

图2-1 中心投影法

二、投影法的分类及应用

由投影中心、投影线和投影面三要素所决定的投影法可分为中心投影法和平行投影法。

1. 中心投影法

投影线交于一点的投影法称为中心投影法，所得投影称为中心投影，如图 2-1 所示。中心投影法主要用于绘制产品或建筑物富有真实感的立体图，也称透视图。

2. 平行投影法

当把投影中心移到无穷远处时，所有的投影线都互相平行，这样的投影称为平行投影。根据投影线与投影面是否垂直，平行投影又分为斜投影和正投影两种。当投影线倾斜于投影面时，称为斜投影；当投影线垂直于投影面时，称为正投影。正投影法主要用于绘制工程图样；斜投影法主要用于绘制有立体感的图形，如斜轴测图。工程图样一般都是采用正投影法绘制的，正投影法是本课程的研究重点。今后若不特殊说明，均指正投影。如图 2-2 所示。

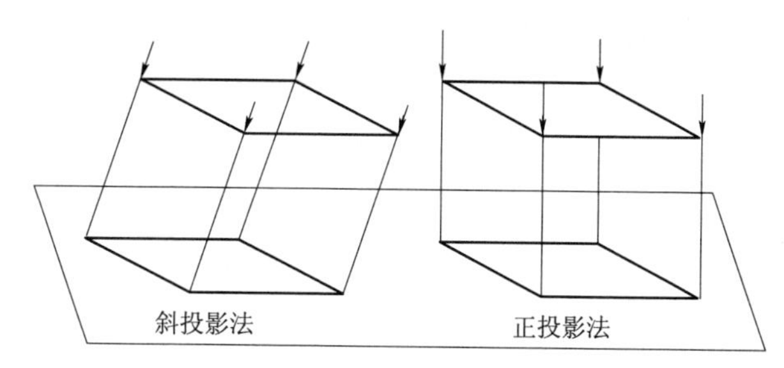

图 2-2 平行投影法

三、正投影的基本性质

1. 真实性

当直线段平行于投影面时，直线段与它的投影及过两个端点的投影线组成一个矩形，因此，直线的投影反映了直线的实长。当平面图形平行于投影面时，不难得出，平面图形与它的投影为全等图形，即反映了平面图形的实形。由此可以得出，平行于投影面的直线或平面图形，在该投影面上的投影反映了线段的实长或平面图形的实形，这种投影特性称为真实性。如图 2-3 所示。

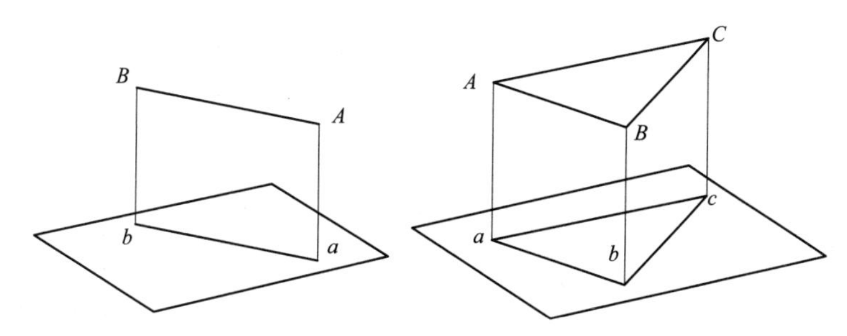

图 2-3 直线和平面的真实性

2. 积聚性

当直线或平面图形垂直于投影面时，它们在该投影面上的投影积聚成一点或一条直线，这种投影特性称为积聚性。如图 2-4 所示。

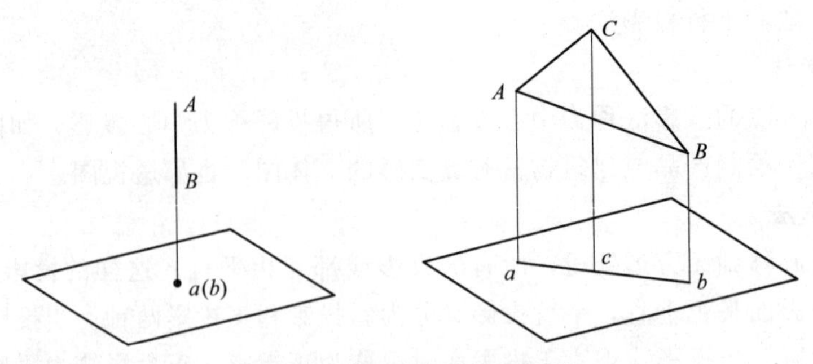

图 2-4　直线和平面的积聚性

3. 类似性

当直线或平面倾斜于投影面时，则直线的投影小于直线的实长，平面的投影是小于平面实形的类似形。类似形并不是相似形，它和原图形只是边数相同、形状类似。如图 2-5 所示。

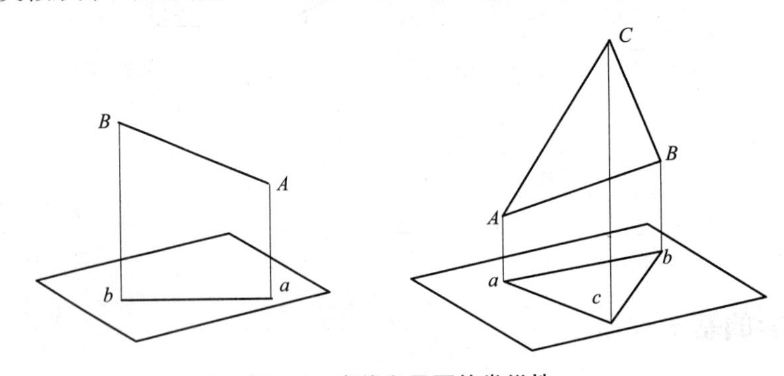

图 2-5　直线和平面的类似性

正投影的这三个基本性质，即线面的投影特性是画图的依据，应熟练掌握。

任务 2　点的投影

任务目的

通过本任务的学习，要求理解点的三面投影特性，掌握空间中两点的相对位置关系，理解重影点的概念及标注。

任务引入

点、直线、平面是构成形体的基本几何元素，研究它们的投影是为了正确表达形体和解决空间几何问题、奠定理论基础和提供有力的分析手段。

本任务主要包括点的投影规律及其标记；点的两面投形规律；点的三面投形规律；两点的相对位置。

知识准备

一、点的投影及其标记

点没有大小，只有在空间中的位置，在绘图中，用涂黑的小圆圈或是两线相交来表示点。点的投影是指过空间点 A 的投射线与投影面 P 的交点 a，点 a 是点 A 的单面投影，如图 2-6 所示。但是只有一个投影并不能确定点的空间位置。因此，工程上采用的是多面正投影。

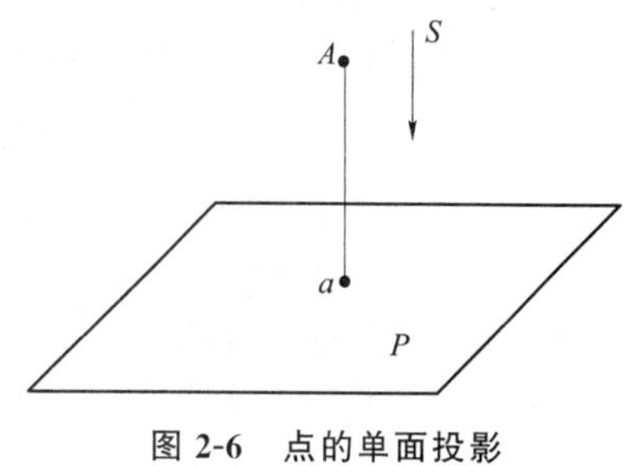

图 2-6 点的单面投影

关于点及其投影的标记，规定：在三面投影体系中，空间点用大写字母来表示（如 A、B、C、D 等），投影用相应的小写字母来表示，具体到水平投影用相应的小写字母（如 a、b、c、d 等）。正面投影用相应的小写字母加一撇（如 a'、b'、c'、d' 等），侧面投影用相应的小写字母加两撇（如 a''、b''、c''、d''等）。如图2-6 所示是点的单面投影图，点的两面投影规律随后将加以介绍。

二、点的两面投影规律

为研究点的两面投影规律，任取两个投影面，如图 2-7 所示是空间两个相互垂直的投影面 V 面与 H 面。

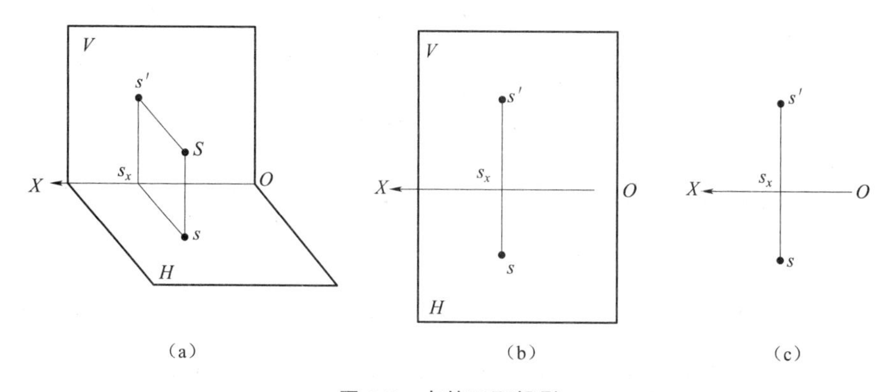

图 2-7 点的两面投影

（a）直观图；（b）展开图；（c）投影图

与三视图类似，使 V 面不动，将 W 面绕 X 轴向下旋转 90°与 V 面展成一个平面，去掉投影面边框，得到点的两面投影图，简称点的两面投影。

由图总结概括点的两面投影规律如下：

（1）两投影 s，s'的连线 ss'垂直于投影轴 X 轴。

（2）点的投影到投影轴的距离等于空间点到另一个投影面的距离，即 $s's_x$ 为点 S 到 H 面的距离，ss_x 为点 S 到 V 面的距离。

可见，已知一点的两面投影，即可唯一确定该点的空间位置。

三、点的三面投影规律

如图 2-8 所示，将三面体系展开，得到点 S 的三面投影图。根据图中三面投影图的形成过程，可总结出点的三面投影规律如下：

(1) 点的投影的连线垂直于相应的投影轴（如点的正面投影与水平投影的连线 ss' 垂直于 X 轴，点的正面投影与侧面投影的连线 ss'' 垂直于 Z 轴）。

(2) 点的投影到投影轴的距离等于空间点到相应的投影面的距离，即

$s's_X = s''s_Y = S$ 点到 H 面的距离 $Ss = S$ 点的 Z 坐标值；

$ss_X = s''s_Z = S$ 点到 V 面的距离 $Ss' = S$ 点的 Y 坐标值；

$ss_Y = s's_Z = S$ 点到 W 面的距离 $Ss'' = S$ 点的 X 坐标值。

(3) 点的一个投影只能反映该点的两个坐标。利用任意两个投影即可求出第三个投影，得出三个坐标，从而确定点的空间位置。

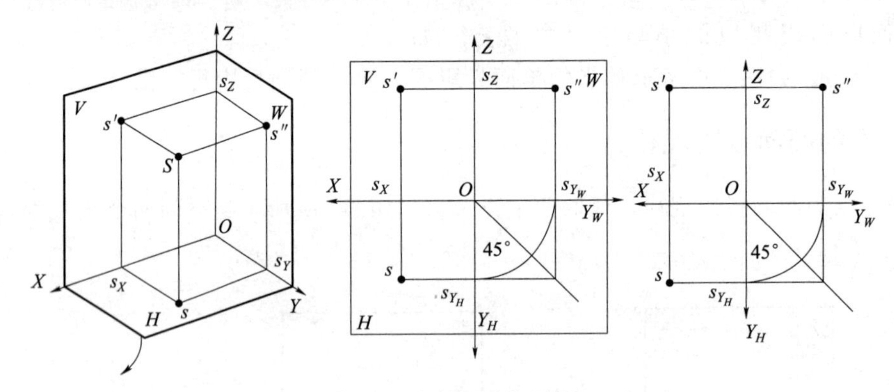

图 2-8　点的三面投影图

利用点的三面投影规律，即“长对正，高平齐，宽相等”，可以由点的已知两个投影图作出第三个投影图。

四、两点的相对位置

两点的相对位置，是指空间点在投影体系中的相对位置，即两点间左右、前后和上下的位置关系。在三面投影体系中，需要分析清楚两点在各个投影面上的投影坐标关系，判断两点的相对位置。

1. 判断两点相对位置的原则

两点的相对位置关系由两点的坐标差来确定，即两点的左右相对位置由 X 坐标差来确定；两点的前后相对位置由 Y 坐标差来确定；两点的上下相对位置由 Z 坐标差来确定。

规定：Z 坐标值大者为上，小者为下；Y 坐标值大者为前，小者为后；X 坐标值大者为左，小者为右。

如图 2-9 所示，先选定点 A（或 B）为基准，然后将点 B（或 A）的坐标与之进行比较。

(1) $X_B < X_A$，表示点 B 在点 A 的右方。

(2) $Y_B < Y_A$，表示点 B 在点 A 的后方。

(3) $Z_B > Z_A$，表示点 B 在点 A 的上方。

故点 B 在点 A 的右后上方；反之，点 A 在点 B 的左前下方。若已知两点的相对位置，以及其中一点的投影，就可以作出另一点的投影。

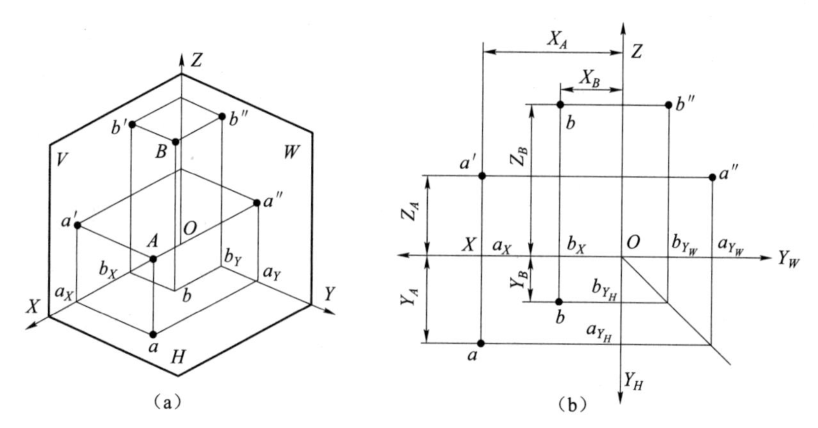

图 2-9　点 A，B 的相对位置

2. 重影点及其可见性

当两点的某两个坐标分别相等，也就是其坐标差为零时，该两点位于同一投射线上，它们在与投射线垂直的投影面上的投影重合，故叫作重影点。如图 2-10（a）所示，C、D 两点位于垂直于 V 面的投射线上，C、D 两点称为对 V 面的重影点。

规定：观察方向与投影面的投射方向一致，即对 V 面观察由前向后，对 H 面观察由上至下，对 W 面观察由左向右。较高、较前、较左的点的投影可见；反之，不可见。由图 2-10（b)可知 $X_C > X_E$，$Z_C = Z_E$，$Y_C = Y_E$，表示 C 点位于 E 点的左方，由其投影可见，E 点位于 C 点的右方，被 C 点挡住了，其投影不可见（规定：把不可见的点的投影符号加注括号)，这就是投影的可见性。

重影点问题是以后研究直线、平面以及立体等的投影时判别可见性的基础。

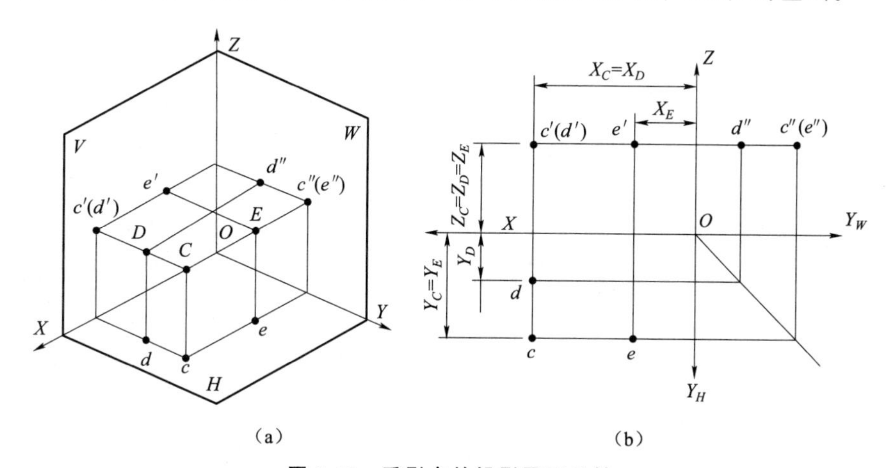

图 2-10　重影点的投影及可见性

任务3 直线的投影

任务目的

通过本任务的学习，要求理解直线三面投影特性，掌握空间两直线的相对位置关系，掌握直线上的点的投影规律。

任务引入

直线是构成形体的基本几何元素之一，研究它及其投影是研究平面的前提条件。

本任务主要包括直线的三面投影；各种位置直线的投影特性；两直线的相对位置关系；直线上点的投影。

任务准备

两点可以决定一条直线，直线的长度是无限延伸的。直线上两点之间的部分（一段直线）称为线段，线段有一定的长度。本书所讲的直线实质上是指线段。

一、直线的三面投影

直线的投影在一般情况下仍是直线，在特殊情况下，其投影可积聚为一个点。直线在某一投影面上的投影是通过该直线上各点的投射线所形成的平面与该投影面的交线。作某一直线的投影，只要作出这条直线两个端点的三面投影，然后将两个端点的同面投影相连，即得直线的三面投影。如图 2-11 所示。

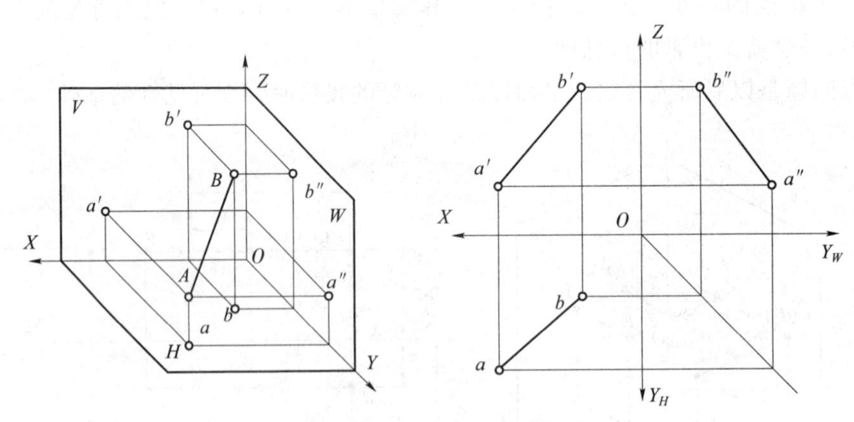

图 2-11 直线的三面投影

二、各种位置直线的投影特性

按直线与三个投影面之间的相对位置，将空间直线分为两大类，即特殊位置直线和一般位置直线。特殊位置直线又分为投影面平行线和投影面垂直线。直线与投影面之间的夹角，称为直线的倾角。直线对 H 面、V 面、W 面的倾角分别用希腊字母 α、β、γ 表示。

1. 投影面平行线

平行于一个投影面而与另外两个投影面都倾斜的直线，称为投影面平行线。投影面平行线可分为以下三种（如表 2-1 所示）：

（1）平行于 H 面，同时倾斜于 V、W 面的直线称为水平线。

（2）平行于 V 面，同时倾斜于 H、W 面的直线称为正平线。

（3）平行于 W 面，同时倾斜于 H、V 面的直线称为侧平线。

表 2-1　投影面平行线投影特性

名称	轴测图	投影图	投影特性
水平线	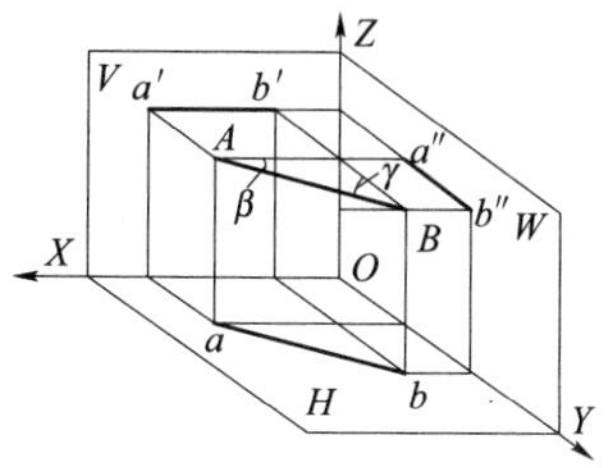	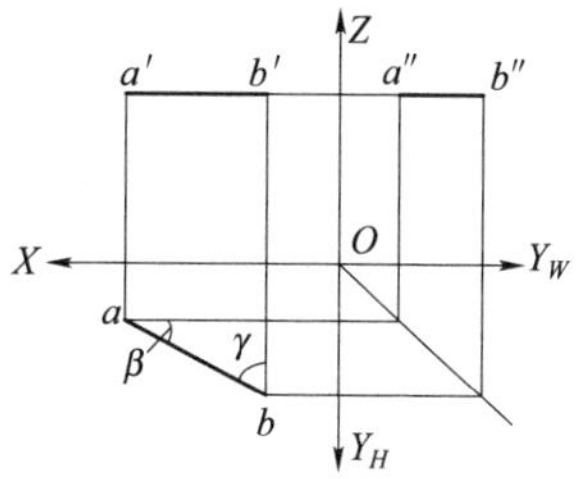	（1）$a'b' /\!/ OX$ $a''b'' /\!/ OY_W$ （2）$ab=AB$ （3）反映 β、γ 角
正平线	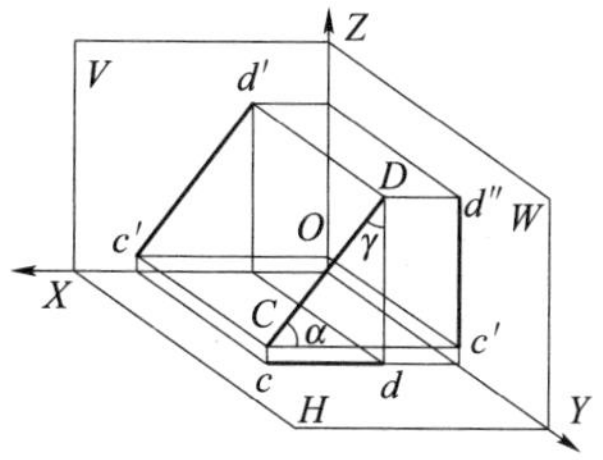	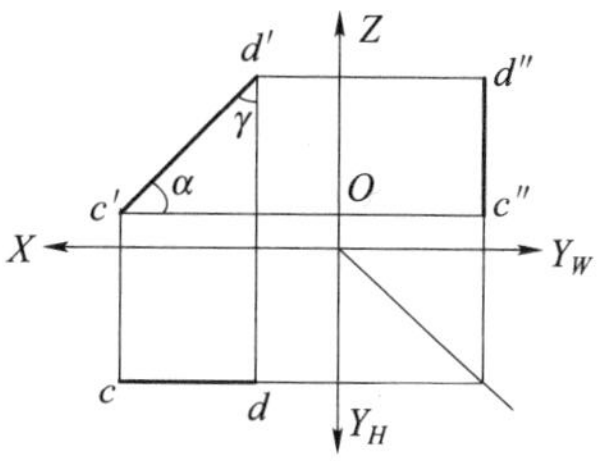	（1）$cd /\!/ OX$ $c''d'' /\!/ OZ$ （2）$c'd'=CD$ （3）反映 α、γ 角
侧平线	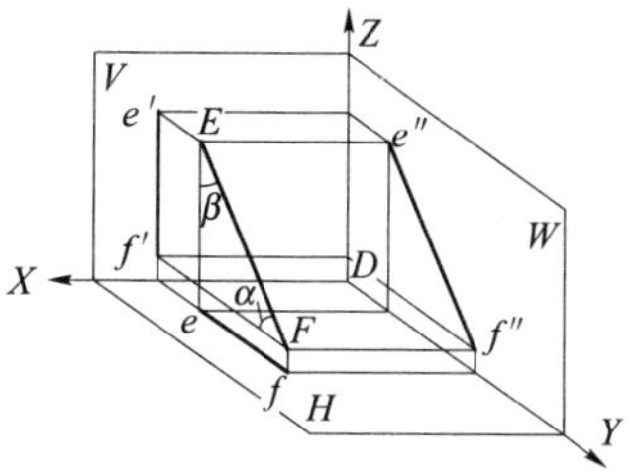	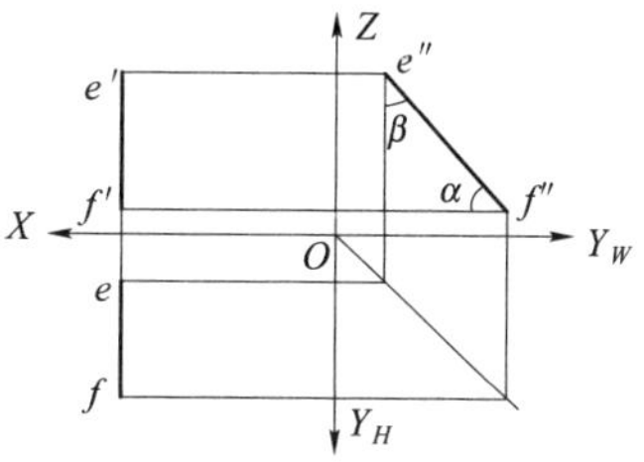	（1）$ef /\!/ OY_H$ $e'f' /\!/ OZ$ （2）$e''f''=EF$ （3）反映 α、β 角

下面以水平线为例，说明投影面平行线的投影特性。

在表 2-1 中，由于水平线 AB 平行于 H 面，同时又倾斜于 V、W 面，因而其 H 投影 ab 与直线 AB 平行且相等，即 ab 反映直线的实长。投影 ab 倾斜于 OX、OY_H 轴，其与 OX 轴的夹角反映直线对 V 面的倾角 β 的实形，与 OY_H 轴的夹角反映直线对 W 面的倾角 γ 的实形，AB 的 V 面投影和 W 面投影分别平行于 OX、OY_W 轴，同时垂直于 OZ 轴。同理，可分析出正平线 CD 和侧平线 EF 的投影特性。

综合表 2-1 中的水平线、正平线、侧平线的投影规律，可归纳出投影面平行线的投影特性如下：

（1）投影面平行线在它所平行的投影面上的投影反映实长，且倾斜于投影轴，该投影与相应投影轴之间的夹角反映空间直线与另外两个投影面的倾角。

(2) 其余两个投影平行于相应的投影轴，长度小于实长。

2. 投影面垂直线

垂直于一个投影面的直线称为投影面垂直线，它分为三种（如表 2-2 所示）：

(1) 垂直于 H 面的直线称为铅垂线。

(2) 垂直于 V 面的直线称为正垂线。

(3) 垂直于 W 面的直线称为侧垂线。

表 2-2　投影面垂直线投影特性

名称	轴测图	投影图	投影特性
铅垂线	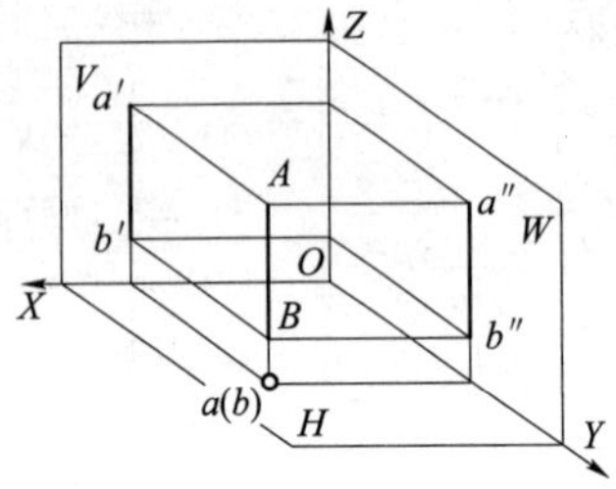	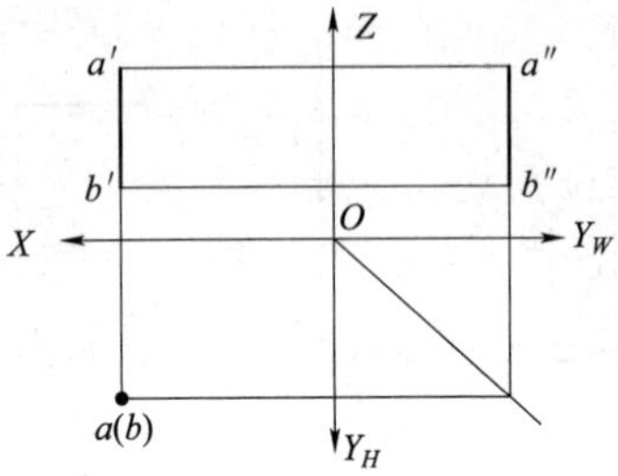	(1) ab 积聚为一点 (2) $a'b' \perp OX$ $a''b'' \perp OY_W$ (3) $a'b' = a''b'' = AB$
正垂线	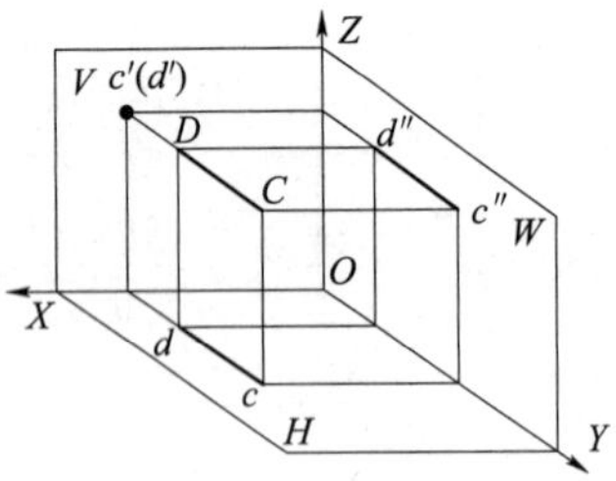	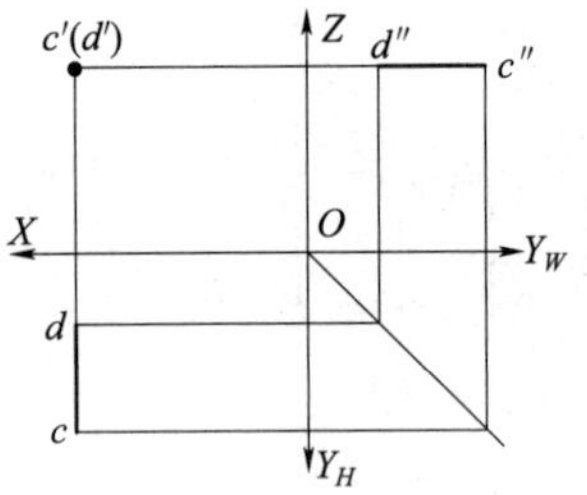	(1) $c'd'$ 积聚为一点 (2) $cd \perp OX$ $c''d'' \perp OZ$ (3) $cd = c''d'' = CD$
侧垂线	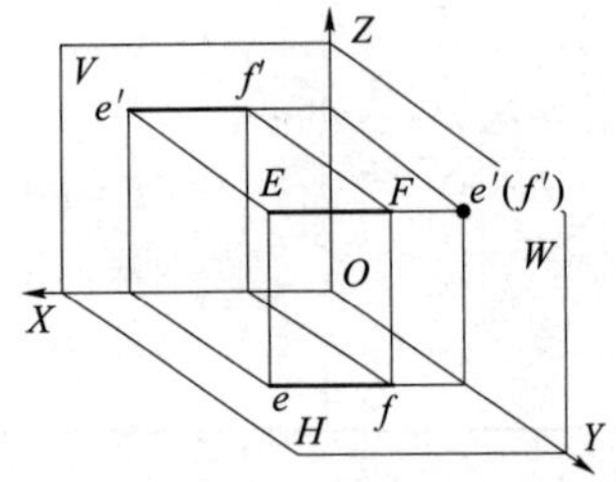	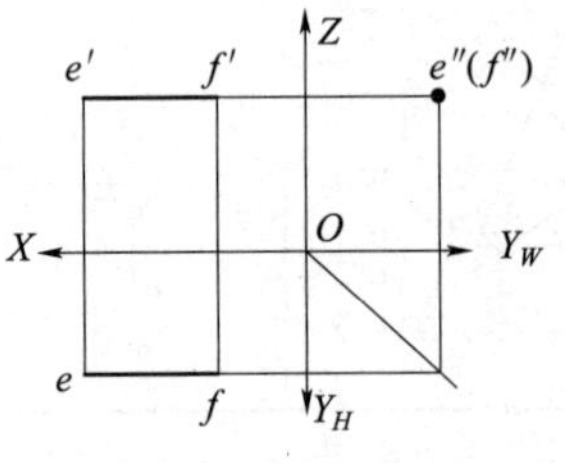	(1) $e''f''$ 积聚为一点 (2) $ef \perp OY_H$ $e'f' \perp OZ$ (3) $ef = e'f' = EF$

下面以铅垂线为例，说明投影面垂直线的投影特性。

在表 2-2 中，因为直线 AB 垂直于 H 面，所以 AB 的 H 投影积聚为一点 $a(b)$；AB 在垂直于 H 面的同时必定平行于 V 面和 W 面，所以由平行投影的显实性可知 $a'b' = a''b'' = AB$，并且 $a'b'$ 垂直于 OX 轴，$a''b''$ 垂直于 OY_W 轴，它们同时平行于 OZ 轴。

综合表 2-2 中的铅垂线、正垂线、侧垂线的投影规律，可归纳出投影面垂直线的投影特性如下：

(1) 直线在它所垂直的投影面上的投影积聚为一点。

(2) 直线的另外两个投影平行于相应的投影轴，且反映实长。

【例 2-1】 已知直线 AB 的水平投影 ab，AB 对 H 面的倾角为 30°，端点 A 距水平面的距离为 10，A 点在 B 点的左下方，求 AB 的正面投影 $a'b'$，如图 2-12（a）所示。

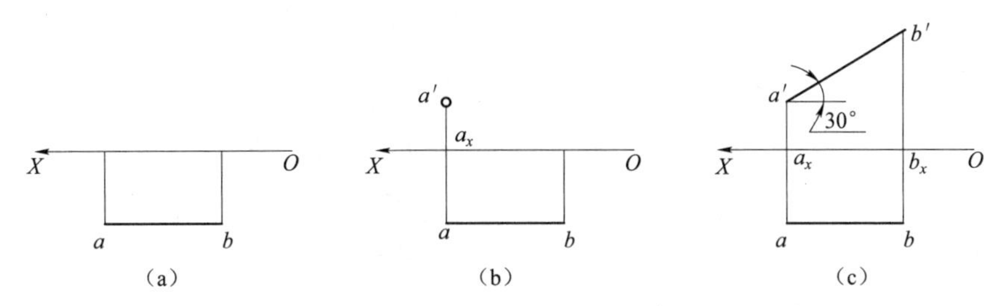

图 2-12 作正平线的 V 面投影

解 （1）作图分析。由已知条件可知，AB 的水平投影 ab 平行于 OX 轴，因而 AB 是正平线，正平线的正面投影与 OX 轴的夹角反映直线与 H 面的倾角。A 点到水平面的距离等于其正面投影 a' 到 OX 轴的距离，从而先求出 a'。

（2）作图步骤。

① 过 a 作 OX 轴的垂线 aa_x，在 aa_x 的延长线上截去 $a'a_x=10$，如图 2-12（b）所示。

② 过 a' 作与 OX 轴成 30°的直线，与过 b 作 OX 轴垂线 bb_x 的延长线相交，因为 A 点在 B 点的左下方，故所得交点即为 b'，连接 $a'b'$ 即为所求，如图 2-12（c）所示。

3. 一般位置直线

与三个投影面都倾斜（不平行又不垂直）的直线称为一般位置直线，简称一般线。从图 2-13 可以看出，一般位置直线具有以下投影特性：

（1）直线在三个投影面上的投影都倾斜于投影轴，其投影与相应投影轴的夹角不能反映其与相应投影面的真实倾角。

（2）三个投影的长度都小于实长。

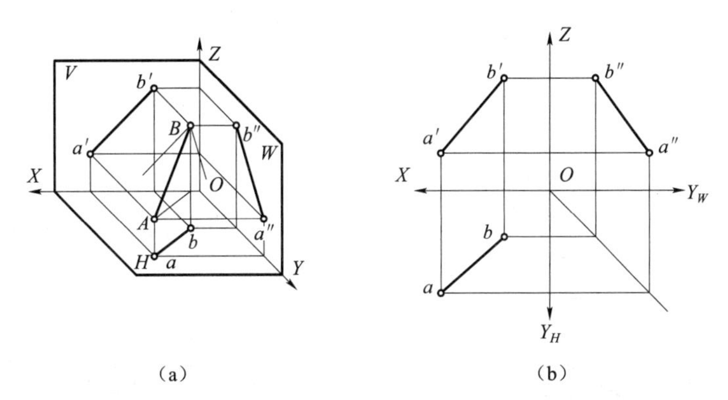

图 2-13 一般位置直线

三、两直线的相对位置关系

空间两直线的相对位置关系可分为三种：两直线平行、两直线相交、两直线交叉。前两种直线又称为同面直线，第三种又称为异面直线。其投影特点如下：

1. 两直线平行

性质：其同面投影平行或重合，反之亦然。如图 2-14 所示。

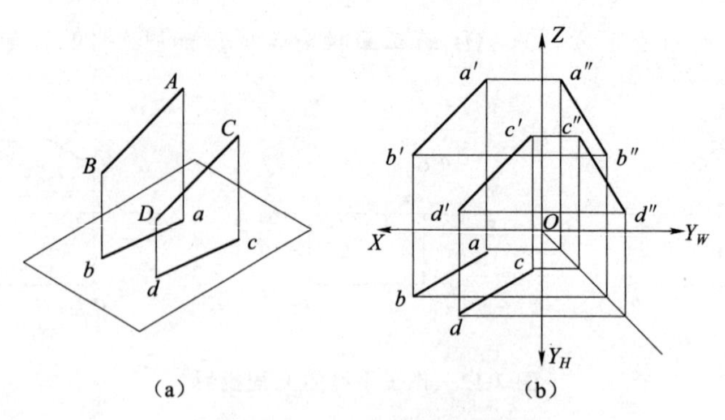

(a) (b)

图 2-14 平行两直线的投影

2. 两直线相交

性质：其同面投影相交或重合，且交点符合直线上点的投影规律。如图 2-15 所示，AB 与 CD 的交点 E 的投影符合点的投影规律，其投影连线垂直于相应的投影轴。

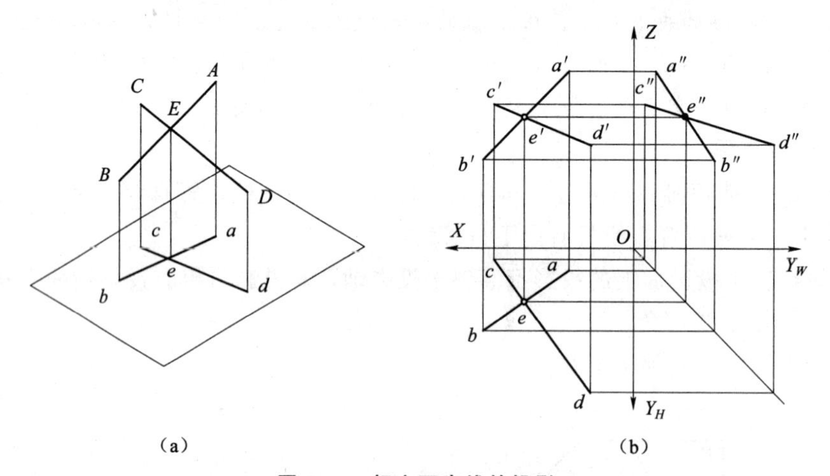

(a) (b)

图 2-15 相交两直线的投影

3. 两直线交叉

性质：其同面投影相交或平行，且交点不符合直线上点的投影规律。如图 2-16 所示。

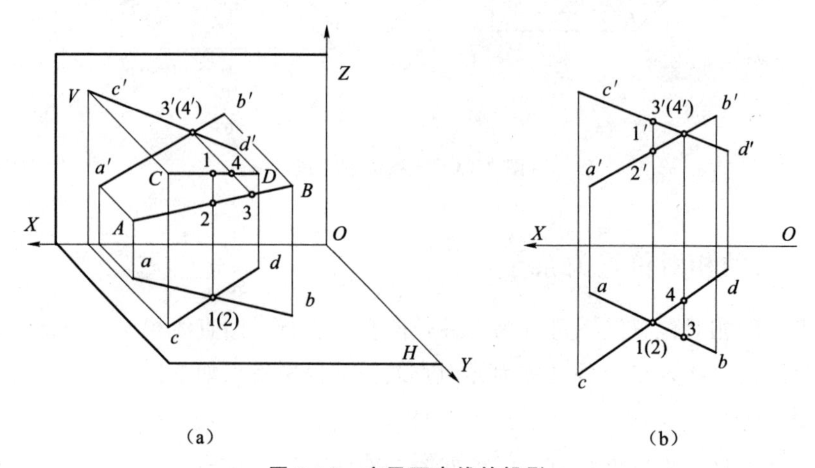

(a) (b)

图 2-16 交叉两直线的投影

四、直线上点的投影

如果点在直线上，则点的三面投影就必定在直线的三面投影之上。这一性质称为点的从属性。

一条直线上的两条线段之比，等于其同面投影之比。这一性质称为点的定比性。

如图 2-17 所示，已知 AB 的两面投影，C 点在 AB 上且分 AB 为 $AC:CB=2:5$，求 N 点的两面投影。

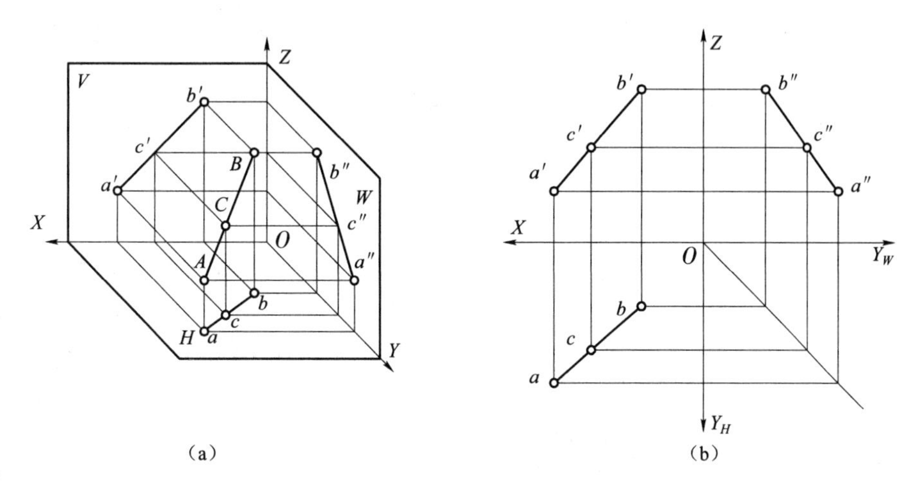

图 2-17 求直线上点的投影

任务 4 平面的投影

任务目的

通过本任务的学习，要求理解平面三面投影特性，理解平面的表示法，掌握平面上求直线和点的方法、步骤。

任务引入

平面的投影是学习机械制图、看懂机械制图图纸的重点之一。

本任务主要包括平面的表示法；平面的投影特性；平面内的直线和点。

知识准备

一、平面的表示法

由几何学可知，平面的空间位置可由下列几何元素确定：不在同一条直线上的三点；一直线及直线外一点；两条相交直线；两条平行直线；任意的平面图形。

如图 2-18 所示是用上述各几何元素所表示的平面及其投影图。

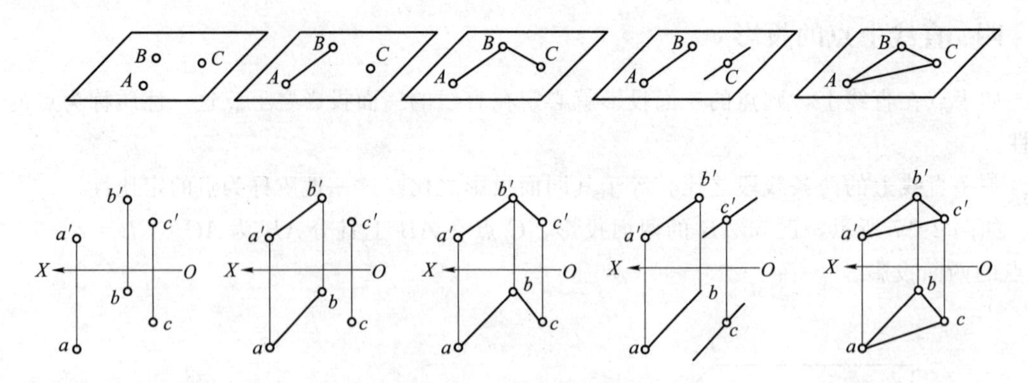

图 2-18 平面的表示法

二、平面的投影特性

平面对投影面的相对位置有以下三种：一般位置平面、投影面垂直面、投影面平行面。后两种称为特殊位置平面。

规定：平面对 H、V、W 面的倾角分别用 α、β、γ 来表示。平面的倾角是指平面与某一投影面所成的二面角。

1. 一般位置平面——与三个投影面都倾斜的平面

一般位置平面的投影如图 2-19 所示。由于△ABC 对 H、V、W 面都倾斜，因此它的三个投影都是三角形，为原平面图形的类似形，面积均比实形小。

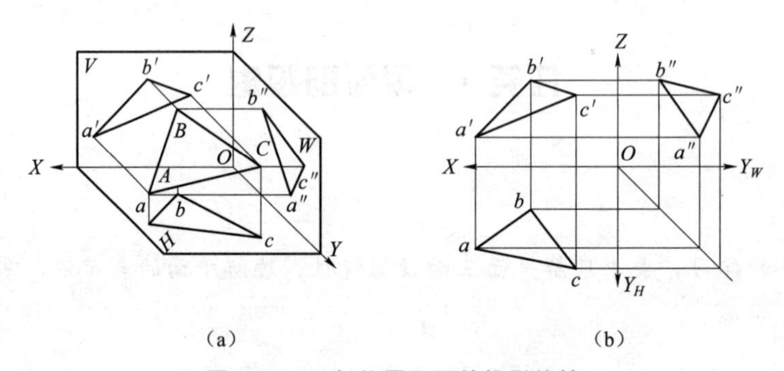

图 2-19 一般位置平面的投影特性

2. 投影面垂直面——垂直于一个投影面，且与另两个投影面倾斜的平面

投影面垂直面可分为以下三种：垂直于 H 面的平面叫铅垂面；垂直于 V 面的平面叫正垂面；垂直于 W 面的平面叫侧垂面。

如图 2-20 所示是铅垂面△ABC 的投影。由于△ABC 垂直于 H 面，倾斜于 V、W 面，因此，其水平投影积聚成一条直线，V 面投影和 W 面投影都是类似的三角形，H 面投影与 OX 轴、OY 轴的夹角分别反映△ABC 与 V 面、W 面的倾角 β、γ。

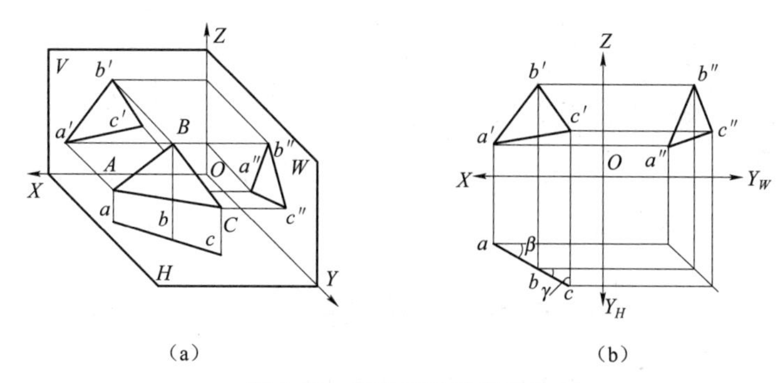

图 2-20　铅垂面的投影特性

如表 2-3 所示为投影面垂直面的投影特性。

表 2-3　投影面垂直面的投影特性

名称	铅垂面	正垂面	侧垂面
直观图	Z V p′ P p″ W X O p H Y	Z V q′ Q q″ W X O q H Y	Z V r′ r″ W X R O r H Y
投影图	Z p′ p″ X O Y_w p Y_h	Z q′ q″ X O Y_w q Y_h	Z r′ r″ X O Y_w r Y_h

总之，投影面垂直面的投影特性如下：

(1) 投影面垂直面在所垂直的投影面上的投影积聚直线，并反映该平面对其他两个投影面的倾角。

(2) 平面的其他两面投影都表现出类似性。

3. 投影面平行面——平行于一个投影面，且与另两个投影面垂直的平面

投影面平行面又可以分为以下三种：平行于 H 面的平面叫水平面；平行于 V 面的平面叫正平面；平行于 W 面的平面叫侧平面。

如图 2-21 所示为正平面的投影。平面 P 平行于 V 面，垂直于 H 面和 W 面，因此，其 V 面投影反映实形，H 面投影和 W 面投影积聚成直线，且 H 面投影平行于 OX 轴，W 面投影平行于 OZ 轴。

如表 2-4 所示为投影面平行面的投影特性。

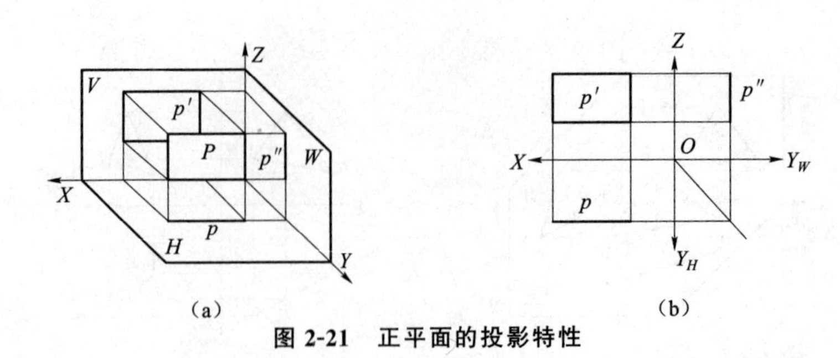

(a)　　　　　　　　(b)

图 2-21　正平面的投影特性

表 2-4　投影面平行面的投影特性

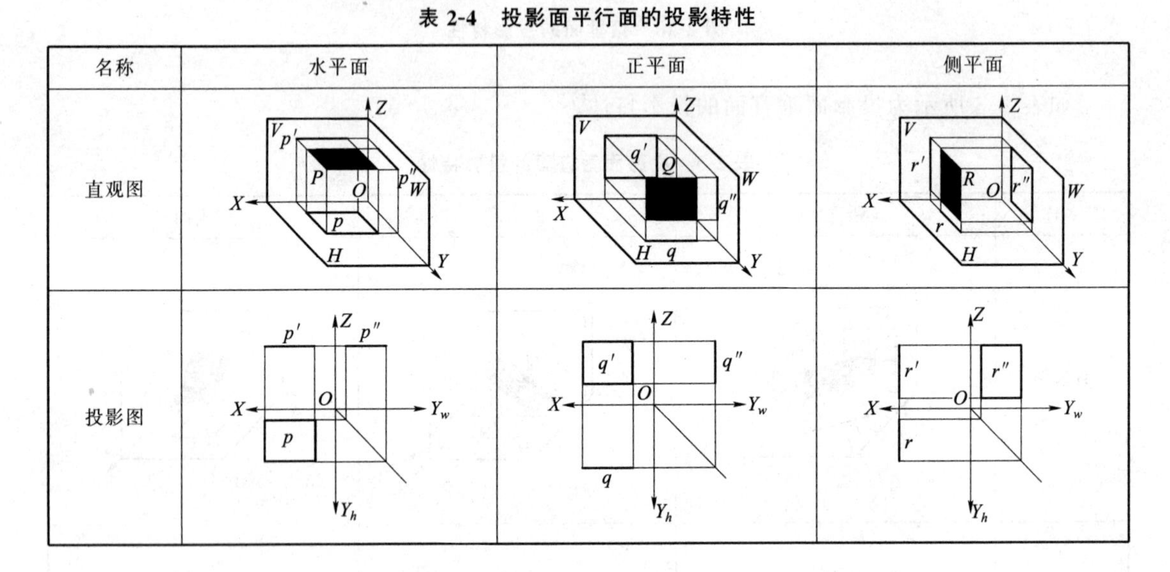

名称	水平面	正平面	侧平面
直观图			
投影图			

总之，投影面平行面的投影特性如下：

(1) 投影面平行面在其所平行的投影面上的投影反映实形。

(2) 投影面平行面的另外两面投影均积聚成平行于相应投影轴的直线。

三、平面内的直线和点

从几何学可知，直线在平面上的几何条件如下：直线通过平面上的两点；或通过平面上的一点并平行于平面上的另一条直线。点在平面上的几何条件如下：点在平面的一条直线上，如图 2-22 所示。

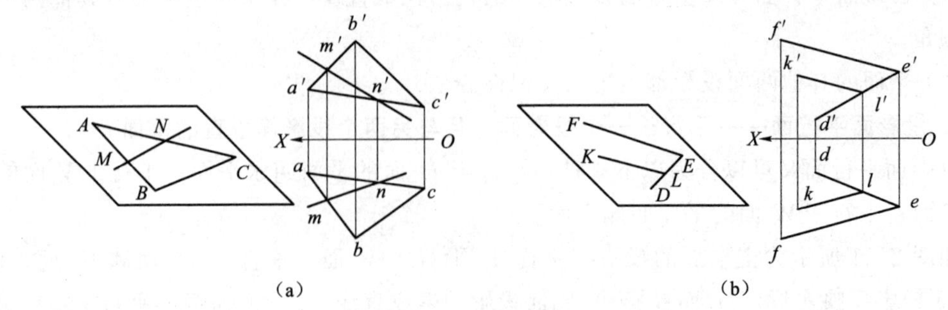

(a)　　　　　　　　(b)

图 2-22　平面上的直线和点

【例 2-2】如图 2-23 所示，判断点 M 是否在平面 $ABCD$ 内。

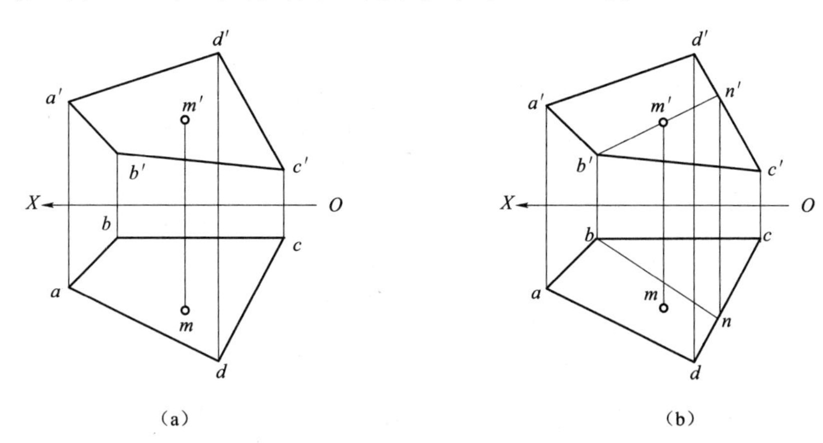

图 2-23　判断点 *M* 是否在平面 *ABCD* 上

分析　若点 M 在平面 $ABCD$ 内，则一定在平面 $ABCD$ 的一条直线上；否则，就不在平面 $ABCD$ 内。

作图　（1）连 $b'm'$，并延长于 $c'd'$ 相交于 n'。

（2）由 n' 作出 n，连 bn，m 不在 bn 上，显然，点 M 不在 BN 上，所以点 M 不在平面 $ABCD$ 内。

任务 5　直线与平面、平面与平面的相对位置

任务目的

通过本任务的学习，要求理解直线与平面及平面与平面平行的投影特性；理解直线与平面及平面与平面相交的交点及交线的求解方法；了解直线与平面及平面与平面垂直的投影特性。

任务引入

到目前为止，构成机器的最基本元素点、直线、平面的投影特性我们已经理解，但在现实中，经常会出现直线与平面、平面与平面平行、相交等相对位置关系，那么这时又会有什么样的投影特性呢？这也是本任务的研究对象。

本任务主要包括直线与平面、平面与平面平行；直线与平面、平面与平面相交；直线与平面、平面与平面垂直。

知识准备

一、直线与平面、平面与平面平行

由几何学可知，直线与平面平行的几何条件如下：直线平行于平面内的一条直线。平面与平面平行的几何条件如下：一个平面内的两条相交直线对应平行于另一个平面内的两条相交直线。

由图 2-24 可以得出直线与投影面垂直面平行时，直线的投影平行于平面有积聚性的同

面投影，或者直线和平面的同面投影都有积聚性。

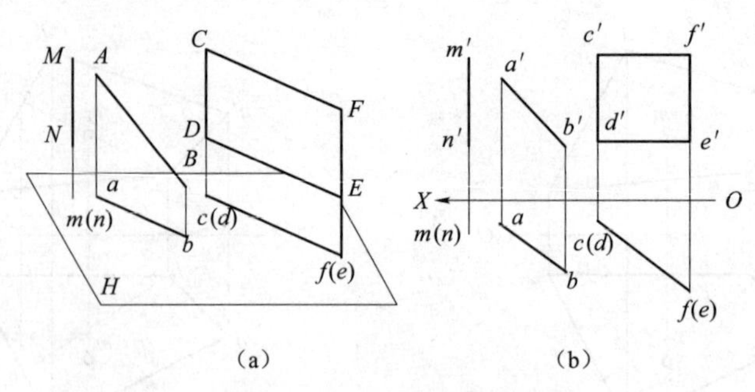

（a）　　（b）

图 2-24　直线与平面平行

由图 2-25 可知，两个投影面的垂直面平行时，它们积聚性的同面投影平行。

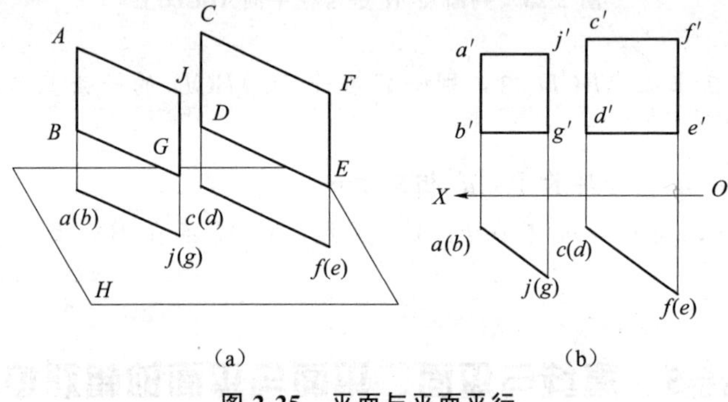

（a）　　（b）

图 2-25　平面与平面平行

二、直线与平面、平面与平面相交

求直线与平面或两个平面相交时，应求出直线与平面的交点、两个平面的交线，并判断可见性，将被平面遮住的直线或另一个平面的轮廓画成虚线。

1. 直线与平面相交

直线与平面相交的交点是直线与平面的共有点，且是直线可见与不可见的分界点。

如图 2-26（a）所示，一般位置直线 *DE* 与铅垂面△*ABC* 相交，交点 *K* 的 *H* 面投影 *k* 在△*ABC* 的 *H* 面投影 *abc* 上，又必在直线 *DE* 的 *H* 面投影 *de* 上，因此，交点 *K* 的 *H* 面投影 *k* 就是 *abc* 与 *de* 的交点，由 *k* 作 *d′e′* 上的 *k′*，如图 2-26（b）所示。交点 *K* 也是直线 *DE* 在△*ABC* 范围内可见与不可见的分界点。由图 2-26（c）可以看出，直线 *DE* 在交点右上方的一段 *KE* 位于△*ABC* 平面之前，因此 *e′k′* 为可见，*k′d′* 被平面遮住的一段为不可见。同时，也可利用两条交叉直线的重影点来判断，*e′d′* 与 *a′c′* 有一对重影点 1′和 2′，根据 *H* 面投影可知，*DE* 上的点Ⅰ在前，*AC* 上的点Ⅱ在后，因此 1′*k′* 可见，另一部分被平面遮挡，不可见，应画细虚线。

如图 2-27（a）和图 2-27（b）所示，正垂线 *EF* 与平面 *ABCD* 相交，*EF* 的 *V* 面投影积聚成一点，交点 *K* 的 *V* 面投影 *k′* 与 *e′f′* 重合，同时点 *K* 也是平面 *ABCD* 上的点，因此，可以利用在平面上取点的方法，求出点 *K* 的 *H* 面投影 *k*，如图 2-27（c）所示。*EF* 的可见性可利用两条交叉直线的重影点来判断。*ef* 与 *ad* 有一对重影点 1 和 2，根据 *V* 面投影可知，*EF* 上的点Ⅰ在上，*AD* 上的点Ⅱ在下，因此一部分可见，另一部分被平面遮挡不可

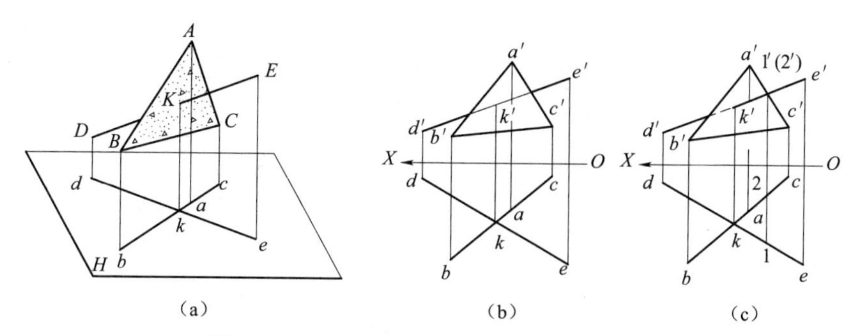

(a) (b) (c)

图 2-26 一般位置直线与投影面垂直面相交

见，应画虚线，如图 2-27（c）所示。

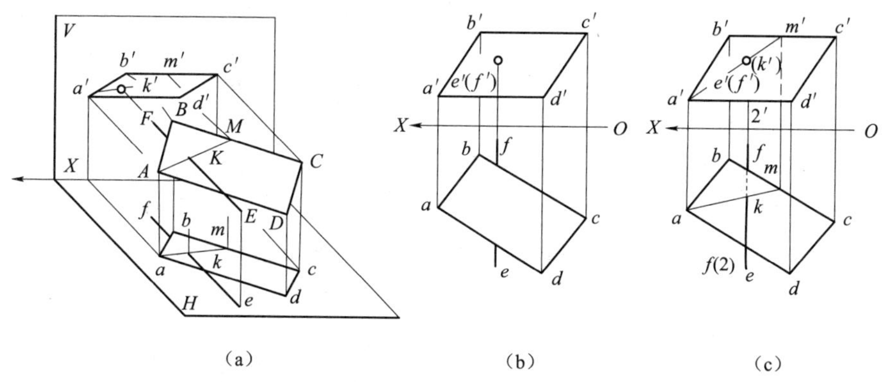

(a) (b) (c)

图 2-27 投影面垂直线与一般位置平面相交

2. 平面与平面相交

两平面相交的交线是两平面的共有线，而且是平面可见与不可见的分界线。如图 2-28 所示，△*ABC* 是铅垂面，△*DEF* 是一般位置平面，在水平投影上，两平面的共有部分 *kl* 就是所求交线的水平投影，由 *kl* 可直接求出 *k′l′*。*V* 面投影的可见性可以从 *H* 面投影直接判断：平面 *klfe* 在平面 *ABC* 之前，因此 *k′l′f′e′* 可见，画粗实线，其余部分的可见性如图 2-28（b）所示。

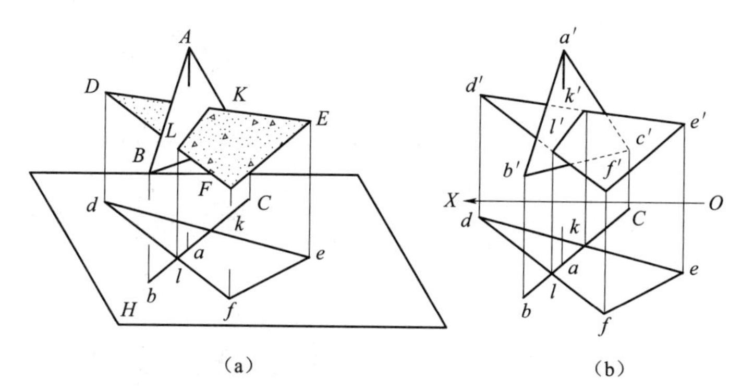

(a) (b)

图 2-28 投影面垂直面与一般位置平面相交

如图 2-29 所示，两铅垂面相交，其交线是铅垂线。两铅垂面的 *H* 面积聚投影的交点就是铅垂线的投影，由此可求出交线的 *V* 面投影，并由 *H* 面投影直接判断可见性。

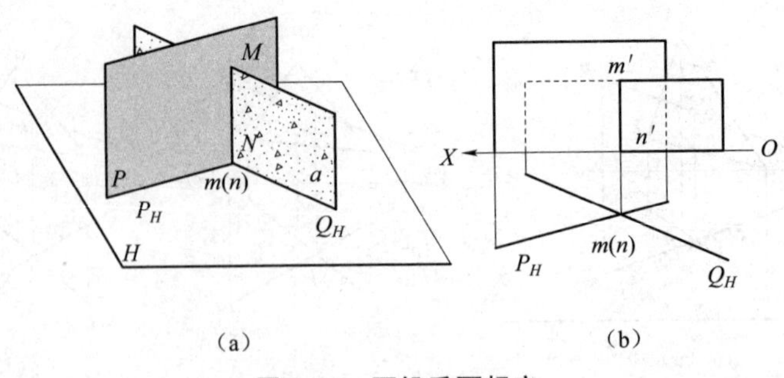

图 2-29　两铅垂面相交

三、直线与平面、平面与平面垂直

1. 直线与平面垂直

由几何学可知，一条直线如果垂直于一个平面内的任意两条相交直线，则直线垂直于该平面，直线垂直于平面上的所有直线。

从图 2-30 可以看出，当直线垂直于投影面垂直面时，该直线平行于平面所垂直的投影面。图中，直线 AB 垂直于铅垂面 $CDEF$，AB 是水平线，且 $ab \perp cdef$。

同理，与正垂面垂直的直线是正平线，它们的正面投影相互垂直；与侧垂面垂直的直线是侧平线，两者的侧面投影相互垂直。

2. 平面与平面垂直

当两个相互垂直的平面同垂直于一个投影面时，两个平面有积聚性的同面投影垂直，交线是该投影面的垂直线。

如图 2-31 所示，两个铅垂面 $ABCD$、$CDEF$ 相互垂直，它们的 H 面有积聚性的投影垂直相交，交点是两平面交线——铅垂线的投影。

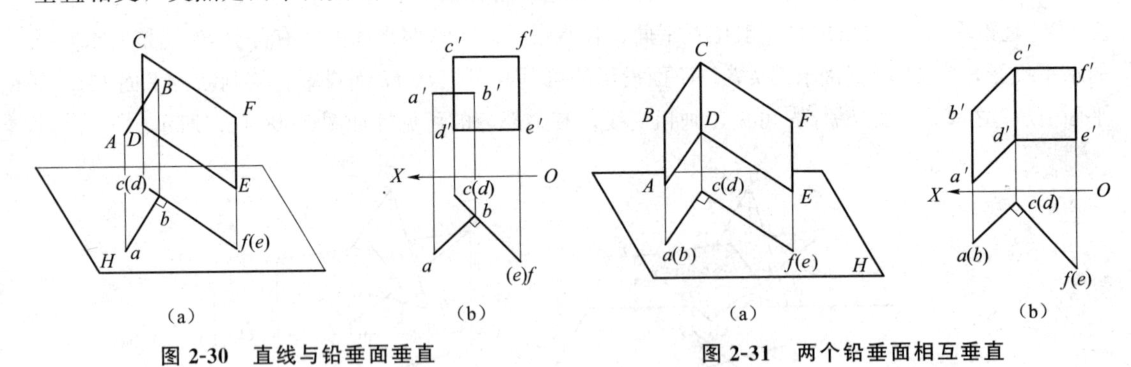

图 2-30　直线与铅垂面垂直　　　　图 2-31　两个铅垂面相互垂直

任务 6　换　面　法

任务目的

通过本任务的学习，要求了解换面法的基本概念及新投影面的选择原则；了解点的一次、二次换面，会运用换面法求解相关简单问题。

任务引入

当直线或平面相对于投影面处于特殊位置（平行、垂直）时，它们的投影反映线段的实长、平面的实形及其与平面的倾角。当直线或平面和投影面处于一般位置时，它们的投影不具备上述特性。换面法的目的就在于将直线或平面从一般位置变换为和投影面平行或垂直的位置，以便于解决它们的度量和定位问题。

本任务主要包括换面法概述；换面法。

知识准备

一、换面法概述

1. 换面法的基本概念

换面法就是保持空间几何元素不动，用一个新的投影面替换其中一个原来的投影面，使新投影面对于空间几何元素处于有利于解题的位置，然后找出其在新投影面上的投影。

2. 新投影面的选择原则

（1）新投影面必须和空间的几何元素处于有利于解题的位置。

（2）新投影面必须垂直于一个原有的投影面。

（3）在新建立的投影体系中仍然采用正投影法。

二、换面法的投影规律

点是一切几何元素的基本元素。因此，在研究换面时，首先从点的投影变换来研究换面法的投影规律。

1. 点的一次换面

（1）换 V 面。图 2-32（a）表示点 A 在原投影体系 V/H 中，其投影为 a' 和 a。现令 H 面不动，用新投影面 V_1 来代替 V 面，V_1 面必须垂直于不动的 H 面，这样便形成新的投影体系 V_1/H，O_1X_1 是新投影轴。

过点 A 向 V_1 面作垂线，得到 V_1 面上的新投影 a'_1，点 a'_1 是新投影，点 a' 是旧投影，点 a 是新、旧投影体系中共有的不变投影。a 和 a'_1 是新的投影体系中的两个投影，将 V_1 面绕 O_1X_1 轴旋转到与 H 面重合的位置时，就得到如图 2-32（b）所示的投影图。

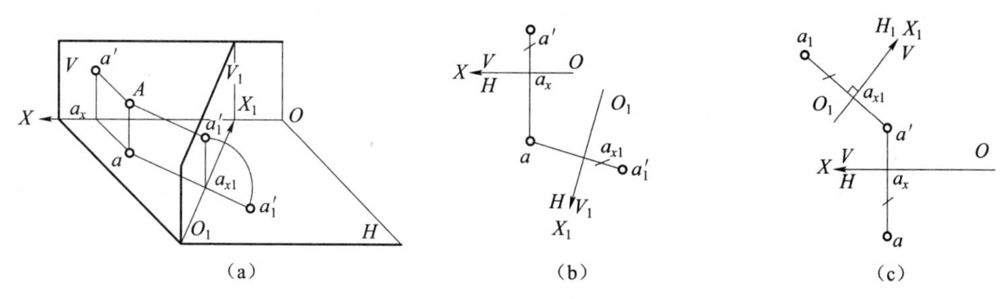

图 2-32 点的一次变换（换 V、H 面）

由于在新投影体系中仍采用正投影方法，又在 V/H 投影体系和 V_1/H 体系中具有公共的 H 面，所以点 A 到 H 面的距离（Z 坐标）在两个体系中是相等的。于是有如下关系：

$a'_1a \perp O_1X_1$ 轴；$a'_1a_{x1}=a'a_x=Aa$，即换 V 面时 Z 坐标不变。

由此得出点的投影变换规律如下：

① 点的新投影和不变投影的连线必垂直于新投影轴。

② 点的新投影到新投影轴（O_1X_1）的距离等于被替换的点的旧投影到旧投影轴（OX）的距离，即换 V 面时高度坐标不变。

换 V 面的作图方法和步骤如图 2-32（b）所示。

① 在被保留的 H 投影 a 附近（适当的位置）作 O_1X_1 轴。

② 由 H 投影 a 向新投影轴 O_1X_1 作垂线，在此垂线上量取 $a'_1a_{x1}=a'a_x$，点 a'_1 即为所求。

（2）换 H 面。换 H 面时，新旧投影之间的关系与换 V 面类似，也存在如下关系：

$a'a_1 \perp O_1X_1$ 轴；$a_1a_{x1}=aa_x=Aa'$，换 H 面是 Y 坐标不变。

其作图方法和步骤与换 V 面类似，如图 2-32（c）所示，可依次类推，此略。

2. 点的二次换面

由于应用换面法解决实际问题时，一次换面还不便于解题，有时还需要二次或多次变换投影面。图 2-33 表示点的二次换面，其求点的新投影的作图方法和原理与一次换面相同。

但要注意的是，在更换投影面时，不能一次更换两个投影面，为了在换面过程中两个投影面保持垂直，必须更换一个之后，在新的投影体系中交替地再更换另一个。如图 2-33（a）所示，先由 H_1 代替 H 面，构成新的投影体系 V/H_1，O_1X_1 为新坐标轴；再以这个新投影体系为基础，以 V_2 面代替 V 面，又构成新的投影体系 V_2/H_1，O_2X_2 为新坐标轴。

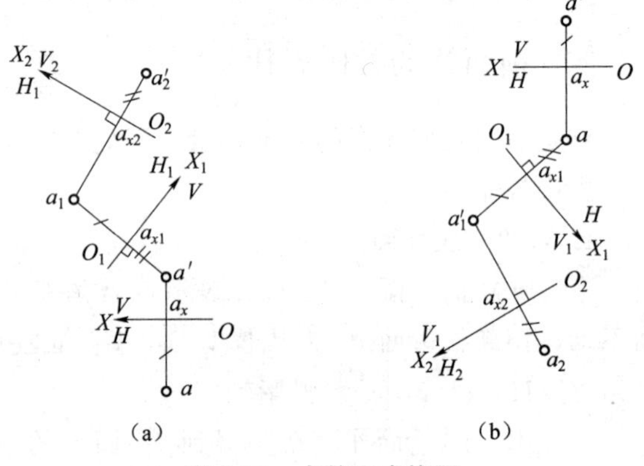

图 2-33　点的二次换面

二次换面的作图步骤如图 2-33（a）所示。

（1）先换 H 面。以 H_1 面替换 H 面，建立 V/H_1 新投影体系，得新投影 a_1，而 $a_1a_{x1}=aa_x=Aa'$，作图方法与点的一次换面完全相同。

（2）再换 V 面。以 V_2 面替换 V 面，建立 V_2/H_1 新投影体系，得新投影 a'_2，而 $a'_2a_{x2}=a'a_{x1}=Aa_1$，作图方法与点的一次换面类似。

注：根据实际需要，也可以先换 V 面，后换 H 面，如图 2-33（b）所示，但两次或多次换面应该是 V 面和 H 面交替更换，如 $\frac{V}{H} \to \frac{V_1}{H} \to \frac{V_1}{H_2} \to \frac{V_3}{H_2} \cdots$。

3. 几个基本作图问题

（1）将一般位置直线变换为投影面的平行线。如图 2-34（a）为把一般位置直线 AB 变换为投影面平行线的情况。用 V_1 面代替 V 面，使 V_1 面 $/\!/ AB$ 并垂直于 H 面。此时，AB 在新投影体系 V_1/H 中为正平线。如图 2-34（b）所示为投影图。作图时，先在适当位置画

出与不变投影 ab 平行的新投影轴 O_1X_1（$O_1X_1 /\!/ ab$），然后根据点的投影变换规律和作图方法，求出 A、B 两点在新投影面 V_1 上的新投影 a'_1、b'_1，再连接直线 $a'_1b'_1$。则 $a'_1b'_1$ 反应线段 AB 的实长，即 $a'_1b'_1=AB$，并且新投影 $a'_1b'_1$ 和新投影轴（O_1X_1 轴）的夹角即为直线 AB 对 H 面的倾角 α，如图 2-34（b）所示。

如图 2-34（c）所示，若求线段 AB 的实长和与 V 面的倾角 β，应将直线 AB 变换成水平线（$AB /\!/ H_1$ 面），即应该换 H 面，建立 V/H_1 新投影体系，基本原理和作图方法同上。

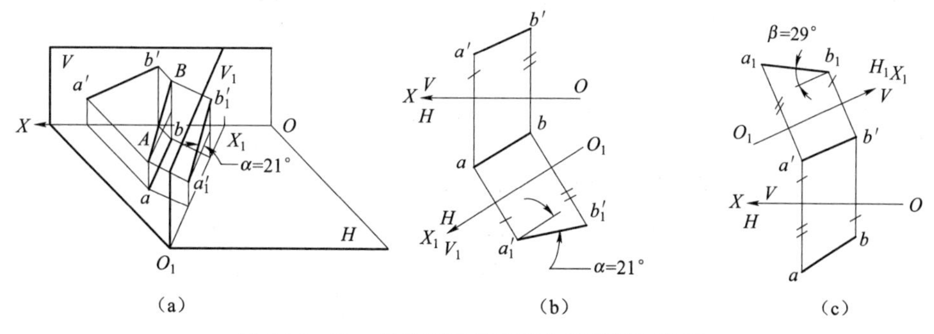

图 2-34 将一般位置直线变换为投影面平行线

（2）将投影面平行线变换为投影面垂直线。将投影面平行线变换为投影面垂直线，是为了使直线积聚成一个点，从而解决与直线有关的度量问题（如求两直线间的距离）和空间问题（如求线段面交点）。应该选择哪一个投影面进行变换，要根据给出的直线的位置而定，即选择一个与已知平行线垂直的新投影面进行变换，使该直线在新投影体系中成为垂直线。

如图 2-35（a）所示为将水平线 AB 变换为新投影面的垂直线的情况，如图 2-35（b）所示为投影图的作法：因为所选的新投影面垂直于 AB，而 AB 为水平线，所以新投影面一定垂直于 H 面，故应换 V 面，用新投影体系 V_1/H 更换旧投影体系 V/H，其中 $O_1X_1 \perp ab$。

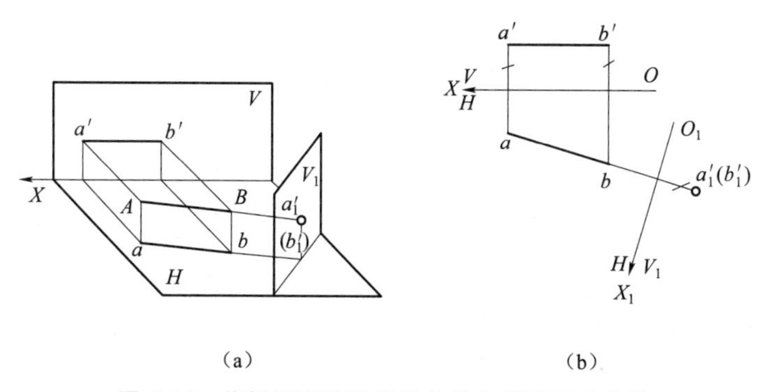

图 2-35 将投影面的平行线变换为投影面垂直线

（3）将一般位置直线变换为投影面垂直线（需要二次换面）。如果要将一般位置直线变换为投影面垂直线，必须变换两次投影面。先将一般位置直线变换为投影面平行线，然后将该投影面平行线变换为投影面垂直线。

如图 2-36 所示，先换 V 面，使直线 AB 在新投影体系 V_1/H 中成为正平线，然后换 H 面，使直线 AB 在新投影体系 V_1/H_2 中成为铅垂线。其作图方法如图 2-36（b）所示，其中

$O_1X_1 /\!/ ab$，$O_2X_2 \perp a'_1b'_1$。

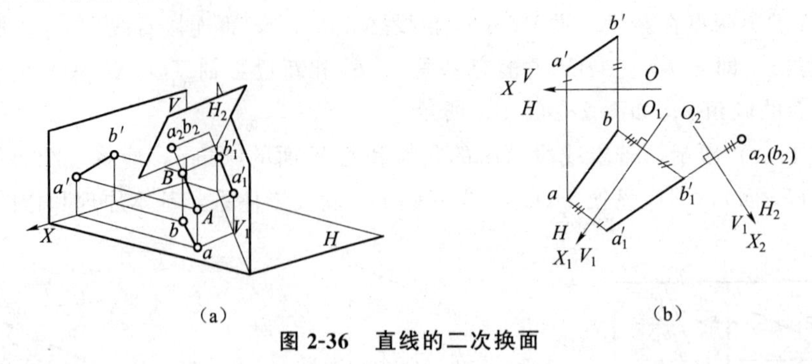

图 2-36　直线的二次换面

（4）将一般位置平面变换为投影面垂直面（求倾角问题）。将一般位置平面变换为投影面垂直面，只需使平面内的任一条直线垂直于新的投影面。我们知道，要将一般位置直线变换为投影面垂直线，必须经过两次变换，而将投影面平行线变换为投影面垂直线只需要一次变换。因此，在平面内不取一般位置直线，而是取一条投影面的平行线为辅助线，再取与辅助线垂直的平面为新投影面，则平面也就与新投影面垂直了。

如图 2-37 所示为将一般位置平面△ABC 变换为新投影体系中的正平线段的情况。由于新投影面 V_1 既要垂直于△ABC 平面，又要垂直于原有投影面 H 面，因此，它必须垂直于△ABC 平面内的水平线。

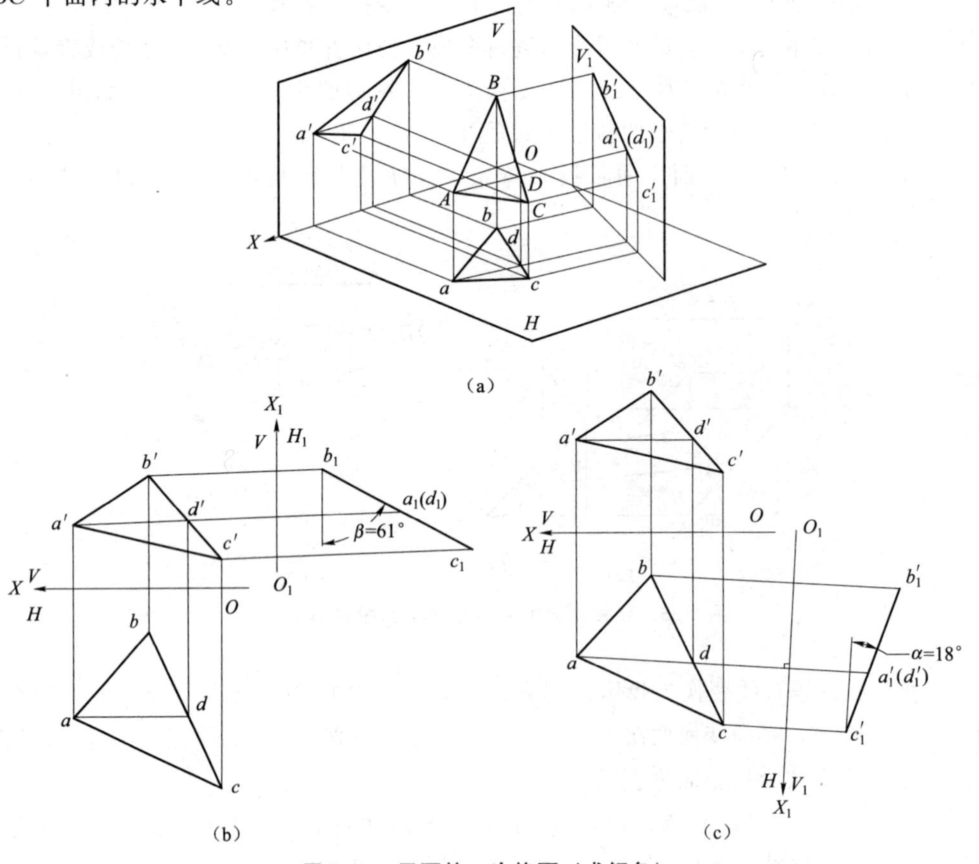

图 2-37　平面的一次换面（求倾角）

作图步骤［如图 2-37（c）所示］如下：

① 在△ABC 平面内作一条水平线 AD 作为辅助线及其投影 ad、$a'd'$。

② 作 $O_1X_1 \perp ad$。

③ 求出△ABC 在新投影面 V_1 面上的投影 a'_1、b'_1、c'_1，a'_1、b'_1、c'_1 三点连线必积聚为一条直线，即为所求。而该直线与新投影轴的夹角即为该一般位置平面△ABC 与 H 面的倾角 α。

同理，也可以将△ABC 平面变换为新投影体系 V/H_1 中的铅垂面，并同时求出一般位置平面△ABC 与 V 面的倾角 β，如图 2-37（b）所示。

（5）将投影面的垂直面变换为投影面平行面（求实形问题）。如图所示为将铅垂面△ABC 变为投影面平行面（求实形）的情况。由于新投影面平行于△ABC，因此它必定垂直于投影面 H，并与 H 面组成 V_1/H 新投影体系。△ABC 在新投影体系中是正平面。如图 2-37（b）所示为它的投影图。

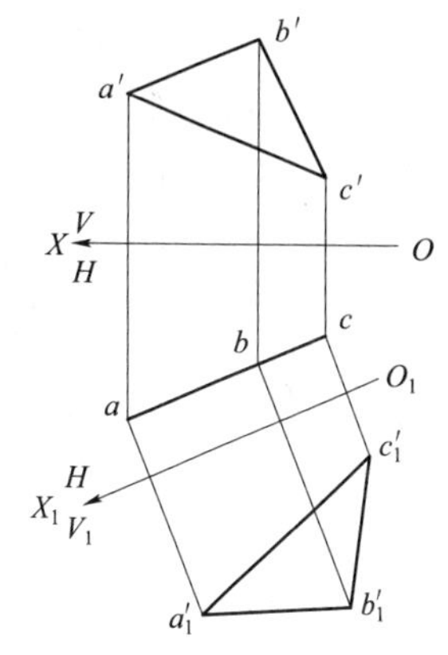

图 2-38　将投影面的垂直面变换为投影面平行面

作图步骤（如图 2-38 所示）如下：

① 在适当位置作 $O_1X_1 /\!/ abc$。

② 求出△ABC 在 V_1 面的投影 a_1、b_1、c_1，连接此三点，得△$a_1b_1c_1$ 即为△ABC 的实形。

（6）将一般位置平面变换为投影面平行面（二次换面）。要将一般位置平面变换为投影面平行面，必须经过两次换面。因为如果取新投影面平行于一般位置平面，则这个投影面也一定是一般位置平面，它和原体系 V/H 中的所有投影面都不垂直，从而无法构成新投影体系。因此，一般位置平面变换为投影面平行面，必须经过两次换面。

如图 2-39（a）所示，先换 V 面，其变换顺序为 $X\,\dfrac{V}{H}\rightarrow X_1\,\dfrac{V_1}{H}\rightarrow X_2\,\dfrac{V_1}{H_2}$，在 H_2 面上得到△$a_2b_2c_2$＝△ABC，即△$a_2b_2c_2$ 是△ABC 的实形。

如图 2-39（b）所示，先换 H 面，其变换顺序为 $X\,\dfrac{V}{H}\rightarrow X_1\,\dfrac{V}{H_1}\rightarrow X_2\,\dfrac{V_2}{H_1}$，在 V_2 面上得到△$a'_2b'_2c'_2$＝△ABC，即△$a'_2b'_2c'_2$是△ABC 的实形。

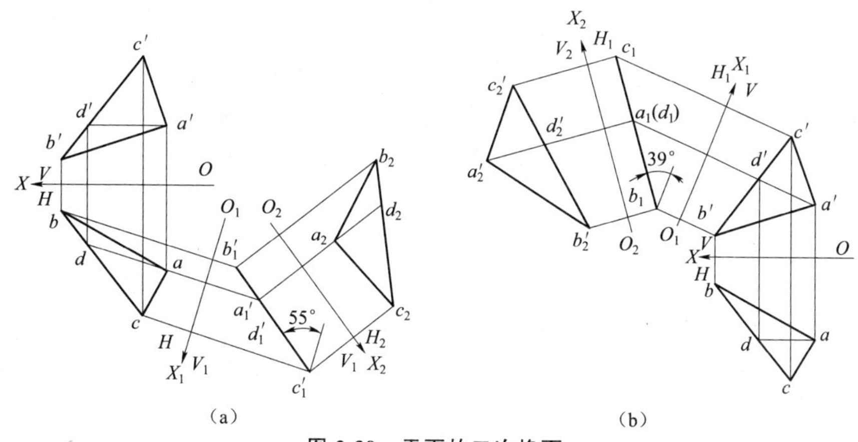

图 2-39　平面的二次换面

4. 应用举例

(1) 到平面的距离。确定点到平面的距离，只要把已知的平面变换成垂直面，点到平面的实际距离就可反映在投影图上了。

如图 2-40 所示，用变换 V 面的方法，确定点 D 到△ABC 的距离。作图步骤如下：

① 由于△ABC 中的 AB 为水平线，故直接取新轴 $O_1X_1 \perp ab$。

② 再作出 D 点和△ABC 的新投影 d'_1 和 (a'_1) $b'_1c'_1$（为一条直线）。

③ 过点 d'_1 向直线 (a'_1) $b'_1c'_1$ 作垂线，得垂足的新投影 k'_1，投影 $d'_1k'_1$ 之长即为所求的距离。

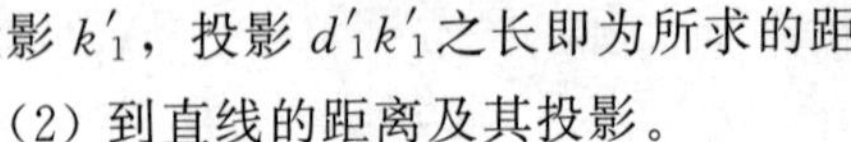

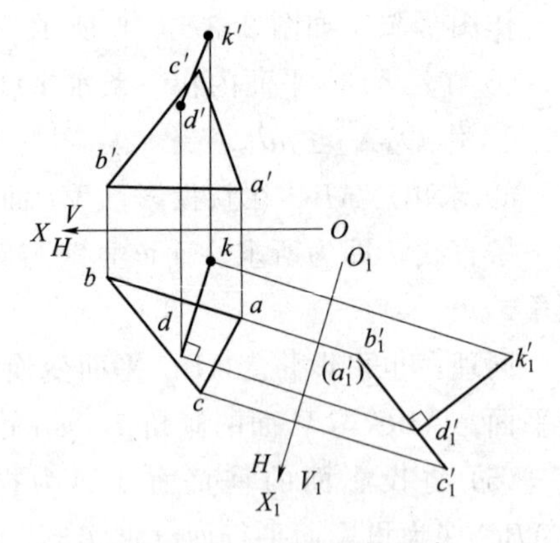

图 2-40　点到平面的距离

(2) 到直线的距离及其投影。

【例 2-3】如图 2-41 (a) 所示，已知线段 AB 和线外一点 C 的两个投影，求 C 点到直线 AB 的距离，并作出 C 点对 AB 的垂线的投影。

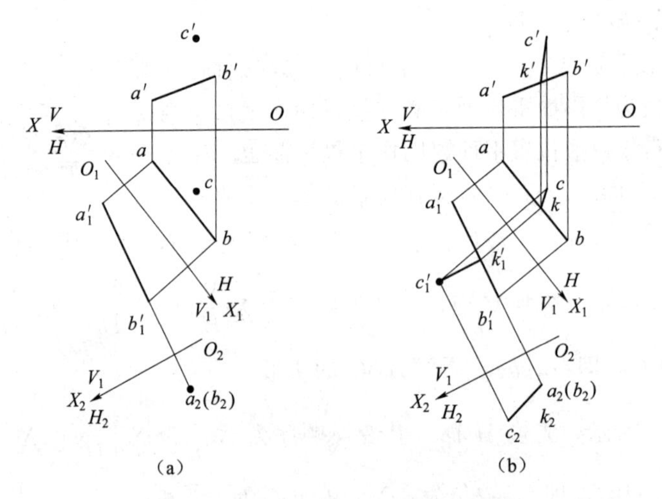

图 2-41　求点到直线的距离及其投影

分析　要使新投影直接反映 C 点到直线 AB 的距离，过 C 点对直线 AB 的垂线必须平行于新投影面，即直线 AB 或垂直于新的投影面，或与点 C 所决定的平面平行于新投影面。要将一般位置直线变为投影面垂直线，必须经过二次换面，因为垂直于一般位置直线的平面不可能又垂直于投影面。因此，要先将一般位置直线变换为投影面平行线，再由投影面平行线变换为投影面垂直线。

作图步骤如下：

① 求 C 点到直线 AB 的距离。在图 2-41 (b) 中，先将直线 AB 变换为投影面的正平线（$/\!/ V_1$ 面），再将正平线变换为铅垂线（$\perp H_2$ 面），C 点的投影也随着变换过去，线段 c_2k_2 即等于 C 点到直线 AB 的距离。

② 作出 C 点对直线 AB 的垂线的旧投影。如图 2-41（b）所示，由于直线 AB 的垂线 CK 在新投影体系 V_1H_2 中平行于 H_2 面，因此 CK 在 V_1 面上的投影 $c'_1k'_1 /\!/ O_2X_2$ 轴，且 $c'_1k'_1 \perp a'_1b'_1$。据此，过 c'_1 点作 O_2X_2 轴的平行线，就可得到 k'_1点，利用直线上点的投影规律，由 k'_1点返回去，在直线 AB 的相应投影上，先后求得垂足 K 点的两个旧投影 k 点和 k'点，连接 $c'k'$、ck。$c'k'$、ck 即为 C 点对直线 AB 的垂线的旧投影。

（3）交叉直线之间的距离。两条交叉直线之间的距离，应该用它们的公垂线来度量。

分析 ① 当两条交叉直线中有一条直线是某一投影面的垂直线段时，不必换面即可直接求出两条交叉直线之间的距离。

② 当两条交叉直线中有一条直线是某一投影面的平行线段时，只需要一次换面即可求出两条交叉直线之间的距离。

③ 当两条交叉直线都是一般位置直线时，需要进行二次换面才能求出两条交叉直线之间的距离。

【例 2-4】如图 2-42 所示，已知两条交叉直线 AB、CD，求两条直线之间的距离。

作图方法和步骤如下：

① 因为 AB、CD 两条直线在 V/H 体系中均为一般位置直线，所以需要二次换面。先用 V_1 面代替 V 面，使 V_1 面$/\!/AB$，同时 $V_1 \perp H$ 面。此时，AB 在新投影体系 V_1/H 中为新投影面的平行线。在新投影体系中求出 AB、CD 的新投影 $a'_1b'_1$、$c'_1d'_1$，如图 2-42（a）所示。

② 在适当的位置引入新投影轴 $O_2X_2 \perp c'_1d'_1$，用 H_2 面代替 H 面，使 H_2 面$\perp c'_1d'_1$，如图2-42（b）所示，线段 t_2s_2 即等于两条直线之间的距离。

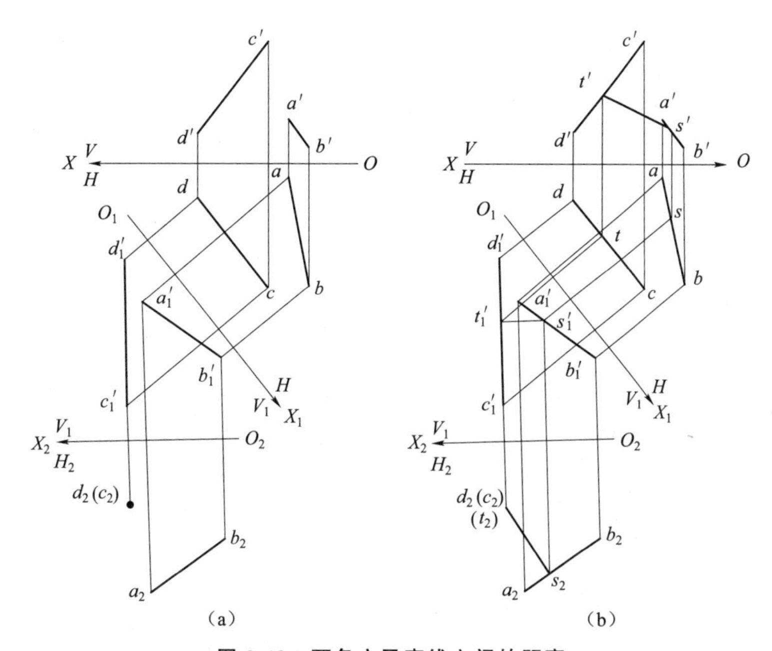

图 2-42 两条交叉直线之间的距离

项目小结

本项目主要介绍了点、直线、平面的投影特性，通过学习，主要掌握点的投影规律、空间两点的相对位置、直线投影特性、直线上的点、空间两直线相对位置关系、平面表示法、平面投影特性以及平面上的直线和点，了解直线与平面、平面与平面的相对位置关系，概括了解换面法的基本知识。

项目3　基　本　体

学习目标

1. 掌握三视图的形成；
2. 掌握基本体三视图的画法；
3. 掌握基本体表面取点的方法。

任务1　三视图的基本知识

任务目的

通过本任务的学习，要求理解三视图的形成，理解三视图与物体之间的关系，掌握三视图的方位对应关系。

任务引入

要反映物体的完整形状，必须增加由不同投影方向所得到的几个视图，互相补充，才能将物体表达清楚。工程上常用的是三视图。

本任务主要包括三视图的形成；三视图之间的关系。

知识准备

一、三视图的形成

将物体放在观察者和投影面之间，将观察者的视线视为一组相互平行并且与投影面垂直的投射线。将物体向选定的投影面投射得到物体的正投影图。这种用正投影法绘制出物体的图形称为视图。物体是空间的，有一定的形状和大小，有长、宽、高3个方向的尺寸，用一个视图很难表达清楚，如图3-1所示。在工程上常用三面视图来反映，这就是三视图。

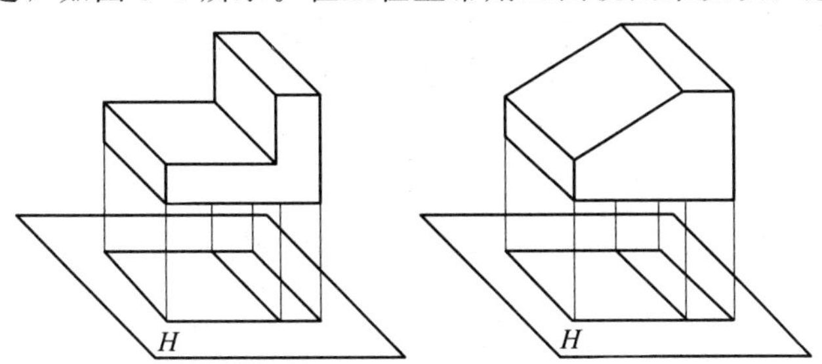

图3-1　单一投影不能确定物体的形状和大小

1. 三投影面体系的建立

三投影面体系由 3 个互相垂直的投影面所组成，如图 3-2 所示。正前方的正立投影面，简称正面或 V 面；平行于地平面的水平投影面，简称水平面或 H 面；在右侧的侧立投影面，简称侧面或 W 面。

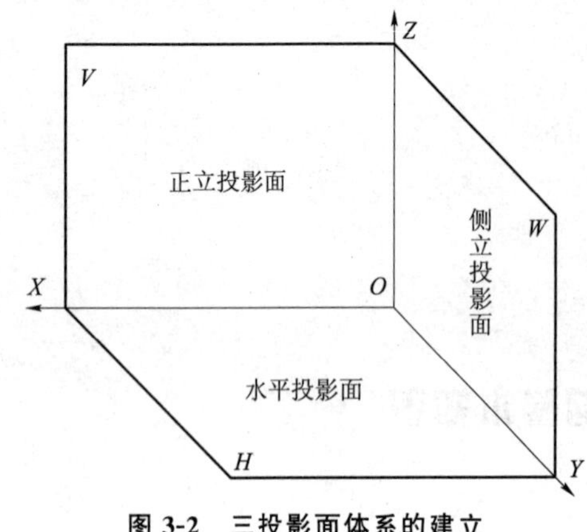

图 3-2　三投影面体系的建立

3 个投影面之间的交线称为投影轴。正面 V 与水平面 H 的交线称为 OX 轴，简称 X 轴，反映物体的长度；正面 V 与侧面 W 之间的交线称为 OZ 轴，简称 Z 轴，反映物体的高度；水平面 H 与侧面 W 之 间的交线称为 OY 轴，简称 Y 轴，反映物体的宽度。3 个轴之间的交点 O 称为原点。

2. 物体在三投影面体系中的投影

将物体放置在三投影面体系中，按正投影法向 3 个面投射，即可分别得到物体的正面投影、水平投影和侧面投影，如图 3-3（a）所示。

3. 三投影面的展开与视图的形成

为了绘图的方便，需要将互相垂直的 3 个投影面放在一个平面上。规定：V 面保持不动，水平面 H 绕 OX 轴向下旋转 90°，侧立面绕 OZ 轴向右旋转 90°，这时 OY 轴被分成两份，在水平面 H 上的用 OY_H 表示；在侧立面上的用 OY_W 表示，如图 3-3（b）所示。

物体从前向后在正面 V 上投射所得的投影称为主视图；物体从上向下在水平面 H 上投射所得的投影称为俯视图；物体从左向右在侧立面 W 上投射所得的投影称为左视图。如图 3-3（c）所示。

在画视图时，投影面的边框及投影轴不必画出，3 个视图的相对位置不能变动，即俯视图在主视图的下方，左视图在主视图的右方，如图 3-3（d）所示。

二、三视图之间的关系

以图 3-3 为例，从视图的形成过程中可以看出物体的长度、宽度、高度 3 个尺寸，在每个视图中只能反映其中的两个，主视图反映物体的长度与高度；俯视图反映物体的长度与宽度；左视图反映物体的宽度与高度。由此可以总结出以下特征：

（1）主视图与俯视图都可反映物体的长度——长对正。

（2）俯视图与左视图都可反映物体的宽度——宽相等。

（3）主视图与左视图都可反映物体的高度——高平齐。

即物体三面投影的三等规律为“长对正、宽相等、高平齐”。在绘图时，为实现投影的三等规律，可从原点 O 在 OY_H 轴与 OY_W 轴之间作一条 45°辅助线来完成，或用尺量取尺寸。

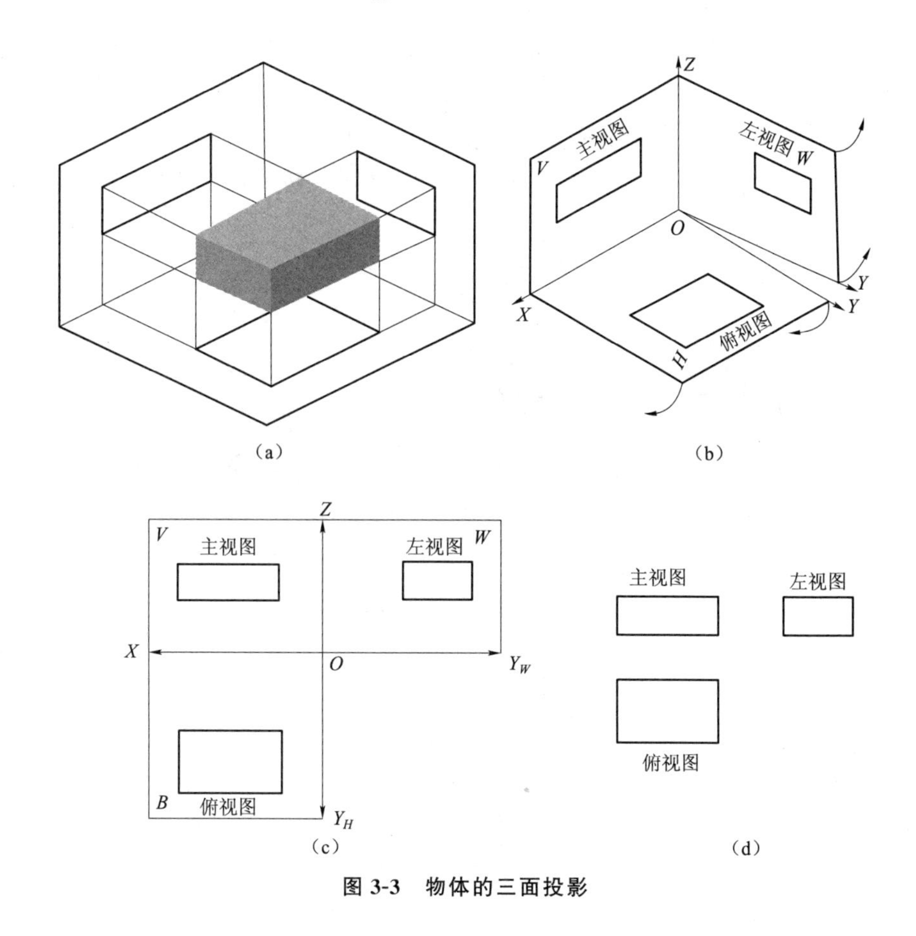

图 3-3 物体的三面投影

任务2 平面基本体的三视图

任务目的

通过本任务的学习，要求掌握平面基本体三视图的画法及其表面点的投影作图方法与可见性判断。

任务引入

前面已经清楚地表达了三视图与三面投影的关系，以及三视图的“三等”规律，但是对于具体的形体，我们将利用三视图的“三等”规律来分析作图和其面上点的投影作图。

本任务主要包括棱柱；棱锥。

知识准备

在生产实践中，我们会接触到各种形状的机件。这些机件的形状虽然复杂多样，但都是由一些简单的立体经过叠加、切割或相交等形式组合而成的，把这些形状简单且规则的立体称为基本几何体，简称基本体。

基本体的大小和形状是由其表面限定的，按其表面性质的不同，可分为平面立体和曲面立体。表面都是由平面围成的立体称为平面立体（简称平面体），如棱柱、棱锥和棱台等，如图 3-4 所示。表面都是由曲面或是由曲面与平面共同围成的立体称为曲面立体（简称曲面体），其中围成立体的曲面又是回转面的曲面立体，又叫回转体，如圆柱、圆锥、球体和圆环体等。

平面立体主要有棱柱和棱锥两种，棱台是由棱锥截切得到的。

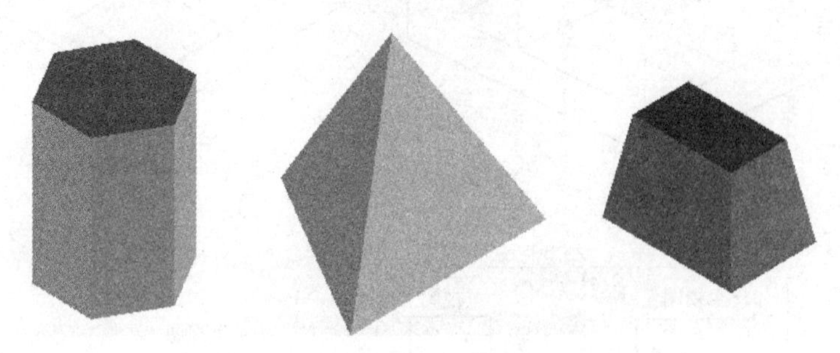

图 3-4　常见平面立体中的基本形体

一、棱柱

（一）棱柱的三视图

如图 3-5（a）所示为一个正六棱柱的视图情况。分析棱柱各表面所处的位置，顶面和底面为水平面；在 6 个侧棱面中，前后的两面为正平面，其余为铅垂面。各表面投影如图 3-5 所示。

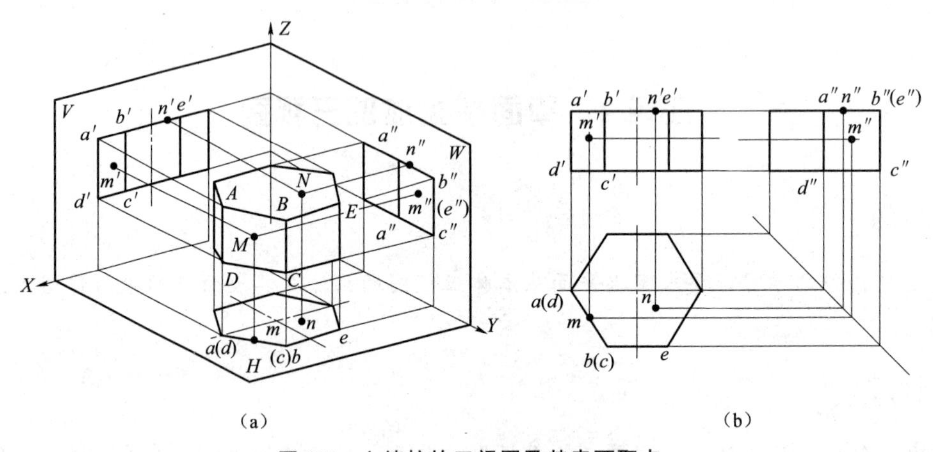

图 3-5　六棱柱的三视图及其表面取点

画棱柱的三视图时，一般先画顶面和底面的投影，它们为水平面，水平投影反映实形，其余两面投影积聚为直线。再画侧棱线的投影，6 条侧棱线均为铅垂线，水平投影积聚成正六边形的 6 个顶点，其余两个投影均为竖直线，且反映棱柱的高。画完上述面与棱线的投影后，即得到棱柱的三视图，如图 3-5（b）所示。

画平面立体的三视图时，还要判断每个棱线的可见性。不可见棱面的交线一定不可见，投影用虚线表示。在实际作图中，可不必画出投影轴，但 3 个视图必须要符合三视图的“三等”规律。

（二）棱柱表面上取点

在平面立体表面取点，其原理和方法与平面上取点相同。由于棱柱的各个表面均处在特殊位置，因此可利用积聚性来取点。棱柱表面上点的可见性可根据点所在的平面可见性来判别。若平面可见，则平面上点的同面投影为可见；反之，为不可见。在图 3-5 中，如已知正六棱柱上一点 M 的正面投影 m'，求 m 和 m''，作图方法如图 3-5（b）所示。

二、棱锥

（一）棱锥的三视图

如图 3-6（a）所示为正三棱锥的三视图。它是由底面和 3 个棱面所组成。各表面的空间位置及投影如图 3-6 所示。画棱锥的三视图时，一般先画俯视图，底面为水平面，水平投影反映实形，其他两面投影积聚成直线。再画顶点 S 的 3 个投影，连接各侧棱线的同面投影即得到该椎体的三视图，如图 3-6（b）所示。

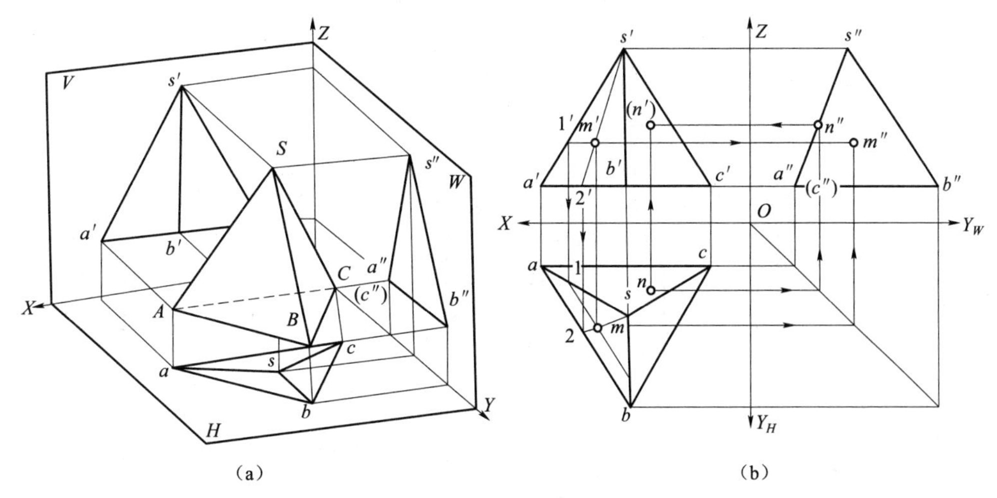

图 3-6　三棱锥的三视图及其表面取点

（二）棱锥表面上取点

棱锥的表面有的处于特殊位置，有的处于一般位置。处于特殊位置平面上的点，其投影可以利用投影的积聚性直接求得；处于一般位置平面上的点，可通过作辅助线的方法求得。在图 3-6 中，如已知三棱锥上点 M 的正面投影 m' 和点 N 的水平投影 n，求 M、N 的其余两面投影，作图方法如图 3-6（b）所示。

任务 3　曲面基本体的三视图

任务目的

通过本任务的学习，要求掌握曲面基本体三视图的画法及其表面点的投影作图方法与可见性判断。

任务引入

曲面基本体的三视图主要包括圆柱的三视图、圆锥的三视图和圆球的三视图三种。

本任务包括圆柱；圆锥；圆球。

知识准备

工程上常见的曲面立体为回转体。回转体是由回转面或回转面与平面所围成的立体。常见的回转体有圆柱、圆锥、圆球等。

回转面是由一条动线（也称母线）绕轴线旋转而成的。回转面上任一位置上的母线称为素线。母线上任一点的运动轨迹皆为垂直于轴线的圆，称其为纬圆。

一、圆柱

如图 3-7 所示为一个圆柱的立体图和三视图，它是由顶面、底面和圆柱面所围成的。圆柱面是由一条直母线绕之平行的轴线旋转而成的。

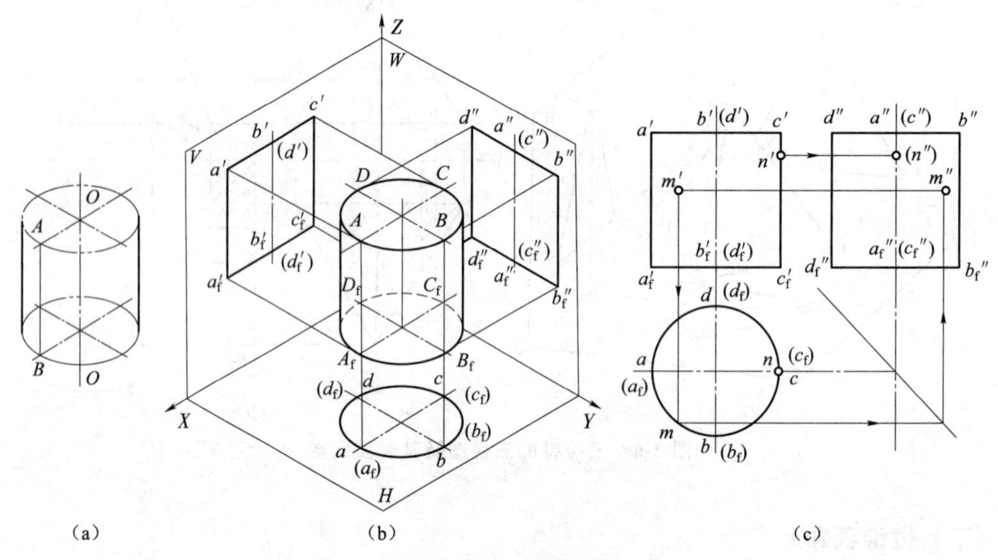

图 3-7　圆柱体的三视图及其表面取点

(一) 圆柱的三视图

在如图 3-7 所示的圆柱中，轴线垂直于 H 面。顶面、底面皆为水平面，H 面投影反映实形，其余两面投影积聚为直线。由于圆柱上所有素线都垂直于 H 面，所以圆柱面的 H 面投影积聚为圆。圆柱面的 V 面投影为矩形线框，矩形的两条竖线分别是圆柱最左、最右素线的投影。圆柱面最左、最右素线是前、后两个半圆柱面可见与不可见的分界线，称为圆柱面正面投影的转向轮廓线。圆柱面最前、最后素线是左、右两个半圆柱面可见与不可见的分界线，称为圆柱面侧面投影的转向轮廓线。当转向轮廓线的投影与中心线重合时，规定只画中心线。

圆柱的投影特性如下：在与轴线垂直的投影面上的投影为一个圆，另两面投影均为矩形线框。

画圆柱体三视图时，应先画出轴线和中心线，再画出反映为圆的视图，最后定高，画出其余两个视图。

（二）圆柱表面上取点

对轴线处于特殊位置的圆柱，可利用其积聚性来取点；对位于转向轮廓线上的点，则可利用投影关系直接求出。

在图 3-7（c）中，若已知圆柱表面上点 M、N 的正面投影 m'、n'，求出它们的其余两个投影。作图方法如图 3-7（c）所示。

二、圆锥

如图 3-8 所示为一个圆锥的立体图和三视图，它是由底面和圆锥面所围成的，圆锥面是由一条直母线绕与之相交的轴线旋转而成的。

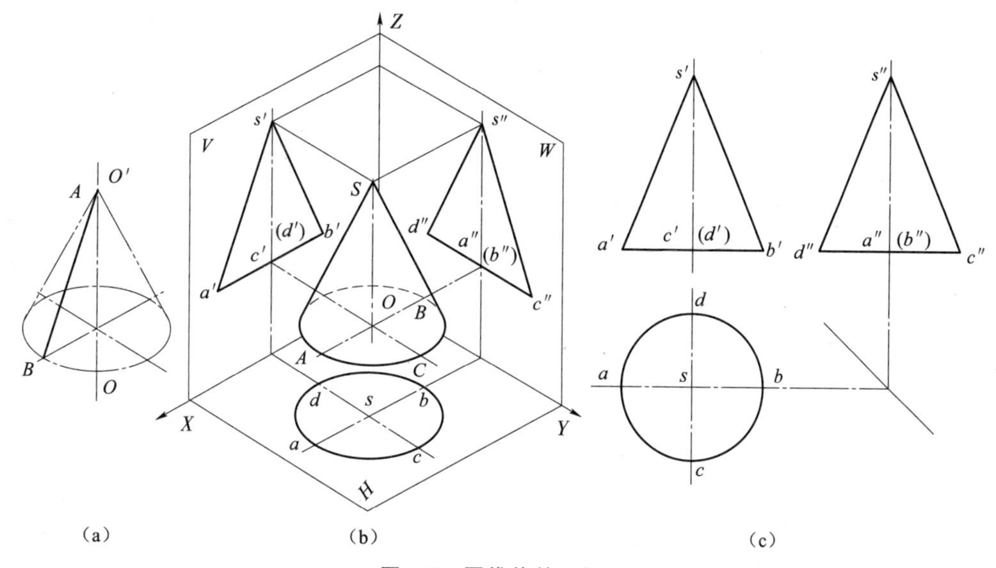

(a) (b) (c)

图 3-8 圆锥体的三视图

（一）圆锥的三视图

在如图 3-8 所示的圆锥中，轴线垂直于 H 面。圆锥的投影分析与圆柱相似，但圆锥表面在 H 面上的投影不具有积聚性，投影仍为圆；其他两面投影均为等腰三角形线框，三角形的两腰仍为转向轮廓线的投影。

圆锥的投影特性如下：在与轴线垂直的投影面上投影为圆，另两个投影均为三角形线框。

画圆锥体三视图时，应先画出轴线和中心线，再画出俯视图，最后画出其余两个投影。

（二）圆锥表面上取点

由于圆锥面的 3 个投影均没有积聚性，除位于转向轮廓线上的点可以直接求出以外，其余都需要用辅助线法来求解。

在图 3-9 中，若已知圆锥表面上的点 M 的正面投影 m'，求它的其余两个投影。

（1）辅助素线法。过锥顶 S 和点 M 作素线 SA，则点 M 的投影必位于 SA 的同面投影上，由此可求得 m 和 m'。由于点 M 位于左前圆锥面上，故 m、m''为可见。

（2）辅助纬圆法。过点 M 作一个垂直于圆锥轴线的圆（纬圆），则点 M 的投影必位于该纬圆的同面投影上，由此可求得 m、m''。

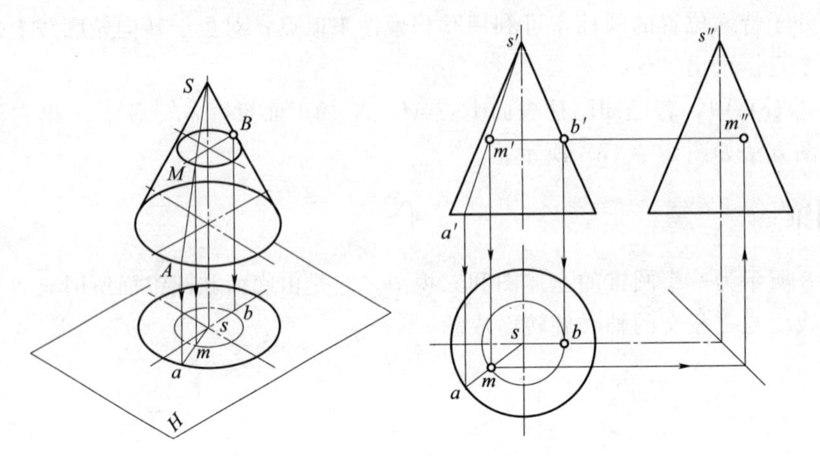

图 3-9　圆锥体表面取点

三、圆球

如图 3-10 所示为一个圆球的立体图和三视图。它是由一条圆母线绕其直径旋转而成的。

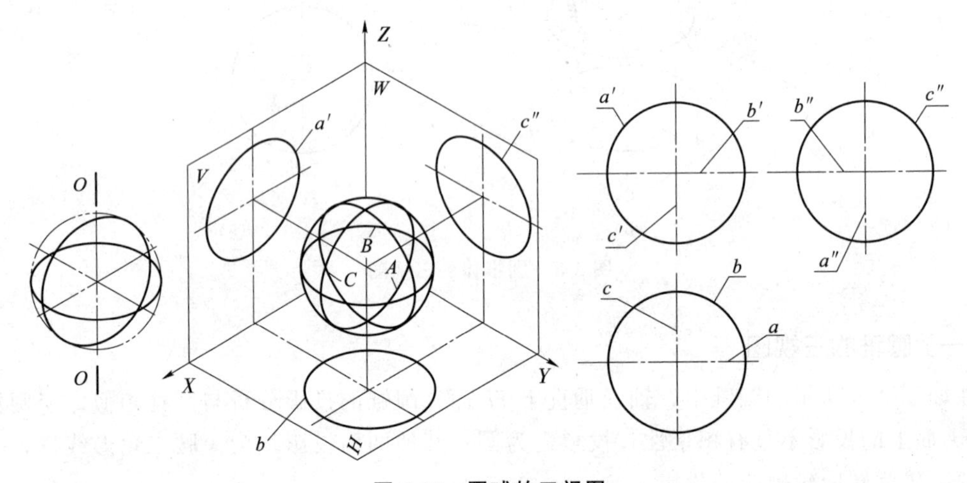

图 3-10　圆球的三视图

（一）圆球的三视图

圆球的三视图均为等直径的圆。俯视图的圆是圆球水平投影转向轮廓线的投影；主视图的圆是球体正面投影转向轮廓线的投影；左视图的圆是球体侧面投影转向轮廓线的投影。

（二）圆球表面上取点

由于球体的三视图均无积聚性，除位于转向轮廓线上的点能直接求出以外，其余都需要用纬圆法来求解。如图 3-11 所示为球面上点 M、N、K 的求解过程。

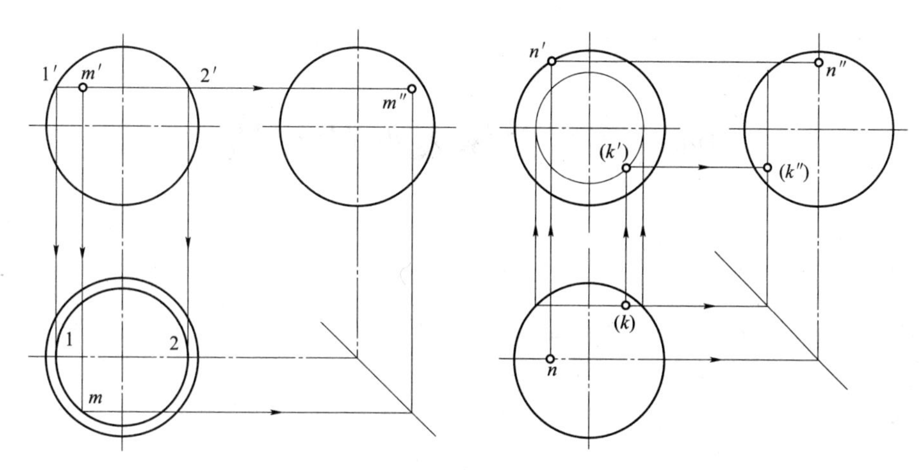

图 3-11　球面上取点

项目小结

本项目主要介绍了基本体三视图的画法，重点掌握棱锥、圆锥的三视图画法。另外，本任务还简要说明了简单体三视图的画图方法。

项目4　立体表面的交线

学习目标

1. 掌握平面立体截交线的性质和画法；
2. 掌握曲面立体截交线的性质和画法；
3. 掌握两曲面立体相贯线的性质和画法。

任务1　平面立体表面的截交线

任务目的

通过本任务的学习，要求掌握平面立体截交线的性质和画法。

任务引入

工程上经常可以看到机件的某些部分是由平面与立体相交或者两个立体相交形成的，因此在立体表面就会产生交线。为了清楚地表达物体的形状，画图时应当正确地画出这些交线的投影。

本任务主要包括概述；平面与平面立体相交。

知识准备

工程上常遇到表面有交线的零件。为了完整、清晰地表达出零件的形状，以便正确地制造零件，应正确地画出交线。交线通常可分为两种：一种是平面与立体表面相交形成的截交线，如图4-1（a）和图4-1（b）中箭头所示；另一种是两立体表面相交形成的相贯线，如图4-1（c）和图4-1（d）中箭头所示。

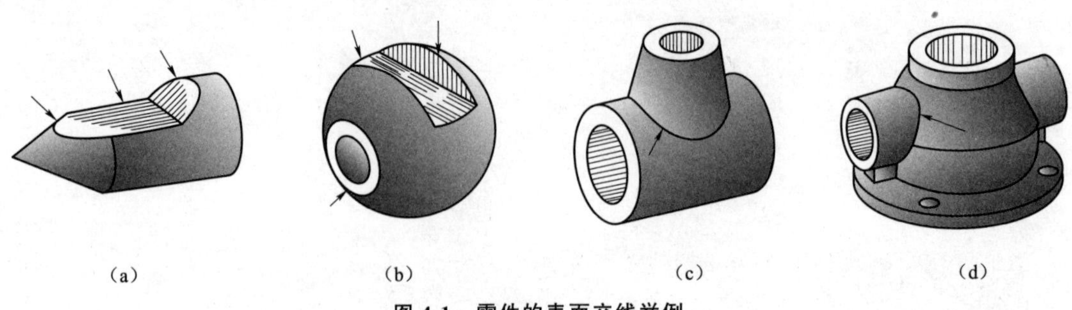

图4-1　零件的表面交线举例

（a）顶尖；（b）球阀芯；（c）三通管；（d）盖

从图4-1中可以看出，交线是零件上平面与立体表面或两个立体表面的共有线，也是它们表面之间的分界线。由于立体由不同表面所包围，并占有一定空间范围，因此，立体表面交线通常是封闭的，如果组成该立体的所有表面所确定立体的形状、大小和相对位置已定，则交线也就被确定了。

立体的表面交线在一般的情况下是不能直接画出来的（交线为圆或直线时除外），因此，必须先设法求出属于交线上的若干点，然后把这些点连接起来。

一、概述

平面与立体相交，即立体被平面截切所产生的表面交线称为截交线，该平面称为截平面。

（一）截交线的性质

由于立体表面的形状和截平面所截切的位置不同，截交线也表示为不同的形状，但任何截交线都具有下列基本性质：

1. 共有性

截交线既属于截平面，又属于立体表面，故截交线是截平面与立体表面的共有线，截交线上的每一点均为截平面与立体表面的共有点。

2. 封闭性

由于任何立体都占有一定的封闭空间，而截交线又为平面截切立体所得，故截交线所围成的图形一般是封闭的平面图形。

3. 截交线的形状

截交线的形状取决于立体的几何性质及其与截平面的相对位置，通常为平面折线、平面曲线或平面直线组成。

当平面与平面立体相交时，其截交线为封闭的平面折线（如图 4-2 所示）。

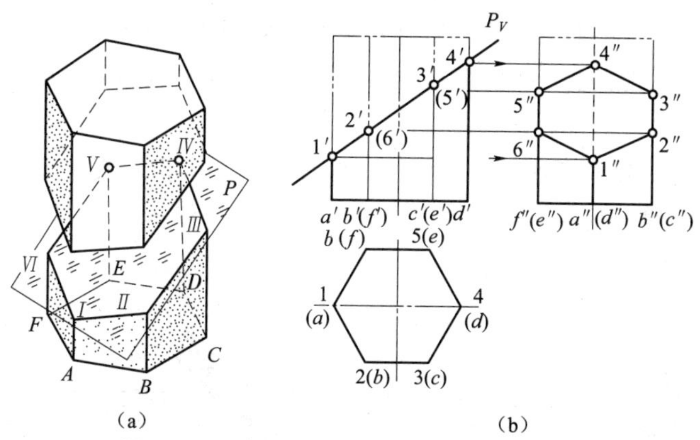

图 4-2 平面与平面立体相交的截交线情况

（a）直观图；（b）投影图

当平面与回转体相交时，其截交线一般为封闭的平面曲线［如图 4-3（a）所示］，或平面曲线和直线围成的封闭的平面图形［如图 4-3（b）所示］，或平面多边形［如图 4-3（c）所示］。

（二）求画截交线的一般方法、步骤

求画截交线就是求画截平面与立体表面的一系列共有点。求共有点的方法通常有以下几个：

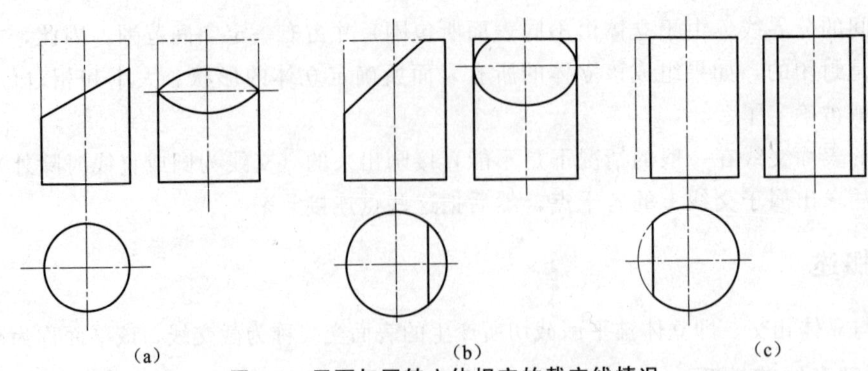

图 4-3　平面与回转立体相交的截交线情况

(a) 封闭的平面曲线；(b) 平面曲线与直线围成的封闭图形；(c) 平面多边形

(1) 面上取点法。

(2) 线面交点法。

具体作图步骤如下：

① 找（求）出属于截交线上一系列的特殊点。

② 求出若干一般点。

③ 判别可见性。

④ 顺次连接各点（成折线或曲线）。

1. 面上取点法

平面与立体相交，截平面处于特殊位置，截交线的一个投影或两个投影有积聚性，利用积聚性采用面上取点法，求出截交线上共有点的另外一个或两个投影，此方法称为面上取点法。如图 4-2 (b) 所示，唯一正放的正六棱柱被正垂面 P 截切，由于截平面 P 是正垂面，截交线的正面投影可直接确定（积聚在截平面的有积聚性的同面投影上），截交线的水平投影积聚在正六棱柱各侧棱面水平投影上，故由截交线的正面投影和水平投影可求出其侧面投影。

2. 线面交点法

平面与立体相交，截平面处于特殊位置，截交线的一个投影或两个投影有积聚性，求立体表面上的棱线或素线与截平面的交点，该交点即为截交线上的点（共有点），此方法称为线面交点法，如图 4-4 所示。

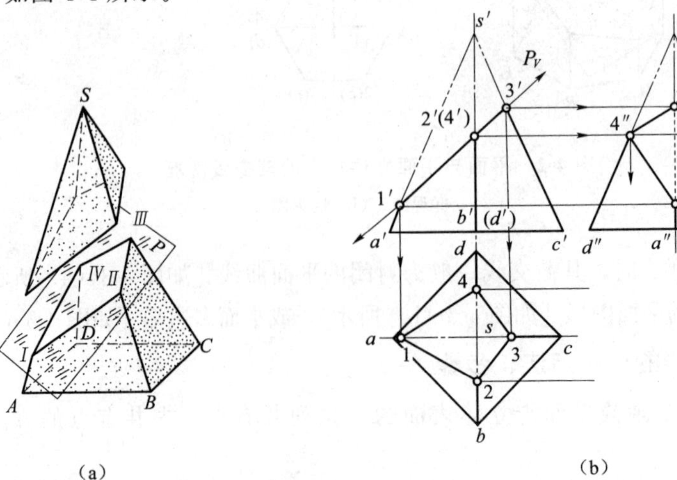

图 4-4　平面与平面立体相交

二、平面与平面立体相交

平面与平面立体相交，其截交线是一条封闭的平面折线。求平面与平面立体的截交线，只要求出平面立体有关的棱线与截平面的交点，经判别可见性，然后依次连接各交点，即得所求的截交线。此外，也可直接求出截平面与立体有关表面的交线，由各交线构成的封闭折线即为所求的截交线。

当截平面处于特殊位置时，它所垂直的投影面上的投影有积聚性。对于正放的棱柱，因为各表面都处于特殊位置，故可利用面上取点法求画其截交线（如图 4-2 所示）；对于棱锥，因为含有一般位置平面，故可采用线面交点法求画截交线。

【例 4-1】 求正垂面 P 与正四棱锥的截交线（如图 4-4 所示）。

分析 截平面 P 为正垂面，它与正四棱锥的四个侧棱面都相交，故截交线围成一个四边形。

由于截平面 P 的正面投影有积聚性，所以四棱锥各侧棱线的正面投影 $s'a'$、$s'b'$、$s'c'$、s'（d'）与 P_V 的交点 $1'$、$2'$、$3'$、（$4'$）即为四边形四个顶点的正面投影，它们都在 P_V 上，故本例主要是求截交线的水平投影和侧面投影。

作图方法如下：根据点的投影规律，在相应的棱线上求出属于截交线的交点，经判别可见性，然后依次连接各点的同面投影，使得正四棱锥被正垂面 P 截切后的投影。

任务 2　回转体表面的截交线

任务目的

通过本任务的学习，要求掌握立体截交线的性质及画法。

任务引入

平面与回转体相交时，平面可能只与其回转面相交，也可能既与其回转面相交，又与其平面相交。故回转体表面的截交线由直线、曲线或直线或曲线组成。

本任务主要包括平面与圆柱相交；平面与圆锥相交；平面与圆球相交；平面与组合回转体相交。

知识准备

本任务主要介绍平面与几种常见回转体相交的截交线画法。

一、平面与圆柱相交

由于截平面与圆柱轴线的相应位置不同，平面截切圆柱所得的截交线有以下三种：矩形、圆及椭圆，如表 4-1 所示。

表 4-1　圆柱的截交线

截平面位置	与轴线平行	与轴线垂直	与轴线相交
立体图			
投影图			
截交线形状	矩形	圆	椭圆

另外，当与圆柱轴线倾斜的截平面截到圆柱的上或下底圆或上、下底圆均被截到时，截交线由一段椭圆与一段直线或两段椭圆与两段直线组成。

【例 4-2】求圆柱被正垂面 P 截切后的投影（如图 4-5 所示）。

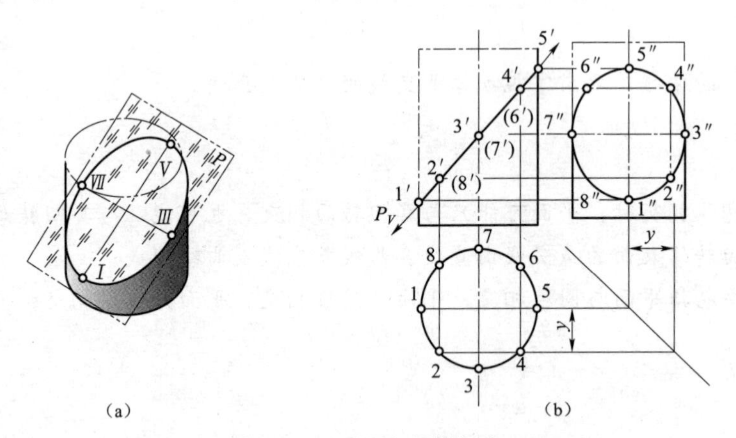

图 4-5　正垂面与圆柱相交

分析　由于圆柱轴线垂直于 H 面，截平面 P 垂直于 V 面且与圆柱轴线倾斜，故截交线为椭圆。截交线的正面投影积聚在截平面的正面投影 P_V 上；截交线的水平投影积聚在圆柱面的水平投影（圆）上；截交线的侧面投影为椭圆，但不反映实形。由此可见，求此截交线主要是求其侧面投影。可用面上取点法或线面交点法直接求出截交线上点的正面投影和水平投影，再求其侧面投影后将各点连线即得（本例用面上取点法）。

作图步骤［如图 4-5（b）所示］如下：

(1) 求特殊点（如点Ⅰ、Ⅴ、Ⅲ、Ⅶ）。由正面投影标出正视转向轮廓线上的点 $1'$、$5'$，按点属于圆柱面的性质，可求得水平投影 1、5 及侧面投影 $1''$、$5''$。同理，由正面投影标出侧视转向轮廓线上的点的正面投影 $3'$、$(7')$，可求得水平投影 3、7 及侧面投影 $3''$、$7''$。点Ⅰ、Ⅴ分别为截交线椭圆的最低点（最左点）和最高点（最右点）；点Ⅲ、Ⅶ为椭圆的最前点和最后点。点Ⅰ、Ⅴ和点Ⅲ、Ⅶ也正是椭圆的长轴、短轴的端点。

(2) 求一般点。可由有积聚性的水平投影上先标出 2、8、4、6 和正面投影 $2'$、$(8')$、$4'$、$(6')$，然后按点的投影规律求出侧面投影 $2''$、$8''$、$4''$、$6''$。依此可再求出若干一般点。

(3) 判别可见性。由于 P 平面的上面部分圆柱被切掉，截平面左低右高，所以截交线的侧面投影为可见的。

(4) 依次光滑连接各点的侧面投影 $1''$、$2''$、$3''$、$4''$、$5''$、$6''$、$7''$、$8''$、$1''$为一个椭圆，即为所求。注意：圆柱截切后，其侧视转向轮廓线的侧面投影应分别画到 $3''$、$7''$处。

二、平面与圆锥相交

由于截平面与圆锥轴线的相对位置不同，平面截切圆锥所得的截交线有 5 种：圆、椭圆、抛物线与直线组成的平面图形、双曲线与直线组成的平面图形及过锥顶的三角形，如表 4-2 所示。

表 4-2　圆锥体的截交线

截平面位置	与轴线垂直	与轴线平行	过锥顶	倾斜于轴线 $\theta=\alpha$	倾斜于轴线 $\theta>\alpha$
立体图	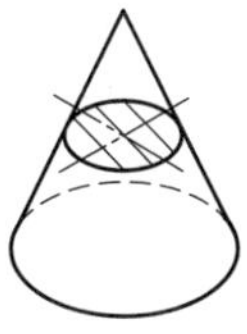	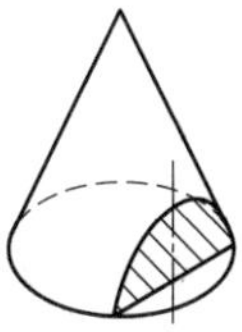	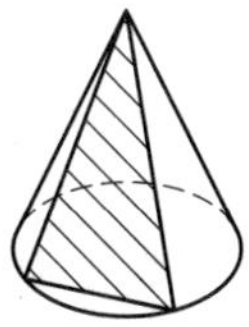	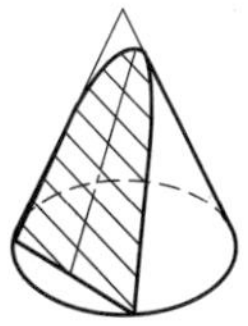	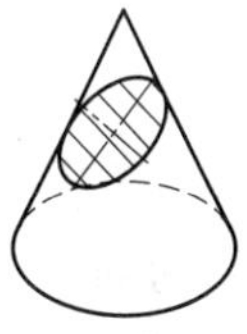
投影图	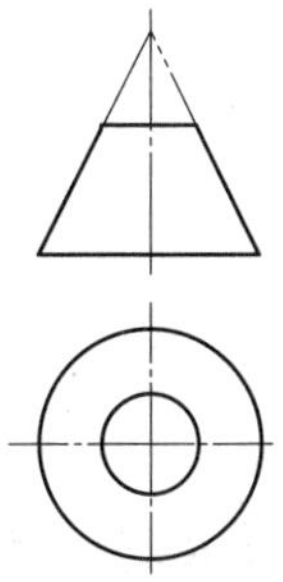	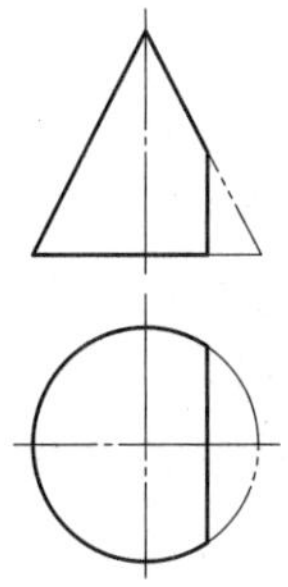	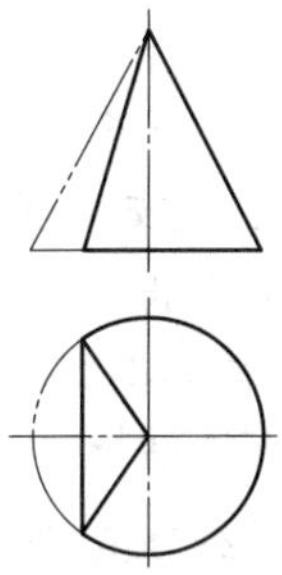	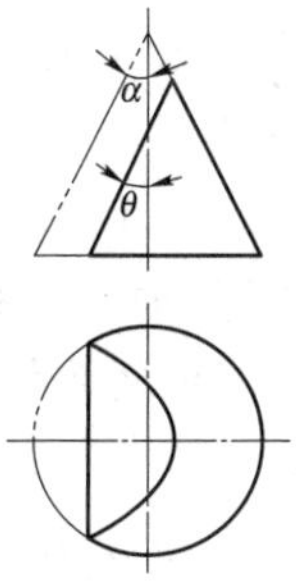 α θ	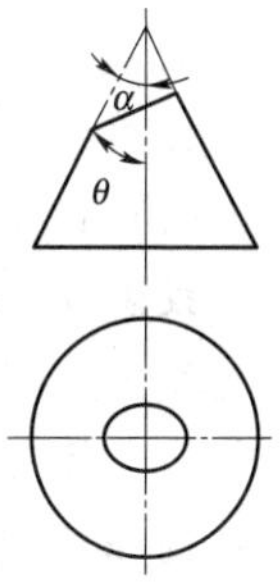 α θ
截交线形状	圆	双曲线	三角形	抛物线	椭圆

另外，当 $\theta>\alpha$ 且截平面截到圆锥的底圆时，截交线由一段椭圆曲线与一段直线组成。

除上述用面上取点法求圆柱截交线上的点外，还可以用下列辅助平面法求圆锥截交线上的点：辅助平面法是根据三面共点的几何原理，采用加辅助平面，使其与截平面和立体的表面相交，求出与截平面相交的辅助交线和与立体表面相交的辅助截交线的交点，即为所求截交线上的点。依此，完成截交线上一系列点的投影，如图 4-6 所示。

如图 4-6 所示为一个正放的圆锥被铅垂面 P 截切，如求截交线上的一般点 D、E，则可采用辅助水平面 R 与截平面 P 和圆锥面相交的辅助交线和辅助截交线的焦点 D、E 三面相交的交点，即为所求截交线上的点。

求共有点时，应先求出特殊点。其次，为作图准确，还应求出若干个一般点，并使这些点分布均匀。

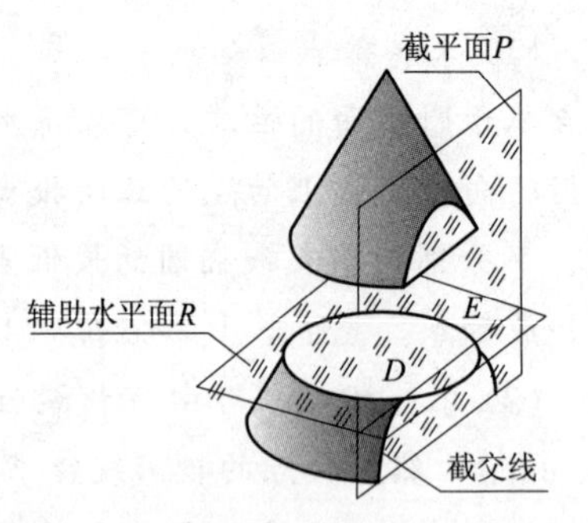

图 4-6 辅助平面法求截交线上的点

【例 4-3】求圆锥被正平面 P 截切后的投影（如图 4-7 所示）。

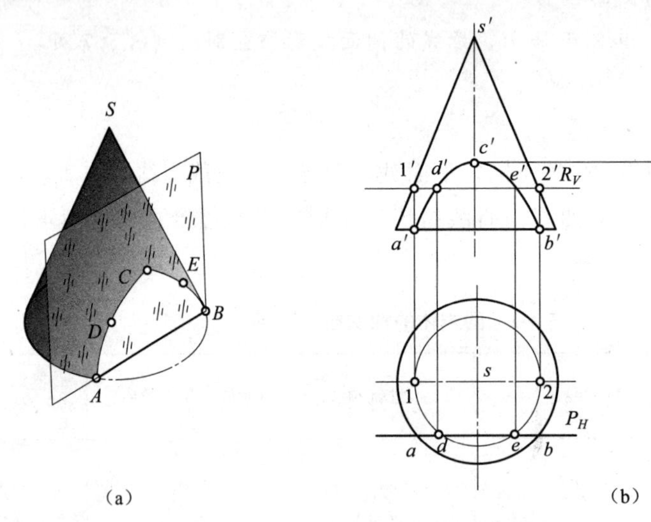

（a）　（b）

图 4-7 正平面与圆锥相交

分析 由于圆锥轴线为铅垂线，截平面 P 为正平面，故截交线由双曲线和直线组成。截交线的正面投影反映实形，左右对称；水平投影和侧面投影分别为横向直线和竖向直线，且分别积聚在 P_H、P_W 上。因此，此例主要是求截交线的正面投影，可用线面交点法、面上取点法或辅助平面法作出。

作图步骤［如图 4-7（b）所示］如下：

（1）求特殊点（如 A、B、C）。截交线上的最左点 A 和最右点 B 在底圆上，因此可由水平投影 a、b 在底圆的正面投影上定出 a'、b'。截交线上的最高点 C 在圆锥最前侧视转向轮廓线上，因此，可由侧面投影 c'' 直接得到正面投影 c'。

（2）求一般点（如 D、E）。作辅助水平面 R 的正面迹线 R_V 及侧面迹线 R_W，该辅助面与圆锥面交线的水平投影是以 $1'2'$ 为直径的圆，它与 P_H 相交得 d、e，再求出 d'、e' 和 d''、e''，如图 4-7（b）所示。

（3）判别可见性。由于平面 P 前面部分的圆锥被切掉，所以截交线的正面投影 $a'd'c'e'b'$ 为可见。

（4）连线。按截交线水平投影的顺序，将 a'、d'、c'、e'、b'、a' 光滑地连接起来，即得截交线的正面投影 $a'd'c'e'b'a'$（其中，$a'd'c'e'b'$ 为圆锥面上的截交线的正面投影；$b'a'$ 为圆锥底面上的截交线的正面投影，它在圆锥底面的有积聚性的正面投影上）。

【例 4-4】求锥面被正垂面 P 截切后的投影（如图 4-8 所示）。

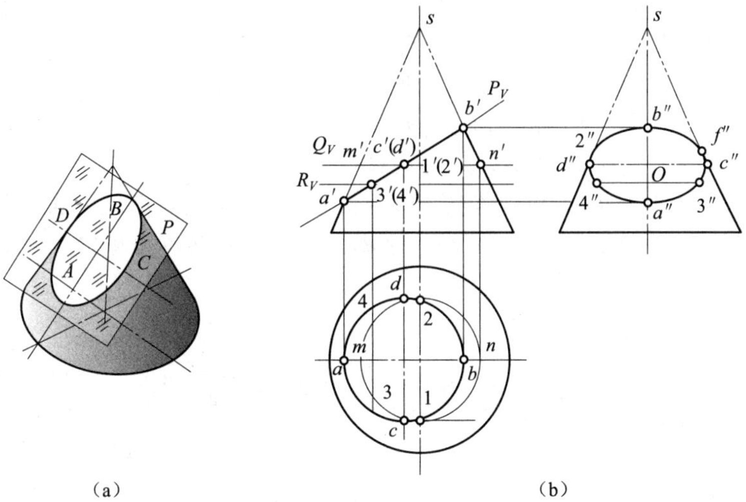

（a）　　（b）

图 4-8　正垂面与圆锥相交

分析　由于圆锥轴线为铅垂线，截平面为正垂面，与圆锥轴线斜交，且与圆锥的所有素线相交，故截交线为椭圆。截交线的正面投影积聚成一条直线，水平投影的侧面投影均为椭圆，但不反映实形。可采用面上取点法和线面交点法作出截交线的水平投影和侧面投影，也可选用辅助平面法求解本题。

在本例中也运用辅助平面法来求作截交线上一些点的投影。

作图步骤［如图 4-8（b）所示］如下：

（1）求特殊点（如 A、B、C、D）。截交线上的最低点 A 和最高点 B 是椭圆长轴上的两个端点，它们的正面投影 a'、b' 是圆锥体正面投影左、右两条正视转向轮廓线与截平面相交的交点的正面投影，可以直接求出。水平投影 a、b 和侧面投影 a''、b'' 可按点从属于线的原理直接求出。截交线的最前点 C 和最后点 D 是椭圆短轴上的两个端点，它们的正面投影 c'（d'）为 $a'b'$ 的中点，可在 C、D 两点作辅助水平面 Q 截切，作出 Q 面与圆锥轴线产生的截交线（纬圆）的水平投影求得 c、d，再由 c、d 和 c'、d' 求得 c'' 和 d''。Ⅰ、Ⅱ两点是圆锥面前、后两条侧视转向轮廓线与截平面相交的交点，它们的正面投影 $1'$、$2'$ 和侧面投影 $1''$、$2''$ 都可直接求出。其水平投影 1、2 可按点的三面投影关系求得。

（2）求一般点（如点Ⅲ、Ⅳ）。可利用辅助平面法（图中用辅助水平面 R）求出Ⅲ、Ⅳ两点的水平投影 3、4 和侧面投影 $3''$、$4''$。

（3）判别可见性。截平面 P 上面部分圆锥被切掉，截平面左低右高，所以截交线的水平投影和侧面投影均为可见。

（4）连线。将截交线的水平投影和侧面投影光滑地连成椭圆，连线时注意曲线的对称性。也可用长轴 ab 和短轴 cd 作椭圆，得截交线的水平投影；用长轴 $c''d''$ 和短轴 $a''b''$ 作椭圆，得截交线的侧面投影。

（5）整理外形轮廓线的侧面投影。

三、平面与圆球相交

平面与圆球相交，不论截平面处于何种位置，其截交线都是圆。当截平面通过球心时，截交线（圆）的直径最大，等于球的直径。截平面离球心越远，截交线圆的直径越小。

由于截平面对投影面位置的不同，截交线（圆）的投影也不相同。当截平面平行于投影面时，截交线在该投影面上的投影为圆［如图 4-9（a）和图 4-9（b）所示］；当截平面垂直于投影面时，截交线的投影积聚为直线［如图 4-9（c）的正面投影所示］；当截平面倾斜于投影面时，截交线的投影为椭圆［如图 4-9（c）的水平、侧面投影所示］。

【例 4-5】 求圆球被正垂面 P 截切后的投影［如图 4-9（c）所示］。

分析 圆球被正垂面 P 截切后的截交线（圆），其正面投影积聚不在 P_V 上，为直线段 $a'b'$ 且等于该圆的直径。截交线（圆）的水平投影和侧面投影均为椭圆。可用面上取点法或辅助平面法作图。

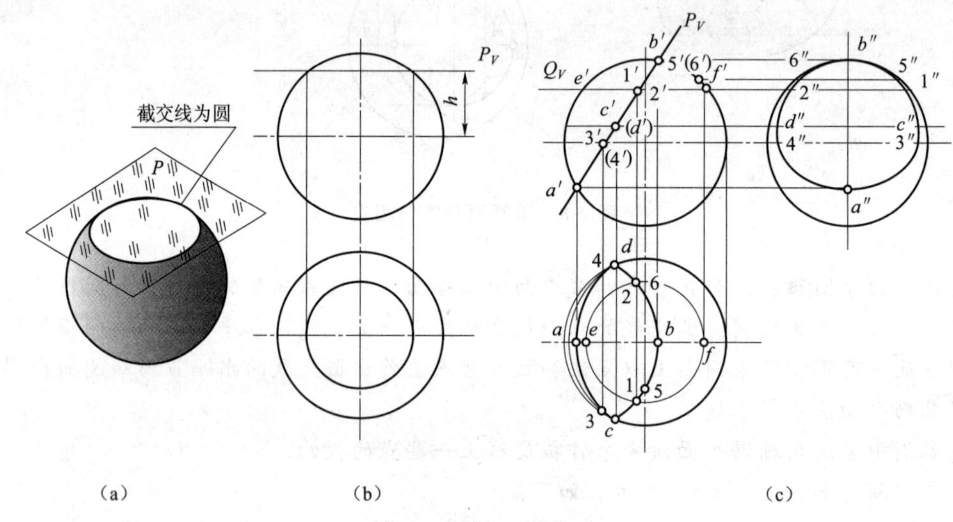

图 4-9 圆球的截交线

作图步骤［如图 4-9（c）所示］如下：

（1）求特殊点（如 A、B、C、D、Ⅲ、Ⅳ、Ⅴ、Ⅵ）。

① 先求转向轮廓上的点 A 和 B、Ⅲ和Ⅳ、Ⅴ和Ⅵ。a'和 b'、$3'$和（4）$'$、$5'$和（$6'$）分别是截交线上的正视转向轮廓线、俯视转向轮廓线和侧视转向轮廓线上的点的正面投影，它们的水平投影和侧面投影可按点属于线的原理直接求出。其中，点 A 是截交线的最低点，也是最左点；点 B 是最高点，也是最右点。

② 求截交线（圆）的 H 面投影椭圆、W 面投影椭圆的长、短轴。在截交线（圆）的一对垂直相交的共轭直径 AB 是正平线，其正面投影 $a'b'$的长度等于截交线（圆）的直径，它的侧面投影 $a''b''$和水平投影 ab 分别为这两个投影椭圆的短轴。长轴 CD 和短轴 AB 互相垂直平分，处为正垂线位置的长轴 CD 的正面投影 c'（d'）积聚在 $a'b'$的中点上，水平投影 cd 和侧面投影 $c''d''$可利用纬圆法求得，也可利用 $cd=c''d''=a'b'$ 直接求得（读者自行分析其原因）。C、D 两点分别是截交线的最前点和最后点。

（2）求一般点（如Ⅰ、Ⅱ）。可利用辅助平面法（图中用辅助水平面 Q）求出Ⅰ、Ⅱ两点的水平投影 1、2 和侧面投影 $1''$、$2''$。

（3）判别可见性。截平面 P 上面部分球体被切掉，截平面左低右高，所以截交线的水平投影和侧面投影均为可见。

（4）连线。将求得的截交线上点的水平投影和侧面投影光滑地连成椭圆，连线时注意曲线的对称性。也可用长轴 ab 和短轴 cd 作椭圆，得截交线的水平投影；用长轴 $c''d''$ 和短轴 $a''b''$ 作椭圆，得截交线的侧面投影。

(5) 整理外形轮廓线。在水平投影上，球的俯视转向轮廓线的水平投影只画到 3、4 处，在侧面投影上，球的侧视转向轮廓线的侧面投影只画到 5″、6″处。

从上述诸例中可以看出，转向轮廓线上的点是截交线（亦是后面相贯线）上曲线段的转向（改变方向）点，故转向轮廓线因此而得名。

【例 4-6】 如图 4-10（a）所示，完成开槽半圆球的截交线。

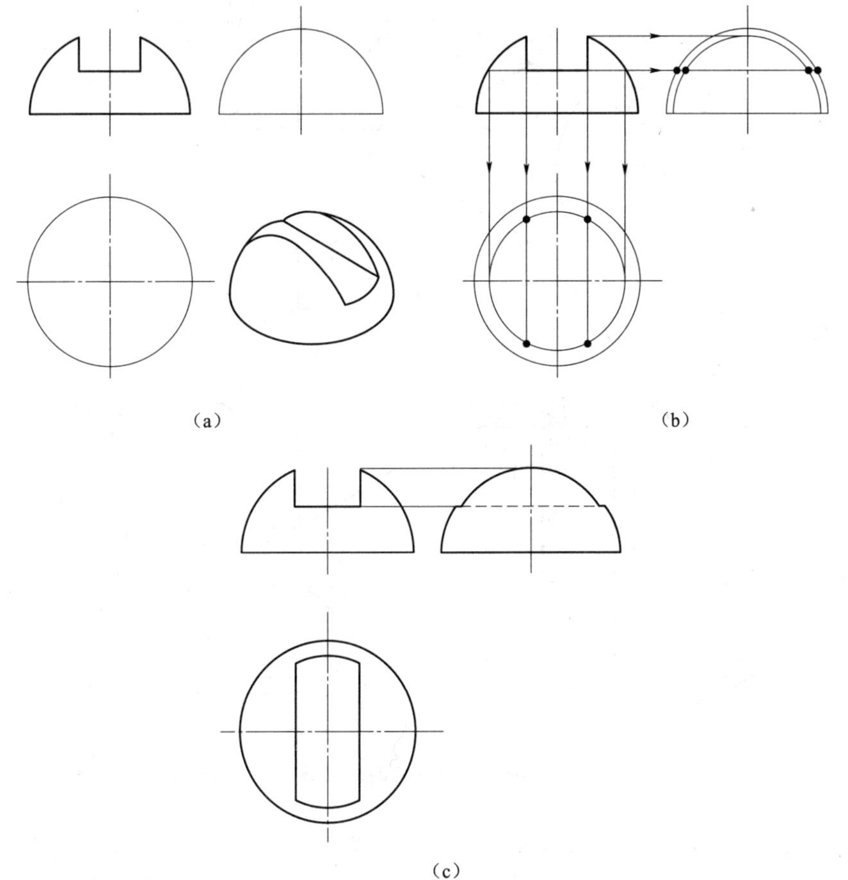

图 4-10 开槽圆球的截交线

分析 球表面的凹槽由两个侧平面和一个水平面切割而成，两个侧平面和球的交线为两段平行于侧面的圆弧，水平面与球的交线为前后两段水平圆弧，截平面之间的交线为正垂线。

作图方法与步骤［如图 4-10（b）所示］如下：

(1) 先画出完整半圆球的投影，再根据槽宽和槽深尺寸作出槽的正面投影，如图 4-10（a）所示。

(2) 用辅助圆法作出槽的水平投影。如图 4-10（b）所示。

(3) 根据正面投影和水平投影作出侧面投影，如图 4-10（c）所示。其间应注意两点：

① 由于平行于侧面的圆球素线被切去一部分，所以开槽部分的轮廓线在侧面的投影会向内“收缩”。

② 槽底的侧面投影此时不可见，应画成虚线。

四、平面与组合回转体相交

组合回转体由若干个基本回转体组成。平面与组合回转体相交，则形成组合截交线。作图时，首先要分析各部分的曲面性质及其分界线，然后按照它们各自的几何特性确定其截交线的形状，再分别作出。

【例 4-7】 如图 4-11（a）所示，求作顶尖头的截交线。

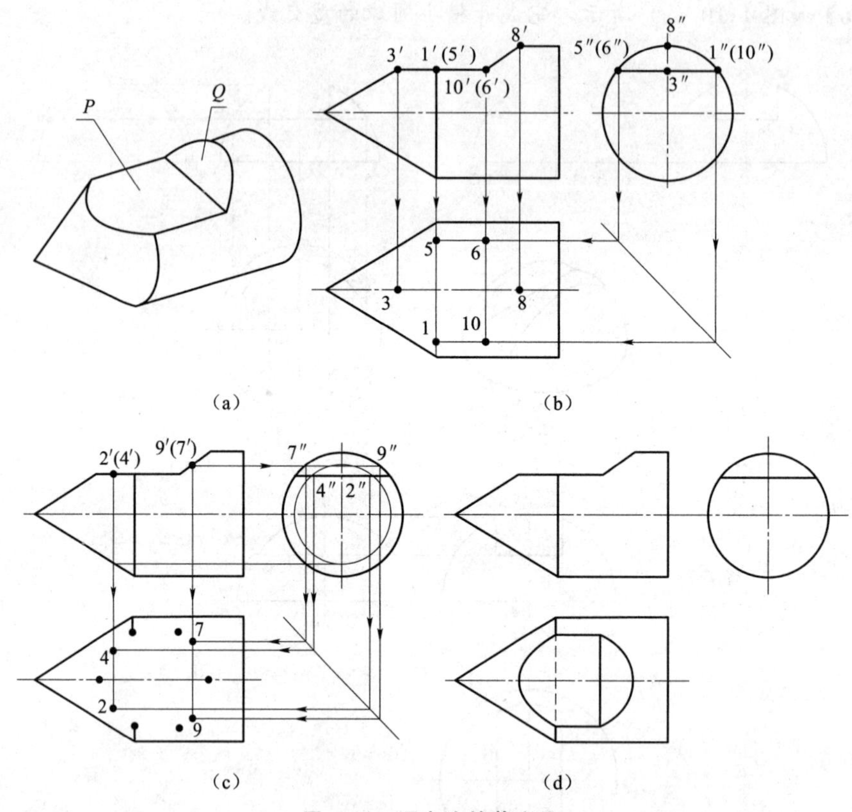

图 4-11　顶尖头的截交线

分析　顶尖头部是由同轴的圆锥与圆柱组合而成的。它的上部被两个相互垂直的截平面 P 和 Q 切去一部分，在它的表面上共出现三组截交线和一条 P 与 Q 的交线。截平面 P 平行于轴线，所以它与圆锥面的交线为双曲线，与圆柱面的交线为两条平行直线。截平面 Q 与圆柱斜交，它截切圆柱的截交线是一段椭圆弧。三组截交线的侧面投影分别积聚在截平面 P 和圆柱面的投影上，正面投影分别积聚在 P、Q 两面的投影（直线）上，因此只需求作三组截交线的水平投影。

作图方法与步骤［如图 4-11（b）～图 4-11（d）所示］如下：

(1) 作特殊点。根据正面投影和侧面投影可作出特殊点的水平投影 1、3、5、6、8、10，如图 4-11（b）所示。

(2) 求一般点。利用辅助圆法求出双曲线上一般点的水平投影 2、4，以及椭圆弧上的一般点 7、9，如图 4-11（c）所示。

(3) 将各点的水平投影依次连接起来，即为所求截交线的水平投影，如图 4-11（d）所示。

任务3 相 贯 线

任务目的

通过本任务的学习，要求掌握两立体相交的性质及相贯线的画法。

任务引入

两立体相交叫作相贯，其表面产生的交线叫作相贯线。相贯线在组合体中广泛存在，掌握相贯线的作图方法是后续学习的知识基础。

本任务主要包括相贯线的形状；表面取点法求相贯线；辅助平面法求相贯线；相贯线的特殊情况；相贯线的简化画法。

知识准备

一、相贯线的形状

两个基本体相交（或称为相贯），表面产生的交线称为相贯线。由于基本体有平面立体和曲面立体之分，所以相交时有平面立体与平面立体相交、平面立体与曲面立体相交和曲面立体与曲面立体相交三种情况。前两种情况的相贯线可看作平面与平面相交或平面与曲面相交所产生的交线，可用任务 2 求平面与立体截交线的方法来作出。本任务只讨论最为常见的两个曲面立体相交的问题。

由于相交的两个曲面立体的几何形状或它们的相对位置不同，相贯线的形式也各不相同，但它们都具有以下两个共同的性质：

（1）相贯线是两个曲面立体表面的共有线，也是两个曲面立体表面的分界线。相贯线上的点是两个曲面立体表面的共有点。

（2）两个曲面立体的相贯线一般为封闭的空间曲线，在特殊情况下可能是平面曲线或直线。

求两个曲面立体相贯线的实质就是求它们表面的共有点。作图时，依次求出特殊点和一般点，判别其可见性，然后将各点光滑地连接起来，即得相贯线。求两相贯体共有点常采用表面取点法和辅助平面法。

二、表面取点法求相贯线

在两个相交的曲面立体中，当其中一个是柱面立体（常见的是圆柱面），且其轴线垂直于某投影面时，相贯线在该投影面上的投影一定积聚在柱面投影上，相贯线的其余投影可用表面取点法求出。

【例 4-8】 如图 4-12（a）所示，求正交两圆柱体的相贯线。

分析 两圆柱体的轴线正交，且分别垂直于水平面和侧面。相贯线在水平面上的投影积聚在小圆柱水平投影的圆周上，在侧面上的投影积聚在大圆柱侧面投影的圆周上，故只需求作相贯线的正面投影。

作图方法与步骤［如图 4-12（b）所示］如下：

（1）求特殊点。与作截交线的投影一样，首先应求出相贯线上的特殊点，特殊点决定了相贯线的投影范围。由图 4-12（a）可知，相贯线上Ⅰ、Ⅴ两点是相贯线上的最高点，同时也分别是相贯线上的最左点和最右点；Ⅲ、Ⅶ两点是相贯线上的最低点，同时也分别是相贯线上的最前点和最后点。定出它们的水平投影 1、5、3、7 和侧面投影 1″、（5″）、3″、（7″），然后根据点的投影规律可作出正面投影 1′、5′、3′、（7′）。

（2）求一般点。在相贯线的水平投影圆上的特殊点之间适当地定出若干一般点的水平投影，如图中 2、4；6、8 等点，再按投影关系作出它们的侧面投影 2″、（4″）、（6″）、8″。然后根据水平投影和侧面投影可求出正面投影 2′、4′、（6′）、（8′）。

（3）判断可见性。只有当两曲面立体表面在某投影面上的投影均为可见时，相贯线的投影才可见，可见与不可见的分界点一定在轮廓转向线上。在图 4-12 中，两圆柱的前半部分均为可见，可判定相贯线由 1、5 两点分界，前半部分相贯线的投影 1′ 2′ 3′ 4′ 5′ 可见，后半部分相贯线的投影 5′（6′）（7′）（8′）1′ 不可见且与前半部分重合。

（4）依次将 1′、2′、3′、4′、5′ 光滑地连接起来，即得正面投影。

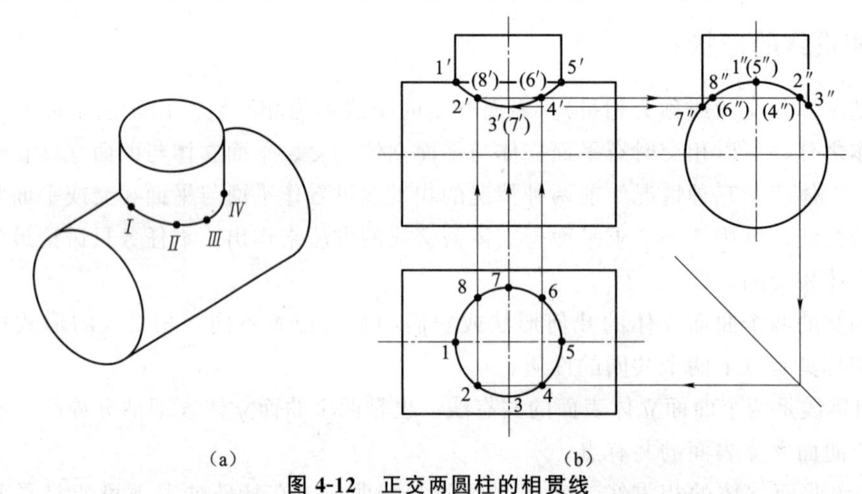

图 4-12　正交两圆柱的相贯线

（a）立体图；（b）三视图

在圆柱上开孔或两圆柱孔相交的相贯线求作方法与上述方法相同。

两圆柱正交有以下三种情况：

（1）两外圆柱面相交。

（2）外圆柱面与内圆柱面相交。

（3）两内圆柱面相交。

这三种情况的相交形式虽然不同，但相贯线的性质和形状一样，求法也是一样的。如图4-13 所示。

三、辅助平面法求相贯线

当两立体相交的表面有一个面或都不具有积聚性时，可采用辅助平面法求相贯线。辅助平面法就是用辅助平面同时截断相贯的两个基本体，找出两个基本体截交线的交点，即相贯线上的点，如图 4-14 所示，这些点既在两个曲面体的表面上，又在辅助平面内。辅助平面

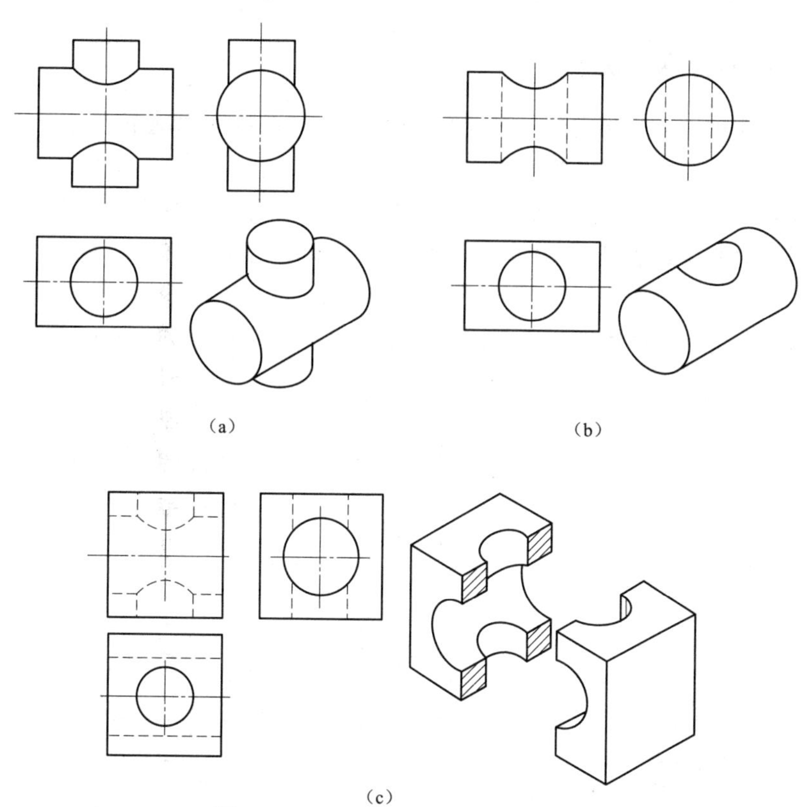

图 4-13 两正交圆柱相交的三种情况

(a) 两外圆柱面相交；(b) 外圆柱面与内圆柱面相交；(c) 两内圆柱面相交

法就是利用三面共点的原理，选择若干个合适的辅助平面求出相贯线上一系列共有点，光滑连接即得立体的相贯线。如图 4-15 所示为圆柱体与圆台体相交时交线的辅助平面法求解过程。在辅助平面法求解过程中，就是要抓住轴测图［如图 4-15（a）所示］上Ⅰ～Ⅷ点是圆柱和圆台的共有点。利用点的相关投影特性求出两者交线，如图 4-15（b）所示。

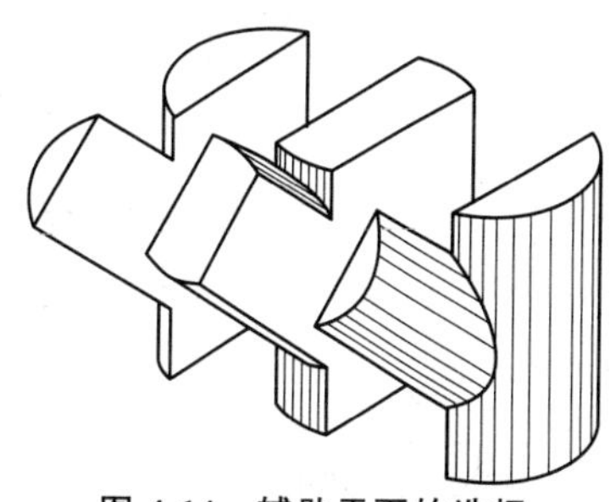

图 4-14 辅助平面的选择

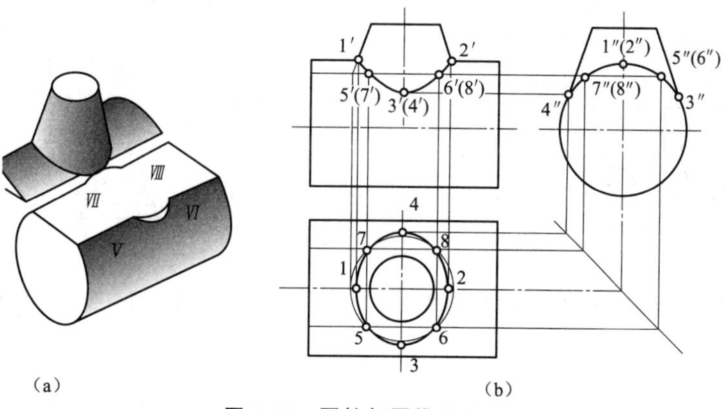

图 4-15 圆柱与圆锥正交

四、相贯线的特殊情况

两个曲面立体相交，其相贯线一般为空间曲线，但在特殊情况下也可能是平面曲线或直线。

(1) 当两个曲面立体具有公共轴线时，相贯线为与轴线垂直的圆，如图 4-16 所示。

(2) 当正交的两个圆柱直径相等时，相贯线为大小相等的两个椭圆（平面曲线），如图 4-17 所示。

(3) 当相交的两个圆柱轴线平行时，相贯线为两条平行于轴线的直线，如图 4-18 所示。

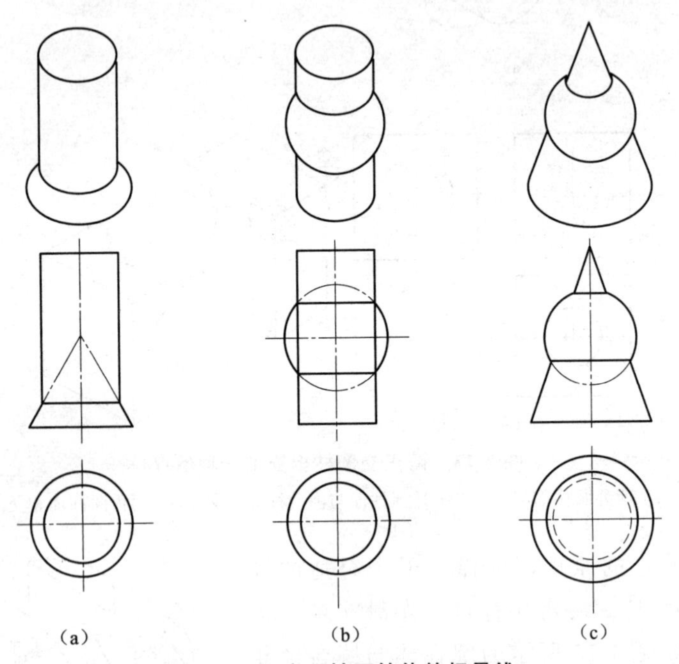

图 4-16　两个同轴回转体的相贯线

(a) 圆柱与圆锥；(b) 圆柱与圆球；(c) 圆锥与圆球

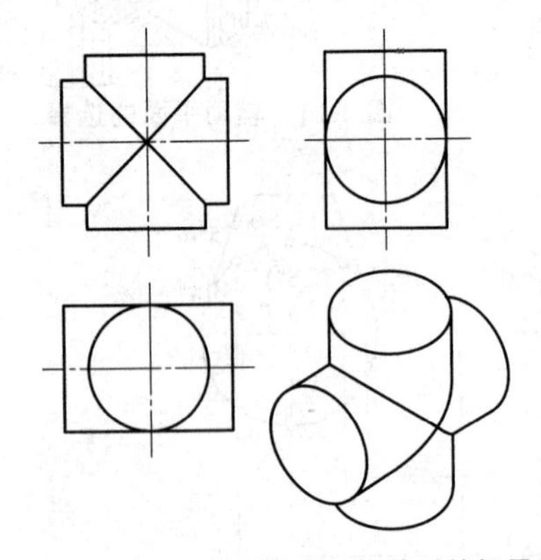

图 4-17　正交两个圆柱直径相等时的相贯线

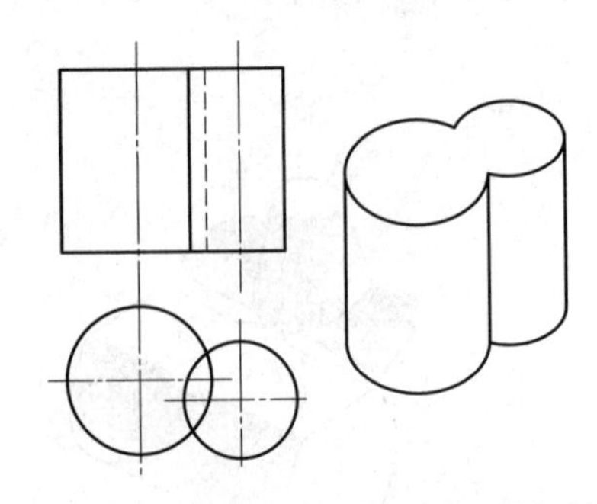

图 4-18　相交两个圆柱轴线平行时的相贯线

五、相贯线的简化画法

相贯线的作图步骤较多，如对相贯线的准确性无特殊要求，当两个圆柱垂直正交且直径有相差时，可采用圆弧代替相贯线的近似画法。如图 4-19 所示，垂直正交两个圆柱的相贯线可用大圆柱的 $D/2$ 为半径作圆弧来代替。

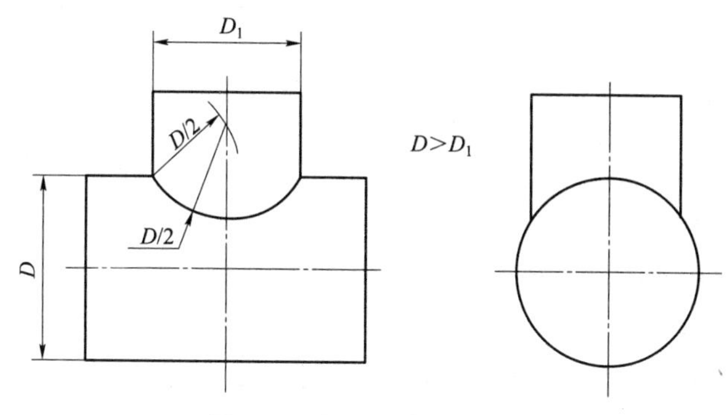

图 4-19 相贯线的近似画法

项目小结

本项目主要介绍了截平面与平面体、回转体的截交线，立体之间的相贯线，重点掌握面上求点的方法——求解截交线的基础。另外，相贯线的辅助平面法求解也是本项目的重、难点。

项目5 组 合 体

学习目标

1. 理解组合体的组合方式及表面过渡关系；
2. 掌握组合体视图的画法；
3. 掌握组合体的尺寸标注；
4. 掌握组合体视图的阅读方法。

任务1 组合体的组成方式及表面过渡关系

任务目的

通过本任务的学习，要求理解组合体的几种组合形式，理解组合体不同组合方式（相交、相切、平齐等）的交线画法。

任务引入

组合体是基本体的综合与发展，在生产生活中，常见的形体绝大多数都属于组合体，掌握组合体的基本知识更具有实用性和必要性，本任务就是围绕组合体的基本知识展开的。

本任务主要包括组合体的组成方式；形体间表面过渡关系。

知识准备

一、组合体的组成方式

组合体是由若干个基本几何形体按照一定的组合方式组合而成的复杂形体。形体间的组合方式有两种形式：叠加和切割。因此，组合体按其组成方式，可分为叠加型（相加型）、切割型（相减型）和综合型（混合型）三种。

1. 叠加型（相加型）

若干个基本几何体以平面相接触，进行堆砌或拼合，就叫作叠加。按叠加方式组合的形体叫叠加型组合体，也可以看作若干个形体几何相加而成，因而这种组合体又叫相加型组合体，如图5-1所示。

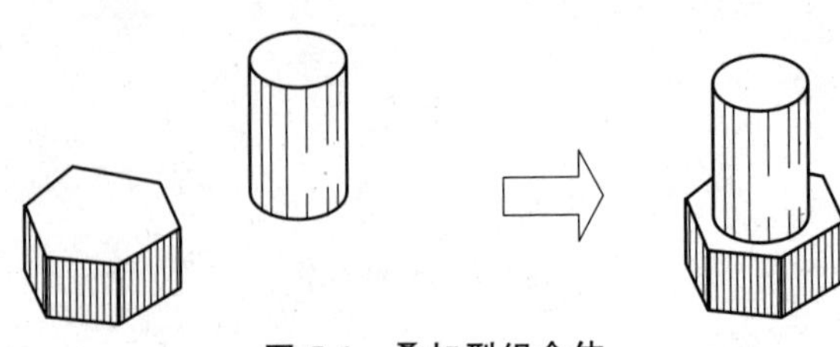

图5-1 叠加型组合体

2. 切割型（相减型）

基本几何体被切去或挖掉若干个几何体，叫作切割。在一个基本体上切割了若干个基本体叫作切割型组合体，也可以看作减去了若干个形体，因而这种组合体又叫相减型组合体，如图 5-2 所示。

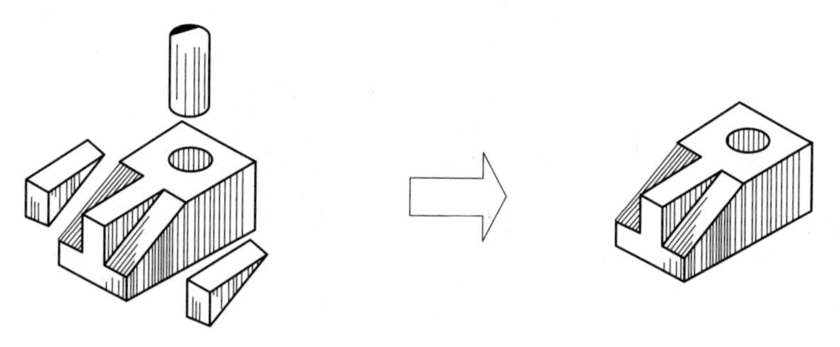

图 5-2 切割型组合体

3. 综合型（混合型）

有些组合体的组合方式既有叠加又有切割，组合体是综合构成的，叫作综合型组合体，也叫混合型组合体。实际中大多数形体都是综合型组合体，如图 5-3 所示。

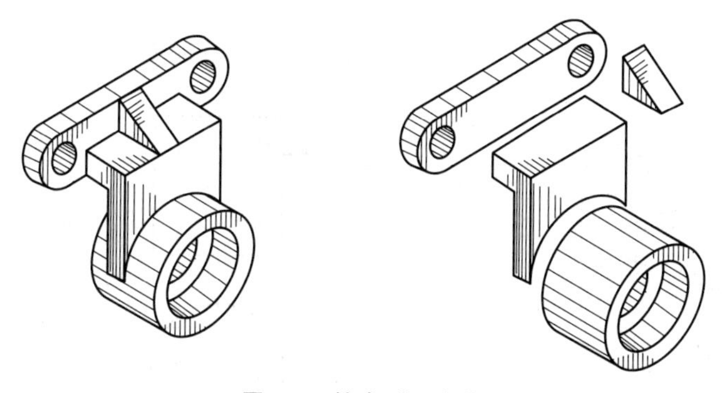

图 5-3 综合型组合体

二、形体间表面过渡关系

当两个基本形体组合时，表面间的过渡关系有三种：相交、平齐和相切。

1. 相交

当两个基本形体表面相交时，相交处会产生交线，在视图中要画出交线，如图 5-4 所示。

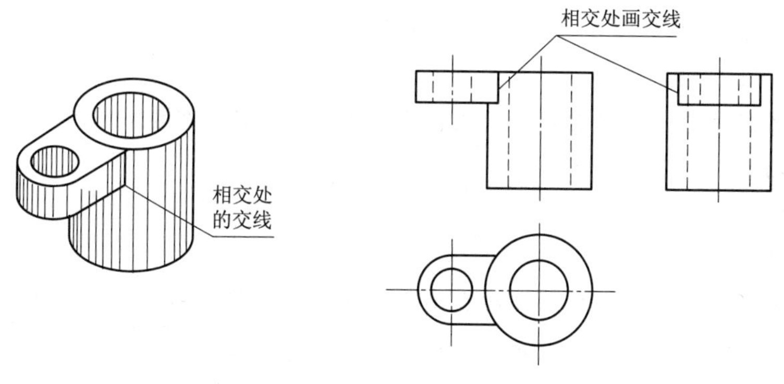

图 5-4 表面相交

2. 平齐

当两个基本形体表面平齐时，两立体的表面共面，共面的表面在视图上没有分界线，如图5-5（a）所示。当两个基本形体的表面不平齐时，视图表面有分界线，如图5-5（b）所示。

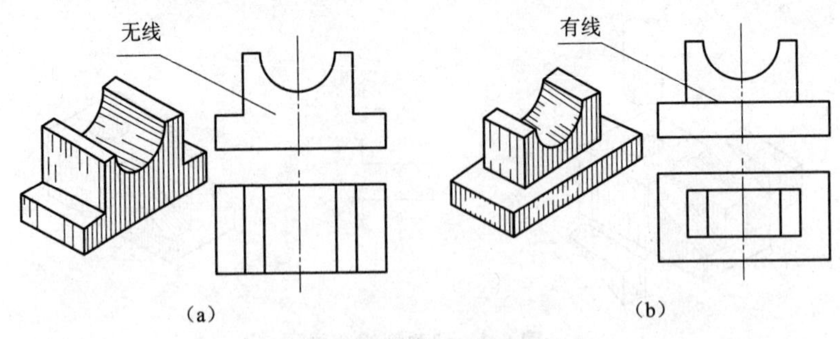

图 5-5　表面平齐与表面不平齐

3. 相切

当两个基本几何体的表面在某处相切时，相切处不存在明显的分界线，不应画线，如图5-6所示。

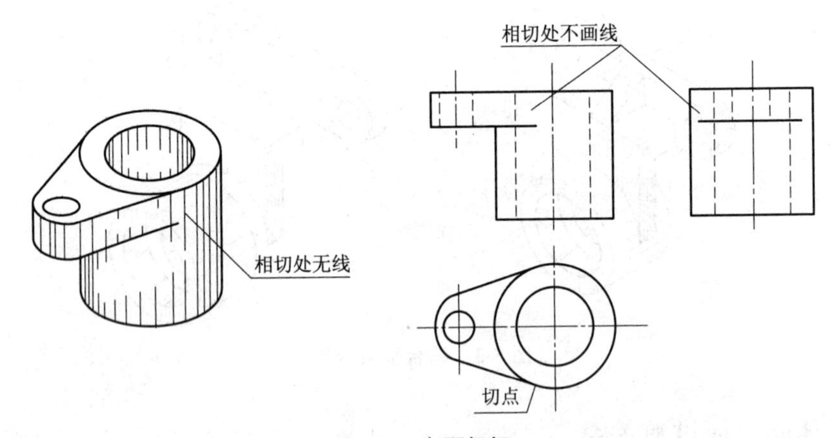

图 5-6　表面相切

任务2　组合体视图的画法

任务目的

通过本任务的学习，要求理解不同组合体作图分析方法，掌握组合体的分析作图步骤及作图的注意事项。

任务引入

组合体是机械零件或机器的基本组成单元，掌握组合体视图的画法是画好后续零件图或装配图的基础。三视图表达方式也是零件结构表达的常用方式。

本任务主要包括叠加型组合体视图；切割型组合体视图。

知识准备

一、叠加型组合体视图

(一) 画法及步骤——形体分析法

1. 形体分析

画图前，先要分析组合体的形体构成，弄清楚组合体的组合形式、各部分形状及相对位置、表面过渡关系等。

2. 选择视图

(1) 确定主视图。主视图应能明显地反映组合体各组成部分的形体特征和相对位置，并且尽可能使主要平面平行于投影面（尽量减少视图中的虚线），获得实形，安放平稳且便于读图（尊重工程图的表达习惯），同时兼顾其他视图的表达完整和清晰。

(2) 确定视图的数量。确定主视图以后，要根据具体情况确定视图的数量，以便用最简单的方法将实物表达得完整、清晰。

3. 确定比例和图幅

画图的比例应根据所画组合体的大小和制图标准的比例来确定。尽量采用 1∶1 的比例，或根据所选的比例计算组合体的长、宽、高及三视图的面积，考虑标注尺寸的位置以及图框与视图的间距，选择合适的标准图幅。

4. 画底稿

画组合体三视图应注意下面几点：

(1) 根据投影规律，逐个画出各形体的三视图。画形体的顺序如下：一般按照先大后小（先画较大形体，后画较小形体）；先主后次（先画主要部分，后画次要部分）；先实后虚（先画可见部分，后画不可见部分）；先画积聚性投影，后画其他投影；先画轮廓，后画细节。

(2) 为保证画图速度和视图的完整性，可从主视图着手，按照投影关系，将三个视图联系起来同时画图，不要孤立地作图。

(3) 先用细线条画出底稿，以保证图面的整洁，便于修改。

5. 检查、加深

画完底稿后，要逐个形体检查投影，改正错误。加深图线时，要由上而下，先加深曲线，再加深直线。

(二) 综合举例

下面以轴承座立体为例，说明叠加型组合体的画法。

【例 5-1】 试画出轴承座的三视图（如图 5-7 所示）。

绘图步骤如下：

(1) 分析形体构成。轴承座是由底板、支撑板、肋板和圆筒四部分叠加组成的，底板上钻去两个圆孔，组合体整体左右对称。

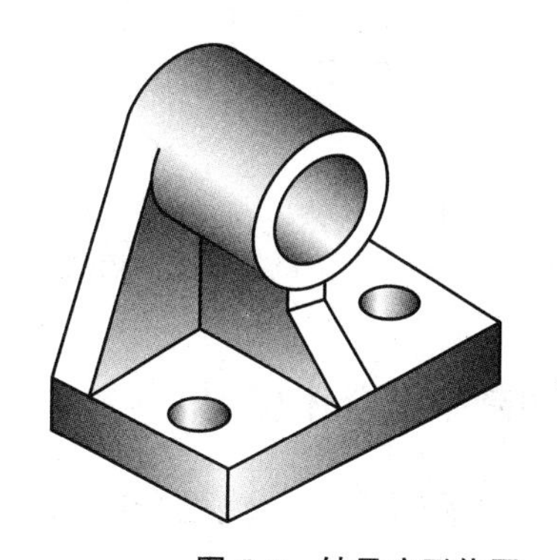

图 5-7 轴承座形体图

(2) 选择视图。图 5-7 中轴承座的主视图方向沿箭头方向。

(3) 确定比例，选择图幅。

(4) 画底稿。详细绘图步骤如图 5-8 所示，先画中心基准线，再逐步画各组成部分的投影（底板、圆筒、支撑板、肋板），再画连接部分和各条交线。

(5) 检查、加深图线。

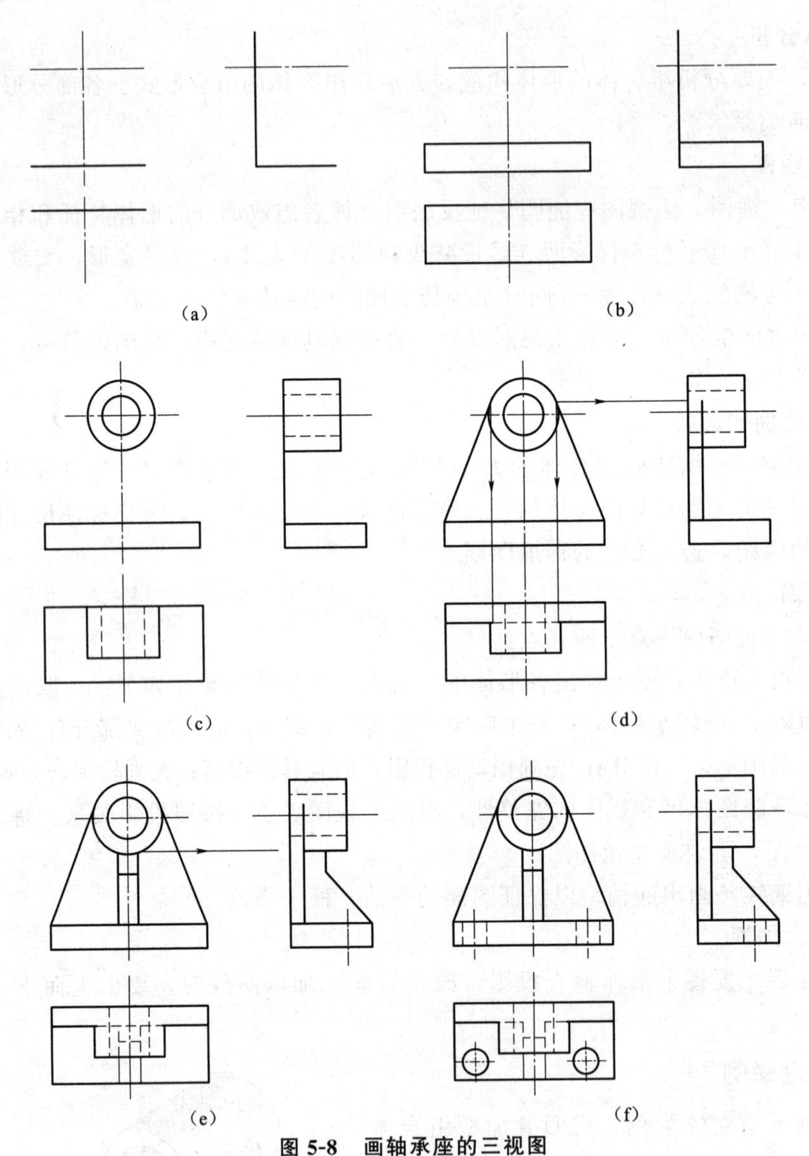

图 5-8 画轴承座的三视图

(a) 画轴线、中心线、基准线；(b) 画底板三视图；(c) 画滚筒三视图；(d) 画支撑板三视图；(e) 画肋板三视图；(f) 画圆孔三视图，并检查、加深图线

二、切割型组合体视图

(一) 画法及步骤——线面分析法

如图 5-9 所示的组合体可以看作长方体切去形体Ⅰ、Ⅱ，挖去Ⅲ、Ⅳ而成的。这种主要

由基本体切割而成的组合体，通常用线面分析法来作图。所谓线面分析法，就是根据表面的投影特性分析表面的性质、形状和相对位置进行画图和读图的方法。

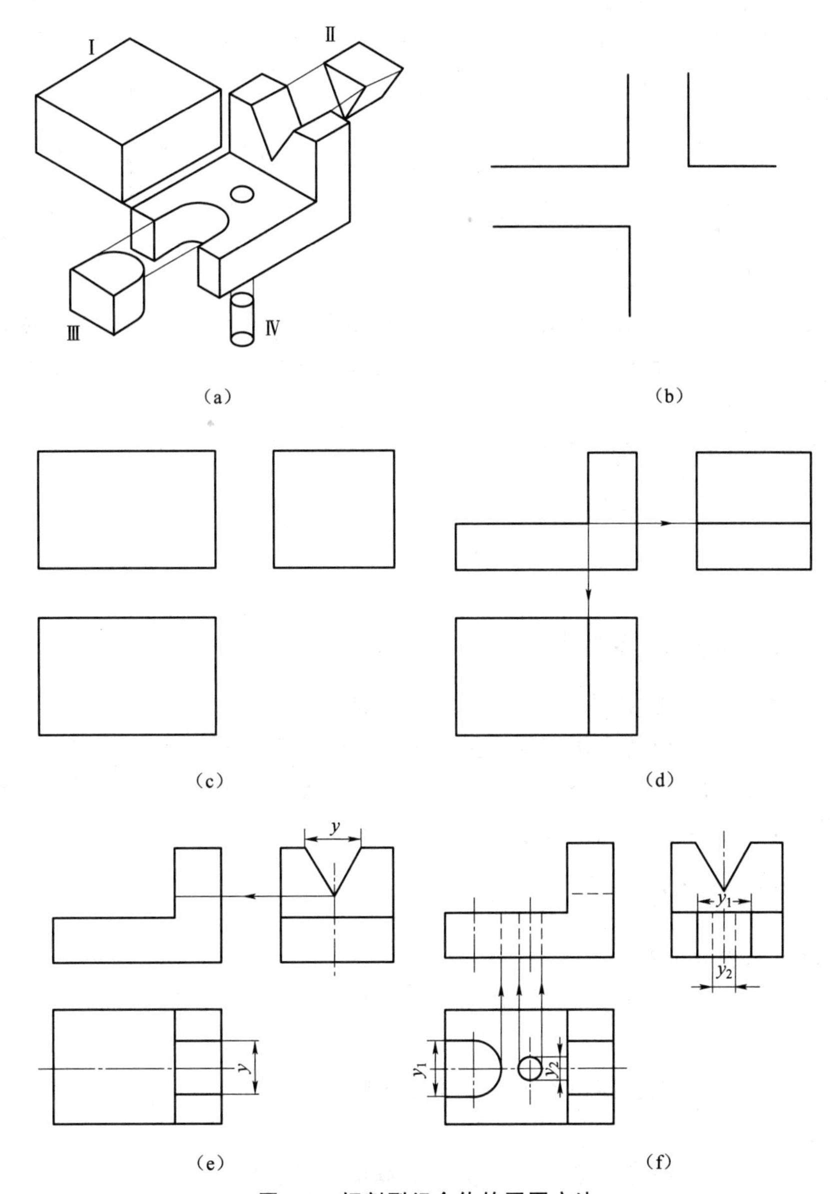

图 5-9 切割型组合体的画图方法

(a) 形体分析；(b) 画基准线；(c) 画长方体三视图；(d) 切去形体Ⅰ后的三视图；(e) 切去形体Ⅱ后的三视图；(f) 切去形体Ⅲ、Ⅳ后的三视图

(二) 综合举例

图 5-9 展示了切割型组合体的画图方法。

任务3 组合体视图的尺寸标注

任务目的

通过本任务的学习，要求理解组合体尺寸标注的基本要求，掌握组合体视图的尺寸标注。

任务引入

组合体视图只是表示出组合体的形状，而它的大小及各部分的相对位置需要通过尺寸标注来确定。组合体尺寸标注的基本要求是正确、完整、清晰。本任务主要讨论怎样使尺寸标注完整、清晰。

本任务主要包括组合体尺寸标注的基本要求；组合体的尺寸分析；组合体尺寸标注中应注意的问题；标注实例。

知识准备

一、组合体尺寸标注的基本要求

对组合体尺寸标注的基本要求是正确、完整、清晰。

(1) 正确。尺寸标注应符合国家标准中有关尺寸注法的规定。

(2) 完整。标准的尺寸能完全确定组合体的形状、大小及各组成部分的相互位置。

(3) 清晰。标注尺寸的布局应便于读图。

二、组合体的尺寸分析

1. 组合体中的3类尺寸

(1) 定形尺寸。确定组合体中各个基本体大小的尺寸。例如，图5-10中的50、36、10、$R8$、$\phi20$为定形尺寸。

(2) 定位尺寸。确定组合体中各个基本体之间相对位置的尺寸。例如，图5-10中的34、20为定位尺寸。

(3) 总体尺寸。确定组合体总长、总宽、总高的尺寸。例如，图5-10中的50、36、16为总体尺寸。有时总体尺寸会被某个基本形体的定形尺寸所代替，如图5-10中的50和36既是底板的长和宽，又是组合体的总长和总宽。

必须指出的是，当组合体的外端为回转体或部分回转体时，一般不以轮廓线为界，直接标注其总体尺寸。例如，图5-11中的总高由中心高30和$R15$间接确定。

2. 尺寸基准

标注和度量尺寸的起点，称为尺寸基准。在标注各个形体之间相对位置的定位尺寸时，必须先确定长、宽、高3个方向的尺寸基准。如图5-10所示。

可以选作尺寸基准的常是组合体的对称平面、底面、重要端面、回转体的轴线。

以对称面为基准标注对称尺寸时，应标注对称总尺寸。

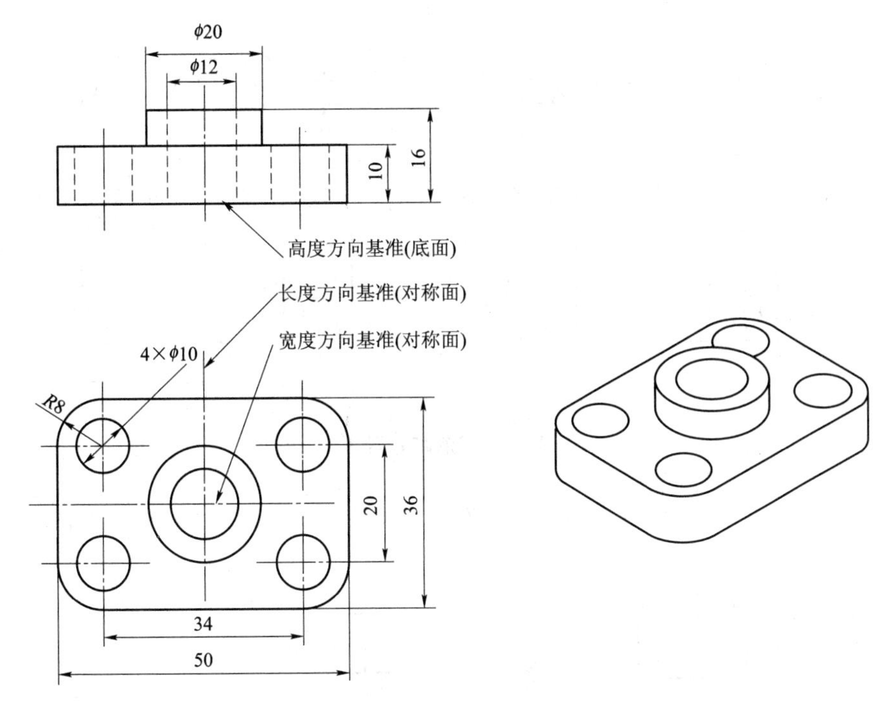

图 5-10 组合体的尺寸标注

三、组合体尺寸标注中应注意的问题

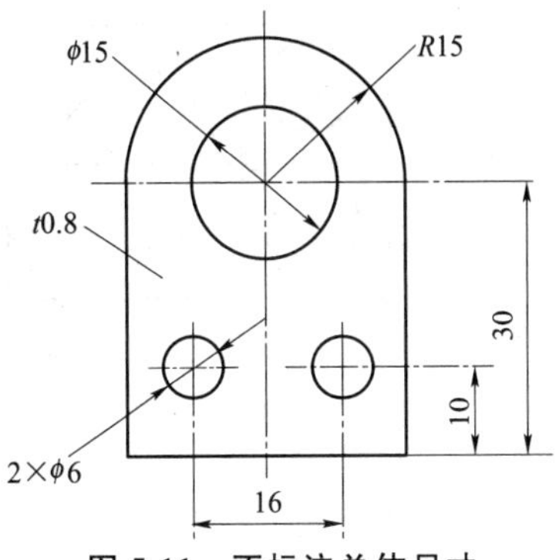

图 5-11 不标注总体尺寸

1. 尺寸标注必须完整

如图 5-11 所示，尺寸完整，才能完全确定物体的形状和大小。只要通过形体分析，逐个地注出各个基本体的定形尺寸、定位尺寸及总体尺寸，即能达到完整的要求。

2. 避免出现“封闭尺寸”链

如图 5-12 所示，尺寸 16、36、52 若同时标出，则形成“封闭尺寸”链。在一般情况下，这样标注是不允许的。

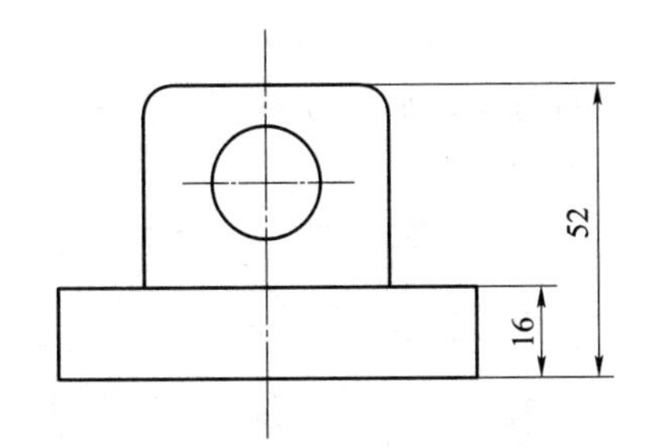

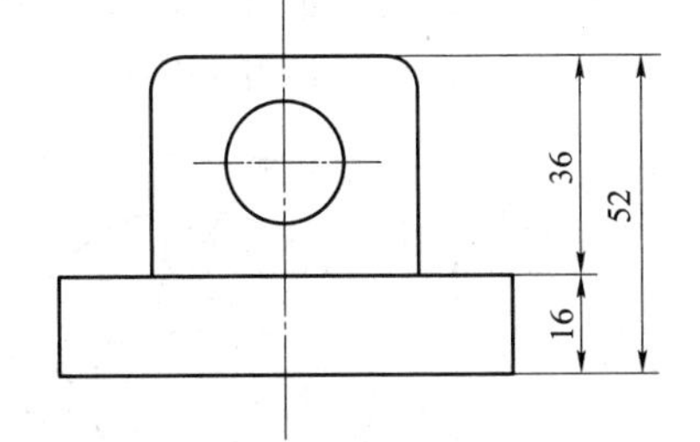

图 5-12 封闭尺寸

3. 尺寸标注必须清晰

(1) 应尽量标注在视图外面，以免尺寸线、尺寸数字与视图的轮廓线相交，如图 5-13 所示。

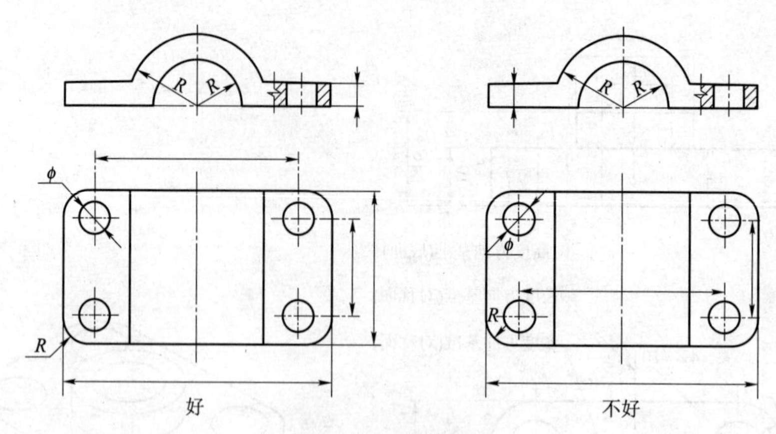

图 5-13　清晰布置 1

(2) 相互平行的尺寸，应按大小顺序排列，小尺寸在内，大尺寸在外，如图 5-14 所示。

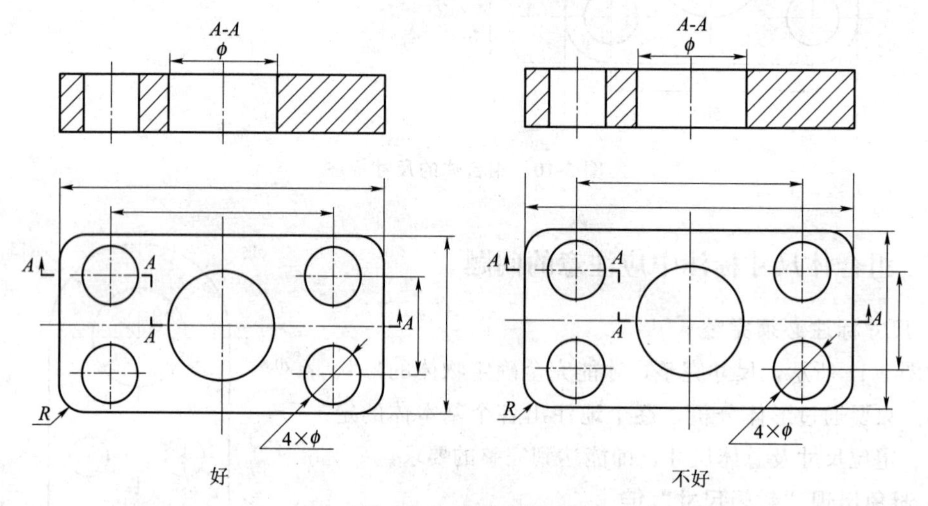

图 5-14　清晰布置 2

(3) 尽量不在虚线上标注尺寸。

(4) 同心圆柱的直径尺寸最好标注在非圆视图上，如图 5-15 所示。

(5) 内形尺寸与外形尺寸最好分别标注在视图的两侧，如图 5-16 所示。

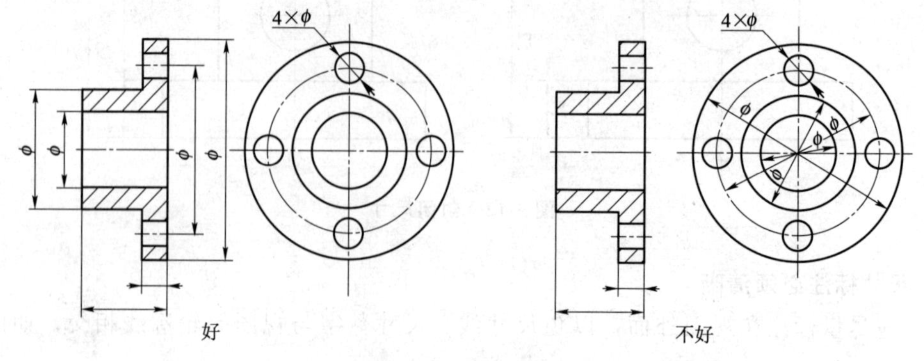

图 5-15　清晰布置 3

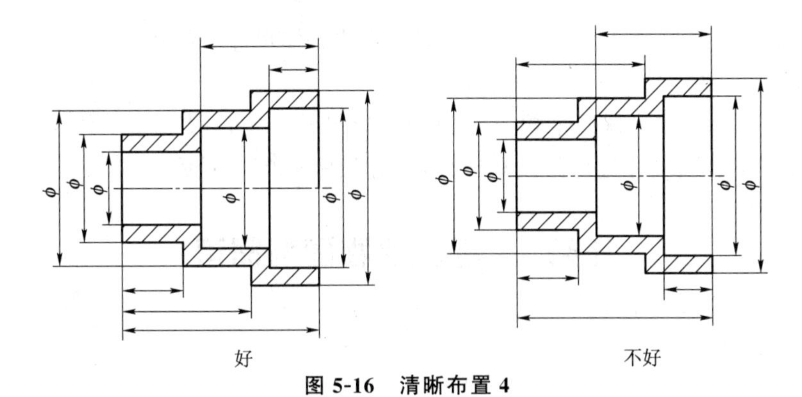

图 5-16　清晰布置 4

四、标注实例

现以图 5-17 为例，说明组合体尺寸标注。

(1) 分析形体。该组合体由底板和立板两个形体叠加而成，形状及相对位置如图 5-17 所示。

(2) 选尺寸基准。字母 L、B、H 分别表示长、宽、高 3 个方向的尺寸基准，如图 5-18 所示。

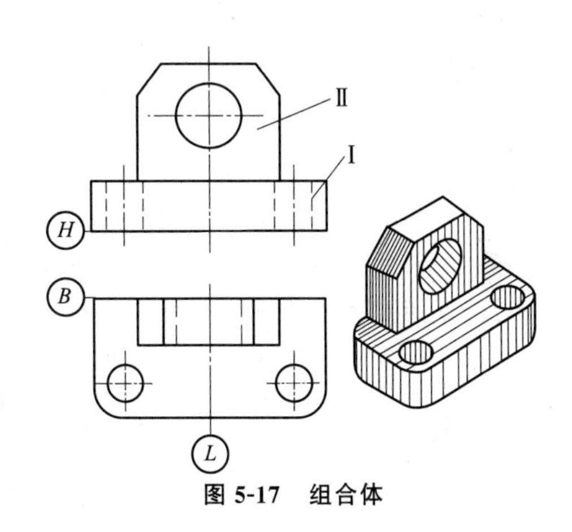

图 5-17　组合体

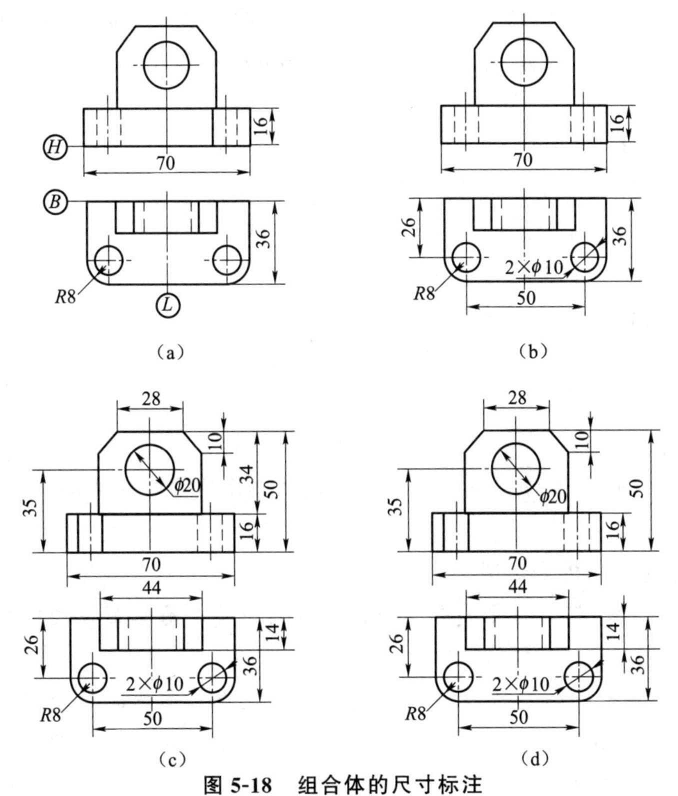

图 5-18　组合体的尺寸标注

（3）逐个标注其定形尺寸、定位尺寸及组合体的总体尺寸。如图 5-18（a）～图 5-18（c）所示。

（4）检查、调整。按形体逐个检查它们的定形尺寸、定位尺寸及总体尺寸，补上遗漏，除去重复，并对不合理尺寸进行修改和调整，如图 5-18（d）所示。

任务 4　组合体视图的阅读

任务目的

通过本任务的学习，要求理解不同组合体作图分析方法，掌握组合体的分析读图步骤及读图的注意事项。

任务引入

画图和读图是学习本课程的两个重要环节，培养读图能力是本课程的基本任务之一。画图是将空间的物体形状在平面上绘制成视图，而读图是根据物体的已给视图，运用投影规律，对物体的空间形状进行分析、判断、想象的过程，是画图的逆过程。

本任务主要包括读图的基本方法；综合举例。

知识准备

组合体的画图是运用形体分析法把空间的三维立体，按照投影规律画成二维平面图形的过程，是三维形体到二维形体的过程。而组合体的读图是从二维形体到三维形体的过程，也是在投影规律的基础上，利用形体分析法和线面分析法想象出空间立体的实际形状。因此，画图和读图是密不可分的两个部分。

读图时要注意以下几个问题：

（1）善于抓住能反映物体形状特征的图形。

（2）了解视图中线框和图线的含义，注意反映过渡关系的图线。

（3）善于构思，将几个视图联系起来读图。

下面先来介绍读图的基本方法。

一、读图的基本方法

1. 形体分析法

【例 5-2】已知如图 5-19（a）所示的三视图，试想象出它的空间形状。

解法如下：

本例是典型的形体分析法读图。

（1）投影形体分析，判断为叠加型组合体，分离出各个基本形体的线框。看主视图，可把整体分为 *A*、*B*、*C*、*D* 四部分线框。

（2）根据投影规律，对应投影位置，分别想象出几个几何体的空间形状。首先确定形体 *A*，即底板。底板上有两个对称的圆孔；底板上方左、右两侧是三角形肋板 *B*、*D*；最后确定肋板间的形体 *C*。分别如图 5-19（b）～图 5-19（d）所示。

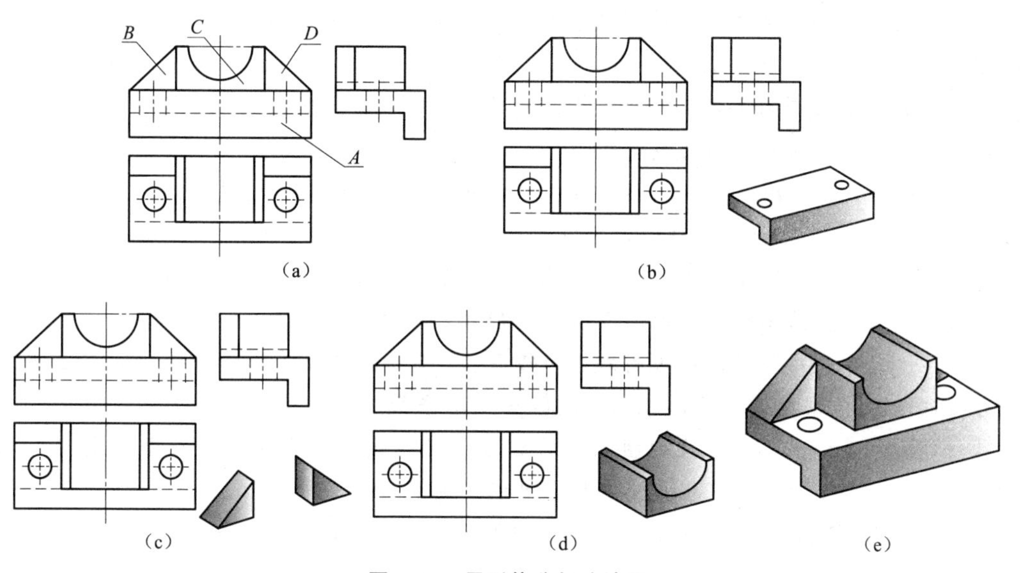

图 5-19 用形体分析法读图

(3) 综合想象，判断几个几何体之间的相对位置和表面交线，如图 5-19 (e) 所示。

2. 线面分析法

对于切割型组合体或较复杂的组合体，很难用形体分析法确定其形状，同切割型组合体的画法一样，采用线面分析法。

读图的分析过程往往是以形体分析为主、线面分析为辅，两种读图方法穿插进行分析。

读图的顺序如下：先主后次，先易后难，先局部后整体。

读图的步骤如下：先形体分析，之后逐个分析组成部分，最后综合想象整体。

【例 5-3】 读懂如图 5-20 (a) 所示的切割型组合体三视图，并判断出物体的形状。

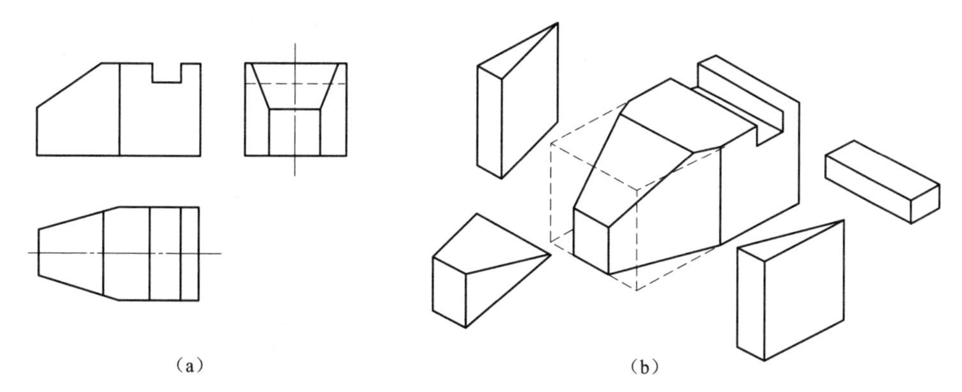

图 5-20 切割型组合体

解法如下：

可以将该形体想象成一个长方体被切去几部分，因而可以先补全再切去，采用线面分析法。

(1) 确定物体的整体形状为长方体。

(2) 确定切割面的位置和面的形状（对于复杂形体分线框，找投影）。如图 5-20 (a) 所示，俯视图的左前和左后方向各缺一角，左视图的左、右两侧各给出一条竖直线，说明各被切去了一个三棱柱，如图 5-20（b）所示；主视图的上方缺一角，说明长方体的左上方被切去一个三棱柱；主视图右上方有一个凹槽，说明长方体的右上方被切去一个四棱柱。

（3）综合想象，判断表面交线。

① 如图 5-21（a）所示，俯视图左边的四边形 p，在左视图上对应于四边形 p''，在主视图上对应于斜线 p'。根据投影特性，可以断定 P 面的正垂面。

② 如图 5-21（b）所示，主视图左边的五边形 q'，在左视图上对应于五边形 q''，在俯视图上对应于斜线 q。根据投影特性，可以断定 Q 面是铅垂面。

③ 如图 5-21（c）所示，俯视图右边的矩形 u，在左视图上对应于虚线 u''，在主视图上对应于直线 u'。根据投影特性，可以断定 U 面是水平面。

④ 如图 5-21（d）所示，左视图上方的矩形 v''，在主视图上对应于一条直线 v'，在俯视图上对应于一条直线 v。根据投影特性，可以断定 V 面是侧平面。

详细地了解三视图后，综合以上分析，想象出物体的形状，如图 5-22 所示。

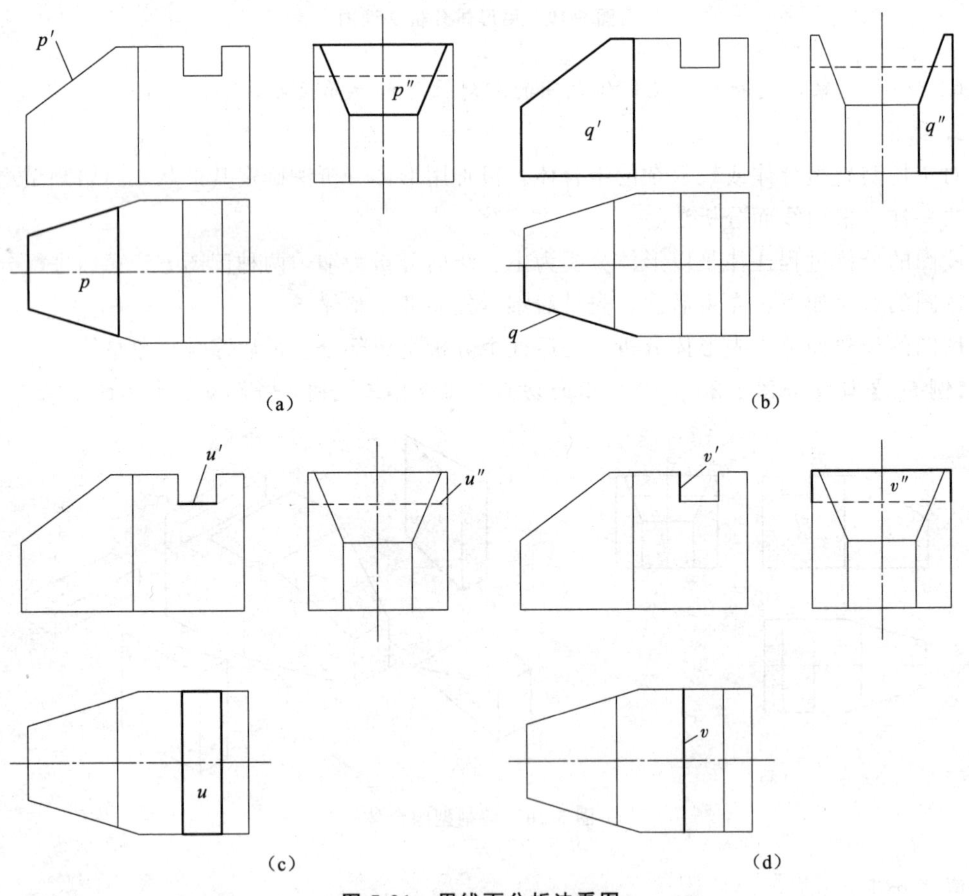

图 5-21 用线面分析法看图

二、综合举例

读图能力的训练途径有两方面：一是根据给出的不完整的投影补画视图上遗漏的图线；

二是根据给出的两个视图补画第三视图。

1. 补漏线

补全组合体视图中漏画的图线是一种有效地提高读图、画图能力的训练方法，以增强图形思维、判断和纠错能力。

【例 5-4】 补画如图 5-23（a）所示的俯视图中遗漏的图线。

解法如下：

(1) 从主视图中看出，视图上呈现四个圆弧：1′、2′、3′、4′，它们均为可见面。根据投影规律，4 个圆弧面在左视图中都是虚线，说明是切除的部分，像这样的形体就要分清层次。

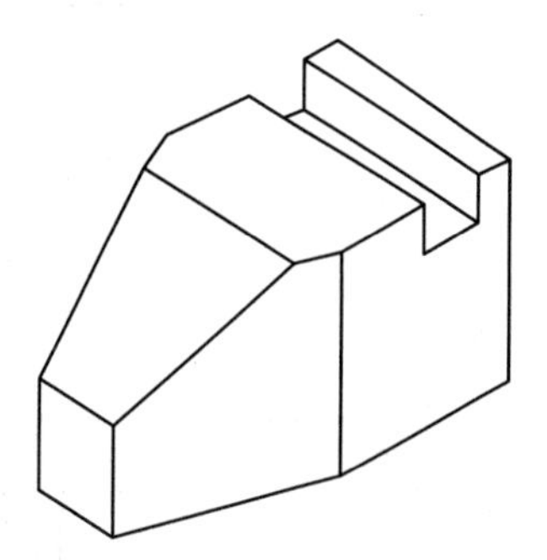

图 5-22 切割型组合体

(2) 综合主视图和左视图，可以看出 2′和 3′对应于半圆孔Ⅱ和Ⅲ，从主视图可以看出半圆孔Ⅲ是在半圆孔Ⅱ上存在的，从而可以确定它们在俯视图上如图 5-23（a）所示的位置；之后，怎样确定Ⅰ和Ⅳ哪个谁在前呢？假设Ⅰ在前，而且从主视图来看Ⅰ在上面，那么Ⅳ在俯视图上应被遮住为虚线，所以可判断Ⅰ后、Ⅳ前。像这样的形体只要把层次、方位分清楚了，作图就不难了。本例中可以确定在俯视图中缺少Ⅰ（通孔）的两条虚线，如图 5-23（b）所示。

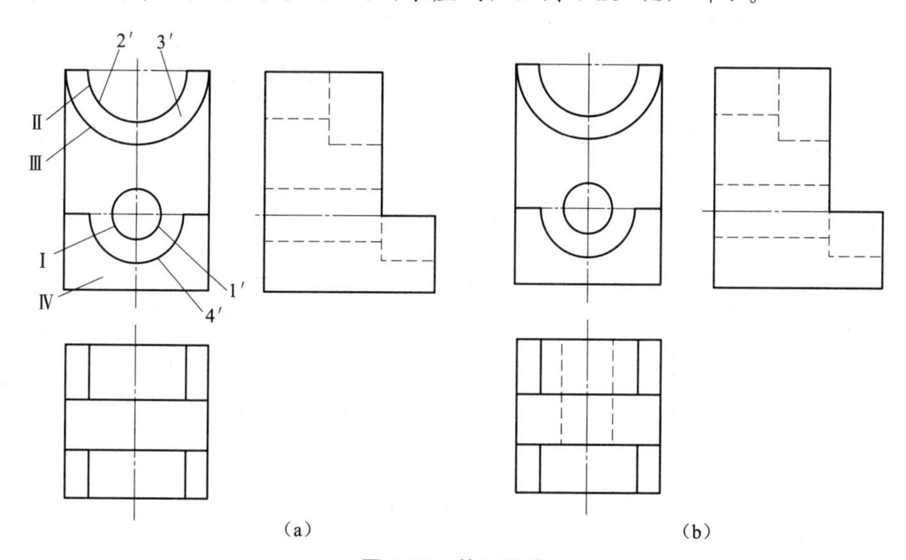

图 5-23 补画漏线

2. 补画第三视图

已知物体的两个视图，求第三视图（二求三），可以进一步培养读图和画图的能力。

【例 5-5】 如图 5-24（a）所示，已知物体的主视图和左视图，求作俯视图。

解法如下：

(1) 线面分析，读懂两个已知视图，想象出物体的立体形状。可以分析出此组合体是由一个长方体经切割形成的。原长方体的左上、右上方尖角被切去，底部中间开有前后贯通的半圆槽，顶部开有左右贯通的矩形槽。

(2) 画出未切割的长方体的俯视图，如图 5-24（b）所示。

(3) 在俯视图上画出切去左、右尖角的图线，如图 5-24（c）所示。

(4) 在俯视图上画出顶部所开矩形凹槽的图线，如图 5-24（d）所示。

(5) 在俯视图上画出底部所开半圆形凹槽的图线，得到俯视图，如图 5-24（e）所示。

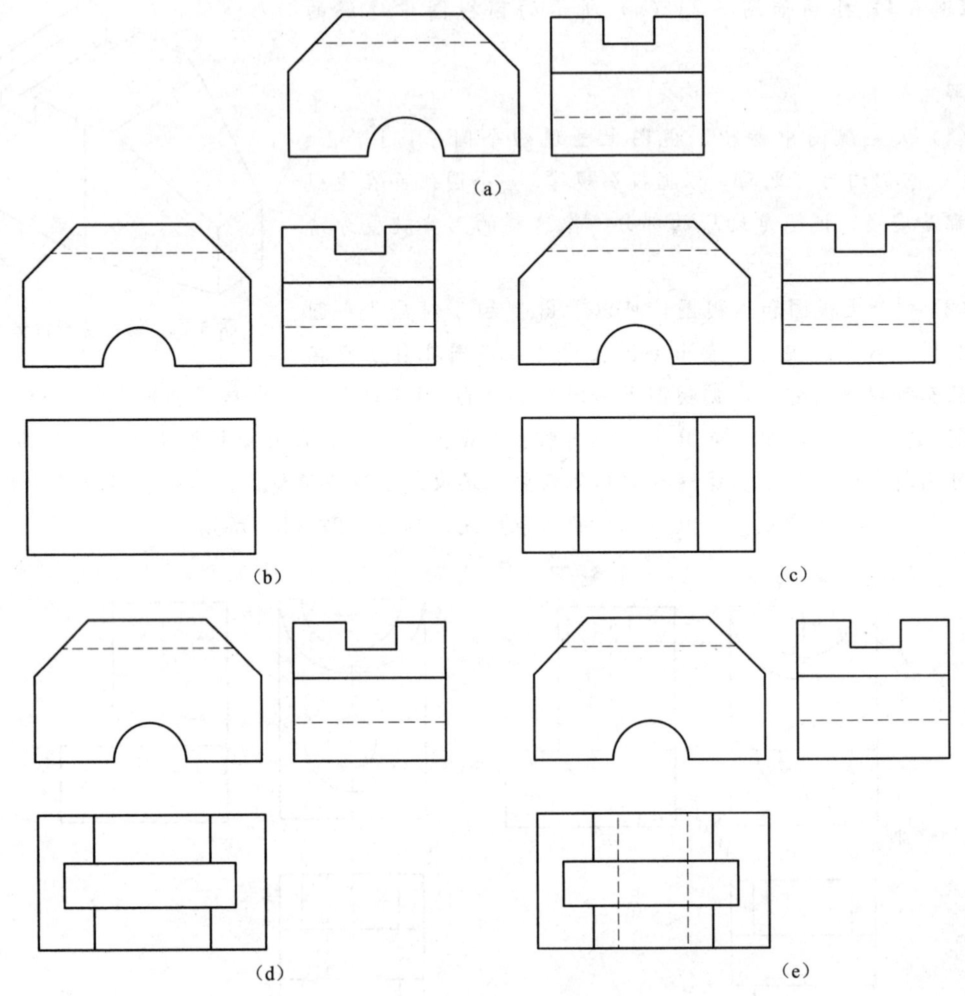

图 5-24　补画三视图

项目小结

本项目主要介绍了组合体的组合方式与表面过渡关系，组合体视图的阅读及绘图方法、尺寸标注等。通过本项目的学习，学生能够明白如何绘制组合体的三视图（包括尺寸标注），更重要的是掌握组合体三视图的阅读方法，为后续课程学习提供必备的知识基础。

项目6 轴 测 图

学习目标

1. 明确轴测图的形成、分类及各种轴测图的特点；
2. 能较熟练地根据实物或投影图绘制物体的正等轴测图；
3. 了解斜二测图的作图特点，能根据实物或投影图绘制物体的斜二测图。

任务1 轴测图的基本知识

任务目的

通过本任务的学习，要求理解轴测图的形成过程、分类方法、具体类别及它们的基本投影特性。

任务引入

多面正投影是工程上应用最广泛的图样，但这种图形缺乏立体感、很不直观，看图者必须经过学习、训练才能看懂。为了让更多的人看懂工程图样，国家标准规定了轴测图的表达方法。

本任务主要包括轴测图的形成；轴间角和轴向伸缩系数；轴测图的分类；轴测图的投影特性。

知识准备

一、轴测图的形成

轴测图是一种具有立体感的单面投影图。已知物体的三个坐标轴都倾斜于 P 平面，将物体和坐标轴一起向 P 平面投影，如果投影方向 S 与平面 P 垂直，则此投影方法就是正投影法。用这种方法所得到的投影图称为正轴测图，如图 6-1（a）所示。当物体的三个坐标轴中的 Y 轴垂直于 Q 平面时，采用斜投影法，即投影方向 S 倾斜于 Q 平面，将物体连同坐标轴一起向 Q 平面投影，用这种方法所得到的投影图，称为斜轴测图，如图 6-1（b）所示。由于正轴测图和斜轴测图采用的都是平行投影法，因此它们都具有平行投影的特性。

二、轴间角和轴向伸缩系数

轴间角和轴向伸缩系数是绘制轴测图的两个重要参数。

（一）轴间角

如图 6-2 所示，物体上的坐标轴 OX、OY、OZ 在轴测投影面 P 上的投影 O_1X_1、

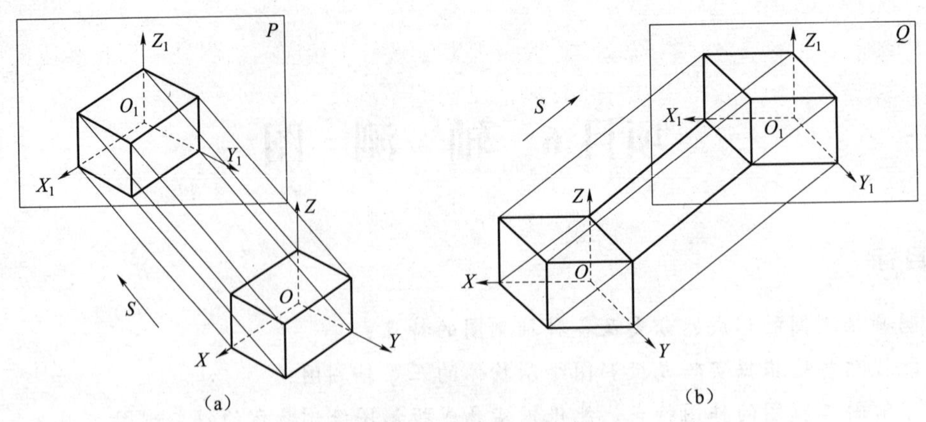

图 6-1　轴测图的形成

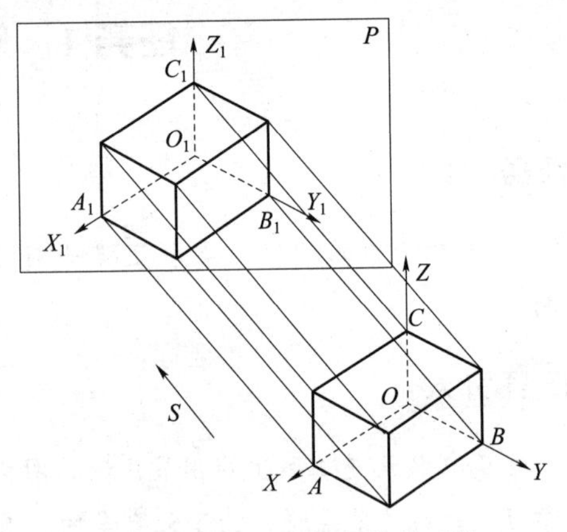

图 6-2　轴间角和轴向伸缩系数

O_1Y_1、O_1Z_1 称为轴测轴。相邻轴测轴之间的夹角，如 $\angle X_1O_1Y_1$、$\angle X_1O_1Z_1$、$\angle Y_1O_1Z_1$ 称为轴间角。

（二）轴向伸缩系数

轴测轴上的线段长度与该线段在空间的实际长度之比，称为轴向伸缩系数。如图 6-2 所示：

X 轴的轴向伸缩系数为 $p=\frac{O_1A_1}{OA}$；

Y 轴的轴向伸缩系数为 $g=\frac{O_1B_1}{OB}$；

Z 轴的轴向伸缩系数为 $r=\frac{O_1C_1}{OC}$。

轴向伸缩系数的大小与物体上的坐标轴对轴测投影面的倾斜程度及投影方法有关。因此，正轴测图和斜轴测图的轴间角与轴向伸缩系数不相同。

三、轴测图的分类

如前所述，轴测图按照投射方向与轴测投影面所成角度的不同，可以分为正轴测图和斜轴测图两大类。

根据轴向伸缩系数的不同，这两类轴测图又各自可以细分为下列三种：

（1）当 $p=g=r$，即三个轴向伸缩系数相等时，称为正（或斜）等轴测图。

（2）当 $p=g\neq r$，或 $p=r\neq g$，或 $g=r\neq p$，即有且只有两个轴向伸缩系数相等时，称为正（或斜）二轴测图。

（3）当 $p\neq q\neq r$，即三个轴向伸缩系数均不相等时，称为正（或斜）三轴测图。

考虑到绘图和读图的方便，工程应用时，通常采用正等轴测图和斜二轴测图。下面将主要介绍这两种轴测图。

四、轴测图的投影特性

无论正轴测图还是斜轴测图，采用的都是平行投影法，因此它们同样具有下列平行投影的性质：

（1）物体上平行于坐标轴的线段，轴测投影后平行于相应的轴测轴，而且线段的轴测投影长度与其实际长度之比等于相应坐标轴的轴向伸缩系数。

（2）空间中相互平行的直线，轴测投影后仍然相互平行。

任务2 正等轴测图

任务目的

通过本任务的学习，要求理解正等轴测图的形成，掌握平面立体、回转体及组合体的正等轴测图的画图方法。

任务引入

正等轴测图是工程上应用广泛的一种轴测表示方法，通过前面的学习，已经知道，正等轴测图虽然三个轴向尺寸都放大了约1.22倍，但这并不影响正等轴测图的立体感以及物体各部分的比例，那么正等轴测图有哪些特性？如何绘制正等轴测图？我们一起来分析一下它的特点及画法。

本任务主要包括正等轴测图的形成；平面立体正等轴测图；回转体正等轴测图；组合体正等轴测图。

知识准备

一、正等轴测图的形成

当固结在物体上的坐标系的坐标轴与轴测投影面的夹角相等时，将物体和坐标轴用正投影法向轴测投影面投影所得到的图形，称为正等轴测图。

如图6-3所示，正等轴测图的三个轴间角均相等，并且都是120°，即$\angle X_1O_1Y_1=\angle X_1O_1Z_1=\angle Y_1O_1Z_1=120°$；正等轴测图的轴向伸缩系数相等，即$p=q=r=0.82$。为了作图方便，常采用简化伸缩系数$p=q=r=1$，即沿各轴向的所有尺寸都按照物体的实际尺寸来绘制。用简化伸缩系数绘制的正等轴测图，沿各轴向的尺寸放大了约1.22（=1/0.82）倍，但是并没有影响物体的直观形象。

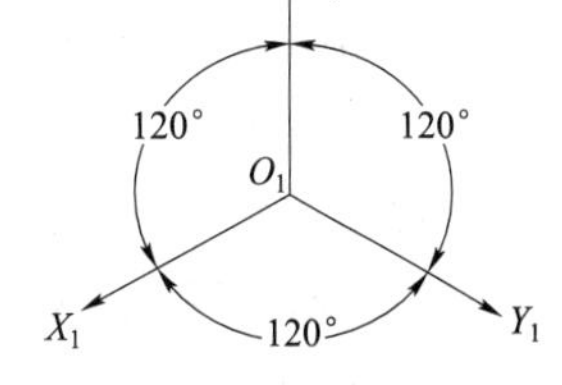

图6-3 正等轴测图轴间角

二、平面立体正等轴测图

正等轴测图的绘图步骤如下：

（1）根据物体的形体结构特点，确定原点位置和坐标轴。原点一般放在物体底面或顶面的对称轴线上，以便于画图。

（2）按照坐标面画出相应的轴测轴。

（3）按照点的坐标作点和直线的轴测图，绘图时，一般是先整体后局部，不可见的线一般不画出，这样更利于表现轴测图的立体感。

【例 6-1】 根据正六棱柱的两个视图［如图 6-4（a）所示］，绘制它的正等轴测图。

作图步骤如下：

（1）分析形体。正六棱柱的顶面和底面均为正六边形，故取顶面正六边形的中心作为原点 O，确定顶面各角点的坐标，如图 6-4（a）所示。

（2）画轴测图 O_1X_1、O_1Y_1 轴，在 X_1OY_1 平面上确定顶面的点 F_1、C_1、G_1、H_1，如图 6-4（b）所示。

（3）过 G_1、H_1 点作 O_1X_1 轴的平行线，并且量取 S 得到点 A_1、B_1、D_1、E_1，顺次连接各点，得到顶面轴测图，如图 6-4（c）所示。

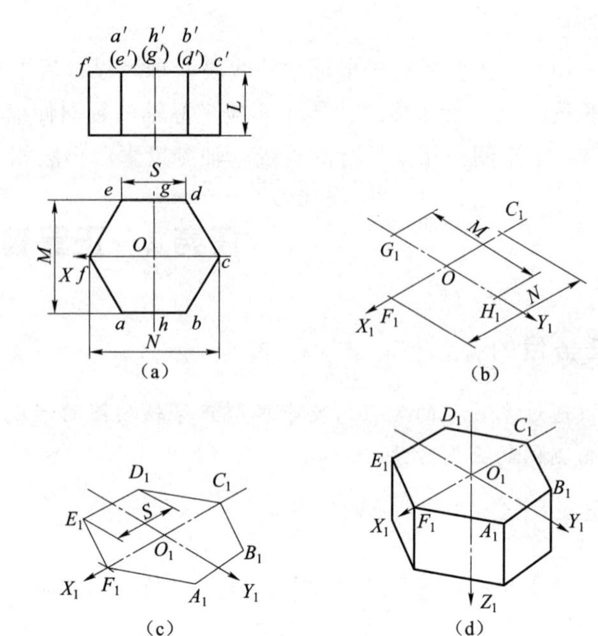

图 6-4　正六棱柱正等轴测图的画法

（4）过 A_1、B_1、E_1、F_1 点向下作 O_1Z_1 轴的平行线，并分别在其上截取高度为 L 的线段，得到底面上的点，顺次连接各点，擦去辅线，加深全图，完成作图，如图 6-4（d）所示。

三、回转体正等轴测图

1. 平行于坐标面的圆的正等轴测图

如图 6-5 所示为平行于坐标面的圆的正等轴测图的画法。

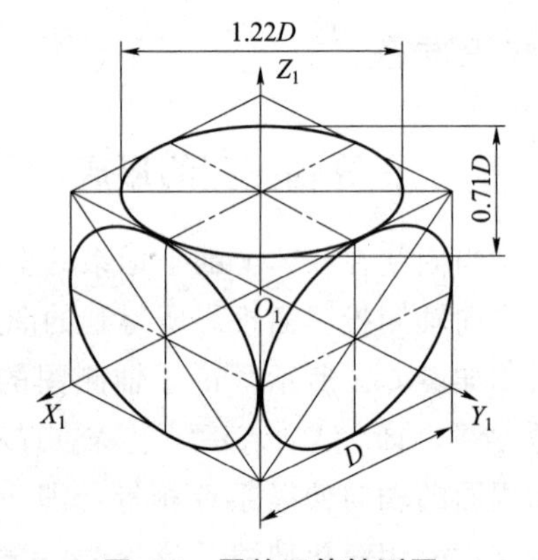

图 6-5　圆的正等轴测图

平行于三个坐标面的圆，其正等轴测图为椭圆。正等轴测图中椭圆的长短轴的尺寸采用简化轴向伸缩系数进行计算。若圆的直径为 D，则长轴长度＝1.22D，短轴长度＝0.71D。

一般来说，平行于 XOY 坐标面的圆，其正等轴测图中的椭圆长轴垂直于 O_1Z_1 轴，短轴平行于 O_1Z_1 轴；平行于 XOZ 坐标面的圆，其正等轴测图中的椭圆长轴垂直于 O_1Y_1 轴，短轴平行于 O_1Y_1 轴；平行于 YOZ 坐标面的圆，其正等轴测图中的椭圆长轴垂直于 O_1X_1 轴，短轴平行于 O_1X_1 轴。

2. 切割圆柱的正等轴测图

【例 6-2】 根据切割圆柱的两个视图［如图 6-6（a）所示］，绘制它的正等轴测图。

作图步骤如下：

（1）分析形体。如图 6-6（a）所示，确定坐标。

（2）绘制圆柱的正等轴测图，如图 6-6（b）所示。

（3）绘制平行于顶面的椭圆，至顶面的距离为 a，如图 6-6（c）所示。

（4）作平行于 $Y_1O_1Z_1$ 坐标面的截切面，使其到 O_1X_1 轴与圆柱面交点的距离为 b，如

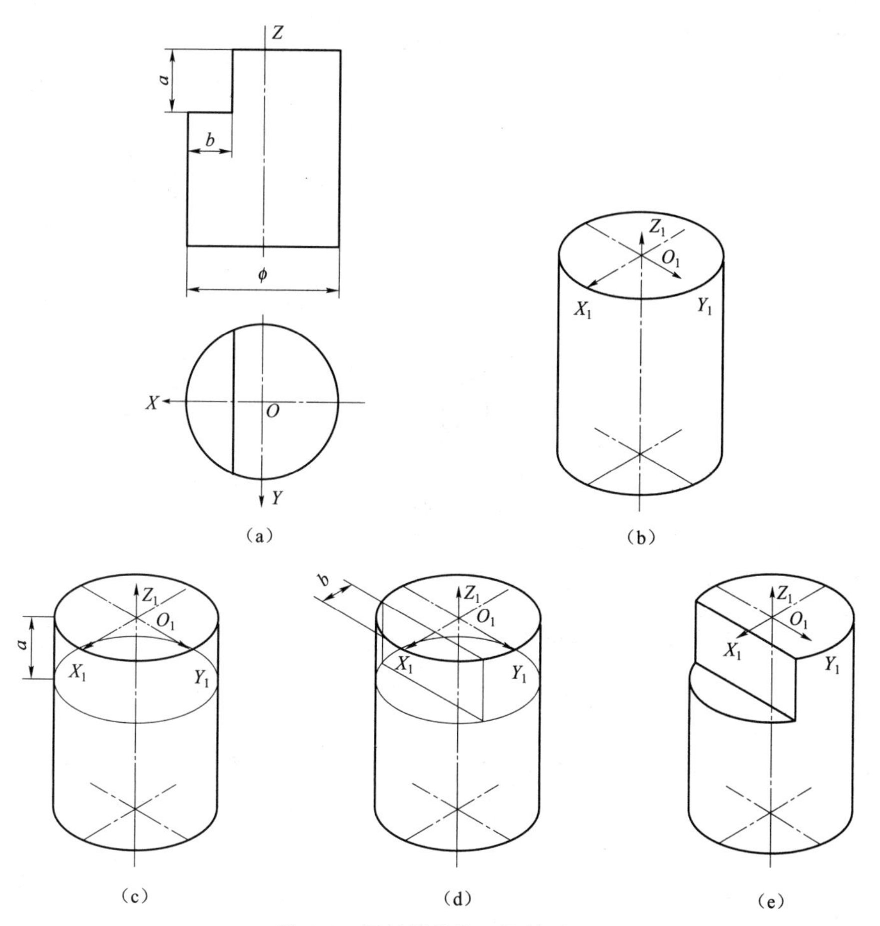

图 6-6　切割圆柱的正等轴测图

图 6-6（d）所示。

（5）将不可见的线擦除，并加深图线，就可得到切割圆柱的正等轴测图，如图 6-6（e）所示。

3. 圆角的正等轴测图

机件上的圆角一般是圆的 1/4，其正等轴测图是椭圆的 1/4。下面以水平圆角为例，绘制圆角的正等轴测图，如图 6-7 所示。

作图步骤如下：

（1）在如图 6-7（a）所示的视图中标出圆角与直边的切点 a、b、c、d。

（2）画出不带圆角的平板的正等轴测图，如图 6-7（b）所示。

（3）在平板的正等轴测图上，根据半径 R 找到四个切点 A_1、B_1、C_1、D_1，如图 6-7（c）所示。

（4）过切点分别作相应边的垂线，交点分别为 O_1、O_2，以 O_1 为圆心，O_1A_1 为半径作圆弧 A_1B_1；以 O_2 为圆心，O_2C_1 为半径作圆弧 C_1D_1。如图 6-7（d）所示。

（5）将圆心 O_1、O_2 竖直向下移动平板高度 H 距离，得到平板底面圆角的圆心 O_3、O_4。再以同样的方法画出平板底面圆周的正等轴测图，在如图 6-7（e）所示。

（6）擦去多余图线，整理加深图线，完成作图，如图 6-7（f）所示。

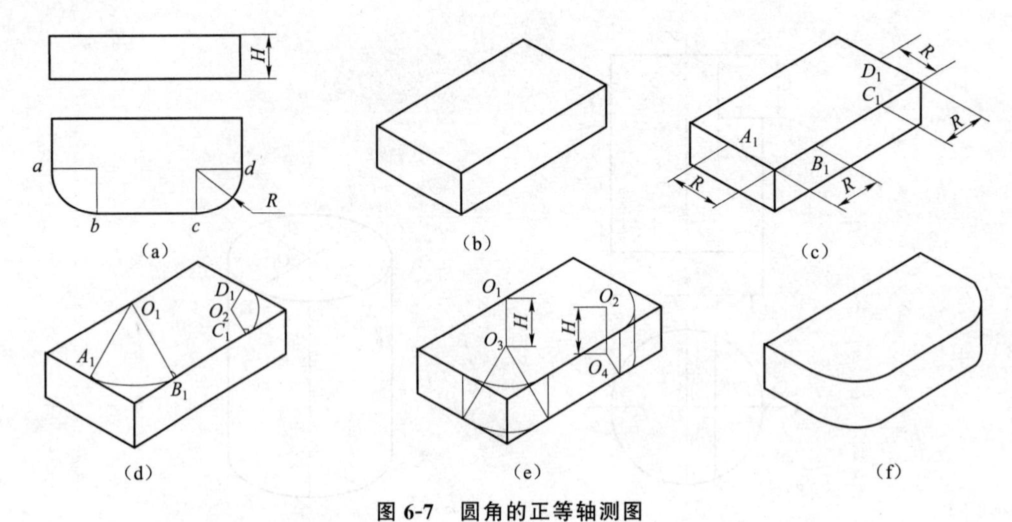

图 6-7　圆角的正等轴测图

四、组合体正等轴测图

在作组合体的正等轴测图时，先用形体分析法分解组合体，按分解后的形体及其相对位置，依次画出它们的正等轴测图。作图过程中要注意各个形体的结合关系。最后整理加深，完成组合体的正等轴测图。

【例 6-3】 作出如图 6-8（a）所示支架的正等轴测图，作图步骤如图 6-8 所示。

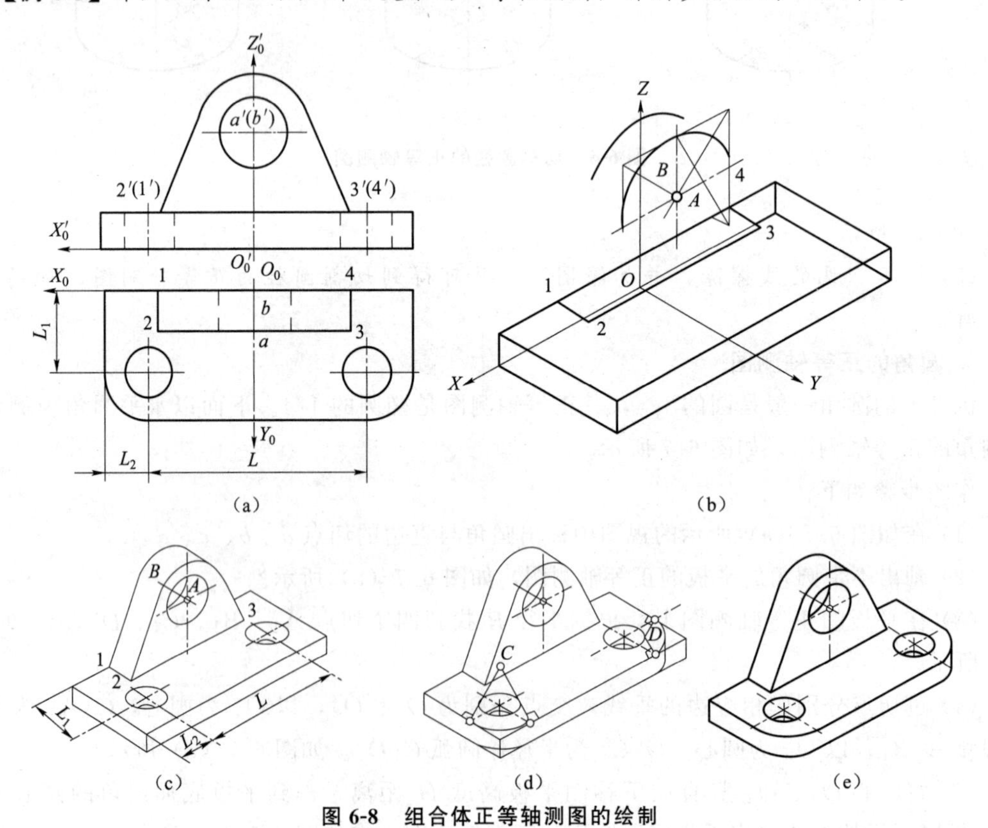

图 6-8　组合体正等轴测图的绘制

（a）根据两视图定坐标；（b）画底板，并定出竖板圆心；（c）画出各椭圆，完成竖板；

（d）完成底板左右圆角；（e）擦去图线，加粗

任务3 斜二等轴测图

任务目的

通过本任务的学习，要求理解斜二等轴测图的形成，理解斜二等轴测图的画图方法。

任务引入

斜二等轴测图也是工程上应用广泛的一种轴测表示方法，这种轴测表示方法又有怎样的特性？如何绘制斜二等轴测图？下面来分析一下它的特点及画法。

本任务主要包括斜二等轴测图等内容。

知识准备

将物体连同确定其空间位置的直角坐标系，用斜投影的方法投射到与 XOZ 坐标面平行的轴测投影面上，此时轴测轴 OX 和 OZ 仍分别为水平方向和铅垂方向，X 轴和 Z 轴上的轴向伸缩系数为 1，它们之间的轴间角为 90°；与水平线成 45°角方向的 Y 轴，其伸缩系数为 0.5，这样所得到的轴测投影图称为斜二轴测图，简称斜二测。

斜二测中轴测轴的位置如图 6-9 所示。由于斜二测中 XOZ 坐标面平行于轴测投影面，所以物体上平行于该坐标面的图形均反映实形。为了作图方便，一般将物体上圆或圆弧较多的面平行于该坐标面，可直接画出圆或圆弧。因此，当物体仅在某一视图上有圆或圆弧投影的情况下，常采用斜二轴测图来表示。为了把立体效果表现得更为清晰、准确，可选择有利于作图的轴测投射方向，图 6-9 中列出了斜二轴测图常用的两种投射方向。

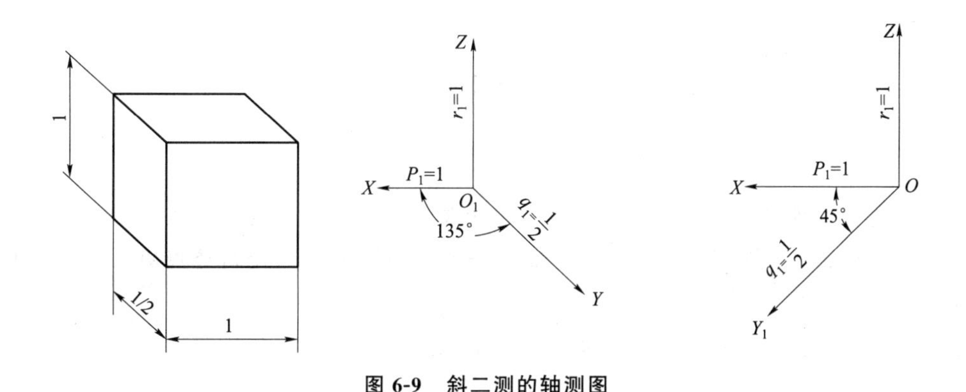

图 6-9 斜二测的轴测图

【例 6-4】 画组合体的斜二测如图 6-10（a）所示。

绘制物体斜二测的方法和步骤与绘制物体正等轴测图相同，具体过程如图 6-10 所示。

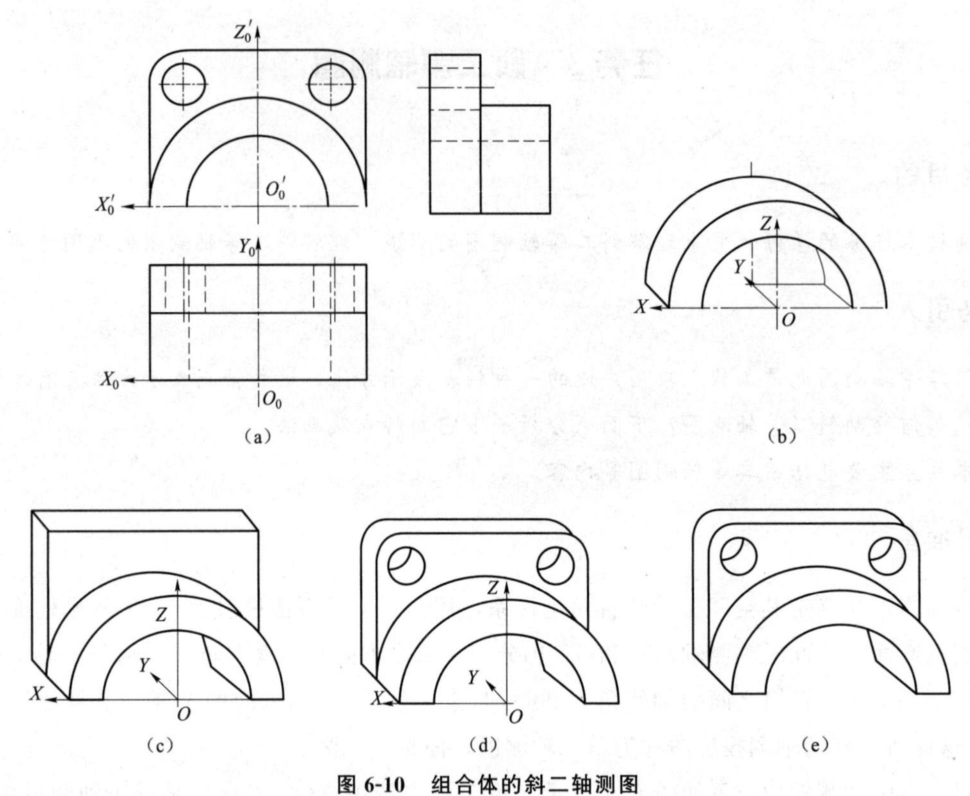

图 6-10　组合体的斜二轴测图

(a) 选坐标；(b) 画半圆柱；(c) 画竖板；(d) 画圆孔和圆角；(e) 整理，完成全图

任务 4　透　视　图

任务目的

通过本任务的学习，要求了解透视图的基本知识，扩大知识面。

任务引入

透视图是中心投影法的一种，在建筑领域中使用颇为广泛。这种表达方法虽在机械工程图样表达上很少出现，但对于一些机械产品及一些实物比较多的使用透视图，这也是本任务的主要目标。

本任务主要包括透视的概念和基本术语；直线的透视；物体的透视。

知识准备

一、透视的概念和基本术语

1. 透视的概念

用中心投影法将物体投射在单一投影面上所得到的图形称为透视图（透视投影或简称透

视）。如图 6-11 所示，AB 为空间直线，S 为投射中心，投射线 SA、SB 与投影面 P 的交点 A_1 和 B_1 就是点 A 和点 B 在投影面 P 上的透视，直线 A_1B_1 就是直线 AB 在投影面 P 上的透视。形成透视需要三要素：投射中心、投影面和物体。因为透视图与人用单眼观察物体时所得的形象几乎完全一样，故常设想在点 S 处有一个观察者的单眼，将投射线看作视线。

2. 基本术语

如图 6-12 所示。

画面（P）——绘制透视图的投影面。

基面（H）——观察者所站立的水平地面，即物体所在的水平面。

视点（S）——观察者单眼所在的位置，即投射中心。

站点（s）——视点在基面上的正投影。

基线（$x-x$）——画面与基面的交线。

主视线——通过视点且与画面垂直的视线。

主点（s'）——主视线与画面的交点。

视距（Ss'）——视点与画面之间的距离。

视高（Ss）——视点到基面之间的距离。

视平面——通过视点（投射中心）的水平面。

视平线——视平面与画面的交线 $h-h$。

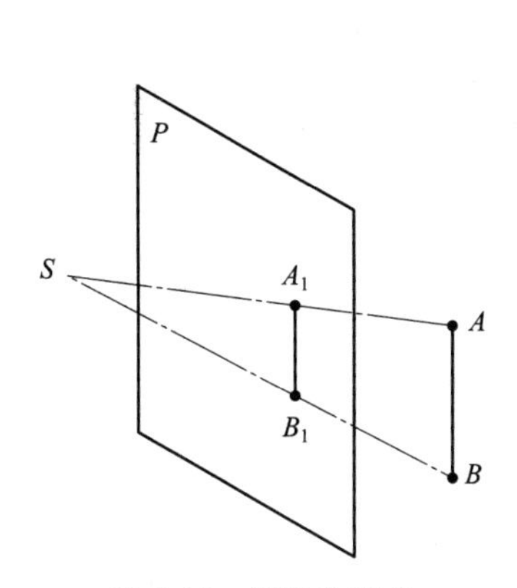

图 6-11 透视的形成

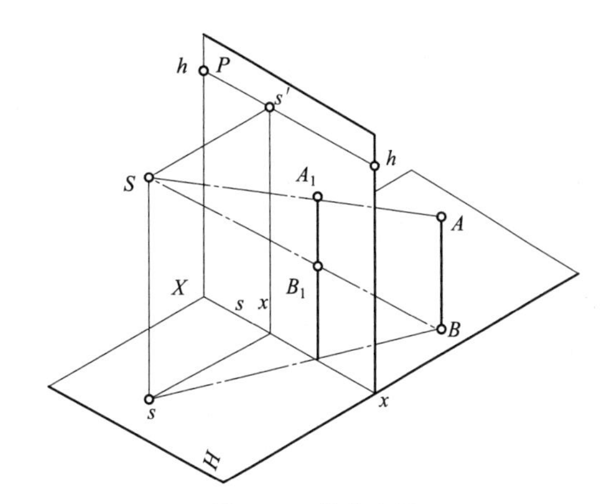

图 6-12 基本术语

二、直线的透视

直线透视是物体透视的基础。

1. 直线的迹点和灭点

（1）直线的迹点，即直线与画面的交点。如图 6-13 所示，直线 AB 的迹点为 N_1。

（2）直线的灭点，即直线上无限远点的透视。设直线 AB 上无限远处的点为 F_∞（如图 6-13 所示），如作此点的透视，只要过视点 S 作视线平行于 AB，该视线与画面的交点 F_1 即为直线 AB 的灭点。

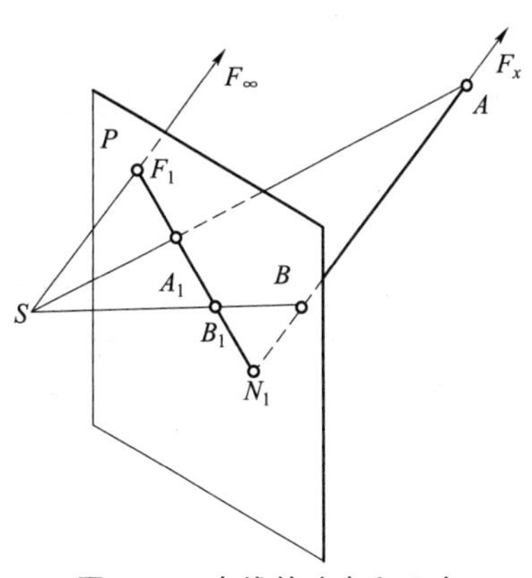

图 6-13 直线的迹点和灭点

连接迹点与灭点的直线 N_1F_1 称为直线的全透视，直线的透视位于直线的全透视上。

2. 直线透视的主要特性

(1) 画面内直线的透视为直线本身，反映直线的实长。

(2) 与画面平行的直线，其透视与空间直线平行，但不反映直线的实长。如图 6-14 所示，由于 $AB /\!/ P$ 面，则 $A_1B_1 /\!/ AB$，但 $A_1B_1 < AB$。

推广之，与画面平行的一组平行线，其透视相互平行。在图 6-15 中，直线 Aa、Bb 和 Cc 均为垂直于基面又平行于画面的直线，它们的透视彼此平行。

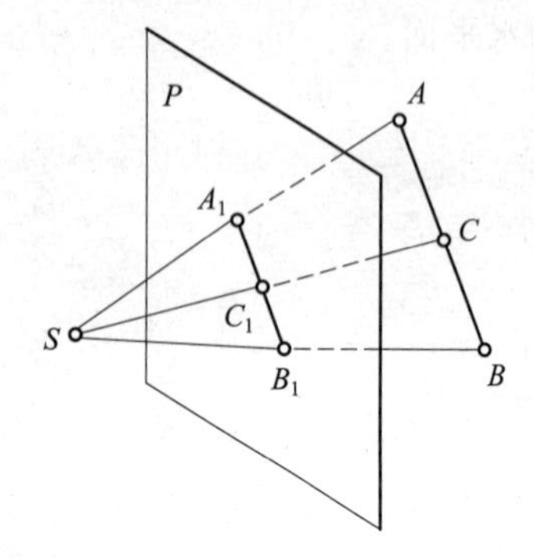

图 6-14　画面平行线的透视（一）

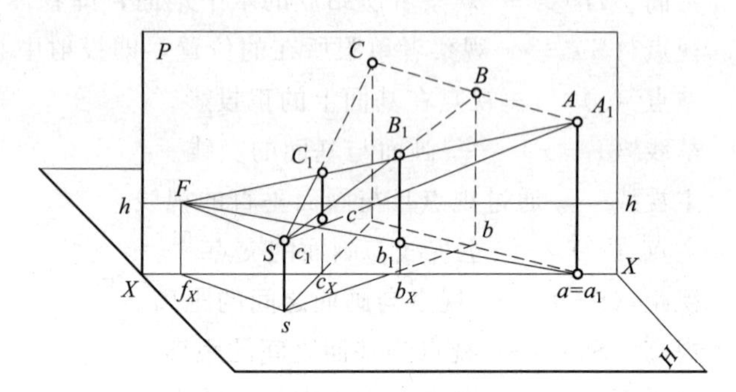

图 6-15　画面平行线的透视（二）

(3) 点在直线上，点的透视必落在直线的透视上。当点处在与画面相交的直线上时，点的透视不再分割直线的透视成定比。如图 6-13 所示，点 B 在直线 AN_1 上，则 $AB : BN_1 \neq A_1B_1 : B_1N_1$。只有当点处在与画面平行的直线上时，点的透视才分割直线的透视成定比。如图 6-14 所示，由于 $AB /\!/ P$ 面，所以 $AC : CB = A_1C_1 : C_1B_1$。

(4) 与画面相交的平行直线，其透视相交于同一灭点。例如，在图 6-16 中，两条平行直线 AN_1 和 BN_2 的透视 A_1N_1 和 B_1N_2 相交于同一灭点 F_1。

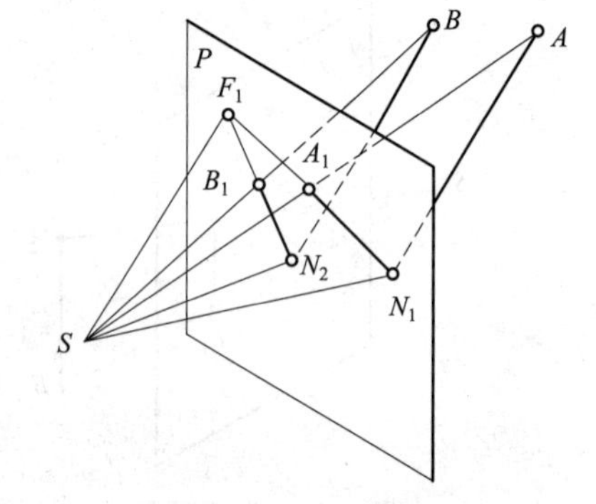

图 6-16　与画面相交的平行线的透视

(5) 一组长度相等的平行直线段，当画面位于它们之前时，距画面近的透视陡度大，距画面远的透视长度小，即所谓“近大远小”。如图 6-15 所示，$Aa = Bb = Cc$，而 $A_1a_1 > B_1b_1 > C_1c_1$。又如图 6-15 所示，$AB = BC$，而 $A_1B_1 > B_1C_1$。这与人们日常观察物体所见效果相同，这也就是透视图真实感强的原因。

三、物体的透视

以立方体为例，一个立方体可以形成三种不同的透视图。

1. 一点透视（又称平行透视）

如图 6-17 (a) 所示为立方体的一点透视。将物体的长（X 向）、高（Z 向）两个方向的棱线平行于画面（物体的正面平行于画面），在透视图上只有宽（Y 向）方向上的棱线有灭点。此种透视图反映物体的正面形状较突出，画正面上曲线的透视也较方便。

2. 两点透视（又称成角透视）

当物体只有高（Z 向）方向的棱线平行画面时，所作出的透视在长、宽方向上的棱线各有一个灭点，如图 6-17（b）所示。此种透视图能兼顾物体的正面和侧面的形状，采用较多。

3. 三点透视（又称斜透视）

当物体的长、宽、高三个主方向上的棱线均不平行于画面时，在透视图上形成三个主向灭点，称为三点透视，如图 6-17（c）所示。此种透视主要用来表达高大的机器和建筑物等。

如图 6-18 所示为一点透视绘制的电视机。如图 6-19 所示为两点透视绘制的电冰箱和洗衣机。如图 6-20 所示是用三点透视绘制的建筑设计草案。

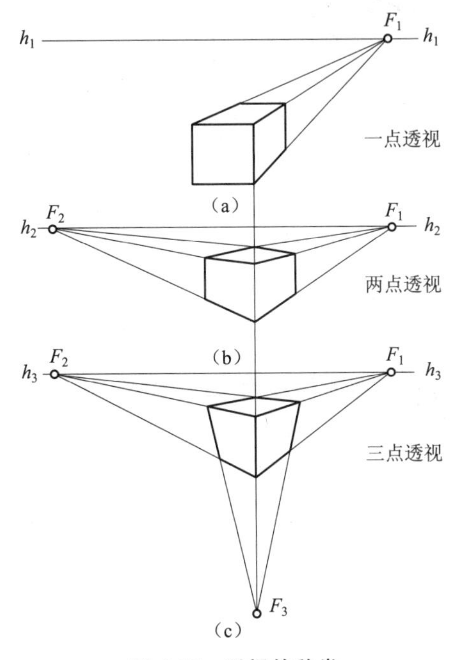

图 6-17 透视的种类

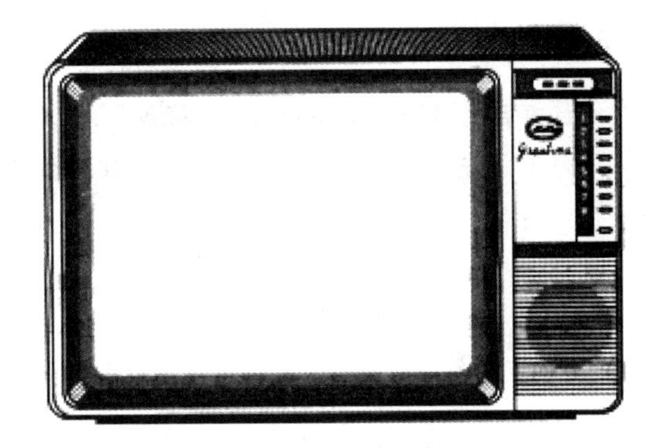

图 6-18 一点透视

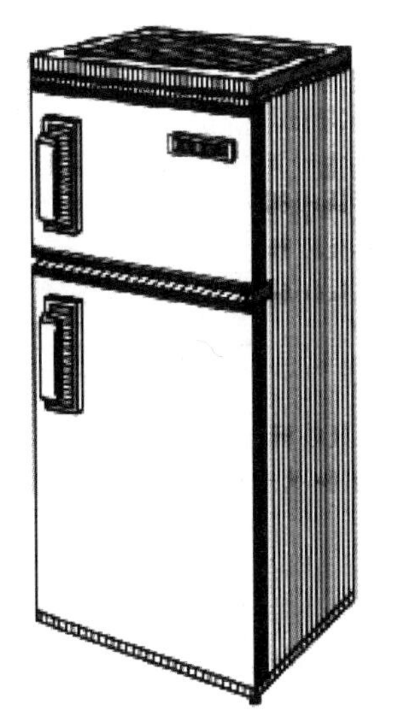

图 6-19 两点透视

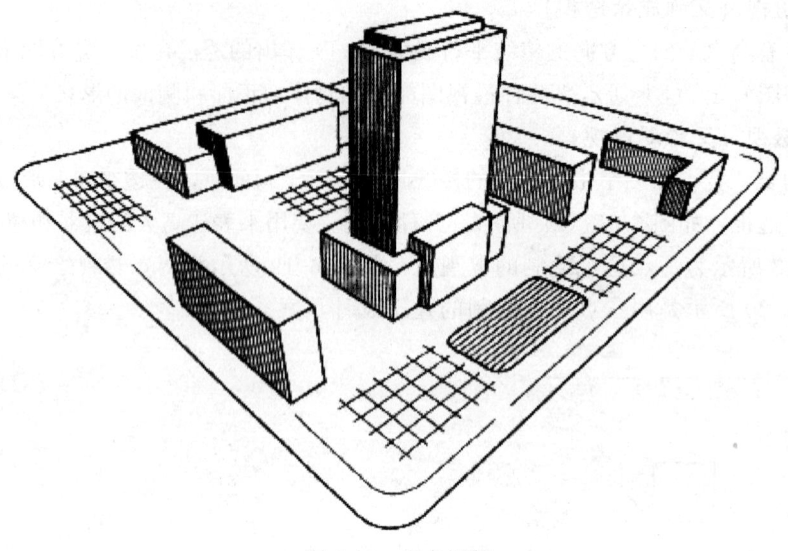

图 6-20　三点透视

项目小结

本项目主要介绍了轴测图的形成、分类、特性及常见的正等轴测图、斜二等轴测图的画法，需要掌握简单组合体的正等轴测图的作图方法。

项目 7　机件图样的画法

学习目的

1. 了解基本视图的画法，掌握向视图、斜视图及局部视图的画法及标注；
2. 掌握剖视图的形成、画法、标注；
3. 理解剖视图的种类、适用条件及剖切平面的类型；
4. 掌握断面图的分类、画法及标注；
5. 学会正确合理表达机件的方法。

任务 1　视　　图

任务目的

通过本任务的学习，要求理解基本视图与三视图的关系、向视图与基本视图的关系、局部视图的表达方法；掌握向视图、斜视图的画法及标注。

任务引入

前面介绍了用主、俯、左 3 个视图表达机件的结构形状，在生产实际中，简单零件用一个或者两个视图就可以表达清楚，而有一些复杂零件，即使用三个视图也很难将其各处的外形结构形状清楚地表达出来。因此，还必须增加其他外形表达方法，加强对零件外形结构的准确表达。

本任务主要包括基本视图；向视图；局部视图；斜视图。

知识准备

一、基本视图

在原有三个投影面的基础上，再增加三个投影面构成正方体的六个投影面称为基本投影面。投影完成后，主视图保持不动，将投影面沿箭头方向展开（如图 7-1 所示），展开后的视图位置如图 7-2 所示。展开后，以这样的位置关系配置时，不用标注视图的名称。有些机件的形状复杂，它的六个投影面的投影可能都不相同。

当把机件放在立方体的中间时，将机件向六个基本投影面投射，得到的六个视图称为基本视图。从前向后投射得到主视图，从上向下投射得到俯视图，从左到右投射得到左视图，这三个视图即为常说的三视图。从三视图的反方向投射可以得到另外三个视图，从后向前投射得到后视图，从下向上投射得到仰视图，从右向左投射得到右视图。

六个基本视图仍保持"长对正、宽相等、高平齐"的投影规律。具体描述如下：主视

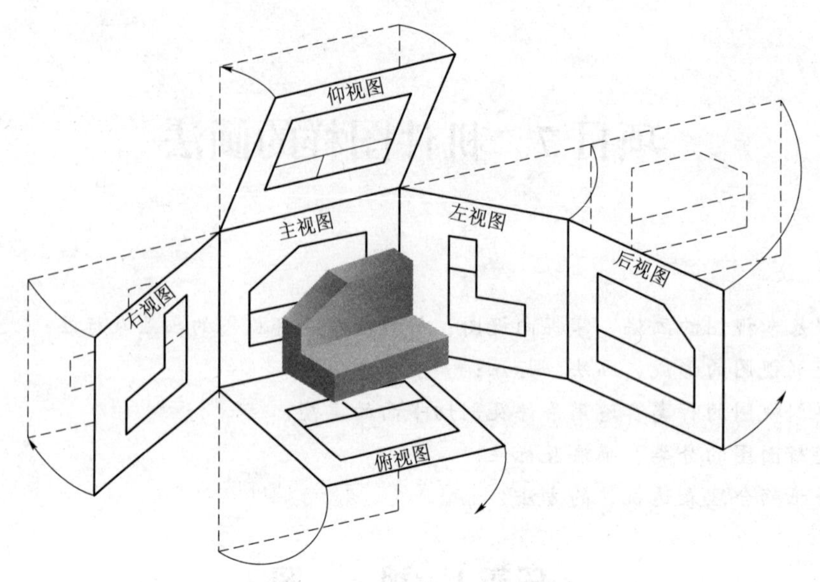

图 7-1　六个基本投影面及其展开

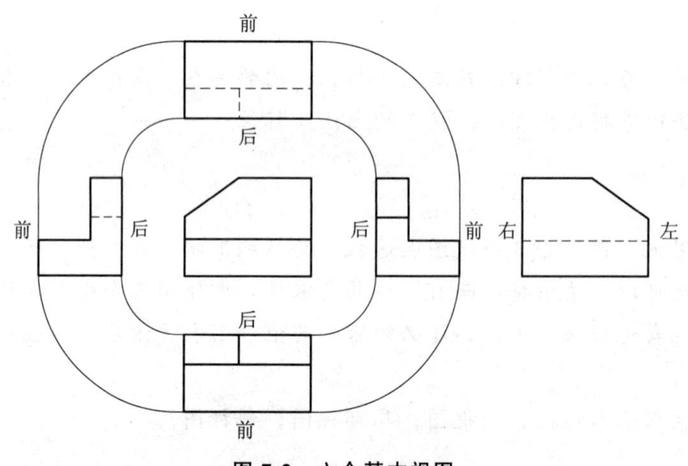

图 7-2　六个基本视图

图、后视图、俯视图、仰视图长度相等；左视图、右视图、俯视图、仰视图宽度相等；主视图、后视图、左视图、右视图高度相等。

实际画图时，一般不需要画全六个基本视图，要根据机件外部形状的复杂程度，依据表达完整清晰、兼顾读图方便的原则，选用必要的基本视图。优先选用主视图、俯视图和左视图。

二、向视图

在实际绘图中，六个基本视图若不能按照如图 7-2 所示的位置配置，可以采用能自由配置的向视图。

在向视图的上方标注大写的拉丁字母名称（如 A、B 等），在相应的视图附近用箭头标明投影方向，并标注相同的字母，如图 7-3 所示。

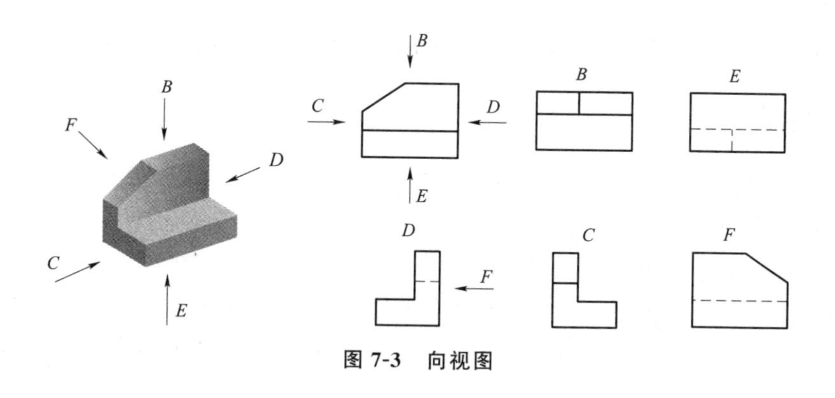

图 7-3 向视图

三、局部视图

将机件的某一部分向基本投影面投射所得到的视图称为局部视图。局部视图适用于当机件的主体形状已由一组基本视图表达清楚，该机件上仍有部分结构尚需表达，而又没有必要再画出完整的基本视图时。如图 7-4（a）所示的机件，用主、俯两个基本视图已清楚地表达了主体形状，若仅为了表达左、右两个凸缘端面形状，再增加左视图和右视图，就显得烦琐和重复，此时可采用两个局部视图，只画出所需表达的左、右凸缘端面形状，则表达方案既简练，又突出了重点。

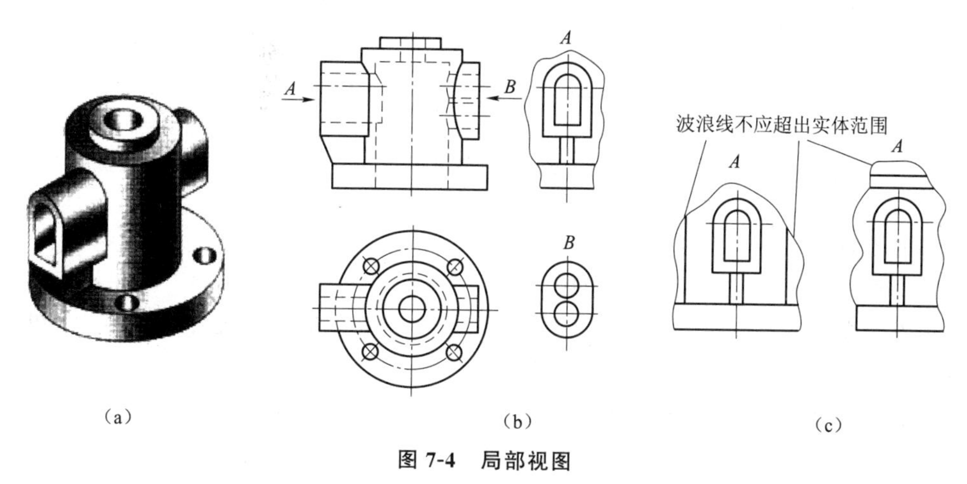

图 7-4 局部视图

（a）立体图；（b）局部视图；（c）错误画法

局部视图的配置、标注及画法如下：

（1）局部视图可按基本视图配置［如图 7-4（b）中的局部视图 A］，也可将向视图配置在其他适当位置［如图 7-4（b）中的局部视图 B］。

（2）局部视图一般需进行标注，在相应的视图附近用箭头标明所要表达的部位和投射方向，并注上相应字母。在局部视图的上方标注视图名称，如“B”。但当局部视图按投影关系配置，中间又没有其他图形隔开时，可省略标注［如图 7-4（b）中“A”向图的箭头和字母均可省略，为了叙述方便，图中未省略］。

（3）局部视图的断裂边界用波浪线或双折线表示［如图 7-4（b）中的局部视图 A］。但当所表示的局部结构完整，且其投影的外轮廓线又成封闭时，波浪线可省略不画［如

图 7-4（b）中的局部视图 B]。波浪线不应超出机件实体的投影范围，如图 7-4（c）所示。

四、斜视图

当机件的某部分与基本投影面成倾斜位置时，在基本投影面上就不能反映该部分的实形。此时，可用更换投影面的方法，选择一个与倾斜表面平行的辅助投影面，将机件倾斜部分向辅助投影面投影，就可以得到反映倾斜部分实形的投影。如图 7-5（a）所示。这种将机件向不平行于基本投影面的平面投影所得到的视图，称为斜视图。由于斜视图只反映机件上倾斜部分的结构，因此画出倾斜部分的实形后，其余部分省略，断裂边界可用波浪线或双折线表示，如图 7-5（b）中的 A 视图。

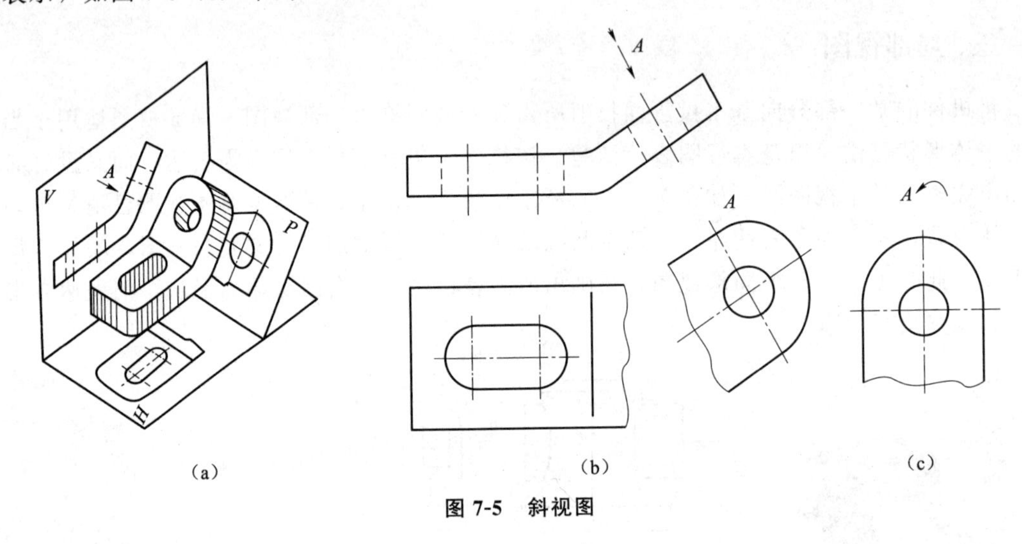

图 7-5　斜视图

画斜视图时应注意以下两方面：

（1）必须在视图的上方标出视图的名称“X”（X 为大写拉丁字母），并在相应的视图附近用箭头指明投射方向，注上同样的字母。斜视图一般按投影关系配置，必要时也可配置在其他适当位置，如图 7-5（b）所示。

（2）在不致引起误解时，允许将斜视图旋转配置，但需要画出旋转符号，旋转符号的箭头指向应与旋转方向一致，表示该视图名称的大写拉丁字母应靠近旋转符号的箭头一端，如图 7-5（c）所示。

任务 2　剖　视　图

任务目的

通过本任务的学习，要求掌握剖视图的形成、画法及标注；理解剖视图的种类及适用条件；理解剖切平面的种类。

任务引入

当机件的内部结构比较复杂时，视图中的虚线较多，且虚线与虚线、虚线与实线之间往往重叠交错，大大影响了图形的清晰度，既不方便画图、看图，也不便于标注尺寸。为了解决这些问题，国家标准规定了剖视图的基本表达方法。

本任务主要包括剖视图的形成、画法及标注；剖视图的种类；剖切平面的种类。

知识准备

一、剖视图的形成、画法及标注

(一) 剖视图的形成

用假想的剖切面将物体剖切开，将处于观察者与剖切面之间的部分移去，而将其余部分向投影面投射所得的图形，称为剖视图，简称剖视。如图 7-6 所示。

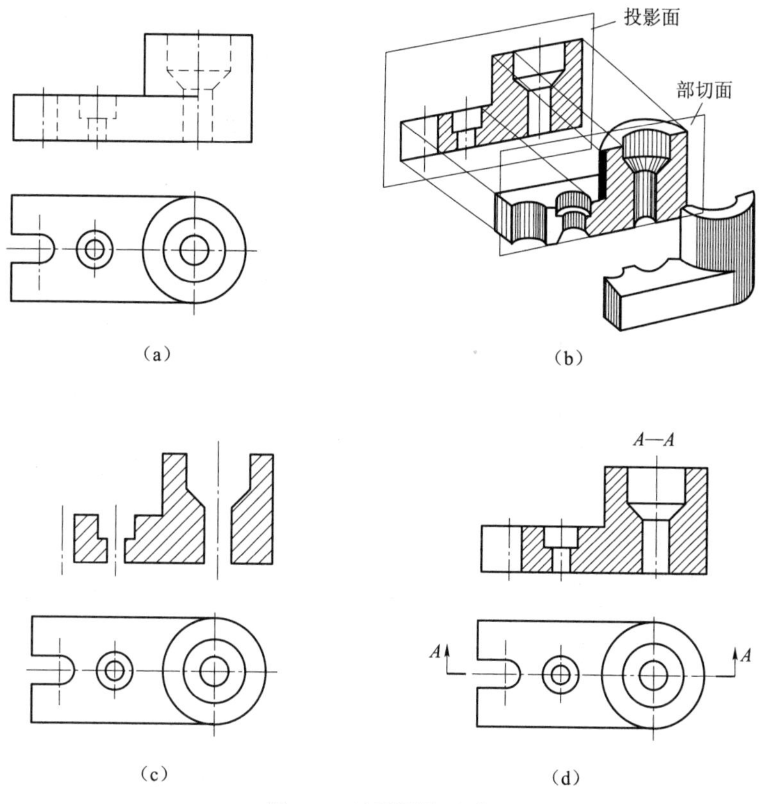

图 7-6 剖视图的形成

(a) 机件的视图；(b) 剖视图的形成；(c) 剖面图；(d) 剖视图

如图 7-6 (a) 所示是机件的视图，主视图中有许多虚线。如图 7-6 (b) 所示是用剖切面将机件从中间切开，显示出机件的内部结构，将机件与观察者之间的部分拿走，将其余部分向投影面投射所得到的图就是剖视图，如图 7-6 (d) 所示。画剖切线的部分就是剖切面，如图 7-6 (c) 所示是剖切面上显示出的剖面图。

将图 7-6 (a)（视图）与图 7-6 (d)（剖视图）相比较，可以看出，在主视图中采用剖视图后，视图内部不可见部分被切开，变为可见部分，虚线变成了实线。再加上剖面线的作用，使图形具有层次感，更易读。另外，主视图后部一条虚线被省略，使得图形更清晰，所以剖视图主要用来表达零件内部或被遮盖部分的结构。

(二) 剖视图的画法

(1) 剖开机件是假想的，并不能真正把机件切掉一部分，因此，对每一次剖切而言，只对一个视图起作用——按规定画法画成剖视图，而不影响其他视图的完整性，如图 7-7 所示。

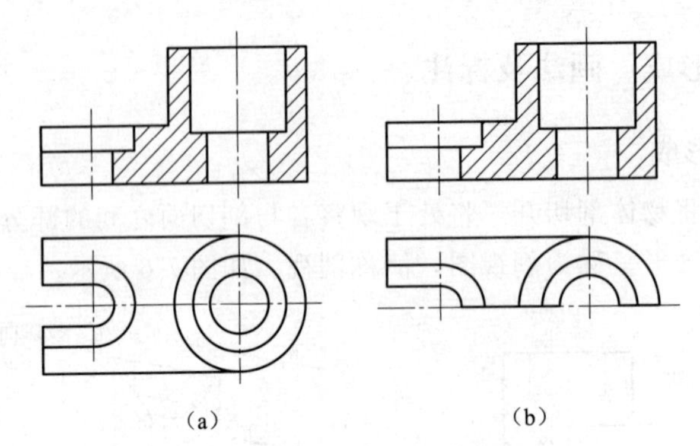

图 7-7　其余视图应按完整物体画出

(a) 正确；(b) 错误

(2) 剖切后，剖切面后方可见部分要完整画出，如图 7-8 所示。

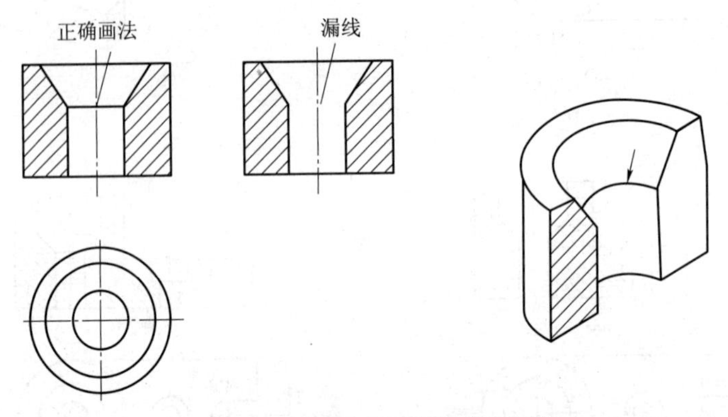

图 7-8　剖切面后方可见部分要画出

(3) 在剖视图中，凡是已经表达清楚的结构，在其他视图上投影为虚线，则虚线可以省略不画。

(4) 在剖视图中，剖切区域要画上剖面符号，制图标准中规定了各种材料的剖面符号，如表 7-1 所示。

表 7-1　各种材料的剖面符号

材料	剖面	材料	剖面
金属材料 (已有规定剖面符号者除外)		木质胶合板 (不分层数)	
非金属材料 (已有规定剖面符号者除外)		基础周围的泥土	

续表

材料		剖面	材料	剖面
转子、电枢、变压器和电抗器等的叠钢片			混凝土	
线圈绕组元件			钢筋混凝土	
型砂、填砂、粉末冶金、砂轮、陶瓷刀片、硬质合金、刀片等			砖	
玻璃及供观察用的其他透明材料			格网、筛网、过滤网等	
木材	纵剖面		液体	
	横剖面			

(5) 通用剖面线用细实线表示，它与剖面或者断面处成适当的角度，如图 7-9 所示。

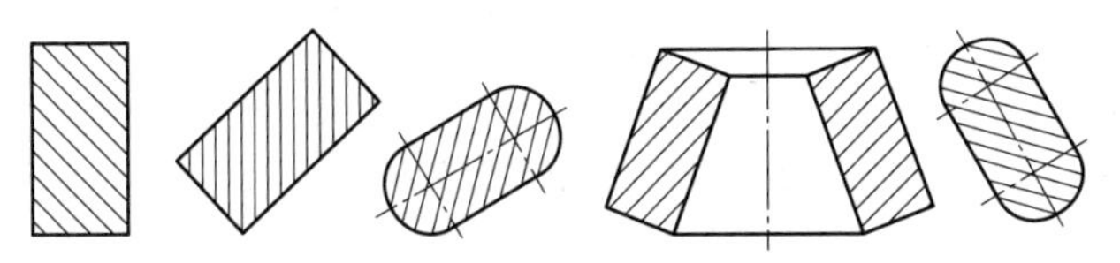

图 7-9　通用剖面线的画法

(三) 剖视图的标注 (GB/T 4458.6—2002)

画剖视图时常常需要标注以下几项内容（如图 7-10 所示）：

(1) 剖视图名称。在剖视图上方标注大写拉丁字母（如 $A-A$，A 为剖视图名称）。

(2) 剖切线。用细点画线表示剖切面的位置，一般情况下可省略不画。

(3) 剖切符号。表示剖切面的起点、转的终点及投射方向。

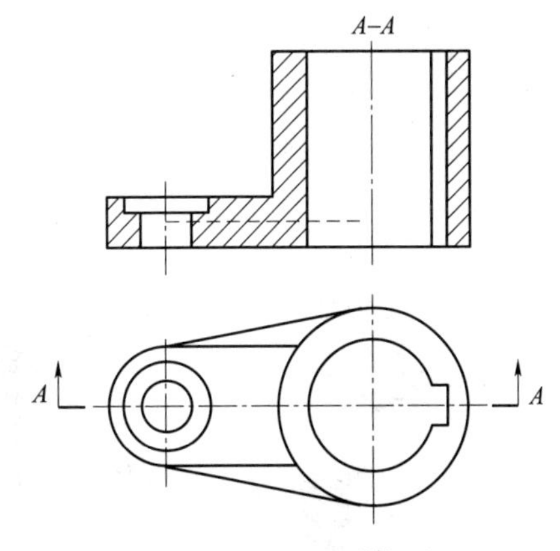

图 7-10　剖视图的标注

然而，在有些情况下，可以省略标注，具体如下：

(1) 当剖视图按基本视图关系配置，中间又没有其他图形隔开时，可以省略箭头。

(2) 当单一剖切面通过机件的对称平面或基本对称面，且剖视图按基本视图投影关系配置时，可以省略标注。

(3) 当剖切平面的剖切位置明显时（在孔、槽和空腔的中心线处剖切），可以省略局部剖视图的标注。

二、剖视图的种类

按机件被剖开的范围来分，剖视图可以分为全剖视图、半剖视图和局部剖视图三种。

（一）全剖视图

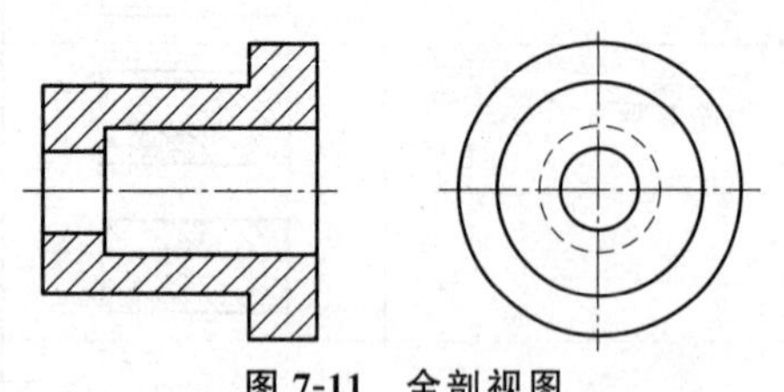
图 7-11　全剖视图

用剖切面完全剖开机件所获得的剖视图，称为全剖视图。由于全剖视图是将机件完全剖开，机件外形的投影受影响，因此，全剖视图一般适用于外形简单、内部形状复杂的机件，如图 7-11 所示。

对于一些具有空心回转体的机件，即使结构对称，但由于外形简单，亦常用全剖视图，如图 7-12 所示。

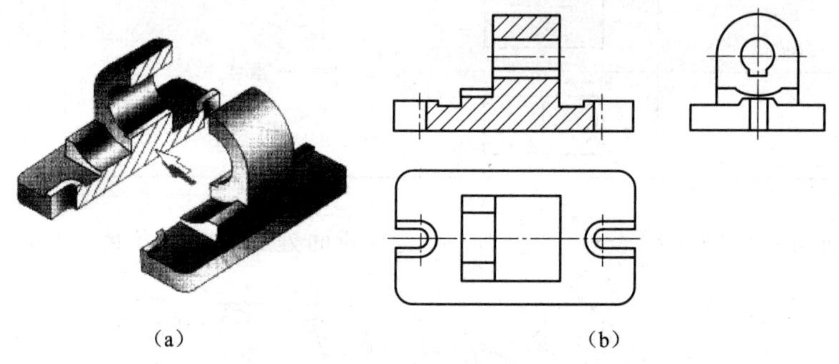
（a）　（b）

图 7-12　投射和全剖视图

（a）移去前部然后投射；（b）全剖视图

（二）半剖视图

当机件具有对称平面时，向垂直于对称平面的投影面上投射所得的图形，允许以对称中心线为界，一半画成剖视图，一半画成视图，这样得到的剖视图称为半剖视图。半剖视图主要用于内外形状都需要表达、结构对称或基本对称的机件，如图 7-13 所示。

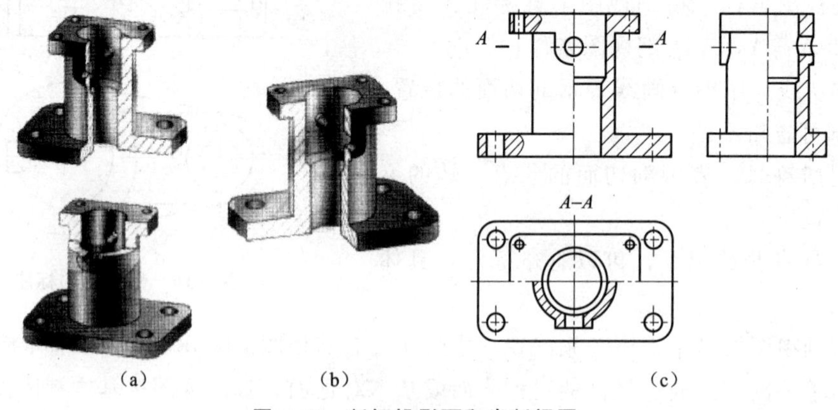

（a）　（b）　（c）

图 7-13　剖切投影面和半剖视图

（a）、（b）剖切投影面；（c）半剖视图

画半剖视图要注意以下两点：

（1）半个视图和半个剖视图要以点画线为界。

（2）在个视图中，不应画出半个剖视图中已表达清楚的机件内部对称结构的虚线；在半个视图中未表达清楚的结构，可在半个视图中作局部剖视。

（三）局部剖视图

用剖切平面局部地剖开机件所获得的剖视图，称为局部剖视图。局部剖视图应用比较灵活，适用范围较广。常见情况如下：

（1）当需要同时表达不对称机件的内外形时，可以采用局部视图，如图 7-14 所示。

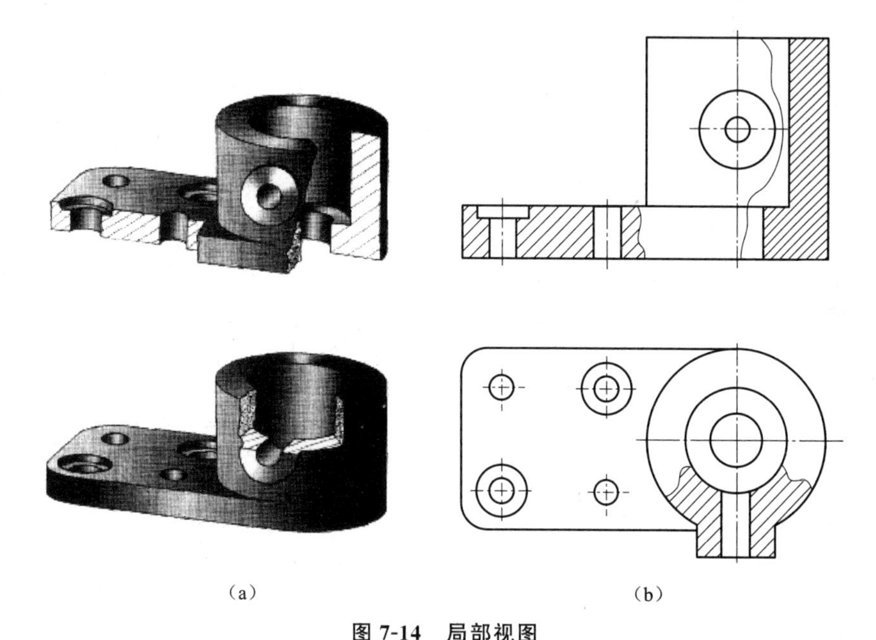

（a）　　　　（b）

图 7-14　局部视图

（a）局部剖切位置；（b）局部剖视图

（2）当虽有对称面，但轮廓线与对称中心线重合而不宜采用半剖视图时，可采用局部剖视图，如图 7-15 所示。

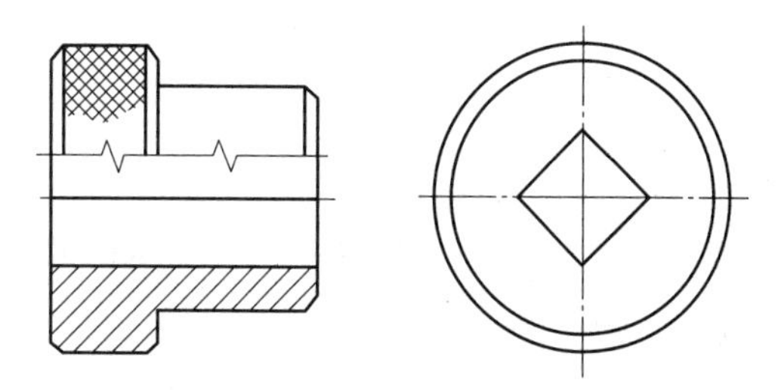

图 7-15　局部剖视图（一）

（3）当实心杆上有孔或槽结构时，宜采用局部剖视图。

（4）当表达机件底板、凸缘上的小孔等结构时，宜采用局部剖视图，如图 7-13 所示。

局部剖视图中视图与剖视部分的分界线为波浪线或双折线，如图 7-14 和图 7-15 所示；当被剖的局部结构为回转体时，允许将回转中心线作为局部剖视图与视图分界线，如图 7-16 所示。

画波浪线时应注意以下几点：

（1）波浪线不应画在轮廓线的延长线上，也不能用轮廓线代替波浪线，如图 7-17（a）所示。

（2）波浪线不应超出视图上被剖切实体部分的轮廓线，如图 7-17（b）主视图所示。

（3）遇到零件上的孔、槽时，波浪线必须断开，不能穿孔（槽）而过，如图 7-17（b）

俯视图所示。

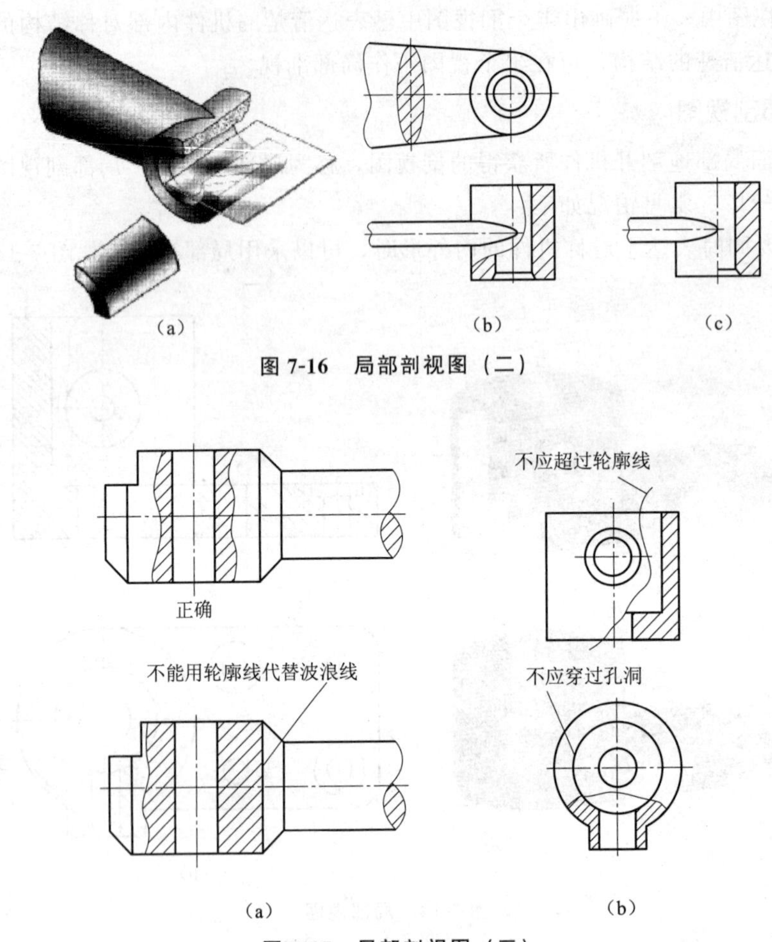

图 7-16　局部剖视图（二）

图 7-17　局部剖视图（三）

三、剖视平面的种类

机件可以选择单一剖切面、一组平行的剖切面、一组相交的剖切面以及不平行于任何基本投影面的剖切面进行剖切，且按照机件的结构特征选定。

（一）单一剖切面

用一个剖切面剖开机件的方法叫作单一剖。单一剖切面包括单一剖切平面和单一剖切柱面。用单一剖切柱面剖切机件时，剖视图要展开绘制。前面所述的全剖视图、半剖视图和局部剖视图，常用的都是单一剖切面剖切的视图。

（二）一组平行的剖切面

用一组平行的剖切面剖开机件的方法，称为阶梯剖。它主要用来表达处于机件不同层次的几个平行平面上的孔、槽等内部结构，如图 7-18 所示。

采用一组平行的剖切面时应注意以下几点：

（1）剖切平面不应画出转折处的投影，如图 7-19（a）所示。

（2）剖切平面转折处不应与机件的轮廓线重合，不画任何线，如图 7-19（b）所示。

(3) 图形中不应出现不完整要素，如图 7-19（c）所示。

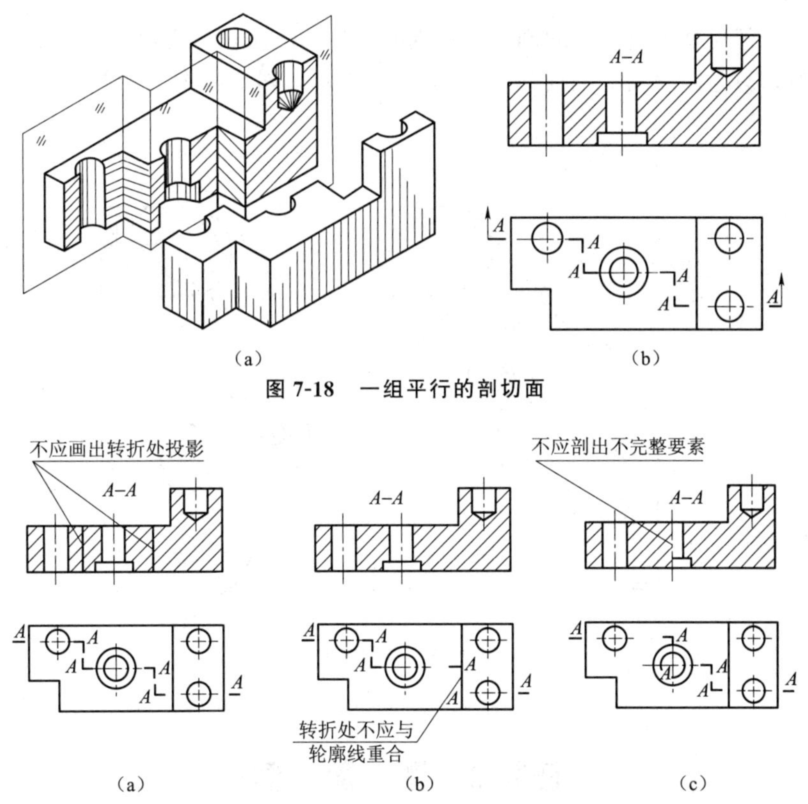

(a) (b)

图 7-18 一组平行的剖切面

(a) (b) (c)

图 7-19 采用一组平行剖切面剖切时应注意的问题

(三) 一组相交的剖切面

用一组相交的剖切平面（交线垂直于某一基本投影面）剖开机件的方法，称为旋转剖。当孔、槽的轴线不在同一剖切平面上，且这些结构具有同一回转轴线时，常常采用旋转剖。

采用一组相交的剖切面时应注意以下几点：

(1) 剖切面的交线应垂直于投影面，与主要孔轴线重合。

(2) 按“先剖切后旋转”的作图方法绘制旋转剖视图，剖切后，其他结构仍按原来位置投射，如图 7-20 所示。

(3) 当剖切后产生不完整要素时，要将该部分按照不剖切绘制，如图 7-21 所示。

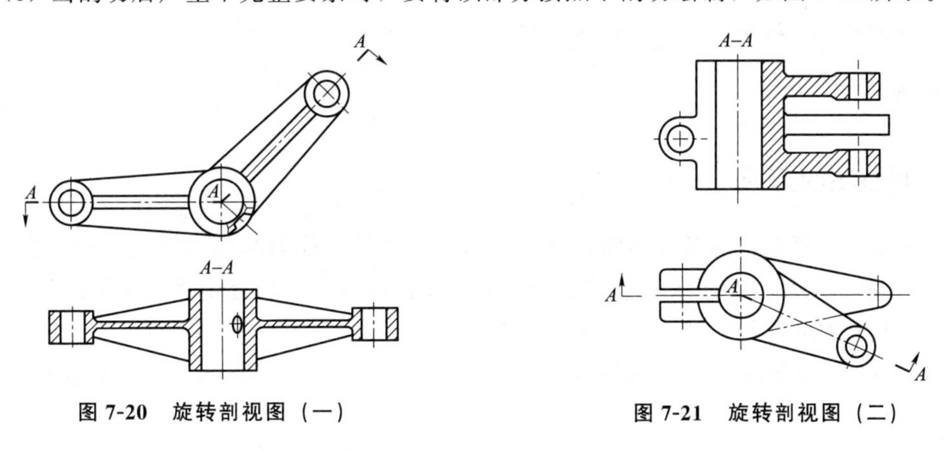

图 7-20 旋转剖视图（一）

图 7-21 旋转剖视图（二）

(四) 不平行于任何基本投影面的剖切面

用不平行于任何基本投影面的剖切平面剖开机件的方法，称为斜剖。斜剖视图的画法和斜视图很相似，只是需要画上剖面线，如图 7-22 所示。斜剖视图必须按照规定标注，不能省略。

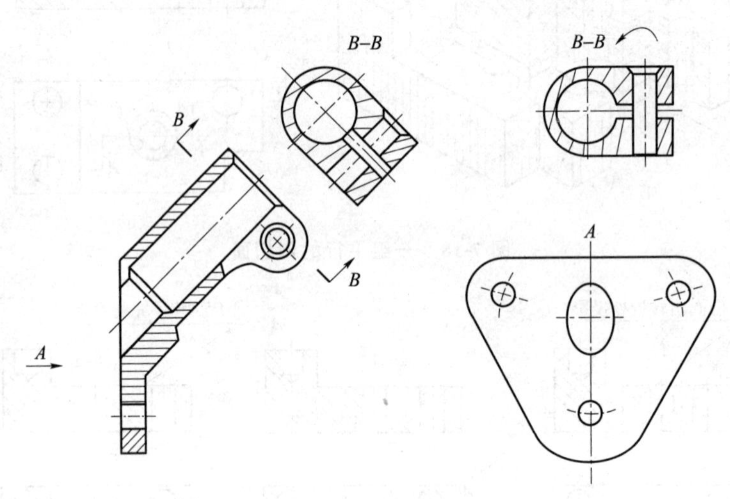

图 7-22　斜剖视图

任务 3　断　面　图

任务目的

通过本任务的学习，要求理解断面图和剖视图的区别与联系；掌握移出断面图的画法与标注；了解重合断面图的表示方法。

任务引入

在机件上有一些孔、槽结构或机件各处截面形状不相同的情况下，用视图或剖视图无法把其形状特征简洁、明朗地表达出来。为了解决这些问题，国家标准规定了断面图的基本表达方法。

本任务主要包括断面图的形成；断面图的分类、画法及标注。

知识准备

一、断面图的形成

假想用剖切面将机件的某处切断，仅画出断面的图形，称为断面图（可简称断面）。如图 7-23（a）所示的轴，为了表示键槽的深度和宽度，假想在键槽处用垂直于轴线的剖切面将轴切断，只画出断面的形状，在断面上画出剖面线，如图 7-23（b）所示。

画断面图时，应特别注意如下断面图与剖视图的区别：断面图仅画出机件被切断处的断面形状，而剖视图除了画出断面形状外，还必须画出剖切面之后的可见轮廓线，如图7-23（c）所示。

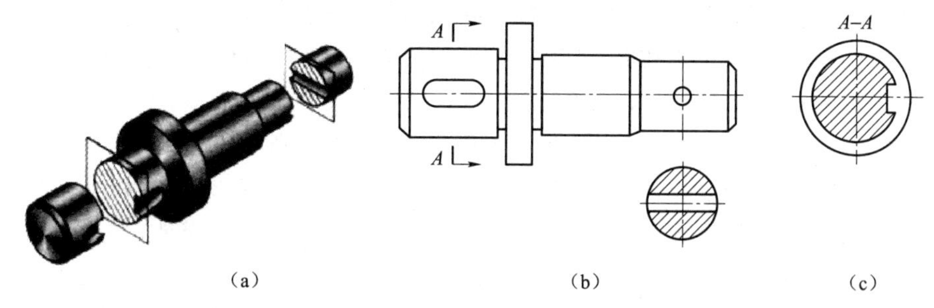

图7-23 断面图与剖视图的比较

二、断面图的分类、画法及标注

断面图分为移出断面和重合断面两种。

（一）移出断面

画在视图外的断面称为移出断面。移出断面的轮廓线用粗实线绘制，它通常按以下原则配置：

（1）移出断面尽可能配置在剖切线的延长线上，如图7-24（a）和图7-24（f）所示。必

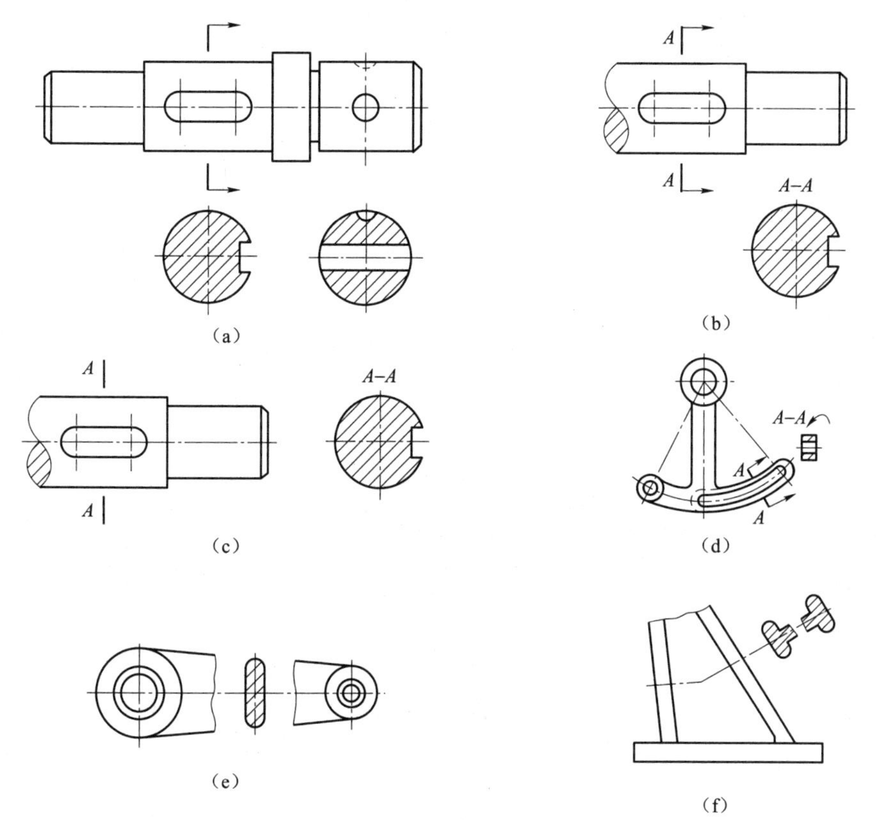

图7-24 移出断面图

要时可画在其他适当位置，如图 7-24（b）～图 7-24（d）所示。在不致引起误解时，允许将图形旋转，如图 7-24（d）所示。

（2）当断面图形对称时，移出断面可配置在视图的中断处，如图 7-24（e）所示。

（3）由两个或多个相交的剖切面剖切所得的断面图中间一般应断开，如图 7-24（f）所示。

移出断面图的标注应注意以下几点：

（1）当断面图画在剖切线的延长线上时，如果是对称图形，则不必标注；若图形不对称，则须标注（用剖切符号表示剖切位置和投射方向），但不标字母。如图 7-24（a）和图 7-25 所示。

（2）当断面图按投影关系配置时，无论图形是否对称，均不必标注箭头，如图 7-24（c）和图 7-25 所示。

（3）当断面图配置在其他位置时，如果是对称图形，则不必标注箭头；若图形不对称，则须画出剖切符号（包括箭头），并用大写字母表示断面图名称，如图 7-24（b）和图 7-25 所示。

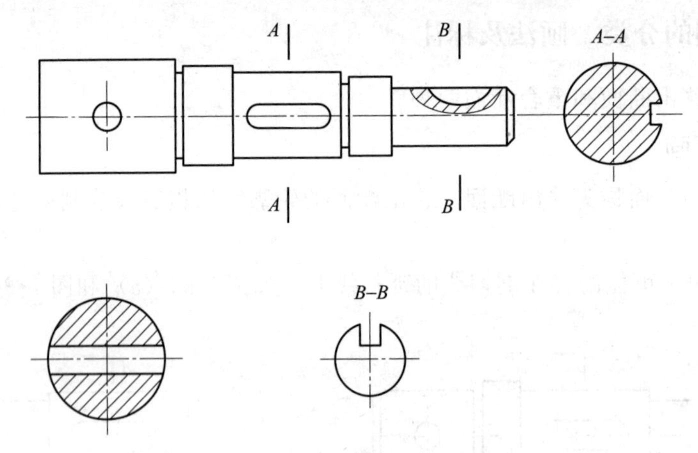

图 7-25　移出断面图的标注示例

画移出断面时还应注意以下两点：

（1）当剖切面通过回转面形成的孔或凹坑的轴线时，这些结构应按剖视图绘制，如图 7-26 所示。

（2）当剖切面通过非圆孔，可能导致完全分离的两个断面时，此结构就按剖视图绘制，如图 7-27 所示。

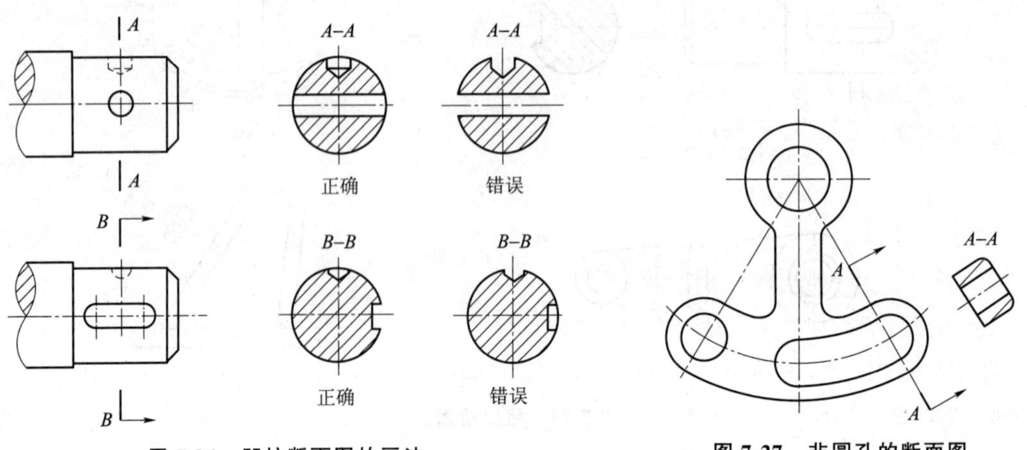

图 7-26　凹坑断面图的画法

图 7-27　非圆孔的断面图

(二) 重合断面

将断面图绕剖切位置线旋转90°后，与原视图重叠画出的断面图，称为重合断面。

(1) 重合断面的画法。重合断面的轮廓线用细实线绘制，如图7-28所示。当视图中的轮廓线与重合断面的图形重叠时，视图中的轮廓线仍需完整地画出，不能间断，如图7-28所示。

(2) 重合断面的标注。不对称重合断面，须画出剖切面的位置符号和箭头，可省略字母，如图7-28所示；对称的重合断面，可省略全部标注，如图7-29所示。

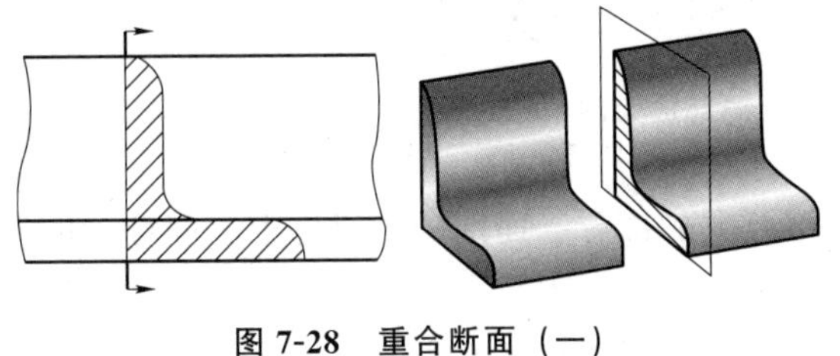

图7-28 重合断面（一）

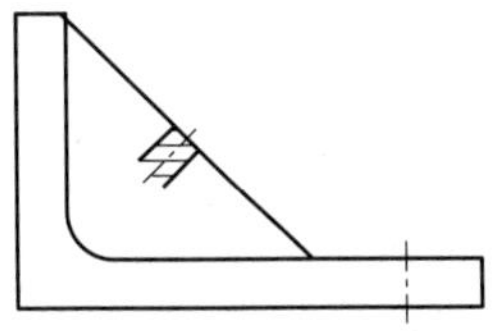

图7-29 重合断面（二）

任务4 其他表达方法

任务目的

通过本任务的学习，要求了解国家标准中规定允许的其他画法（局部放大画法、简化画法）。

任务引入

在机件上有一些机件比较简单，但局部结构又非常复杂；有些机件上有一些相同或成规律分布的相同部件，每个部件如果都画出就很费力，也没有实际意义。为了解决这些问题，国家标准中规定了一些其他的表达方法。

本任务主要包括局部放大图；简化画法。

知识准备

一、局部放大图

当机件的有些细小结构在原定比例的视图中无法清晰地表达而且不便于标注尺寸时，可以将此局部结构用较大的比例单独画出，画出的图形称为局部放大图，如图7-30所示。

局部放大图与被放大的部分的表达方法无关，可以画成视图、剖视图、断面图，局部放大图应尽量画在被放大部位的附近。

画局部放大图时，要用细实线圈出被放大部分。当同一机件上有几个被放大的部分时，必须用罗马数字依次标明被放大的部分，并在局部放大图上标注相应的罗马数字和所采用的比例，如图7-30所示。

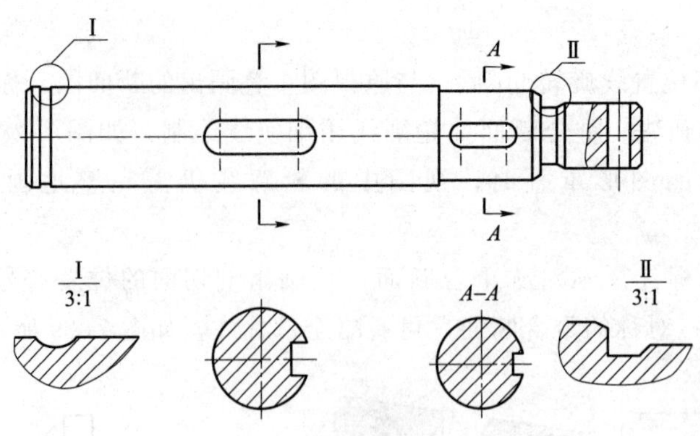

图 7-30　局部放大图

必要时，可以用几个图形表达同一个被放大的部分。而同一个机件上不同位置的局部放大图，当图形相同或对称时，只需画出一个。

需要注意的是，局部放大图中标注的比例是指图形机件要素的线性尺寸与实际机件相应要素的线性尺寸之比，与原图的比例无关。

二、简化画法

在不致引起误解的情况下，机件的绘图力求简便。国家标准《技术制图》中规定了图样的简化表示法，这里只简要介绍下面几种。

1. 机件上肋、轮辐等的剖切

机件上的肋、轮辐、薄壁等，如果按照纵向剖切，这些结构都不画剖面符号，而用粗实线将其与邻接部分分开，如图 7-31 所示。

当机件回转体上均匀分布的肋、轮辐、孔等结构不处于剖切平面上时，可将这些结构旋转到剖切面上画出，如图 7-32 所示。

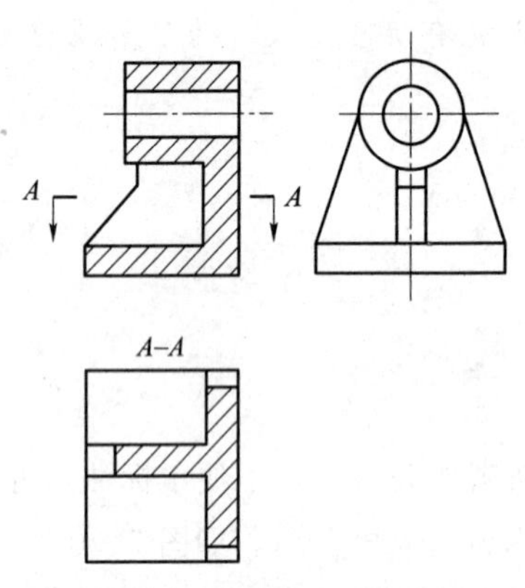

图 7-31　肋的剖切视图规定画法

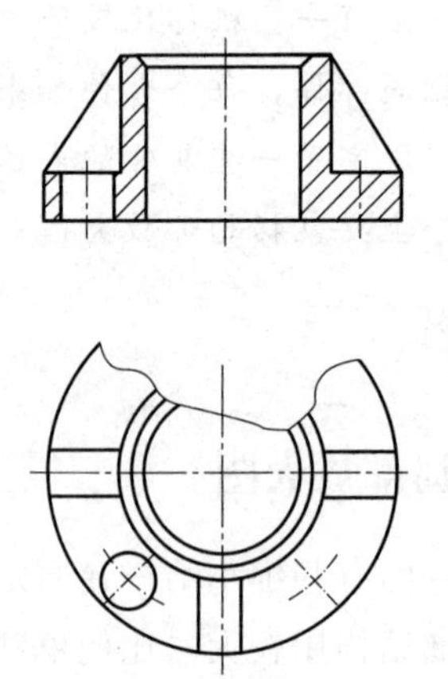

图 7-32　回转体上均匀分布孔的剖视图画法

2. 相同结构的简化画法

若干相同结构且成规律分布的结构要素（孔、槽、齿等）可以仅画出一个或几个完整的结构，其余的只需要用细实线画出其中心线，然后布图中注明结构要素的总数即可，如图 7-33 所示。

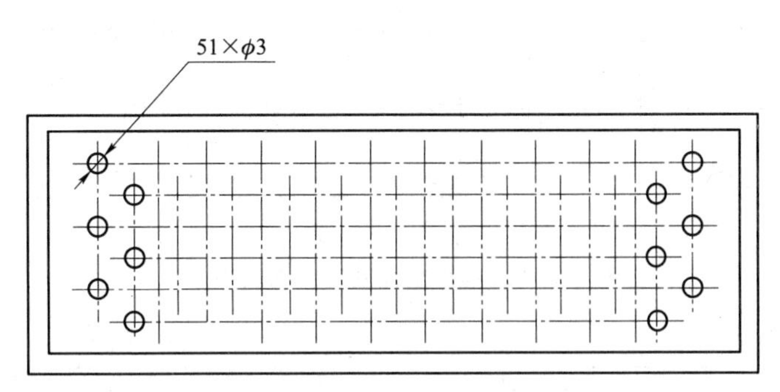

图 7-33 成规律分布孔的简化画法

3. 对称结构的简化画法

当图形对称时，可以画出略大于一半的图形；在不致引起误解的情况下，对机件的视图可以只画出一半或 1/4，此时必须在对称中心线的两端各画出两条与中心线垂直的平行细实线，如图 7-34 所示。

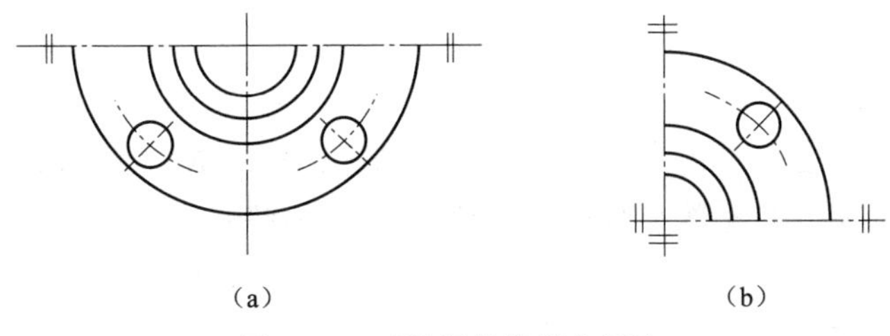

图 7-34 对称机件的简化画法

4. 较长机件的简化画法

对于较长的机件（如轴、杆、型材、连杆等），当沿长度方向的形状一致或者按照一定的规律变化时，可以断开后缩短绘制，如图 7-35 所示。

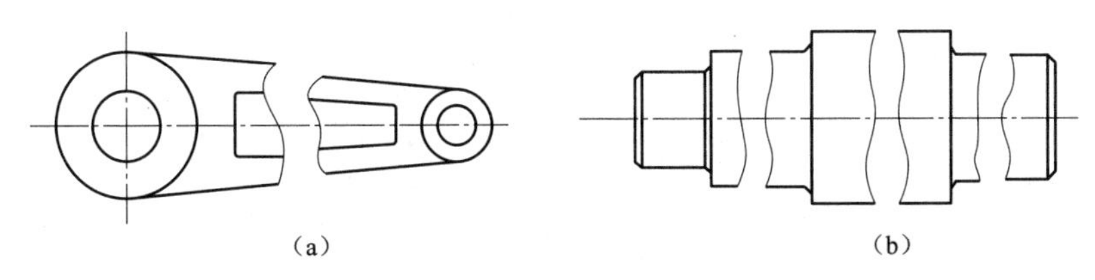

图 7-35 较长机件的简化画法

5. 较小结构局部视图的简化画法

机件上对称的局部视图可以配置在视图上所需要表示的局部结构附近，如图 7-36 所示，而在其他图形中的简化表达，如相贯线、截交线可用圆弧或直线来代替，机件中的小圆角、小倒角可省略不画，但必须注明。

6. 机件上平面的简化画法

当图形不能充分表达平面时，可以用平面符号（两条相交的细线）表示，如图 7-37 所示。

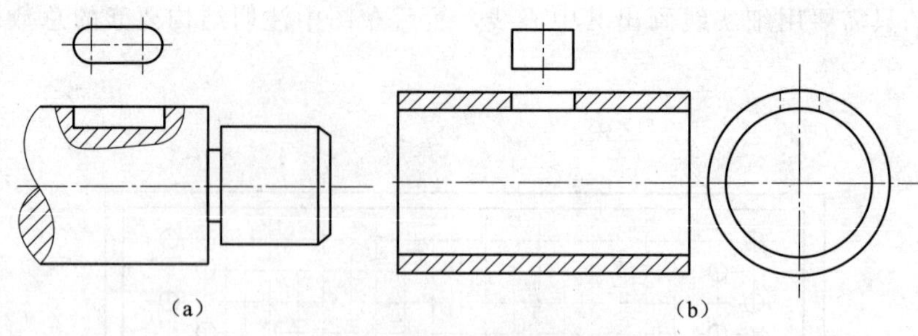

图 7-36　局部视图的简化画法

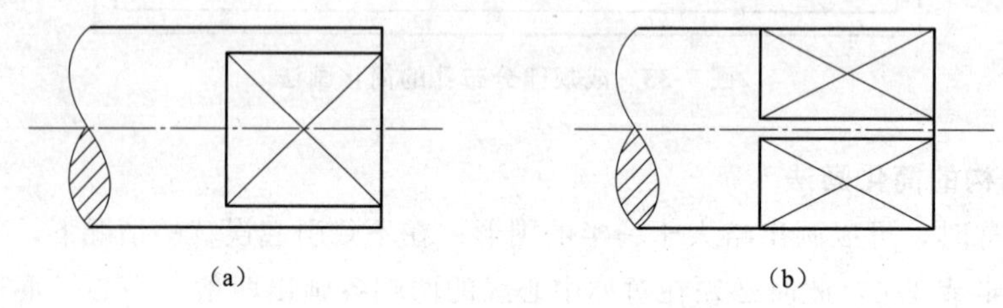

图 7-37　机件上平面的简化画法

项目小结

本项目主要介绍了基本视图、向视图、局部视图、斜视图、剖视图、断面图的画法、标注及其他视图表达方法，需要掌握向视图、斜视图、剖视图、移出断面图的画法及标注。

项目8　标准件与常用件

学习目标

1. 掌握螺纹的规定画法及标注；
2. 掌握常用螺纹紧固件的画法及装配画法；
3. 掌握直齿圆柱齿轮及其啮合的规定画法；
4. 理解键、销、滚动轴承、弹簧的画法。

任务1　螺　　纹

任务目的

通过本任务的学习，要求掌握螺纹的结构要素，单个螺纹、相互旋合螺纹的规定画法，掌握螺纹的标注。

任务引入

在机器中，有些零件大量使用，为了制造和使用方便，国家标准中规定了一系列的标准件。在常见的标准件中，以螺纹及螺纹紧固件使用最多。螺纹紧固件是以螺纹为基础的，那么螺纹该如何表达呢？这也就是本任务的研究对象。

本任务主要包括螺纹的形成与主要参数；螺纹的规定画法；常见螺纹的种类和标注。

知识准备

一、螺纹的形成与结构要素

（一）螺纹的形成

刀具在圆柱或圆锥工件表面上做螺旋运动时，所产生的螺旋体称为螺纹。它是零件上常用的一种连接结构。在外表面上形成的螺纹称为外螺纹，在内表面上形成的螺纹称为内螺纹。内外螺纹成对使用。

制造螺纹的方法很多，如图8-1所示为在车床上加工螺纹的情况。加工直径较小的螺纹孔时，先用钻头钻孔，再用丝锥攻螺纹，如图8-2所示。

（二）螺纹的结构要素

1. 牙型

在通过螺纹轴线剖切的断面上，螺纹的轮廓形状称为牙型。常见的牙型有三角形、梯形、锯齿形等，如图8-3所示。不同的螺纹牙型，其用途也不同。螺纹凸起部分的顶端称为牙顶，螺纹沟槽的底部称为牙底。

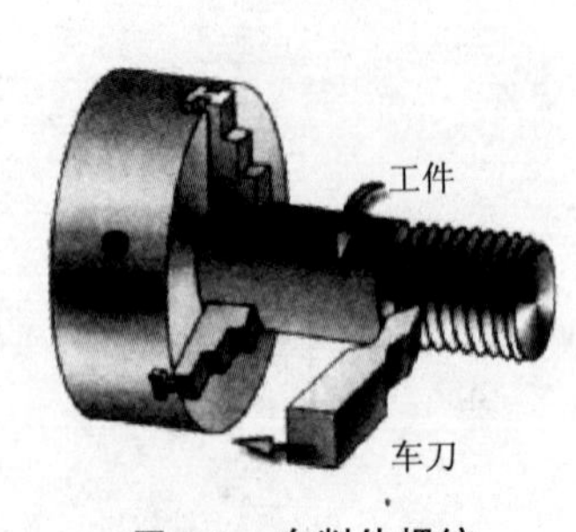

图 8-1 车削外螺纹

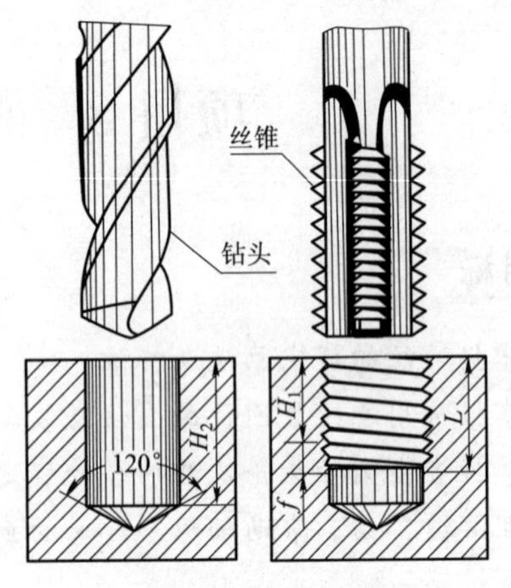

图 8-2 丝锥加工内螺纹

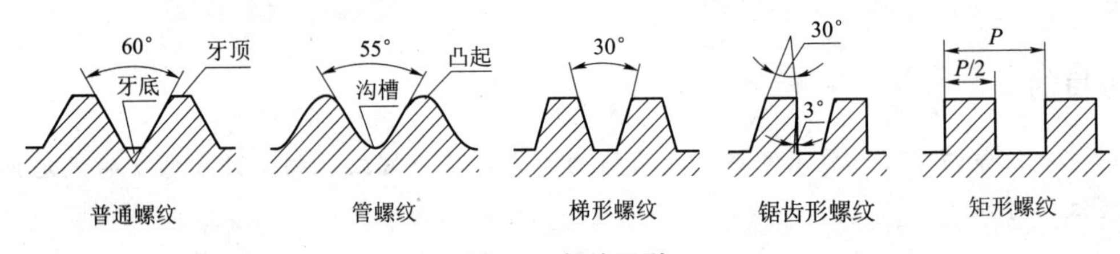

图 8-3 螺纹牙型

(1) 普通螺纹的牙型为三角形，牙型角为 60°。粗牙、细牙指的是螺距的大小，细牙螺纹常用于精密仪器上。

(2) 管螺纹的牙型为三角形，牙型角为 55°。内外螺纹旋合后牙顶和牙底间没有间隙，因而密封性很好，主要用于管子连接。

(3) 梯形螺纹的牙型为等腰梯形，通常用来传递双向动力，如机床的丝杠。

(4) 锯齿形螺纹的牙型为不等腰梯形，通常用来传递单向动力，如千斤顶的螺杆。

(5) 矩形螺纹的牙型为正方形，通常用于力的传递，如千斤顶、小的压力机等。

2. 直径

代表螺纹尺寸的直径可分为基本大径（简称大径）、基本中径（简称中径）、基本小径（简称小径）。

外螺纹牙顶或内螺纹牙底所布的假想圆柱面或圆锥面的直径，称为螺纹大径。内、外螺纹的大径分别用 D、d 表示。假想的通过牙型上沟槽和凸起宽度相等的地方圆柱面或圆锥面的直径就是螺纹中径。内、外螺纹的中径分别用 D_2、d_2 表示。外螺纹牙底或内螺纹牙顶所在的假想圆柱面或圆锥面的直径，称为螺纹小径。内、外螺纹的小径分别用 D_1、d_1 表示，如图 8-4 所示。

公称直径代表螺纹尺寸的直径，一般指螺纹大径（除管螺纹外，管螺纹用尺寸代号表示）。

3. 线数

螺纹有单线螺纹和多线螺纹。沿一条螺旋线所形成的螺纹称为单线螺纹；沿两条或两条

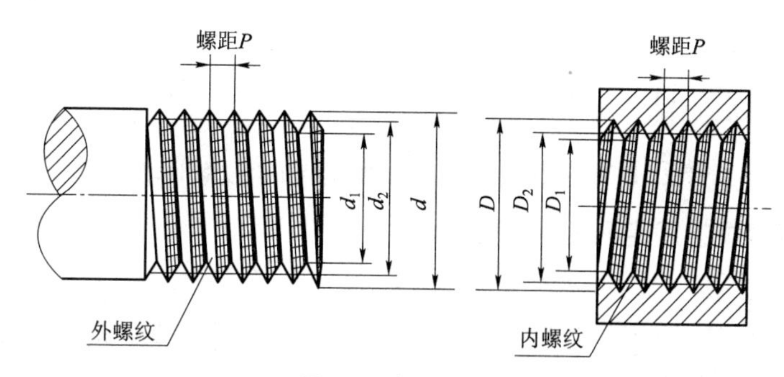

图 8-4　螺纹直径

以上的螺旋线在轴向等距分布所形成的螺纹称为双线或多线螺纹，如图 8-5 所示，线数用字母 n 表示。单线螺纹最常见。

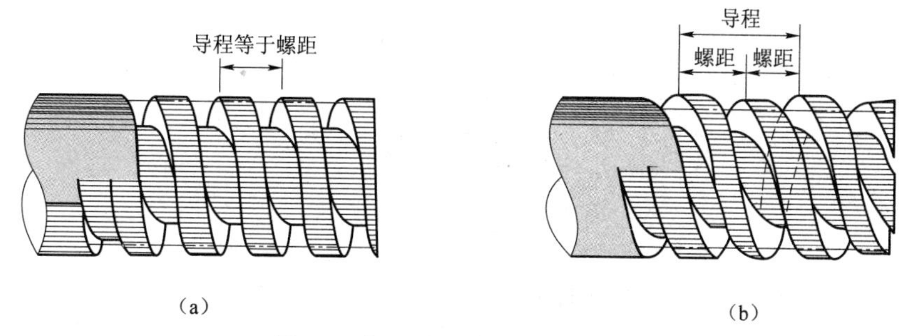

(a)　　(b)

图 8-5　螺纹的线数、螺距和导程

(a) 单线螺纹；(b) 双线螺纹

4. 螺距和导程

螺距是指相邻两牙在中径线上对应两点之间的轴向距离，用 P 表示。导程指的是同一条螺旋线上相邻两牙在中径线上对应两点之间的轴向距离，用 P_h 表示。于是有如下关系：导程＝线数×螺距，即 $P_h=nP$。单线螺纹的导程等于螺距，如图 8-5 所示。

5. 旋向

螺纹的旋向有左旋和右旋两种。当内外螺纹旋合时，顺时针方向旋入的称为右旋，逆时针方向旋入的称为左旋。其中右旋螺纹较为常用。

旋向的判定方法如下：将外螺纹垂直放置，螺纹右高左低为右旋螺纹，左高右低为左旋螺纹，也可以按如图 8-6 所示来判定。

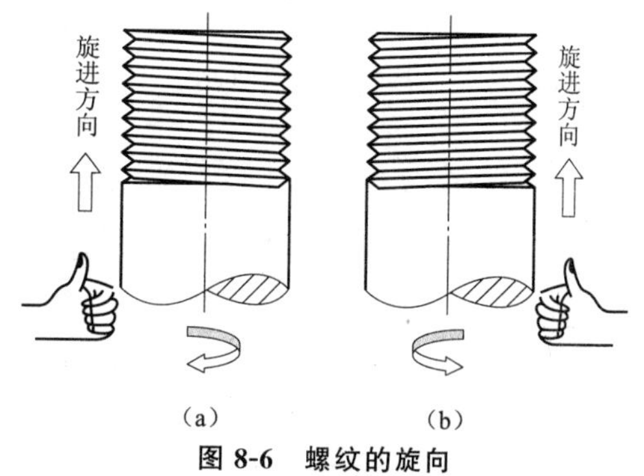

(a)　　(b)

图 8-6　螺纹的旋向

(a) 左旋；(b) 右旋

改变上述 5 项参数中的任何一项，就会得到不同规格和不同尺寸的螺纹。为了便于设计计算和加工制造，国家标准对有些螺纹（如普通螺纹、梯形螺纹等）的牙型、直径和螺距都做了规定。凡是这 3 项都符合标准的，称为标准螺纹。而牙型符合标准、直径或螺距不符合标准的，称为特殊螺纹，标注时，应在牙型符号前加注“特”字。对于牙型不符合标准的，如方牙螺纹，称为非标准螺纹。

二、螺纹的规定画法

国家标准《机械制图》规定了在机械图样中螺纹和螺纹紧固件的画法。

(一) 内、外螺纹的规定画法

1. 内螺纹

在剖视图中，螺纹牙顶所在的轮廓线（小径），画成粗实线；螺纹牙底所在的轮廓线（大径），画成细实线；如图 8-7 的主视图所示。在不可见的螺纹中，所有图线均按虚线绘制，如图 8-8 所示。

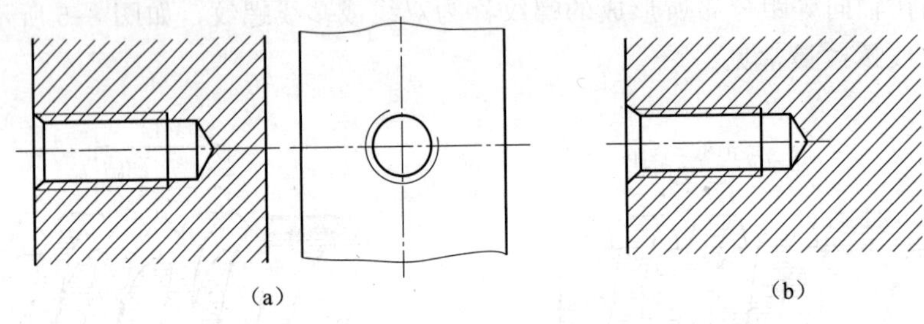

图 8-7　内螺纹的规定画法

如图 8-7（a）和图 8-8 的左视图所示，在垂直于螺纹轴线的投影面视图中，表示牙底的细实线圆或虚线圆，也只画约 3/4 圈，倒角也省略不画。

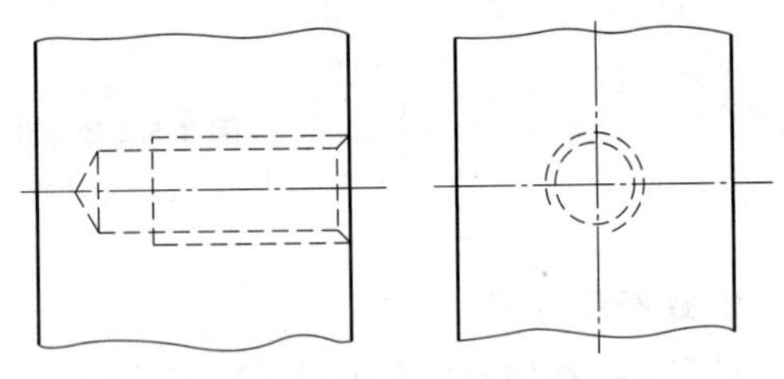

图 8-8　不可见的内螺纹画法

2. 外螺纹

螺纹牙顶所在的轮廓线（大径），画成粗实线；螺纹牙底所在的轮廓线（小径），画成细实线，螺杆的倒角或倒圆部分也应画出。小径通常画成大径的 0.85 倍，如图 8-9 的主视图所示。在垂直于螺纹轴线的投影面上的视图中，表示牙底的细实线只画约 3/4 圈，此时倒角省略不画，如图 8-9 的左视图所示。

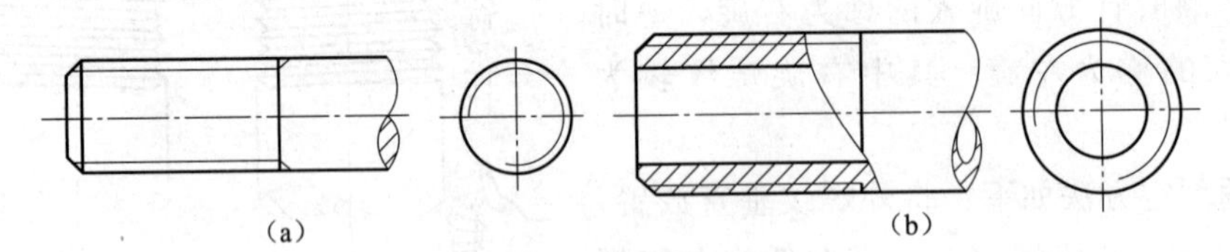

图 8-9　外螺纹的规定画法

3. 其他的一些规定画法

完整螺纹的终止界线（简称螺纹终止线）用粗实线表示，内螺纹终止线如图 8-7 所示，外螺纹终止线如图 8-9 所示。

当需要表示螺纹收尾时，螺尾部分的牙底用与轴线成 30°角的细实线绘制，如图 8-7（b）和图 8-9（a）所示。

对于不穿通的螺孔，钻孔深度应比螺孔深度大 $0.2d \sim 0.5d$。由于钻头的刃锥角约等于120°，因此，钻孔底部以下圆锥孔的锥角应画成120°，如图8-7（b）所示。

无论外螺纹或内螺纹，在剖视图或剖面图中的剖面线都必须画到粗实线。

（二）螺纹连接的规定画法

当用剖视图表示内、外螺纹连接时，其旋合部分应按外螺纹绘制，其余部分仍按各自的画法表示。应该注意的是，表示大、小径的粗实线和细实线应分别对齐，而与倒角的大小无关，如图8-10所示。

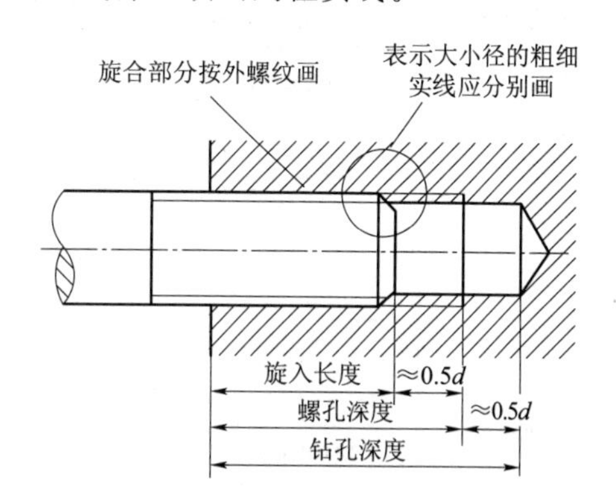

图 8-10　螺纹连接的规定画法

（三）螺纹牙型的表示法

当需要表示螺纹的牙型时，可按如图8-11（a）所示的局部剖视图或按如图8-11（b）所示的局部放大图的形式绘制。

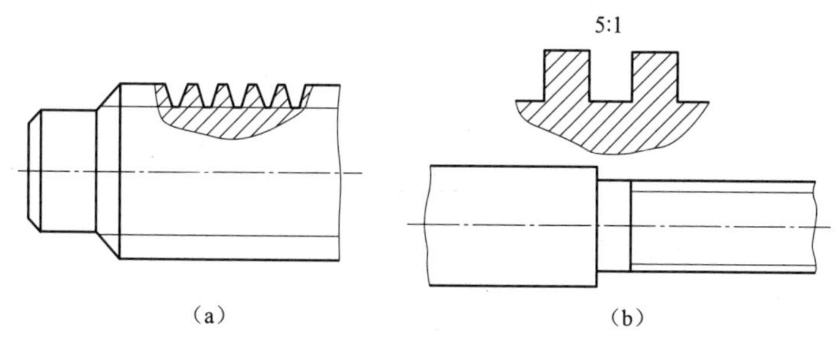

图 8-11　螺纹牙型的表示法

（a）局部剖视图；（b）局部放大图

三、常见螺纹的种类和标注

由于螺纹的画法相同，无法表示出螺纹的种类和要素。为了表示区别，要在图上用规定的标记进行标注。

1. 普通螺纹、梯形螺纹和锯齿形螺纹的标注

一般螺纹标注的格式如下：

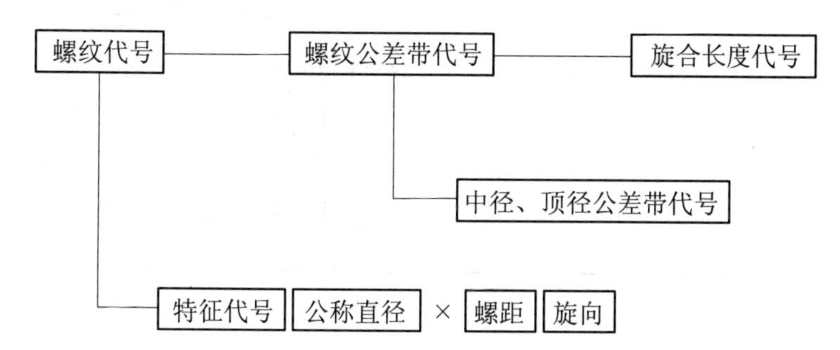

（1）普通螺纹的牙型代号为M，梯形螺纹为Tr，锯齿形螺纹为B。

（2）左旋螺纹的旋向代号为LH，需要标注；右旋螺纹不用标注。

普通螺纹、梯形螺纹和锯齿形螺纹的标注示例如表 8-1 所示。

表 8-1 普通螺纹、梯形螺纹和锯齿形螺纹的标注示例

螺纹种类	标注示例	图 例	附 注
普通螺纹 M	M10－5g6g－S	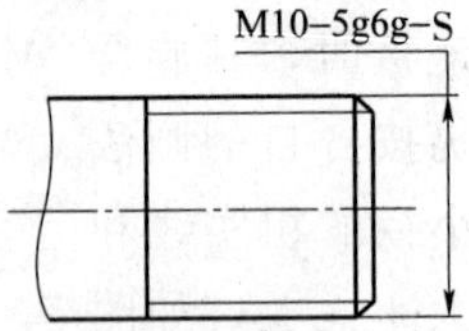 M10–5g6g–S	1. 右旋省略不注，左旋标注 2. 旋合长度代号： S—短旋合长度 N—中等旋合长度 L—长旋合长度 若为中等旋合长度，可省略标注 3. 当中径和顶径公差带代号相同时，只标注一个代号，如 8H
	M10LH－8H－L	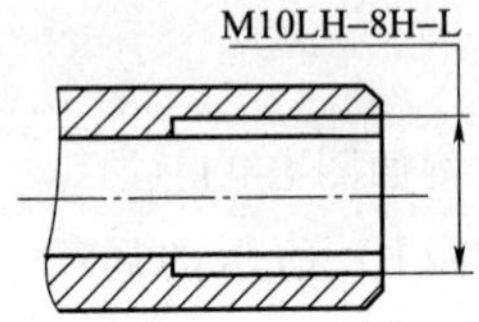 M10LH–8H–L	
	M10－7H	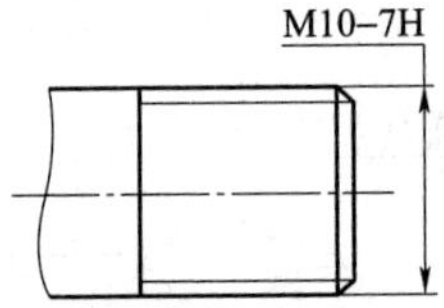 M10–7H	
梯形螺纹 Tr	Tr40×7－7e	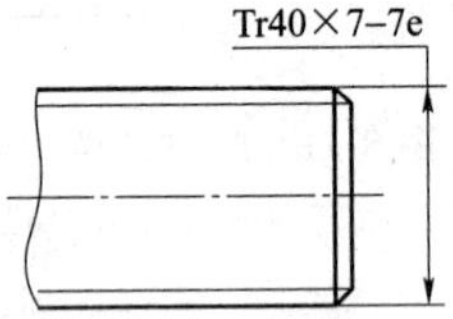 Tr40×7–7e	要标注螺距
	Tr40×14（P7）LH－7e	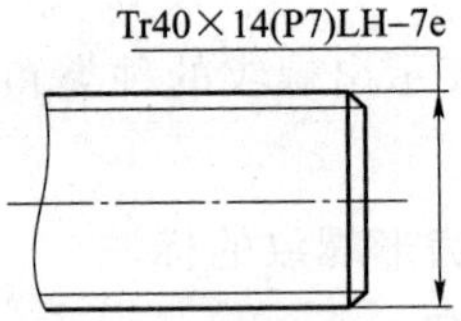 Tr40×14(P7)LH–7e	多线的要标注导程
锯齿形螺纹 B	B90×12LH－7e	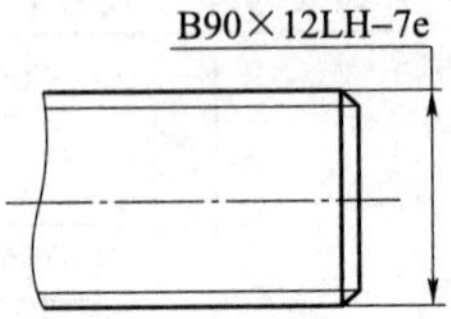 B90×12LH–7e	表示公称直径为 90mm、螺距为 12 mm 的单线左旋锯齿形外螺纹，中径公差代号为 7e，中等旋合长度

2. 管螺纹的标注

管螺纹的标注应将标准规定中的标记写在指引线上，指引线由大径处或对称中心线处引出。常用管螺纹的标注示例如表 8-2 所示。

表 8-2 常用管螺纹的标注示例

螺纹种类	标注示例	图　　例	附　　注
非螺纹密封的管螺纹（单线）	非螺纹密封的内管螺纹：G1/2	G1/2	1. 管螺纹均从大径处引出指引线标注 2. 特征代号为 G，右侧数字为尺寸代号。根据代号可以查出螺纹大径。尺寸代号数值等于管子内径，单位为英寸（in，1 in=2.54 cm）
	非螺纹密封的外管螺纹： 公差等级为 A 级 G1/2A 公差等级为 B 级 G1/2B	G1/2A	
用螺纹密封的管螺纹（单线）	用螺纹密封的圆柱内管螺纹；Rp1/2	Rp1/2	表示尺寸代号为 1/2
	用螺纹密封的圆锥内管螺纹；Rc1/2	Rc1/2	表示尺寸代号为 1/2

3. 非标准螺纹的标注

非标准螺纹的标注要画出牙型，并标注所需的全部尺寸。常用的方牙螺纹标注方法如图 8-12 所示。

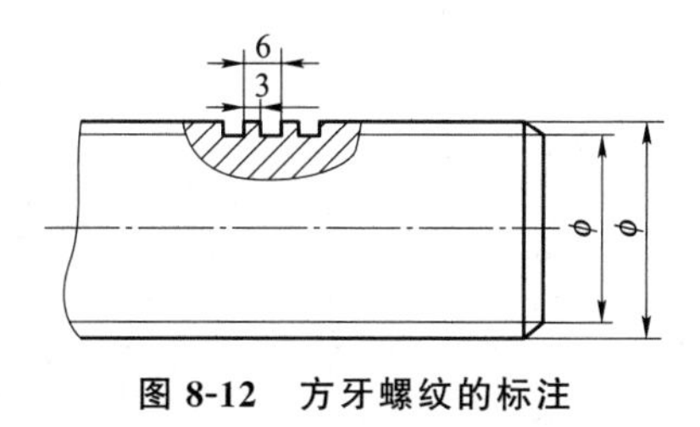

图 8-12　方牙螺纹的标注

任务 2　螺纹紧固件

任务目的

通过本任务的学习，要求掌握常见的螺纹紧固件（螺栓、螺钉、螺母等）的规定画法，掌握螺纹紧固件装配的画法。

任务引入

螺纹紧固件在我们的生活中非常常见。常用螺纹紧固件有哪些？螺纹紧固件连接的基本形式有哪些？各种连接的画法是什么？这些都是本任务的研究对象。

本任务主要包括常见螺纹紧固件及其标记；螺纹紧固件连接的画法。

知识准备

运用螺纹的连接作用来连接和紧固一些零件的零件称为螺纹紧固件。常用的螺纹紧固件有螺栓、双头螺柱、螺钉、螺母和垫片等，如图 8-13 所示。

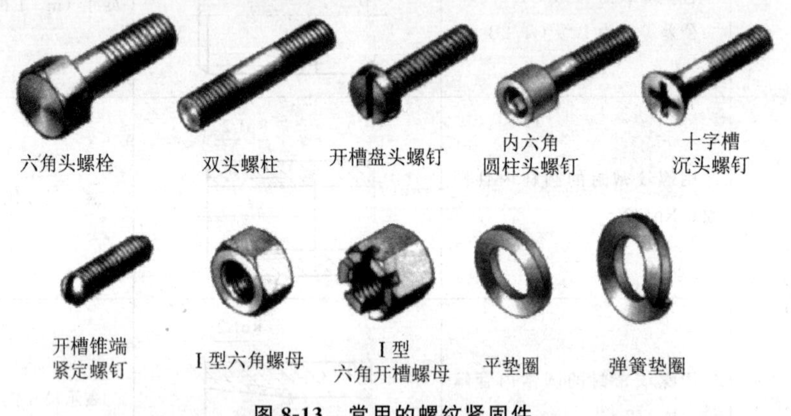

图 8-13　常用的螺纹紧固件

一、常用螺纹紧固件及其标记

表 8-3 列出了常用螺纹紧固件的图例、简化标记和解释。

表 8-3　常用螺纹紧固件的标记示例

名称及视图	标记示例	名称及视图	标记示例
六角头螺栓 M10 50	螺栓 GB/T 5782—2000 M10×50	开槽圆柱头螺钉 M10 50	螺钉 GB/T 65—2000 M10×50
十字槽沉头螺钉 M10 50	螺钉 GB/T 819.1—2000 M10×50	开槽沉头螺钉 M10 50	螺钉 GB/T 68—2000 M10×50
开槽盘头螺钉 M10 50	螺钉 GB/T 67—2008 M10×50	双头螺柱 M10 10　50	螺柱 GB/T 898—1988 M10×50

续表

名称及视图	标记示例	名称及视图	标记示例
开槽锥端紧定螺钉	螺钉 GB/T 71—1985 M12×35	开槽长圆柱端紧定螺钉	螺钉 GB/T 75—1985 M12×35
Ⅰ型六角螺母	螺母 GB/T 6170—2000 M12	Ⅰ型六角开槽螺母	螺母 GB/T 6178—1986 M12
平垫圈	垫圈 GB/T 97.1—2002 M12	标准型弹簧垫圈	垫圈 GB 93—1987 M12

二、螺纹紧固件连接的画法

螺纹紧固件连接的基本形式有螺栓连接、螺柱连接和螺钉连接。下面分别介绍各种连接的画法。画法规定：

（1）两个零件的接触面只画一条粗实线，不接触面（间隙）必须画两条粗实线。

（2）在剖视图中，两个连接的零件剖面线方向相反，或者改变剖面线的间距，在同一个零件上，各剖面线的方向、倾角和间距要相同。

（3）当剖切平面通过螺杆的轴线时，各螺纹紧固件均按照不剖切绘制。需要时，可采用局部剖视的画法。

1. 螺栓连接的画法

在两个零件上钻出通孔，用螺栓、螺母和垫圈把它们紧固在一起，称为螺栓连接，如图 8-14 所示。常用螺栓连接厚度较小并可钻成通孔的零件。

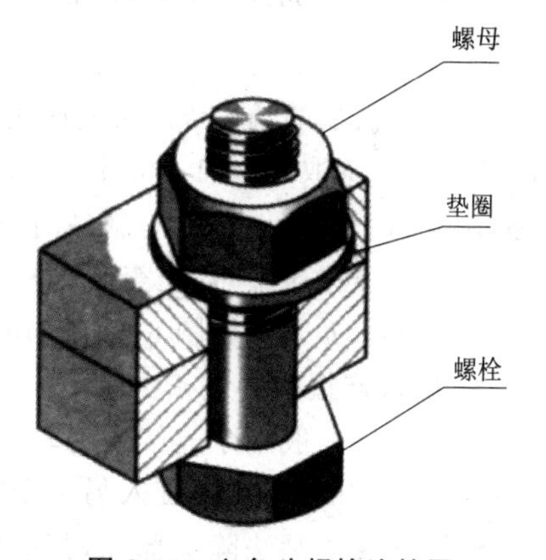

图 8-14　六角头螺栓连接图

画螺栓连接时，根据孔径先查国标，选取螺栓、螺母和垫圈，再初算并查国标，确定螺栓的公称长度 l：

$$l \geqslant \delta_1+\delta_2+h+m(\text{或 } s)+a=\delta_1+\delta_2+0.15d+0.8d+0.3d$$

式中：δ_1、δ_2——被连接件的厚度；

h——平垫片的厚度；

s——弹簧垫片的厚度；

m——螺母的高度；

a——螺栓末端超出螺母的长度，一般取 $a=2P$，P 为螺距。

在一般情况下，按照中等装配考虑，取通孔直径为 $1.1d$（d 为螺栓直径）。六角头螺栓连接图的简化画法如图 8-15 所示。

2. 螺柱连接的画法

当两个零件的被紧固处一个厚度较小而另一个不允许穿通孔时，通常采用双头螺柱连接，如图 8-16 所示。螺柱的一端全部旋入被连接零件的螺孔中（螺柱的这一端叫作旋入端），另一端通过另一个连接体的光孔，然后用螺母和垫圈旋紧固定（螺柱的这一端叫作紧固端），如图 8-16(a)所示。

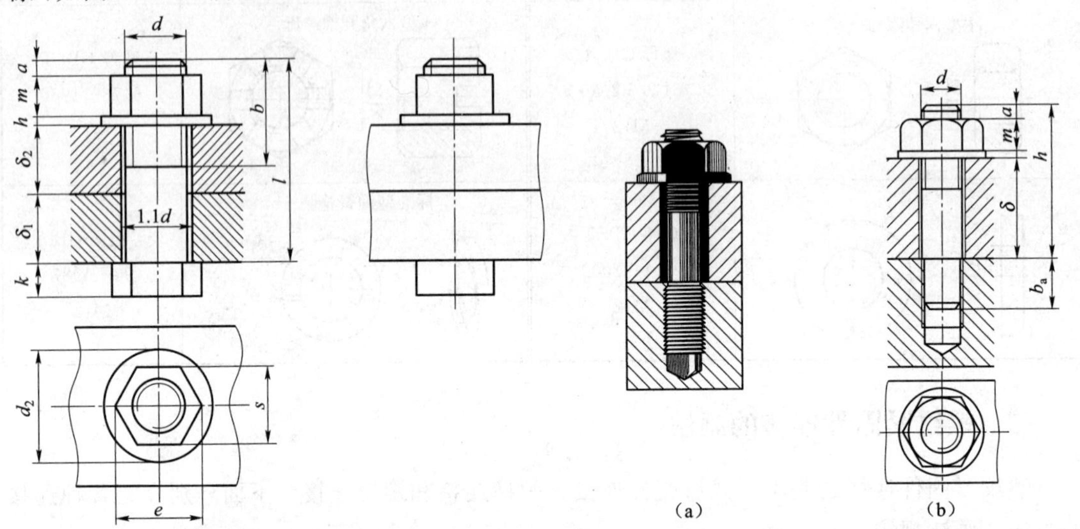

图 8-15　六角头螺栓连接图的简化画法

图 8-16　螺柱连接图的简化画法

(a) 螺柱与工件；(b) 螺柱连接画法

螺柱旋入端的长度 b_m 和被连接件的材料有关。当材料为钢和青铜时，选取 $b_m=d$；当材料为铸铁时，选取 $b_m=1.25d$；当材料为铝合金和铸铁之间的制品时，选取 $b_m=1.5d$；当材料为铝合金和非金属件之间的制品时，选取 $b_m=2d$。其中，d 为螺柱公称直径。

画双头螺柱连接时，先查出螺柱、螺母和垫圈的相应标准尺寸，再估算出螺柱的公称长度 l：$l \geqslant \delta+m+h+a$，如图 8-16(b)所示。

3. 螺钉连接的画法

螺钉连接一般用于连接受力较小以及不需要拆卸的地方。用螺钉固定两个零件时，螺钉穿过一个零件的通孔，再旋入另一个零件的螺孔，如图 8-17 所示。

螺钉连接的画法除头部外，其他画法和双头螺柱的画法相似。估算螺钉的公称长度 l：没有沉孔时，

$$l=\delta+b_m$$

有沉孔时，

$$l=\delta+b_m-t$$

式中：t——沉孔的深度；

b_m——根据被旋入零件的材料而定。

画图时应注意，螺纹终止线应高于两个零件的接触面，螺钉头部的一字槽在主视图上平行于轴线放置，在垂直于轴线的俯视图中要画成与中心线成右倾 45°角的槽。

4. 紧定螺钉连接画法

紧定螺钉用于固定两个零件，使它们连接在一起。如图 8-18 所示为开槽锥端紧定螺钉连

接的画法。

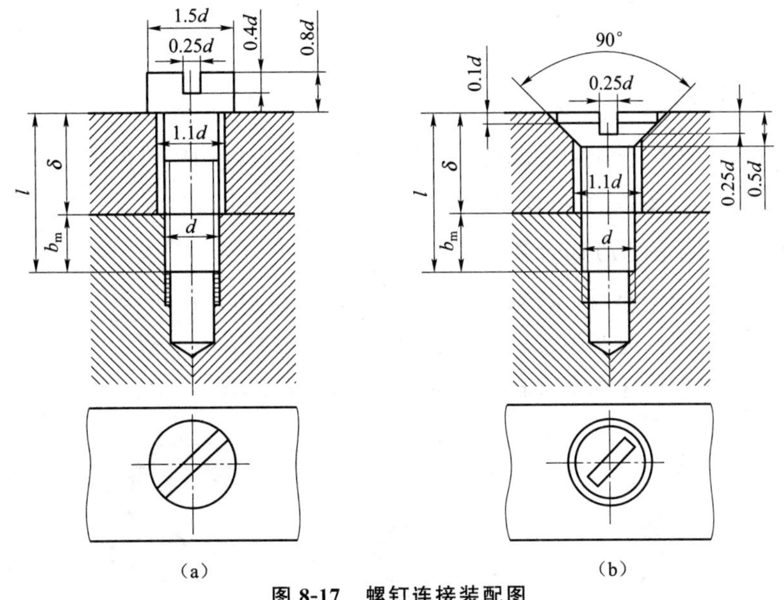

图 8-17 螺钉连接装配图

(a) 圆柱头螺钉;(b) 沉头螺钉

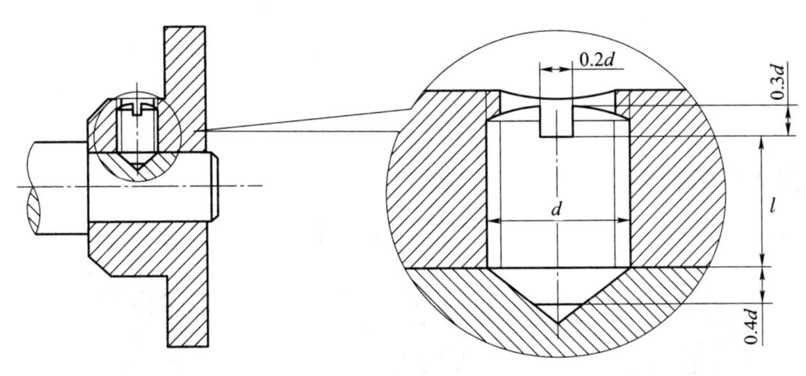

图 8-18 紧定螺钉连接的画法

任务3 齿　轮

任务目的

通过本任务的学习,要求了解齿轮的分类,掌握单个齿轮及相互啮合的两个圆柱齿轮连接的画法。

任务引入

齿轮机构是生产实践中使用非常广泛的常用件之一,通常用来传递运动和动力。齿轮的种类较多,但使用最多的还是圆柱齿轮,本任务主要研究单个圆柱齿轮及两个圆柱齿轮啮合的画法。

本任务主要包括齿轮的分类;直齿圆柱齿轮的参数;圆柱齿轮的规定画法。

知识准备

一、齿轮的分类

齿轮是机械传动中广泛应用的零件，因其参数中只有模数和压力角已经标准化，故属于常用件。齿轮的种类比较多，通常可以采用以下几种方式对其进行分类。

(一) 根据齿轮的传动方式分类

(1)圆柱齿轮，用来传递两平行轴之间的动力，如图 8-19(a)所示。

(2)圆锥齿轮，用来传递两相交轴之间的动力，如图 8-19(b)所示。

(3)蜗轮蜗杆，用来传递两交叉轴之间的动力，如图 8-19(c)所示。

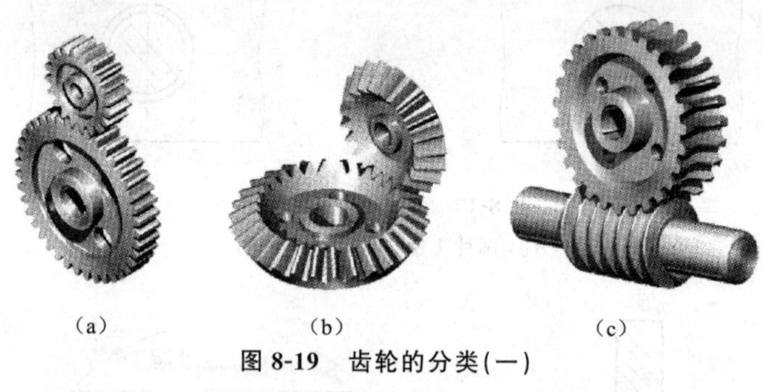

(a) (b) (c)

图 8-19 齿轮的分类(一)

(a) 圆柱齿轮；(b) 圆锥齿轮；(c) 蜗轮蜗杆

(二) 根据齿的切制方向分类

齿轮根据齿的切制方向，可分为直齿齿轮、斜齿齿轮、人字齿齿轮等，如图 8-20 所示。

(a) (b) (c)

图 8-20 齿轮的分类(二)

(a) 直齿齿轮；(b) 斜齿齿轮；(c) 人字齿齿轮

(三) 根据齿廓曲线分类

齿轮根据齿廓曲线，可分为渐开线齿轮、摆线齿轮、圆弧齿轮等，最常用的是渐开线齿轮。

二、直齿圆柱齿轮的参数

1. 直齿圆柱齿轮各部分的名称

直齿圆柱齿轮由轮齿、齿盘、轮辐、轮毂等组成。现以标准直齿圆柱齿轮为例，说明齿轮各部分的名称和尺寸关系，如图 8-21 所示。

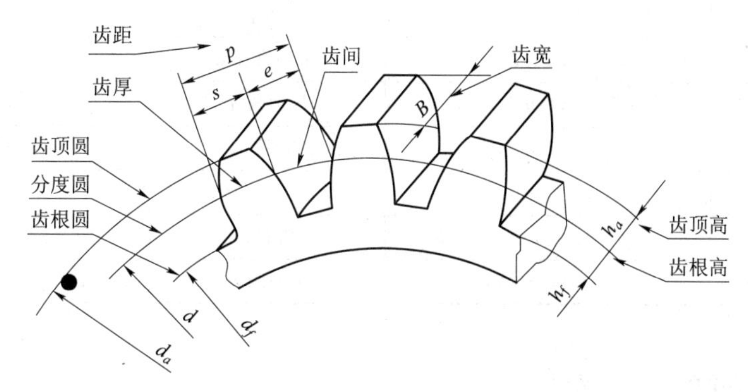

图 8-21 直齿圆柱齿轮各部分名称

(1) 齿顶圆，即轮齿顶部的圆，直径用 d_a 表示。

(2) 齿根圆，即轮齿根部的圆，直径用 d_f 表示。

(3) 分度圆，即齿轮加工时用以轮齿分度的圆，直径用 d 表示。

(4) 齿距，即在分度圆上，相邻两齿同侧齿廓间的弧长，用 p 表示。

(5) 齿厚，即一个轮齿在分度圆上的弧长，用 s 表示。

(6) 槽宽，即一个齿槽在分度圆上的弧长，用 e 表示。在标准齿轮中，齿厚与槽宽各为齿距的一半，即 $s=e=p/2, p \doteq s+e$。

(7) 齿顶高，即分度圆至齿顶圆之间的径向距离，用 h_a 表示。

(8) 齿根高，即分度圆至齿根圆之间的径向距离，用 h_f 表示。

(9) 全齿高，即齿顶圆与齿根圆之间的径向距离，用 h 表示，$h=h_a+h_f$。

(10) 齿宽，即沿齿轮轴线方向测量的轮齿宽度，用 B 表示。

(11) 压力角，即轮齿在分度圆的啮合点上 C 处的受力方向与该点瞬时运动方向线之间的夹角，用 α 表示。对于标准齿轮，$\alpha=20°$。

2. 直齿圆柱齿轮的基本参数与齿轮各部分的尺寸关系

(1) 模数。当齿轮的齿数为 z 时，分度圆的周长 $=\pi d=zp$。令 $m=p/\pi$，则 $d=mz$，m 即为齿轮的模数。因为一对啮合齿轮的齿距 p 必须相等，所以它们的模数也必须相等。模数是设计和制造齿轮的重要参数。模数增大，则齿距 p 增大，随之齿厚 s 增大，齿轮的承载能力也增大。不同模数的齿轮要用不同模数的刀具来制造。为了便于设计和加工，模数已经标准化，我国规定的标准模数数值如表 8-4 所示。

表 8-4 标准模数(圆柱齿轮摘自 GB/T 1357—2008)

第一系列	1,1.25,1.5,2,2.5,3,4,5,6,8,10,12,16,20,25,32,40,50
第二系列	1.75,2.25,2.75,(3.25),3.5,(3.75),4.5,5.5,(6.5),7,9,(11),14,18,22,28,(30),36,45
注：选用时，优先采用第一系列，括号内的模数尽可能不用。	

(2) 齿轮各部分的尺寸关系。当齿轮的模数 m 确定后，按照与 m 的比例关系，可计算出齿轮其他部分的基本尺寸，如表 8-5 所示。

表 8-5　标准直齿圆柱齿轮各部分的尺寸关系　mm

名称及代号	公　式	名称及代号	公　式
模数 m	$m=p\pi=d/z$	齿根圆直径 d_f	$d_f=m(z-2.5)$
齿顶高 h_a	$h_a=m$	压力角 α	$\alpha=20°$
齿根高 h_f	$h_f=1.25m$	齿距 p	$P=\pi m$
全齿高 h	$h=h_a+h_f$	齿厚 s	$s=p/2=\pi m/2$
分度圆直径 d	$d=mz$	槽宽 e	$e=p/2=\pi m/2$
齿顶圆直径 d_a	$d_a=m(z+2)$	中心距 a	$a=(d_1+d_2)/2=m(Z_1+Z_2)/2$

三、圆柱齿轮的规定画法

(1) 单个圆柱齿轮的画法。如图 8-22(a)所示，在端面视图中，齿顶圆用粗实线画出，齿根圆用细实线画出或省略不画，分度圆用点画线画出。另一视图一般画成全剖视图，而轮齿规定按不剖处理，用粗实线表示齿顶线和齿根线，用点画线表示分度线，如图 8-22(b)所示；若不画成剖视图，则齿根线可省略不画。当需要表示轮齿为斜齿(或人字齿)时，在外形视图上画出三条与齿线方向一致的细实线表示，如图 8-22(d)所示。

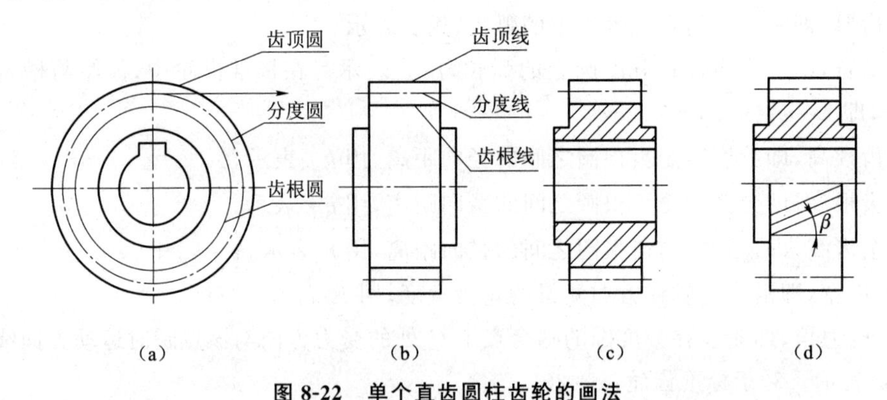

图 8-22　单个直齿圆柱齿轮的画法

(a) 齿轮外形；(b) 剖视图；(c) 直齿轮表示法；(d) 斜齿轮表示法

(2) 一对齿轮啮合的画法。一对齿轮的啮合图一般可以采用两个视图表达，在垂直于圆柱齿轮轴线的投影面的视图中(反映为圆的视图)，啮合区内的齿顶圆均用粗实线绘制，分度圆相切，如图 8-23(a)所示，也可用省略画法如图 8-23(b)所示。在不反映圆的视图上，啮合区的齿顶线不需画出，分度线用粗实线绘制，如图 8-23(c)所示。采用剖视图表达时，在啮合区内，将一个齿轮的齿顶线用粗实线绘制，另一个齿轮的轮齿被遮挡，其齿顶线用虚线绘制，如图 8-23(d)和图 8-24 所示。

(3) 齿轮和齿条啮合的画法。当齿轮和齿条啮合时，齿轮转动，齿条做直线运动。设想齿轮的直径无限大，这时齿轮就变成了齿条，齿顶圆、齿根圆、分度圆和齿廓曲线都成了直线。齿轮和齿条的啮合也可以联想两个齿轮的啮合画法，类比绘图。

当齿轮和齿条啮合时，齿轮的节圆和齿条的节线相切，并用点画线表示，齿顶圆和齿根圆用粗实线表示，其中齿根圆可省略不画，如图 8-25 所示。

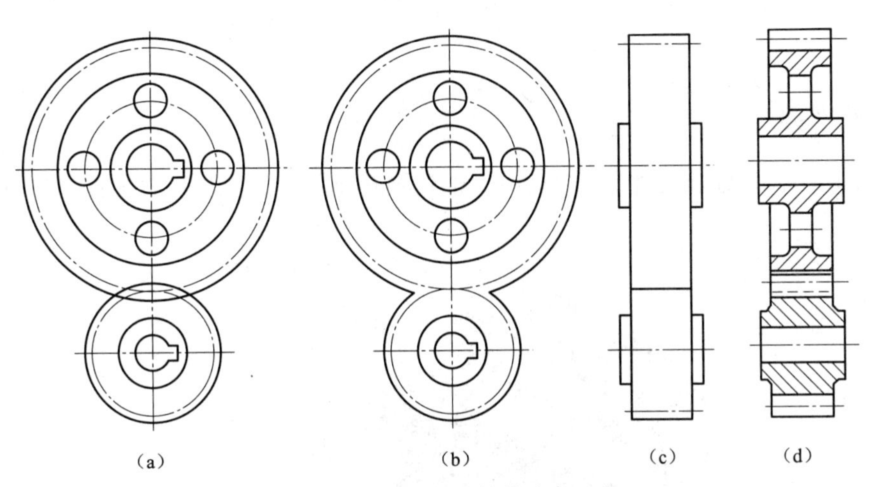

图 8-23　直齿圆柱齿轮的啮合画法

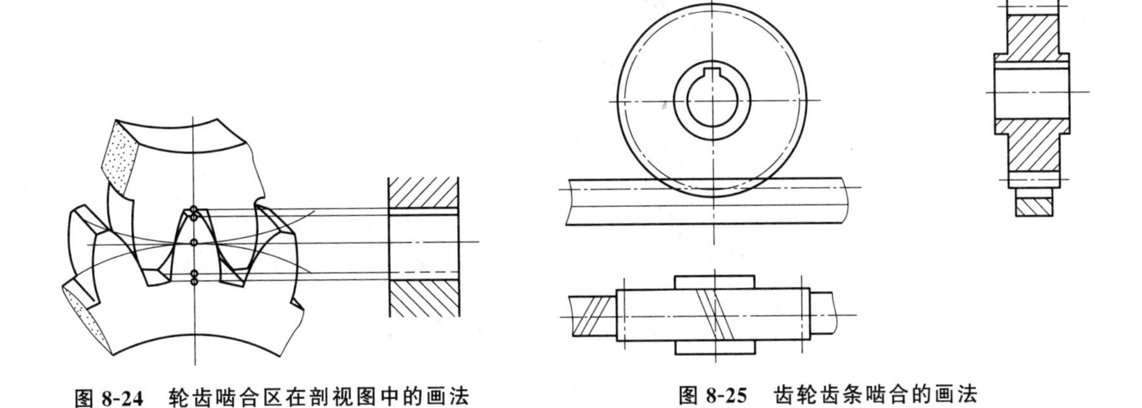

图 8-24　轮齿啮合区在剖视图中的画法

图 8-25　齿轮齿条啮合的画法

任务4　键、销

任务目的

通过本任务的学习，要求了解键、销的种类，理解键、销在机器中的作用，理解键、销连接的画法。

任务引入

前面所学的齿轮机构是生产实践中使用非常广泛的常用件之一，通常用来传递运动和动力。那么齿轮机构又是怎样实现与轴的连接的呢？这就需要使用类似键这样的连接零件。本任务主要研究常用的键、销等连接件的作用及画法。

本任务主要包括键连接；销连接。

知识准备

一、键连接

键通常用于连接轴和装在轴上的齿轮、带轮等传动零件，起传递转矩的作用，如图 8-26 所示。

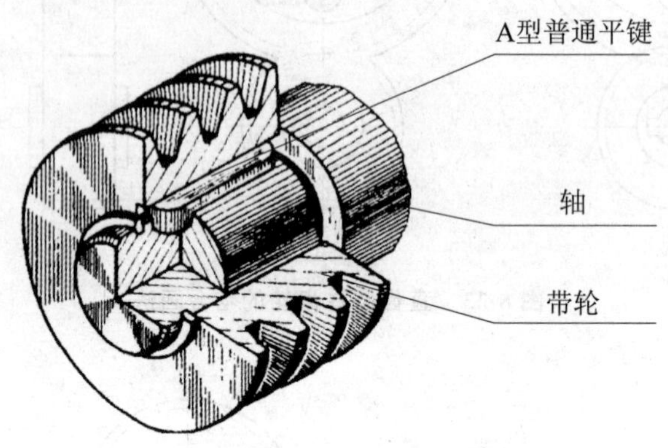

图 8-26　键连接

键是标准件，常用的键有普通平键、半圆键和钩头楔键等，如图 8-27 所示。

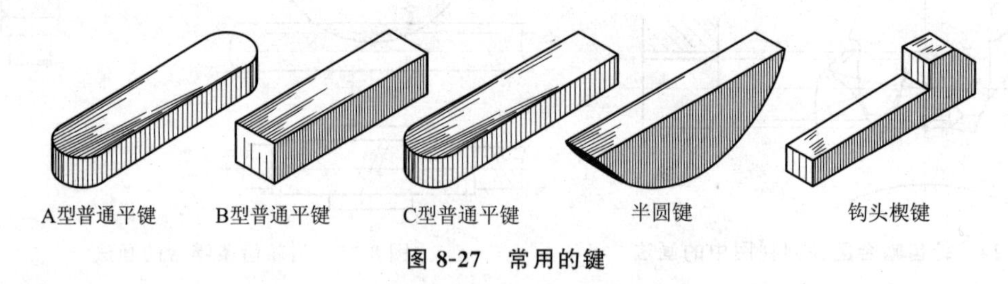

图 8-27　常用的键

本节主要介绍应用最多的 A 型普通平键及其画法。

普通平键的公称尺寸为 $b \times h$（键宽×键高），可根据轴的直径在相应的标准中查得。

普通平键的规定标记为键宽 b×键长 l。例如，$b=18\,\text{mm}$，$h=11\,\text{mm}$，$l=100\,\text{mm}$ 的圆头普通平键（A 型），应标记为键 18×11×100 GB/ T 1096—2003（A 型可不标出 A）。

如图 8-28(a)和图 8-28(b)所示为轴和轮毂上键槽的表示法及尺寸注法（未标注尺寸数字）。如图 8-28(c)所示为普通平键连接的装配图画法。

在如图 8-28(c)所示的键连接图中，键的两侧面是工作面，接触面的投影处只画一条轮廓线；键的顶面与轮毂上键槽的顶面之间留有间隙，必须画两条轮廓线。在反映键长度方向的剖视图中，轴采用局部剖视，键按不剖视处理。在键连接图中，键的倒角或小圆角一般省略不画。

二、销连接

销通常用于零件之间的连接、定位和防松。常见的有圆柱销、圆锥销和开口销等，它们都是标准件。圆柱销和圆锥销可以连接零件，也可以起定位作用（限定两个零件之间的相对位置），如图 8-29(a)和图 8-29(b)所示。开口销常用在螺纹连接的装置中，以防止螺母松动，如

图 8-29(c)和图 8-29(d)所示。如表 8-6 所示为销的形式、标记示例及画法。

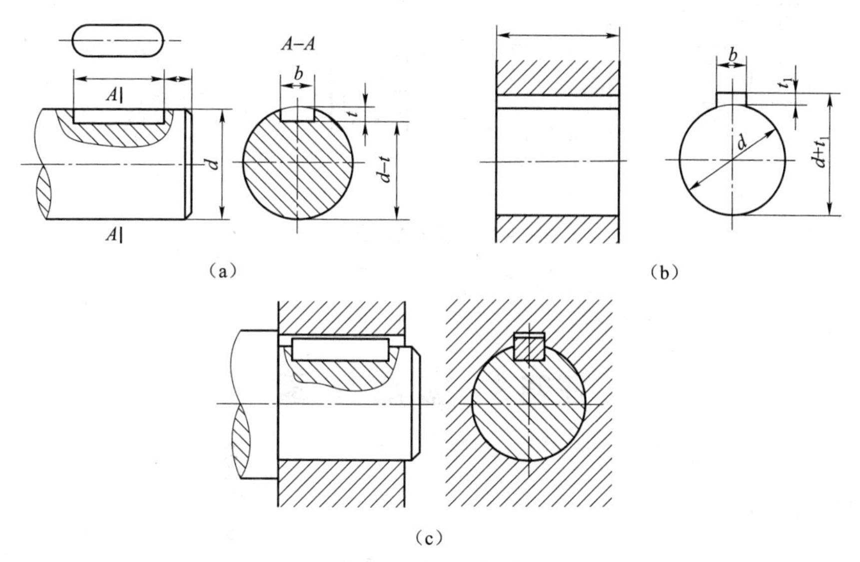

图 8-28 普通平键连接

(a) 轴上的键槽；(b) 轮毂上的键槽；(c) 键连接画法

表 8-6 销的形式、标记示例及画法

名称	标准号	图 例	标记示例
圆柱销	GB/T 119.1—2000	≈15° c c l d	直径 $d=10$mm，公差为 m6，长度 $l=80$mm，材料为钢，不经表面处理。 销 GB/T 119.1—2000 10m6×80
圆锥销	GB/T 117—2000	0.8 1:50 R_1 R_2 d a a l $R_1\approx d, R_2\approx d+(L-2a)/50$	直径 $d=10$mm，长度 $l=100$mm，材料 35 钢，热处理硬度 28～38 HRC，表面氧化处理的圆锥销。 销 GB/T 117—2000 A10×100 圆锥销的公称尺寸是指小端直径
开口销	GB/T 91—2000	b l a c d	公称直径 $d=4$mm(指销孔直径)，$l=20$mm，材料为低碳钢，不经表面处理。 销 GB/T 91—2000 4×20

在销连接中，两个零件上的孔是在零件装配时一起配钻的。因此，在零件图上标注销孔的尺寸时，应注明“配作”。

绘图时，销的有关尺寸从标准中查找并选用。在剖视图中，当剖切平面通过销的回转轴线时，按不剖处理，如图 8-29 所示。

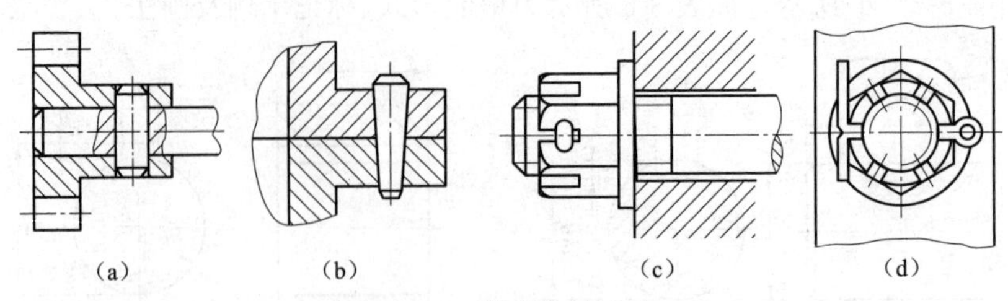

图 8-29 键连接的画法

(a) 圆柱销连接的画法；(b) 圆锥销连接的画法；(c)、(d) 开口销连接的画法

任务5 滚动轴承

任务目的

通过本任务的学习，要求了解滚动轴承的结构和类型，理解滚动轴承的代号，理解滚动轴承的画法。

任务引入

滚动轴承是用来支承旋转轴的部件，结构紧凑，摩擦阻力小，能在较大的载荷、较高的转速下工作，转动精度较高，在工业中应用十分广泛。本任务主要研究滚动轴承的代号及规定画法。

本任务主要包括滚动轴承的结构和类型；滚动轴承的代号；滚动轴承的画法。

知识准备

一、滚动轴承的结构和类型

滚动轴承一般由外圈(上圈)、内圈(下圈)、滚动体和保持架组成，如图 8-30 所示。

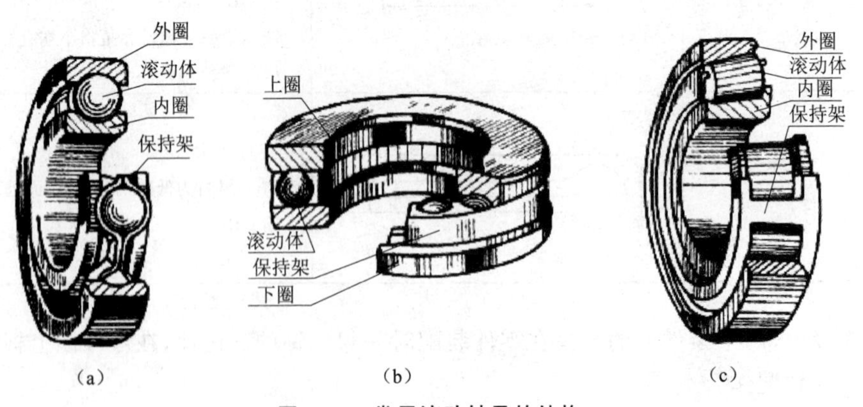

图 8-30 常用滚动轴承的结构

(a) 深沟球轴承；(b) 推力球轴承；(c) 圆锥滚子轴承

按承受载荷的方向，滚动轴承可分为以下三类：

(1) 向心轴承。它主要承受径向载荷，如图 8-30(a)所示的深沟球轴承。

(2) 推力轴承。它主要承受轴向载荷，如图 8-30(b)所示的推力球轴承。

(3) 向心推力轴承。它同时承受径向载荷和轴向载荷，如图 8-30(c)所示的圆锥滚子轴承。

二、滚动轴承的代号

一般将滚动轴承的代号打印在轴承的端面上，由基本代号、前置代号和后置代号三部分组成，排列顺序如下：

前置代号　基本代号　后置代号

(一) 基本代号

基本代号表示滚动轴承的基本类型、结构及尺寸，是滚动轴承代号的基础。基本代号由轴承类型代号、尺寸系列代号和内径代号构成(滚针轴承除外)，其排列顺序如下：

类型代号　尺寸系列代号　内径代号

1. 类型代号

轴承类型代号用阿拉伯数字或大写拉丁字母表示，其含义如表 8-7 所示。

表 8-7　滚动轴承的类型代号

代　号	轴承类型	代　号	轴承类型
0	双列角接触球轴承	7	角接触球轴承
1	调心球轴承	8	推力圆柱滚子轴承
2	调心滚子轴承和推力调心滚子轴承	N	圆柱滚子轴承
3	圆锥滚子轴承	NN	双列或多列圆柱滚子轴承
4	双列深沟球轴承	U	外球面球轴承
5	推力球轴承	QJ	四点接触球轴承
6	深沟球轴承		

2. 尺寸系列代号

尺寸系列代号由滚动轴承的宽(高)度系列代号和直径系列代号组合而成，用两位数字表示。它主要用来区别内径相同而宽(高)度和外径不同的轴承。详细情况请查阅有关标准。

3. 内径代号

内径代号表示轴承的公称内径，一般用两位数字表示。

(1) 当代号数字为 00，01，02，03 时，分别表示内径 $d=10\,mm$，12 mm，15 mm，17 mm。

(2) 当代号数字为 04～96 时，代号数字乘以 5，即得轴承内径。

(3) 当轴承公称内径为 1～9 mm、22 mm、28 mm、32 mm、500 mm 或大于 500 mm 时，用公称内径毫米数值直接表示，但与尺寸系列代号之间用“/”隔开。例如，深沟球轴承 62/22，$d=22\,mm$。

(二) 前置代号和后置代号

前置代号和后置代号是轴承在结构形状、尺寸、公差和技术要求等有改变时，在其基本代号左、右添加的补充代号。具体情况可查阅有关国家标准。

轴承基本代号举例如下：

1. 6209

09 为内径代号，$d=45\,\text{mm}$；2 为尺寸系列代号（02），其中宽度系列代号 0 省略，直径系列代号为 2；6 为轴承类型代号，表示深沟球轴承。

2. 62/22

22 为内径代号，$d=22\,\text{mm}$（用公称内径毫米数值直接表示）；2 和 6 与上述“6209”的含义相同。

3. 30314

14 为内径代号，$d=70\,\text{mm}$；03 为尺寸系列代号（03），其中宽度系列代号为 0，直径系列代号为 3；3 为轴承类型代号，表示圆锥滚子轴承。

三、滚动轴承的画法

在装配图中，滚动轴承的轮廓按外径 D、内径 d、宽度 B 等实际尺寸绘制，其余部分用简化画法或示意画法绘制。在同一图样中，一般只采用其中的一种画法。常用滚动轴承的画法如表 8-8 所示。

表 8-8　常用滚动轴承的画法（摘自 GB/T 4459.7—1998）

名称、标准号和代号	主要尺寸数据	规定画法	特征画法	装配示意图
深沟球轴承 60000	D d B	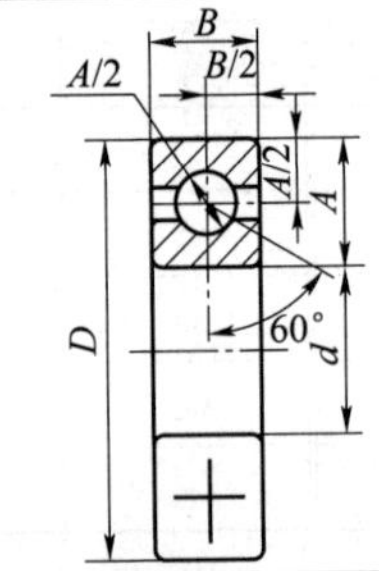 B, $B/2$, $A/2$, A, D, d, 60°	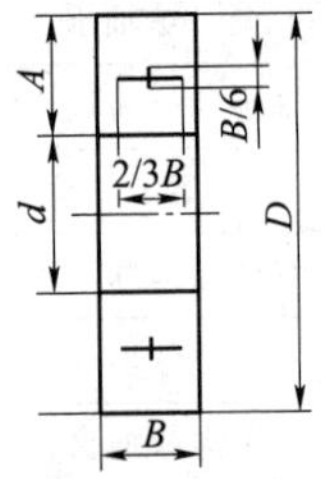 A, $B/6$, $2/3B$, d, D, B	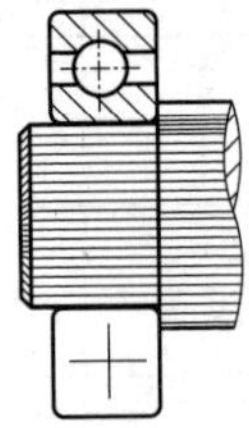
圆锥滚子轴承 30000	D d B T C	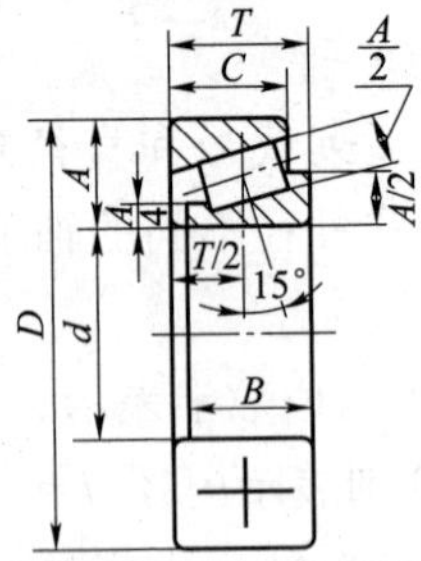 T, C, $\frac{A}{2}$, A, $A/2$, $T/2$, 15°, D, d, B	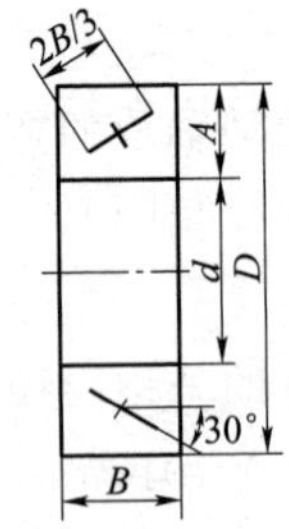 $2B/3$, A, d, D, 30°, B	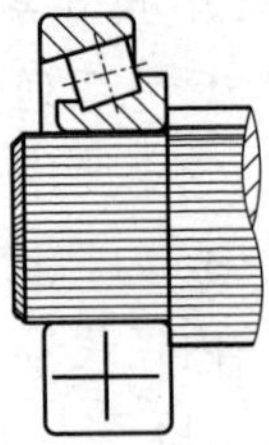
推力球轴承 50000	D d T	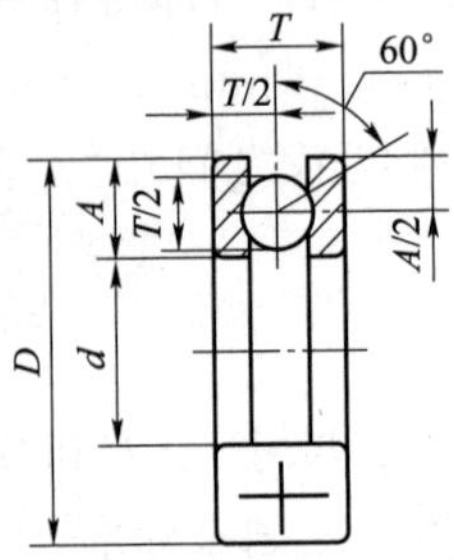 T, $T/2$, 60°, A, $T/2$, $A/2$, D, d	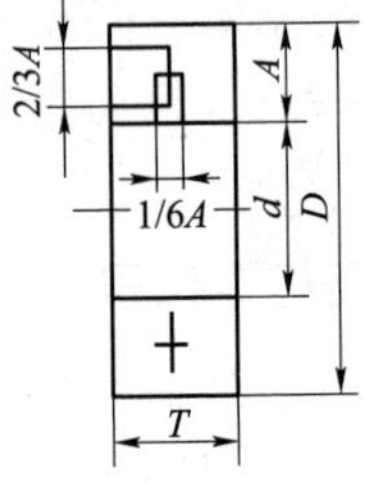 $2/3A$, A, $1/6A$, d, D, T	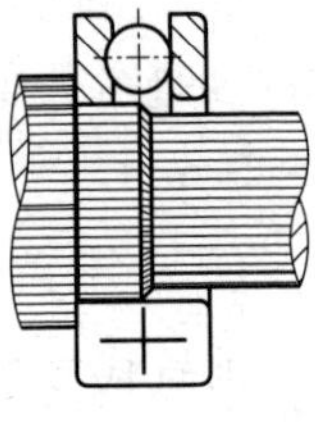

任务6 弹 簧

任务目的

通过本任务的学习,要求了解圆柱螺旋压缩弹簧的参数,理解圆柱螺旋压缩弹簧的规定画法和简化画法。

任务引入

弹簧是机械、电器设备中一种常用的零件,主要用于减震、夹紧、储存能量和测力等。弹簧的种类很多,使用较多的是圆柱螺旋弹簧。本任务主要介绍圆柱螺旋压缩弹簧的尺寸计算和规定画法。

本任务主要包括圆柱螺旋压缩弹簧各部分的名称及尺寸计算;圆柱螺旋压缩弹簧的规定画法。

知识准备

弹簧是在机械中广泛地用来减震、夹紧、储存能量和测力的零件。常用的弹簧如图8-31所示。本节主要介绍圆柱螺旋压缩弹簧各部分的名称、尺寸关系及其画法。

一、圆柱螺旋压缩弹簧各部分的名称及尺寸计算

下面介绍弹簧的几个参数(如图8-32所示)。

(1) 簧丝直径 d。它指制造弹簧所用金属丝的直径。

(2) 弹簧外径 D。它指弹簧的最大直径。

(3) 弹簧内径 D_1。它指弹簧的内孔直径,即弹簧的最小直径,$D_1=D-2d$。

(4) 弹簧中径 D_2。它指弹簧轴剖面内簧丝中心所在柱面的直径,即弹簧的平均直径,$D_2=(D+D_1)/2=D_1+d=D-d$。

(5) 有效圈数 n。它指保持相等节距且参与工作的圈数。

(6) 支承圈数 n_2。它指为了使弹簧工作平衡,保证中心线垂直于支撑面,制造时将两端

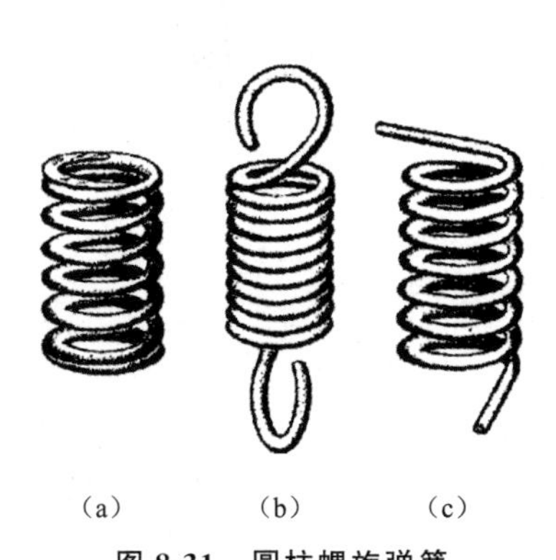

(a) (b) (c)

图8-31 圆柱螺旋弹簧

(a) 压缩弹簧;(b) 拉力弹簧;(c) 扭力弹簧

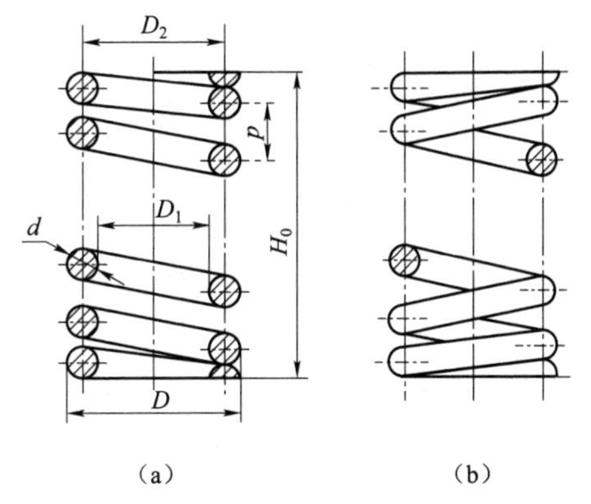

(a) (b)

图8-32 圆柱螺旋压缩弹簧的尺寸

(a) 剖视图;(b) 视图

并紧磨平的圈数。这些圈主要起支承作用，所以称为支承圈。支承圈数 n_2 表示两端支承圈数的总和，一般有 1.5 圈、2 圈、2.5 圈三种。

(7) 总圈数 n_1。它指有效圈数和支承圈数的总和，即 $n_1=n+n_2$。

(8) 节距 t。它指相邻两个有效圈上对应点之间的轴向距离。

(9) 自由高度 H_0。它指未受载荷作用时的弹簧高度(或长度)，$H_0=nt+(n_2-0.5)d$。

(10) 弹簧的展开长度 L。它制造弹簧时所需的金属丝长度。

(11) 旋向。它与螺旋线的旋向意义相同，分为左旋和右旋两种。

二、圆柱螺旋压缩弹簧的规定画法

(一) 弹簧的画法

GB/T 4459.4—2003 对弹簧的画法作了如下规定：

(1) 在平行于螺旋弹簧轴线的投影面的视图中，其各圈的轮廓应画成直线。

(2) 当有效圈数在 4 圈以上时，可以每端只画出 1～2 圈(支承圈除外)，其余省略不画。

(3) 螺旋弹簧均可画成右旋，但左旋弹簧不论画成左旋或右旋，均需注写旋向"左"字。

(4) 螺旋压缩弹簧如要求两端并紧且磨平，不论支承圈多少圈，均按支承圈 2.5 圈绘制，必要时也可按支承圈的实际结构绘制。

圆柱螺旋压缩弹簧的画图步骤如图 8-33 所示。

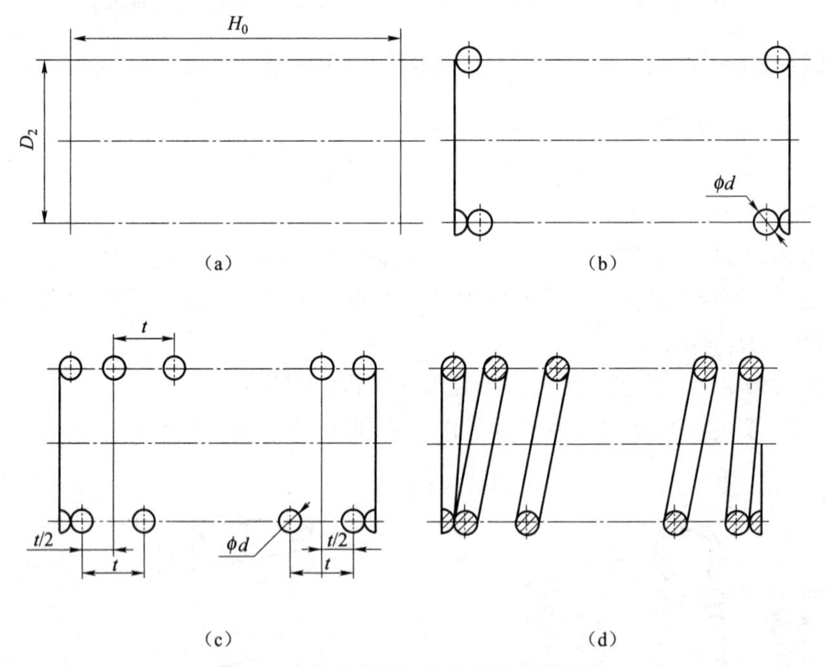

图 8-33 圆柱螺旋压缩弹簧的画图步骤

(二) 装配图中弹簧的简化画法

在装配图中，弹簧被看作实心物体，因此，被弹簧挡住的结构一般不画出。可见部分应画至弹簧的外轮廓或弹簧的中径处，如图 8-34(a)和图 8-34(b)所示。另外，当簧丝直径在图形上小于或等于 2mm 并被剖切时，其剖面可以涂黑表示，如图 8-34(b)所示。另外，也可采用示意画法，如图 8-34(c)所示。

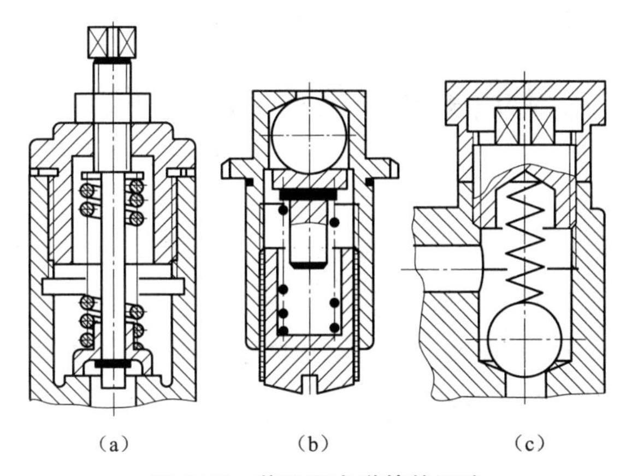

图 8-34 装配图中弹簧的画法

(a) 被弹簧遮挡处的画法；(b) 簧丝断面涂黑；(c) 簧丝示意画法

项目小结

本项目主要介绍了螺栓、螺母、垫片、螺钉、键、销、滚动轴承、弹簧、齿轮等标准件和常用件。通过学习，学生能够掌握各个零件的画图方法、标注形式，同时要求掌握国家标准的查阅方法。

项目9 零 件 图

学习目标

1. 掌握零件图视图选择的原则和表达零件的方法；
2. 掌握零件图的尺寸标注，能在零件图上正确标注公差及表面粗糙度；
3. 掌握绘制零件图的方法和步骤；
4. 掌握阅读零件图的方法和步骤。

任务1 零件及其零件图

任务目的

通过本任务的学习，要求了解机器零件的种类，掌握零件图的具体内容与作用。

任务引入

任何机器或部件都是由若干零件按一定要求装配而成的。如图9-1所示的齿轮油泵是用于供油系统的一个部件，它是由泵体、齿轮等零件装配而成的，制造机器或部件必须先依照零件图制造零件。

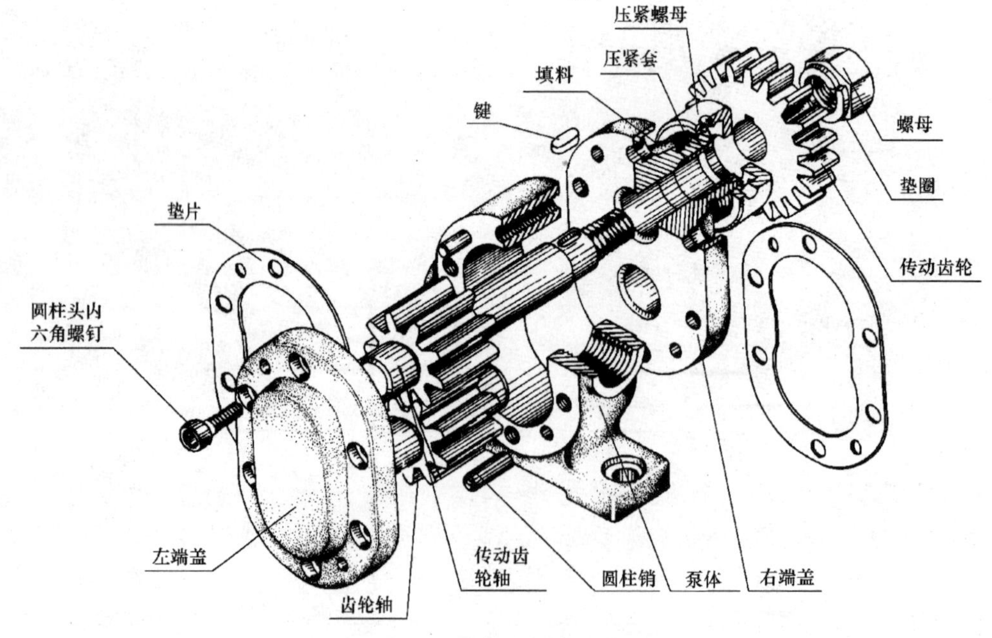

图9-1 齿轮油泵的组成

本任务主要包括零件的概念及其分类；零件图的概念与内容。

知识准备

一、零件的概念及其分类

从制造的角度来看，可以认为，机器（或部件）是由若干相互有关的零件按一定装配关系和技术要求装配而成的。零件是机器中不可再分的单件，是制造的单元。

虽然零件的形状、用途多种多样，加工方法各不相同，但零件也有许多共同之处。根据零件在结构形状、表达方法上的某些共同特点，常将其分为四类：轴套类零件、轮盘类零件、叉架类零件和箱体类零件。

1. 轴套类零件

轴套类零件的基本形状是同轴回转体。在轴上通常有键槽、销孔、螺纹退刀槽、倒圆等结构。此类零件主要是在车床或磨床上加工，如图 9-2 所示。

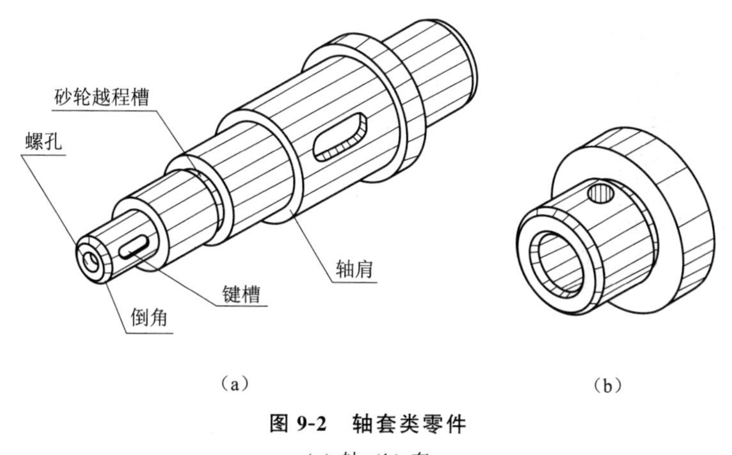

图 9-2 轴套类零件

(a) 轴；(b) 套

2. 轮盘类零件

轮盘类零件包括端盖、阀盖、齿轮等。这类零件的基本形体一般为回转体或其他几何形状的扁平盘状体，通常还带有各种形状的凸缘、均布的圆孔和肋等局部结构。轮盘类零件的作用主要是轴向定位、防尘和密封，如图 9-3 所示。

3. 叉架类零件

叉架类零件一般有拨叉、连杆、支座等。此类零件常用倾斜或弯曲的结构连接零件的工作部分与安装部分。叉架类零件多为铸件或锻件，因而具有铸造圆角、凸台、凹坑等常见结构，如图 9-4 所示。

4. 箱体类零件

箱体类零件主要有阀体、泵体、减速器箱体等零件，其作用是支持或包容其他零件，如图 9-5 所示。这类零件有复杂的内腔和外形结构，并带有轴承孔、凸台、肋板，此外，还有安装孔、螺孔等结构。

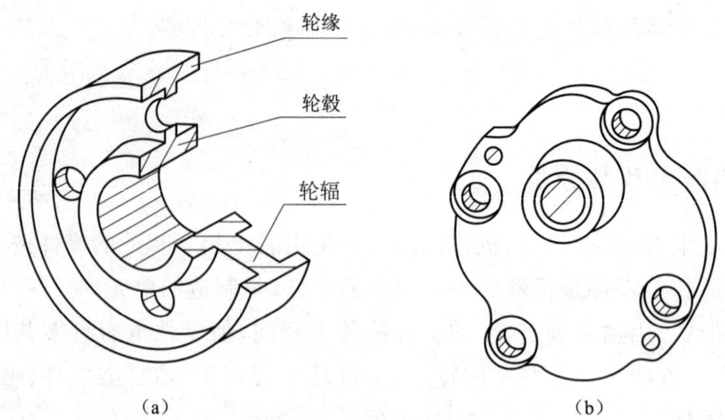

图 9-3 轮盘类零件

(a) 皮带轮;(b) 盖

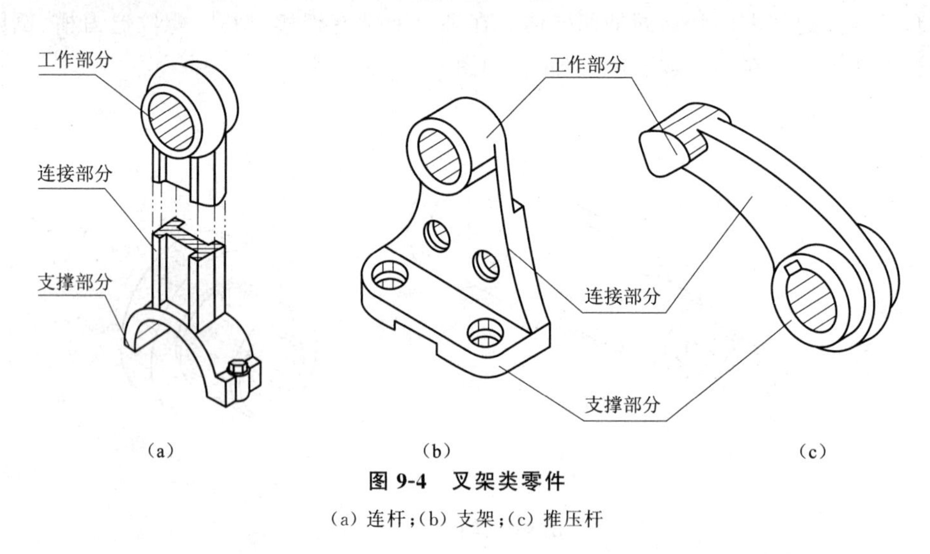

图 9-4 叉架类零件

(a) 连杆;(b) 支架;(c) 推压杆

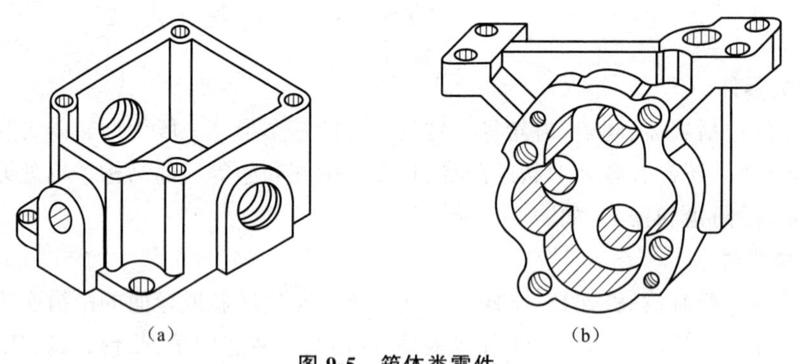

图 9-5 箱体类零件

(a) 蜗轮蜗杆箱;(b) 行星齿轮箱

二、零件图的概念与内容

(一) 零件图的概念

在机械产品的生产过程中,加工和制造各种不同形状的机器零件时,一般是先根据零件图对零件材料和数量的要求进行备料，然后按图纸中零件的形状、尺寸与技术要求进行加工制造，同时还要根据图纸上的全部技术要求，检验被加工零件是否达到规定的质量指标。由此可见，零件图是设计部门提交给生产部门的重要技术文件，它反映了设计者的意图，表达了对零件的要求，是生产中进行加工制造与检验零件质量的重要技术性文件。

（二）零件图的内容

如图 9-6 所示是球阀中的阀芯。从图中可以看出，零件图应包括以下四方面的内容：

1. 一组视图

用一组视图（包括视图、剖视、断面等表达方法）完整、准确、清楚、简便地表达出零件的结构形状。如图 9-6 所示的阀芯，用主视图、左视图表达，主视图采用全剖视，左视图采用半剖视。

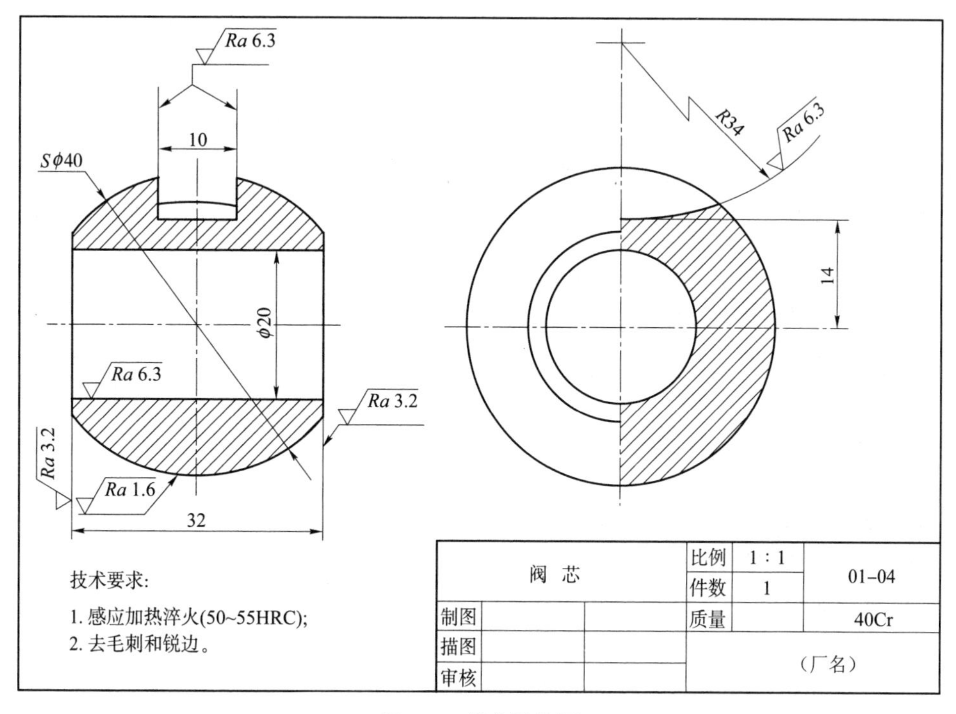

图 9-6 阀芯零件图

2. 完整的尺寸

零件图中应正确、齐全、清晰、合理地标注出表示零件各部分的形状大小和相对位置的尺寸，为零件的加工制造提供依据。如图 9-6 所示阀芯的主视图中标注的尺寸 $S\phi40$ 和 32 确定了阀芯的轮廓形状，中间的通孔为 $\phi20$，上部凹槽的形状和位置通过主视图中的尺寸 10 和左视图中的尺寸 $R34$、14 确定。

3. 技术要求

用规定的符号、代号、标记和简要的文字标注出制造和检验零件时应达到的各项技术指标及要求。例如，图 9-6 中注出的表面粗糙度 Ra 6.3、Ra 1.6 等，以及技术要求“感应加热淬火（50～55HRC）”及“去毛刺和锐边”等。

4. 标题栏

在图幅的右下角，按标准格式画出标题栏，以填写零件的名称、材料、图样的编号、比例及设计、审核、批准人员的签名、日期等。

任务2 零件图的视图选择

任务目的

通过本任务的学习，要求理解零件图视图选择的方法与原则，明白各种典型零件的视图选择。

任务引入

零件的视图选择，应首先考虑看图方便。根据零件的结构特点，选用适当的表示方法。由于零件的结构形状是多种多样的，所以在画图前，应对零件进行结构形状分析，结合零件的工作位置和加工位置，选择最能反映零件形状特征的视图作为主视图，并选好其他视图，以确定一组最佳的表达方案。选择表达方案的原则是，在完整、清晰地表示零件形状的前提下，力求制图简便。

本任务主要包括主视图的选择；其他视图的选择；典型零件的视图选择示例。

知识准备

一、主视图的选择

主视图是一组视图的核心，选择主视图时，应首先确定零件的投射方向和安放位置。

1. 主视图的投射方向

一般应将最能反映零件结构形状和相互位置关系的方向作为主视图的投射方向。在如图 9-7 所示的轴和如图 9-8 所示的车床尾架体中，A 所指的方向，作为主视图的投射方向，能较好地反映该零件的结构形状和各部分的相对位置。

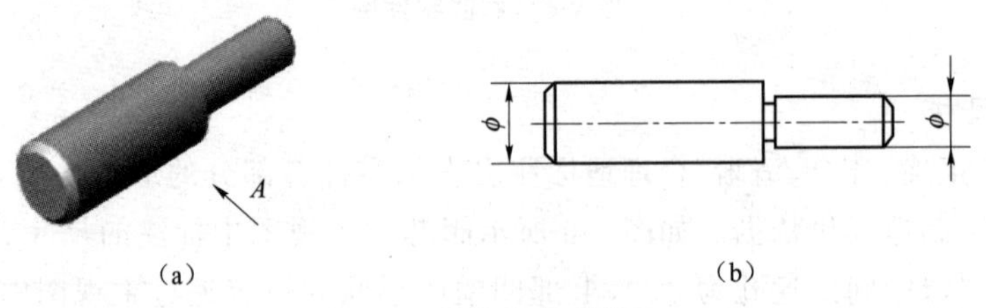

(a)　　(b)

图 9-7　轴的主视图选择

(a) 轴；(b) 按轴的加工位置选择主视图

2. 确定零件的安放位置

应使主视图尽可能反映零件的主要加工位置或在机器中的工作位置。

(1) 零件的加工位置是指零件在主要加工工序中的装夹位置。主视图与加工位置一致主要是为了使制造者在加工零件时看图方便。例如，轴、套、轮盘等零件的主要加工工序是在车

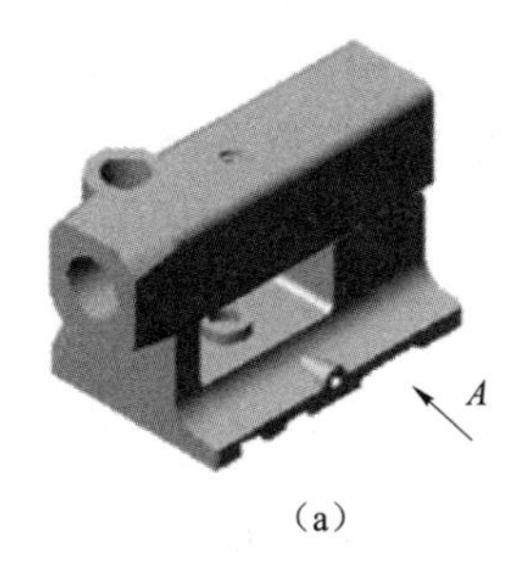

(a)

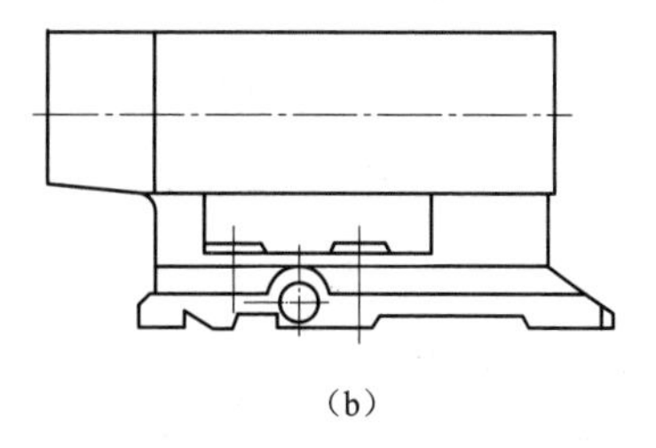

(b)

图 9-8　车床尾架体的主视图选择

(a) 车床尾架体；(b) 按车床尾架体的工作位置选择主视图

床或磨床上进行的，因此，这类零件的主视图应将其轴线水平放置。如图 9-7 所示的轴，*A* 向作为主视图投射方向时，能较好地反映零件的加工位置。

(2) 零件的工作位置是指零件在机器或部件中工作时的位置。例如，支座、箱壳等零件，它们的结构形状比较复杂，加工工序较多，加工时的装夹位置经常变化，因此在画图时使这类零件的主视图与工作位置一致，可方便零件图与装配图直接对照。如图 9-8 所示的车床尾架体，*A* 向作为主视图投射方向时，能较好地反映零件的工作位置。

二、其他视图的选择

主视图确定以后，要分析该零件在主视图上还有哪些尚未表达清楚的结构，对这些结构的表达，应以主视图为基础，选用其他视图并采用各种表达方法表达出来，使每个视图都有表达的重点，几个视图互为补充，共同完成零件结构形状的表达。在选择视图时，应优先选用基本视图和在基本视图上做适当的剖视，在充分表达清楚零件结构形状的前提下，尽量减少视图数量，力求画图和读图简便。

三、典型零件的视图选择示例

1. 轴套类零件

轴套类零件主要是由大小不同的同轴回转体（如圆柱、圆锥）组成的。通常以加工位置将

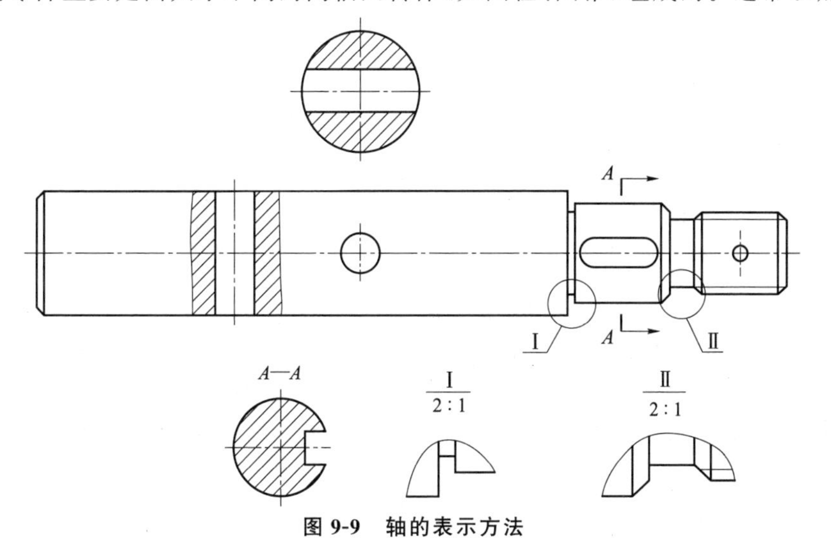

图 9-9　轴的表示方法

轴线水平放置时的主视图来表达零件的主体结构,必要时配合局部剖视或其他辅助视图来表达局部的结构形状。如图 9-9 所示的轴,采取轴线水平放置的加工位置画出主视图,反映了轴的细长和台阶状的结构特点,以及各部分的相对位置和倒角、退刀槽、键槽等形状,并采用局部剖视表达了上下的通孔,又补充了两个移出断面图和两个局部放大图,用来表达前后通孔、键槽的深度和退刀槽等局部结构。

2. 轮盘类零件

轮盘类零件主要是由回转体或其他平板结构组成的。零件主视图采取轴线水平放置或按工作位置放置,常采用两个基本视图表达:主视图采用全剖视图;另一个视图则表达外形轮廓和各组成部分。如图 9-10 所示的法兰盘透盖,主视图按加工位置将轴线水平放置画出,主要表达零件的厚度和阶梯孔的结构。左视图主要表达外形、三个安装孔的分布及左、右凸缘的形状。

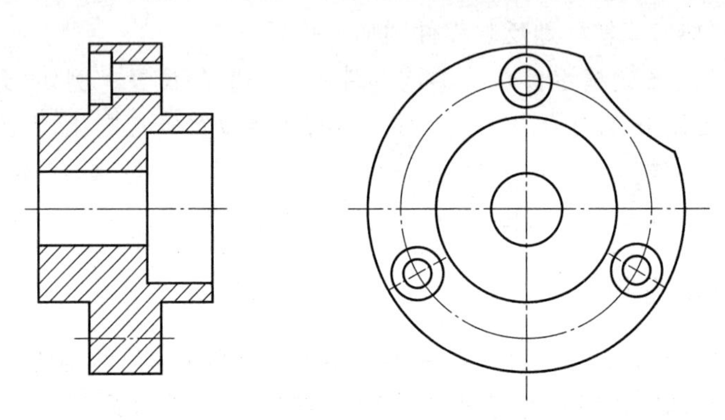

图 9-10　法兰盘的表示方法

3. 叉架类零件

叉架类零件的外形比较复杂,形状不规则,常带有弯曲和倾斜结构,也常有肋板、轴孔、耳板、底板等结构。局部结构常有油槽、油孔、螺孔和沉孔等。在选择主视图时,一般是在反映主要特征的前提下,按工作(安装)位置放置主视图。当工作位置是倾斜的或不固定时,可将其放正后画出主视图。表达叉架类零件通常需要两个以上的基本视图,并多用局部剖视兼顾内外形状来表达。倾斜结构常用向视图、斜视图、旋转视图、局部视图、斜剖视图、断面图等表达。如图 9-11 所示的叉架,采用了主、左两个基本视图并做局部剖视,表达了主体的结构形状,并采取 A 向斜视图和 $B-B$ 移出断面图分别表达圆筒上的拱形形状与肋板的断面形状为十字形状。

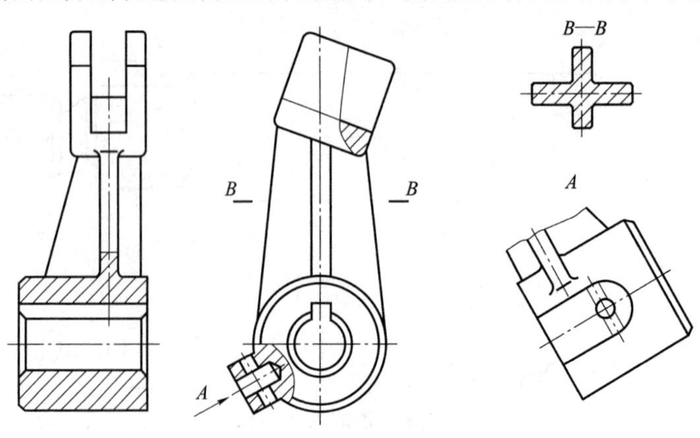

图 9-11　叉架的表示方法

4. 箱体类零件

箱体类零件主要用来支承、包容其他零件，内外结构都比较复杂。由于箱体在机器中的位置是固定的，因此，箱体的主视图经常按工作位置和形状特征来选择。为了清晰地表达内外形状结构，需要三个或三个以上的基本视图，并以适当的剖视表达内部结构。如图 9-12 所示的泵体，主视图（见 $B-B$ 局部剖视图）按工作位置来选择，清楚地表达了泵体的内部结构及左、右端面螺纹孔和销孔的深度，而且明显地反映了泵体左、右各部分的相对位置。左视图进一步表达了泵体的内部形状以及左端面上螺纹和销孔的分布位置及大小，还采用了局部剖视来表达进出油孔的大小及位置。右视图重点表达了泵体右端面凸台的形状。而 $A-A$ 剖视反映了安装板的形状、沉孔的位置以及支撑板的端面形状。

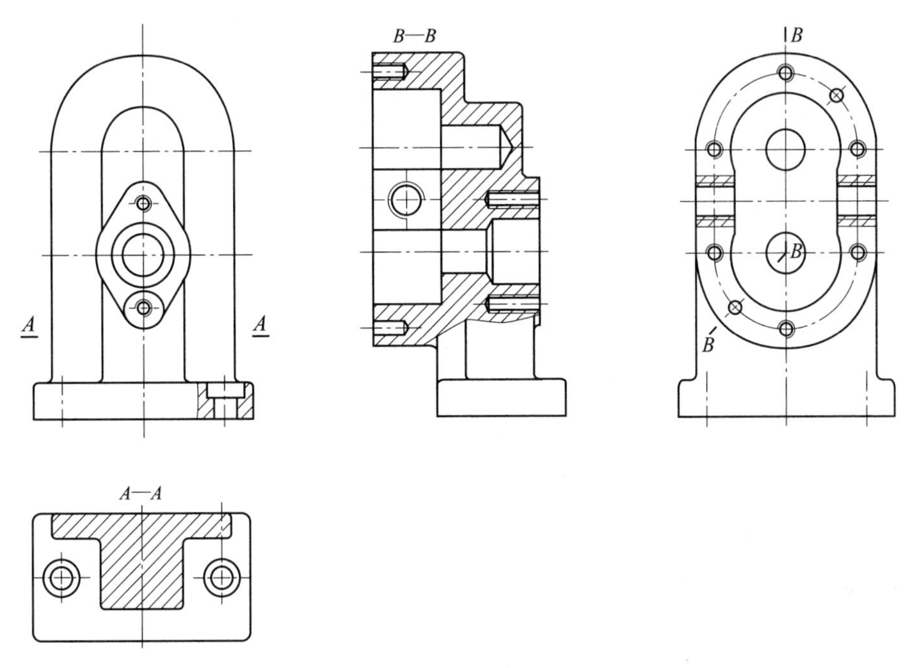

图 9-12 泵体的表示方法

任务3 零件图的尺寸标注

任务目的

通过本任务的学习，要求理解零件图尺寸标注的原则；理解尺寸基准的概念，能够分析出零件图的尺寸基准；理解常用的尺寸合理标注的注意事项。

任务引入

零件上各部分的大小是按照图样上所标注的尺寸进行制造和检验的。零件图中的尺寸，不但要按前面的要求标注得正确、完整、清晰，而且必须标注得合理。

本任务主要包括基本要求；尺寸基准的选择；合理标注尺寸应注意的问题。

知识准备

一、基本要求

零件上各部分的大小是按照图样上所标注的尺寸进行制造和检验的。零件图中的尺寸，不但要按前面的要求标注得正确、完整、清晰，而且必须标注得合理。所谓合理，是指所标注的尺寸既符合零件的设计要求，又便于加工和检验（满足工艺要求）。为了合理地标注尺寸，必须对零件进行结构分析、形体分析和工艺分析，根据分析先确定尺寸基准，然后选择合理的标注形式，结合零件的具体情况标注尺寸。本节将重点介绍标注尺寸的合理性问题。

二、尺寸基准的选择

尺寸基准一般选择零件上的一些面和线。面基准常选择零件上较大的加工面、与其他零件的结合面、零件的对称平面、重要端面和轴肩等。如图 9-13 所示的轴承座，高度方向的尺寸基准是安装面，也是最大的面；长度方向的尺寸以左右对称面为基准；宽度方向的尺寸以前后对称面为基准。线一般选择轴和孔的轴线、对称中心线等。如图 9-14 所示的轴，长度方向的尺寸以右端面为基准，并以轴线作为直径方向的尺寸基准，同时也是高度方向和宽度方向的尺寸基准。

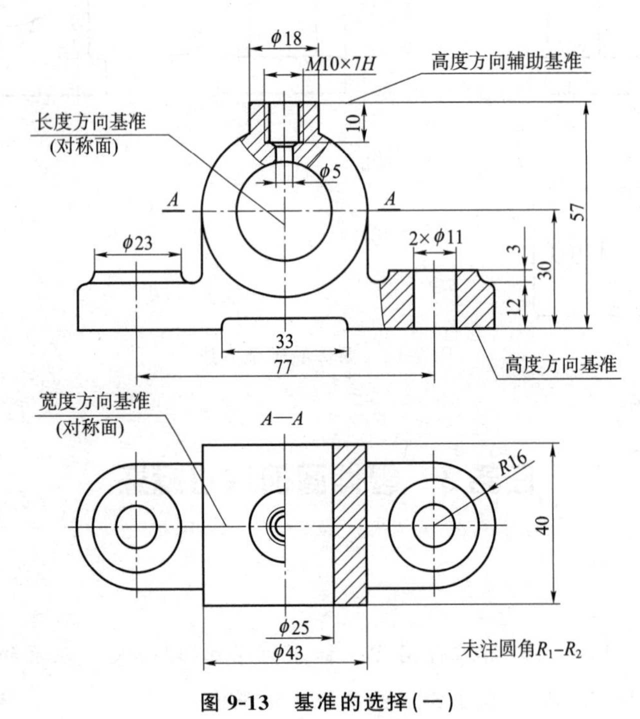

图 9-13　基准的选择(一)

由于每个零件都有长、宽、高三个方向尺寸，因此每个方向都有一个主要尺寸基准。在同一个方向上，还可以有一个或几个与主要尺寸基准有尺寸联系的辅助基准。

按用途，基准可分为设计基准和工艺基准。设计基准是以面或线来确定零件在部件中的准确位置的基准；工艺基准是为便于加工和测量而选定的基准。如图 9-13 所示，轴承座的底

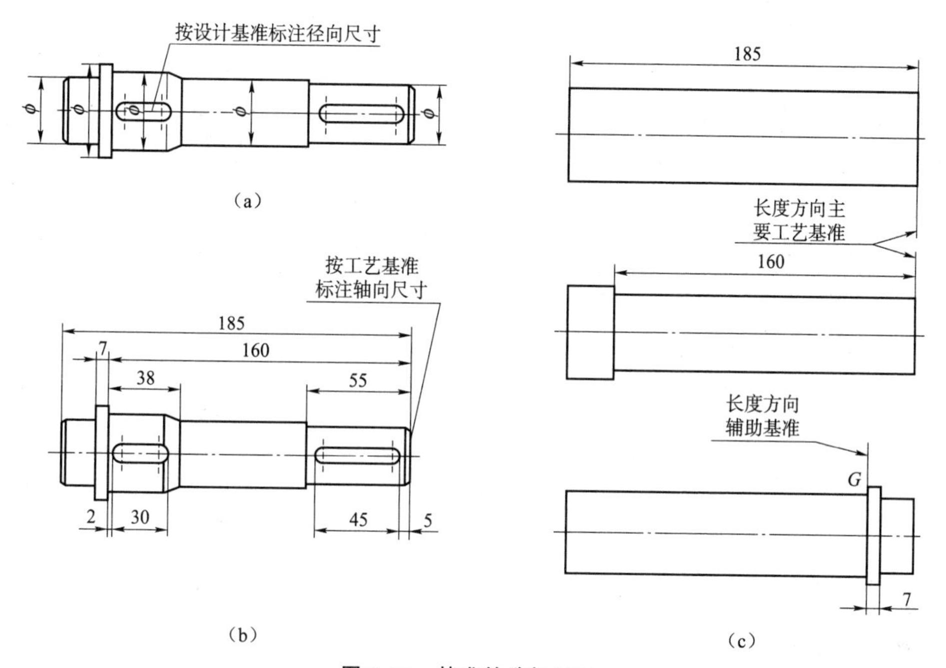

图 9-14 基准的选择(二)

面为高度方向的尺寸基准,也是设计基准,由此标注中心孔的高度 30 和总高 57,再以顶面作为高度方向的辅助基准(也是工艺基准),标注顶面上螺孔的深度尺寸 10。如图 9-14 所示的轴,以轴线作为径向(高度和宽度)尺寸的设计基准,由此标注出所有直径尺寸(φ)。轴的右端为长度方向的设计基准(主要基准),由此可以标注出 55、160、185、5、45,再以轴肩作为辅助基准(工艺基准),标注 2、30、38、7 等尺寸。

三、合理标注尺寸时应注意的问题

1. 主要尺寸必须直接标注出

主要尺寸是指直接影响零件在机器或部件中的工作性能和准确位置的尺寸,如零件之间的配合尺寸、重要的安装尺寸和定位尺寸等。如图 9-15(a)所示的轴承座,轴承孔的中心高 h_1 和安装孔的间距尺寸 l_1 必须直接标注出,而不应采取如图 9-15(b)所示的方式,没有直接将主要尺寸 h_1 和 l_1 标注出,要通过其他尺寸 h_2、h_3 和 l_2、l_3 间接计算得到,从而造成尺寸误差的积累。

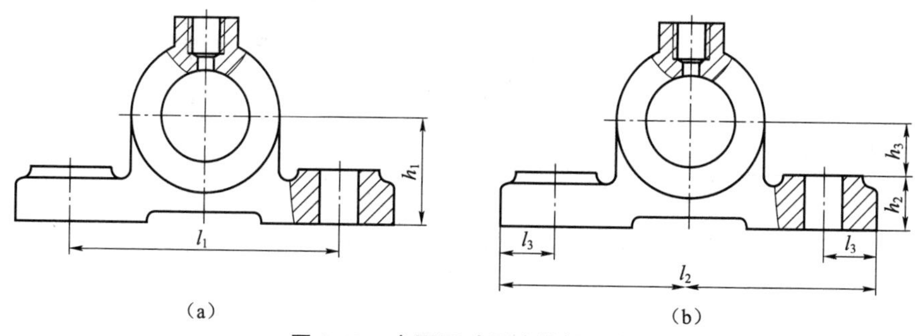

图 9-15 主要尺寸要直接标注出

(a) 正确;(b) 不正确

2. 避免出现封闭尺寸链

一组首尾相连的链状尺寸称为尺寸链，如图 9-16(a)所示的阶梯轴上标注的长度尺寸 D、B、C。组成尺寸链的各个尺寸称为组成环，未注尺寸的一环称为开口环。在标注尺寸时，应尽量避免出现如图 9-16(b)所示的标注成封闭尺寸链的情况。因为长度方向尺寸 A、B、C 首尾相连，每个组成环的尺寸在加工后都会产生误差，则尺寸 D 的误差为三个尺寸误差的总和，不能满足设计要求。所以，应选一个次要尺寸空出不标注，以便所有尺寸误差积累到这一段，保证主要尺寸的精度。图 9-16(a)中没有标注出尺寸 A，就避免了出现标注封闭尺寸链的情况。

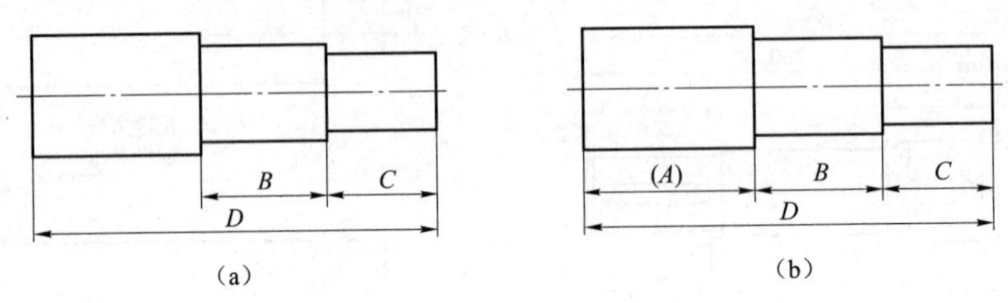

图 9-16　避免出现封闭尺寸链

3. 标注尺寸要便于加工和测量

(1) 考虑符合加工顺序的要求。如图 9-17(a)所示的小轴，长度方向尺寸的标注符合加工顺序。如图 9-17(b)所示的小轴在车床上的加工顺序①～④看出，从下料到后面的每一道加工工序，都在图中直接标注出所需的尺寸(图中，尺寸 51 为设计要求的主要尺寸)。

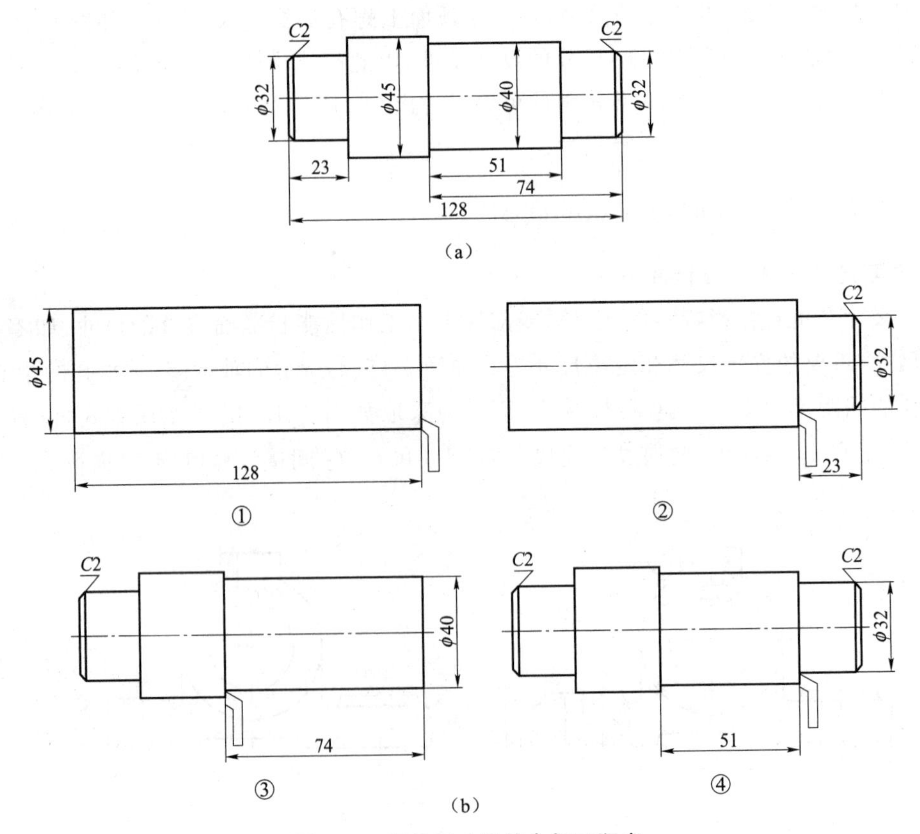

图 9-17　标注尺寸要符合加工顺序

(2) 考虑测量、检验方便的要求。如图 9-18 所示是常见的几种断面形状,图 9-18(a)中标注的尺寸便于测量和检验,而图 9-18(b)中的尺寸不便于测量。同样,如图 9-19(a)所示的套筒中所标注的长度尺寸便于测量,图 9-19(b)中的尺寸则不便于测量。

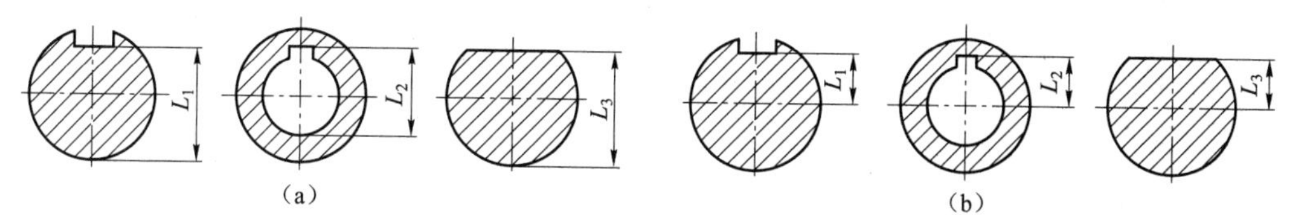

图 9-18 标注尺寸要考虑便于测量(一)

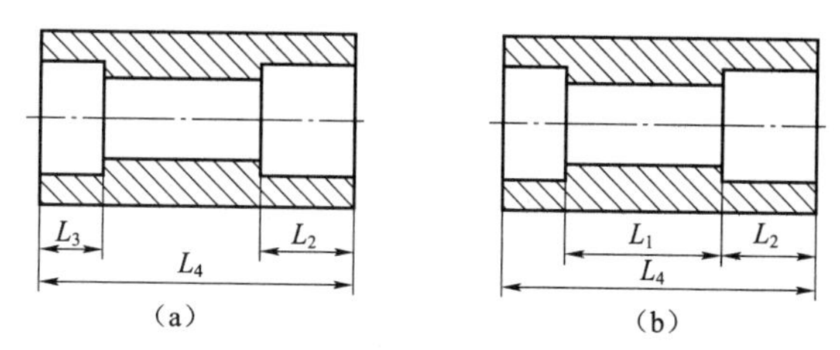

图 9-19 标注尺寸要考虑便于测量(二)

任务4 零件的结构工艺性

任务目的

通过本任务的学习,要求理解铸造工艺对零件的结构工艺性要求,掌握机械加工对零件的结构工艺性要求。

任务引入

零件的结构形状主要是根据它在部件或机器中的作用决定的。但是制造工艺对零件的结构也有某些要求。因此,为了正确绘制图样,必须对一些常见的结构有所了解,下面介绍它们的基本知识和表示方法。

本任务主要包括铸造零件的工艺结构;加工面的工艺结构。

知识准备

一、铸造零件的工艺结构

1. 起模斜度

用铸造的方法制造零件的毛坯时,为了将模型从砂型顺利取出来,常在模型起模方向设计成 1∶20 的斜度,这个斜度称为起模斜度,如图 9-20(a)所示。起模斜度在图样上一般不画出和不予标注,如图 9-20 (b)和图 9-20 (c)所示。必要时,可以在技术要求中用文字说明。

2. 铸造圆角

在铸造毛坯各表面的相交处做出铸造圆角,如图 9-20(b)和图 9-20(c)所示。这样,既可

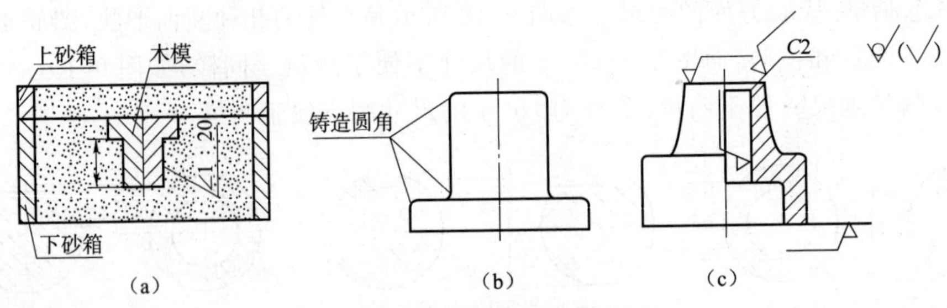

图 9-20　起模斜度和铸造圆角

方便起模，又能防止浇铸铁水时将砂型转角处冲坏，还可避免铸件冷却时在转角处产生裂纹和缩孔。铸造圆角在图样上一般不予标注，如图 9-20(b)和图 9-20(c)所示，常集中注写在技术要求中。

3. 铸件壁厚

在浇铸零件时，为了避免因各部分的冷却速度不同而产生裂纹和缩孔，铸件壁厚应保持大致相等或逐渐过渡，如图 9-21 所示。

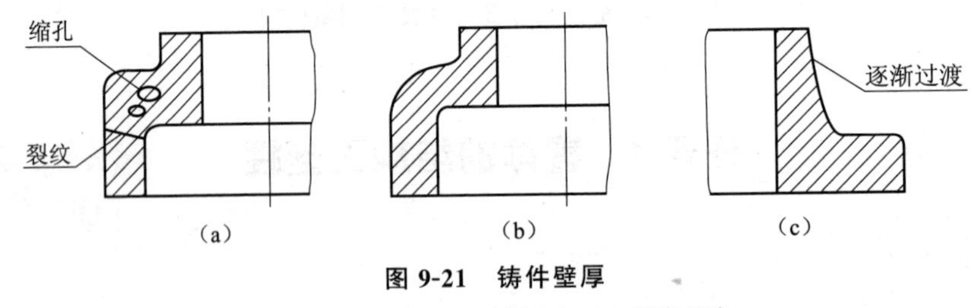

图 9-21　铸件壁厚

(a) 壁厚不均匀；(b) 壁厚均匀；(c) 逐渐过渡

二、加工面的工艺结构

1. 倒角和倒圆

为了去除零件的毛刺、锐边和便于装配，在轴和孔的端部，一般都加工成 45°或 30°、60°倒角，如图 9-22(a)和图 9-22(b)所示。为了避免因应力集中而产生裂纹，在轴肩处通常加工成圆角，称为倒圆，如图 9-22(c)所示。倒角和倒圆的尺寸系列可从相关标准中查得。

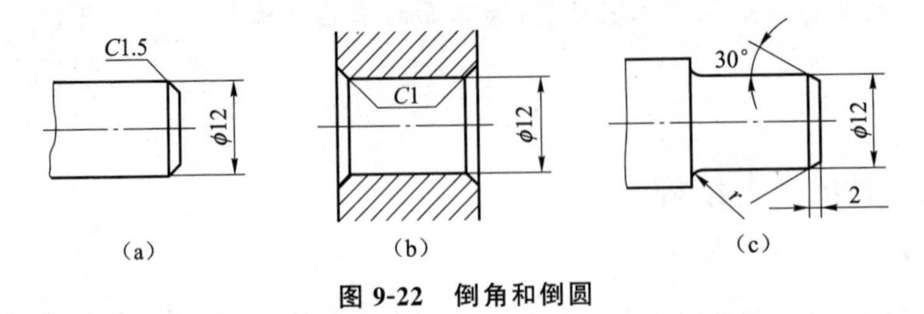

图 9-22　倒角和倒圆

2. 退刀槽和砂轮越程槽

在车削和磨削中，为了便于退出刀具或使砂轮可以稍稍越过加工面，通常在零件待加工表面的末端，先车出退刀槽和砂轮越程槽，如图 9-23 所示。退刀槽和砂轮越程槽的尺寸系列可从相关标准中查得。

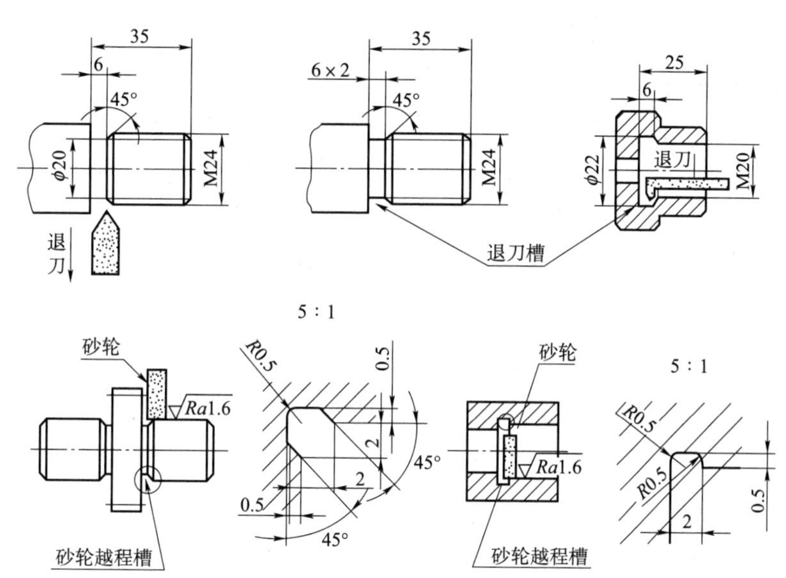

图 9-23 退刀槽和砂轮越程槽

3. 凸台和凹坑

为保证配合面接触良好,减少切削加工面积,通常在铸件上设计出凸台和凹坑,如图 9-24 所示。

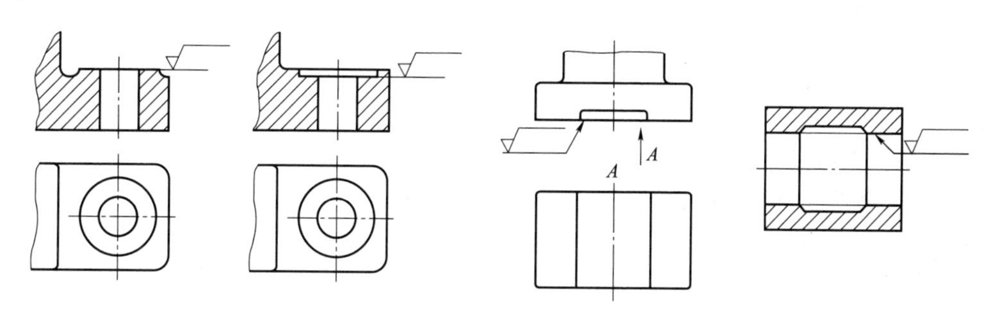

图 9-24 凸台和凹坑

4. 钻孔结构

钻孔时,钻头的轴线应尽量垂直于被加工的表面,否则会使钻头弯曲,甚至折断。对于零件上的倾斜面,可设置凸台或凹坑。钻头钻孔处的结构也要设置凸台使孔完整,避免钻头因单边受力而折断,如图 9-25 所示。

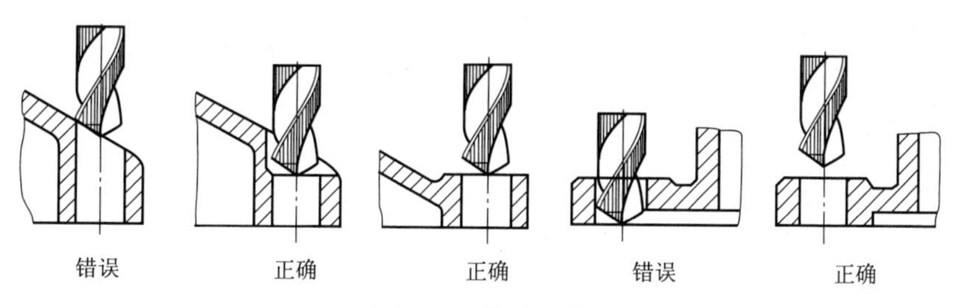

图 9-25 钻孔结构

任务5　零件图的技术要求

任务目的

通过本任务的学习，要求掌握公差与配合的基本知识，了解形位公差的意义及标注，掌握表面粗糙度的标注。

任务引入

现代化的机械工业要求机械零件具有互换性，这就必须合理地保证零件的表面粗糙度、尺寸精度以及形状和位置精度。为此，我国已经制定了相应的国家标准，在生产中必须严格执行和遵守。

本任务主要包括表面粗糙度；公差与配合；几何公差及其标注。

知识准备

一、表面粗糙度

1. 表面粗糙度的基本概念

零件在加工过程中，由于切削加工过程中的刀痕、切削分裂时的塑性变形、刀具与工件表面的摩擦及制造设备的高频振动等因素影响，零件表面不论加工得多么精细，在放大镜或显微镜下观察，总会看到高低不平的微小峰谷(如图 9-26 所示)。零件表面上所具有的这种较小间距和峰谷所组成的微观几何形状特征，称为表面粗糙度。

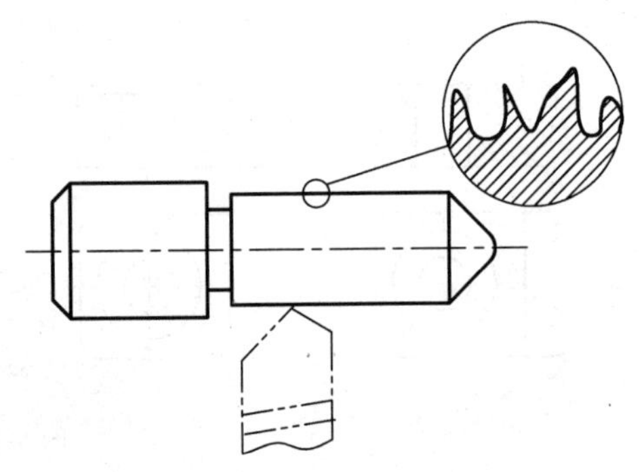

图 9-26　表面粗糙度的概念

表面粗糙度是衡量零件表面质量的标准之一，它对零件的配合性质、耐磨性、抗疲劳强度、抗腐蚀性能、密封性、表面涂层的质量、产品外观等都有较大的影响。因此，图样上要根据零件的功能要求，对零件的表面粗糙度做出相应规定。

2. 表面粗糙度的评定参数

国家标准 GB/T 3505—2009 和 GB/T 1031—2009 规定了评定表面粗糙度的两个参数：轮廓算术平均偏差(Ra)和轮廓最大高度(Rz)。

(1) 轮廓算术平均偏差 Ra。在取样长度 L 内，被测轮廓线上各点至基准线距离绝对值的算术平均值，如图 9-27 所示。

用公式表示为

$$Ra=\frac{1}{L}\int_{0}^{L}|Z(x)|\,\mathrm{d}x$$

或近似表示为

$$Ra = \frac{1}{n}\sum_{i=1}^{n} |Z_i|$$

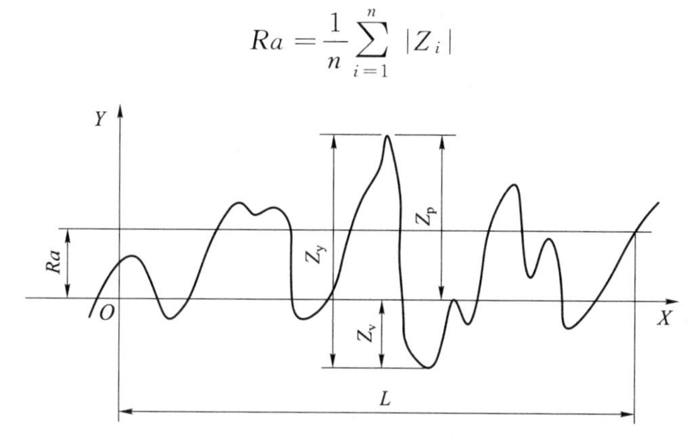

图 9-27 轮廓算术平均偏差 *Ra*

(2) 轮廓最大高度 Rz。在取样长度 L 内,最高轮廓峰顶线和最低轮廓谷底线之间的距离,如图 9-27 所示。

(3) 评定参数的选择。一般不需要同时选择 Ra、Rz 两个参数,只要选择一个或两个即可。具体选择时,要根据零件表面的性能要求和检测方便来确定。国家标准规定,Ra 的值有两个系列,选用时优先采用第一系列,其数值如表 9-1 所示。显然,数值大的表面粗糙,数值小的表面光滑。

表 9-1 粗糙度参数 *Ra* 的数值

第 1 系列	第 2 系列	第 1 系列	第 2 系列	第 1 系列	第 2 系列	第 1 系列	第 2 系列
	0.008						
	0.01						
0.012			0.125		1.25	12.5	
	0.016		0.16	1.6			16
	0.02	0.2			2		20
0.025			0.25		2.25	25	
	0.032		0.32	3.2			32
	0.04	0.4			4		40
0.05			0.5		5	50	
	0.063		0.63	6.3			63
	0.08	0.8			8		80
0.1			1		10	100	

3. 标注表面结构的图形符号

技术产品文件中对表面结构的要求可用几种不同的图形符号表示。每种符号都有特定的含义。

(1) 基本图形符号。未指定工艺方法的表面,当通过一个注释解释时可单独使用。如图 9-28(a)所示。

(2) 扩展图形符号。如图 9-28(b)所示是用去除材料的方法获得的表面。如图 9-28(c)所示是用不去除材料的方法获得的表面,也可用于保持上一道工序形成的表面。

(3) 完整图形符号。当要求标注表面结构特征的补充信息时,应在图 9-28 所示的图形符号的长边上加一条横线,如图 9-29 所示。

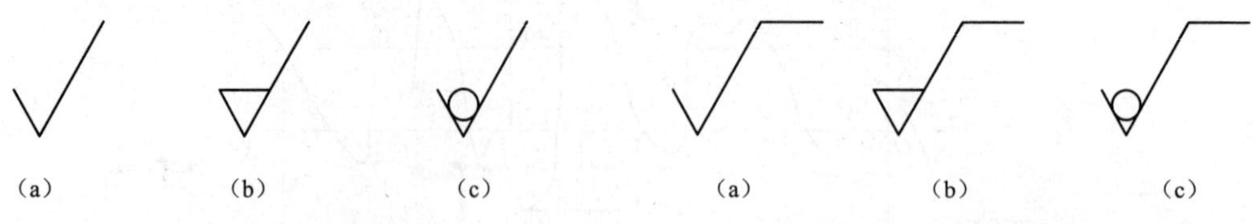

图 9-28 表面结构的图形符号

(a) 基本图形符号;(b) 去除材料扩展图形符号;
(c) 不去除材料扩展图形符号

图 9-29 完整图形符号

(a) 允许任何工艺(APA);(b) 去除材料(MRR);
(c) 不去除材料(NMR)

在报告和合同的文本中用文字表达图 9-29 中的符号时,用 APA 表示图 9-29(a),用 MRR 表示图 9-29(b),用 NMR 表示图 9-29(c),如图 9-29 所示。

当在图样某个视图上构成封闭轮廓的各表面有相同的表面结构要求时,应在完整图形符号上加一个圆圈,标注在图样中工件的封闭轮廓线上,如图 9-30 所示。如果标注会引起歧义,则各表面应分别标注。

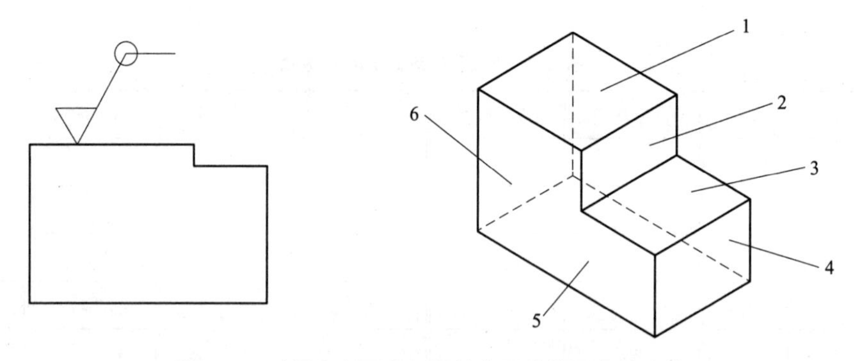

图 9-30 对周边各面有相同的表面结构要求的注法

4. 表面结构要求图形符号的注写位置

为了明确表面结构要求,除了标注表面结构参数和数值外,必要时,应标注补充要求,补充要求包括传输带、取样长度、加工工艺、表面纹理及方向、加工余量等。为了保证表面的功能特征,应对表面结构参数规定不同要求。

在完整符号中,对表面结构的单一要求和补充要求应注写在如图 9-31 所示的指定位置。

位置 a 注写表面结构的单一要求;

位置 a 和 b 注写两个或多个表面结构要求;

位置 c 注写加工方法;

位置 d 注写表面纹理和方向;

位置 e 注写加工余量。

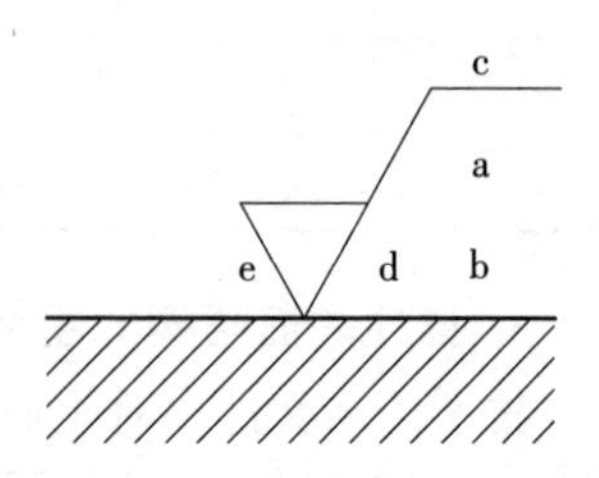

图 9-31 补充要求的注写位置

5. 图形符号的比例和尺寸

图形符号和附加标注的尺寸如图 9-32 所示。数字、字母和符号的尺寸如表 9-2 所示。

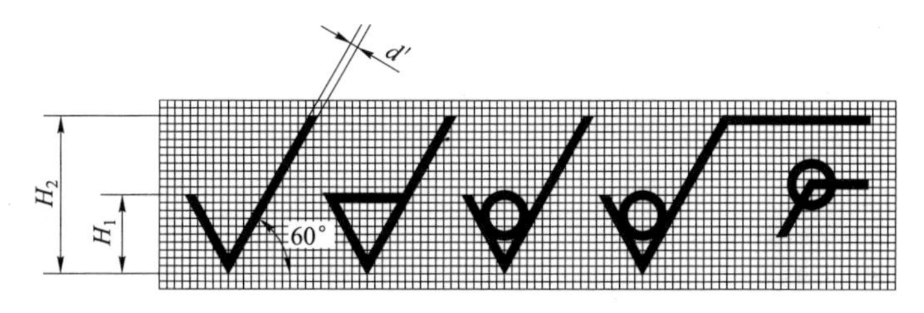

图 9-32 图形符号和附加标注的尺寸

表 9-2 数字、字母和符号的尺寸

数字和字母高度 h（见 GB/T 14690—1993）	2.5	3.5	5	7	10	14	20
符号线宽 d'	0.25	0.35	0.5	0.7	1	1.4	2
字母线宽 d							
高度 H_1	3.5	5	7	10	14	20	28
高度 H_2	7.5	10.5	15	21	30	42	60

6. 表面结构代号示例

表面结构符号中注写了具体参数代号及数值等要求后即为表面结构代号。表面结构代号示例如表 9-3 所示。

表 9-3 表面结构代号示例

序号	代号示例	说明
1	*Ra* 0.4	表示不允许去除材料，单向上限值，默认传输带，*Ra* 轮廓，粗糙度的算术平均偏差为 0.4 μm，评定长度为 5 个取样长度（默认），“16%规则”（默认）。“16%规则”是指运用本规则时，当被检测表面上测得的全部参数值中，超过极限值的个数不多于总个数的 16%时，该表面是合格的
2	*Ra* max0.2	表示去除材料，单向上限值，默认传输带，*Ra* 轮廓，粗糙度的算术平均偏差为 0.2 μm，评定长度为 5 个取样长度（默认），“最大规则”。“最大规则”是指运用本规则时，被检测的整个表面上测得的参数值都不应超过给定的极限值
3	0.008~0.8/*Ra* 3.2	表示去除材料，单向上限值，传输带 0.008～0.8 mm，*Ra* 轮廓，粗糙度的算术平均偏差为 3.2 μm，评定长度为 5 个取样长度（默认），“16%规则”（默认）
4	U *Ra* max3.2 L *Ra* 0.8	表示不允许去除材料，双向极限值，两个极限值均使用默认传输带，*Ra* 轮廓，上限值：粗糙度的算术平均偏差为 3.2 μm，评定长度为 5 个取样长度（默认），“最大规则”；下限值：粗糙度的算术平均偏差为 0.8 μm，评定长度为 5 个取样长度（默认），“16%规则”

7. 表面结构要求在图样和其他技术产品文件中的注法

(1) 表面结构要求对每个表面一般只标注一次，并尽可能标注在相应的尺寸及其公差的同一视图上,除非另有说明。所标注的表面结构要求是对完工零件表面的要求。

(2) 根据 GB/T 4458.4—2003 的规定,表面结构的注写和读取方向与尺寸的注写和读取方向一致,如图 9-33 所示。

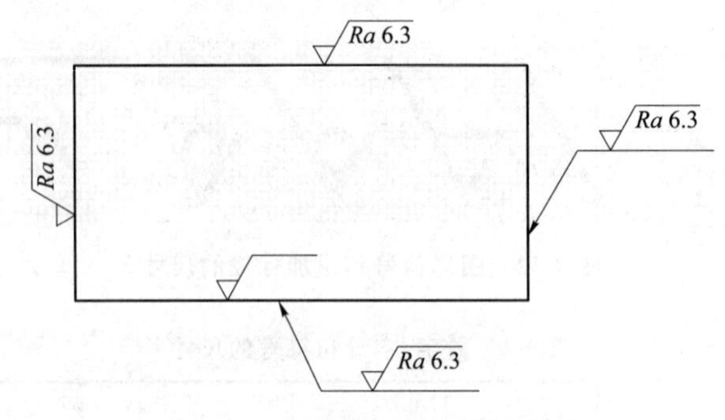

图 9-33 表面结构要求的注写方向

(3) 表面结构要求可标注在轮廓线上,其符号应从材料外指向接触表面。必要时,表面结构符号也可用带箭头或黑点的指引线引出标注,如图 9-34 所示。

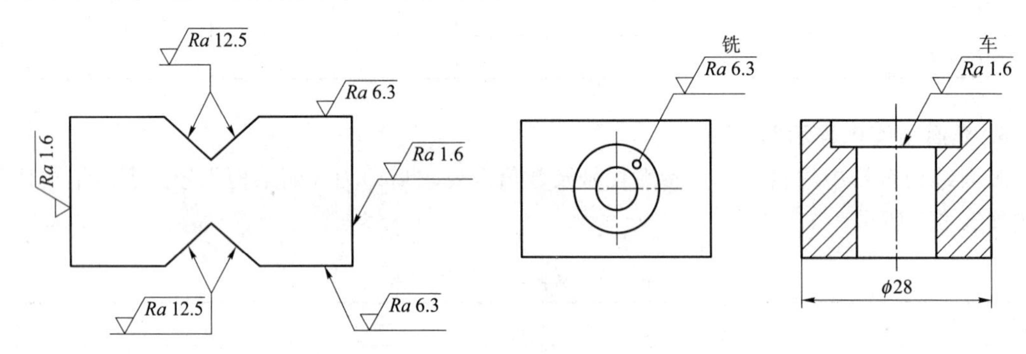

图 9-34 表面结构要求的标注

(4) 在不致引起误解时,表面结构要求可以标注在给定的尺寸线上,如图 9-35(a)所示。

(5) 表面结构要求可标注在形位公差框格的上方,如图 9-35(b)所示。

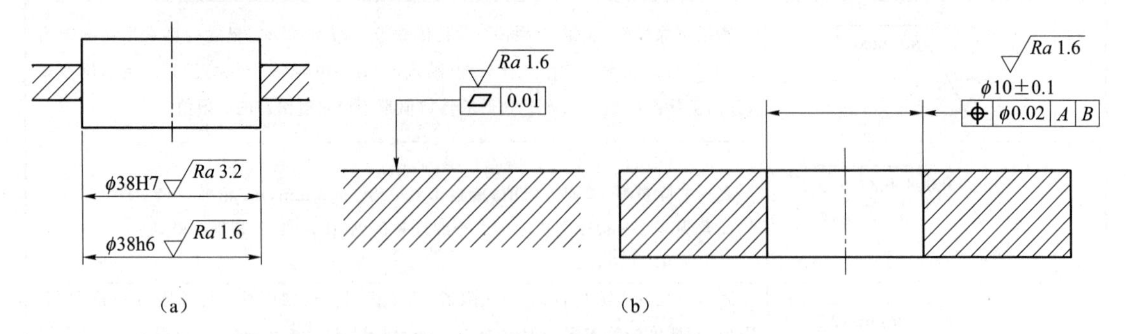

图 9-35 表面结构要求标注在尺寸线上以及在几何公差框格的上方

(6) 表面结构要求可以直接标注在延长线上,或用带箭头的指引线引出标注。

(7) 圆柱和棱柱表面的表面结构要求只标注一次。如果每个棱柱表面有不同的表面结构要求,则应分别单独标注,如图 9-36 所示。

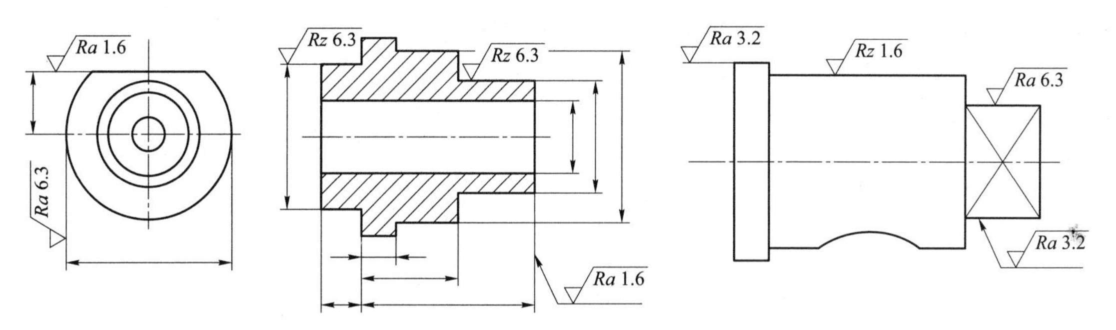

图 9-36 圆柱和棱柱表面的表面结构要求的标注

(8) 表面结构要求的简化注法。如果在工件的多数(包括全部)表面有相同的表面结构要求,则其表面结构要求可统一标注在图样的标题栏附近。此时(除全部表面有相同要求的情况外),表面结构要求的符号后面应有如下内容:

① 在圆括号内给出无任何其他标注的基本符号,如图 9-37(a)所示。

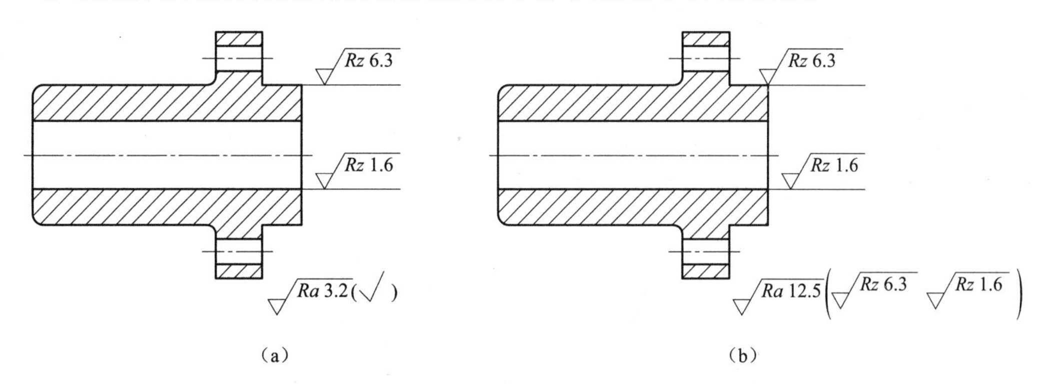

图 9-37 多数(包括全部)表面有相同的表面结构要求的简化注法

② 在圆括号内给出不同的表面结构要求,如图 9-37(b)所示。

③ 不同的表面结构要求应直接标注在图形中,如图 9-37 所示。

(9) 多个表面有共同要求的注法。可用带字母的完整符号,以等式的形式,在图形或标题栏附近,对有相同表面结构要求的表面进行简化注法,如图 9-38 所示。

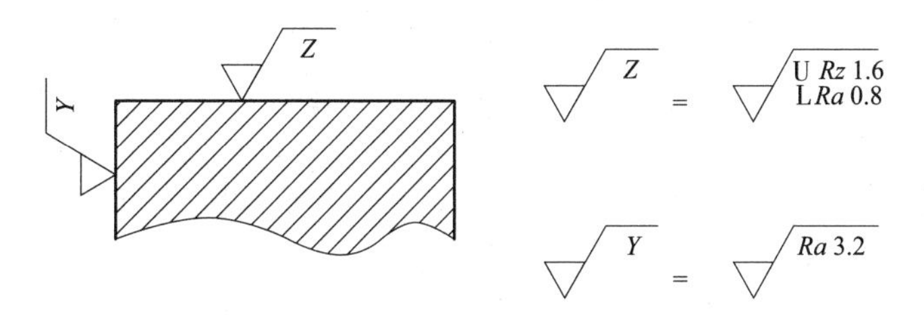

图 9-38 在图纸空间有限时的简化注法

① 只用表面结构符号的简化注法。可用如图 9-39 所示的表面结构符号,以等式的形式给出对多个表面共同的表面结构要求。

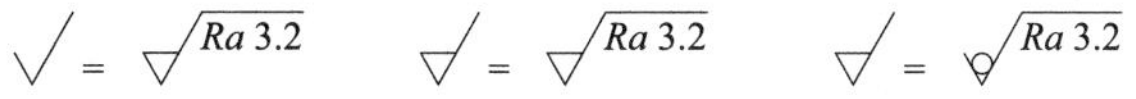

= Ra 3.2　　= Ra 3.2　　= Ra 3.2

图 9-39 多个表面结构要求的简化标注

② 两种或多种工艺获得的同一表面的注法。由几种不同的工艺方法获得的同一表面，当需要明确每种工艺方法的表面结构要求时，可按图 9-40 进行标注。

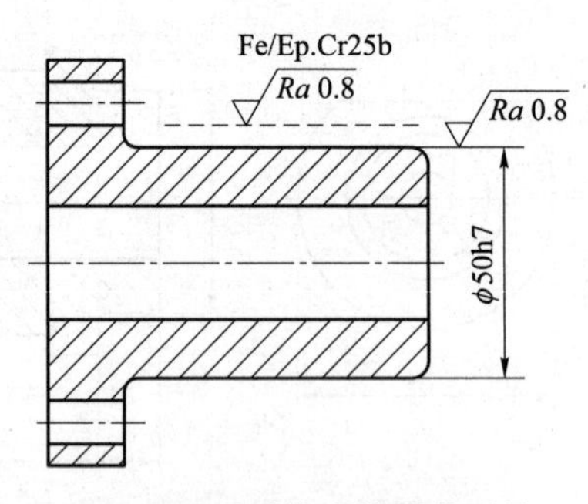

图 9-40　同时给出镀覆前后的表面结构要求的注法

二、公差与配合

(一) 互换性

在日常生活中，如果汽车的零件坏了，买个新的换上即可使用，这是因为这些零件具有互换性。所谓零件的互换性，就是从一批相同的零件中任取一件，不经修配就能装配使用，并能保证使用性能要求。零部件具有互换性，不但给装配、修理机器带来方便，还可用专用设备生产，提高产品数量和质量，同时降低产品的成本。要满足零件的互换性，就要求有配合关系的尺寸在一个允许的范围内变动，并且在制造上又是经济、合理的。公差配合制度是实现互换性的重要基础。

(二) 公差的基本术语和定义

在加工过程中，不可能把零件的尺寸做得绝对准确。为了保证互换性，必须将零件尺寸的加工误差限制在一定的范围内，规定出加工尺寸的可变动量，这种规定的实际尺寸允许的变动量称为公差。下面以图 9-41 为例来说明公差的有关术语。

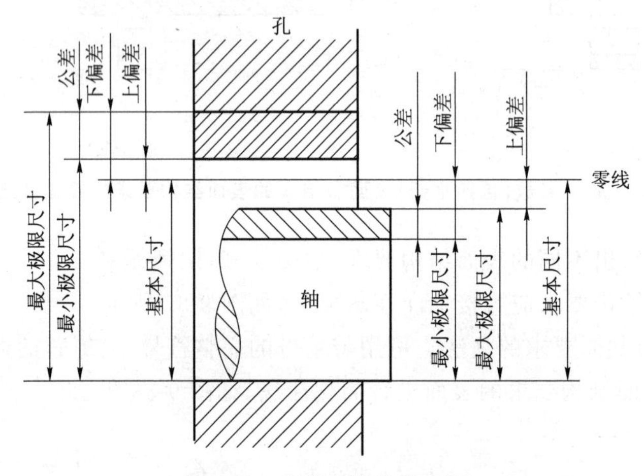

图 9-41　公差与配合示意图

(1) 基本尺寸。它指根据零件强度、结构和工艺性要求，设计确定的尺寸。

(2) 实际尺寸。它指通过测量所得到的尺寸。

(3) 极限尺寸。它指允许尺寸变化的两个界限值。它以基本尺寸为基数来确定。两个界限值中较大的一个称为最大极限尺寸；较小的一个称为最小极限尺寸。

(4) 尺寸偏差(简称偏差)。它指某一尺寸减其相应的基本尺寸所得的代数差。尺寸偏差有

上偏差＝最大极限尺寸－基本尺寸

下偏差＝最小极限尺寸－基本尺寸

上、下偏差统称极限偏差。上、下偏差可以是正值、负值或零。

国家标准规定：孔的上偏差代号为 ES，孔的下偏差代号为 EI；轴的上偏差代号为 es，轴的下偏差代号为 ei。

(5) 尺寸公差(简称公差)。它指允许实际尺寸的变动量。

尺寸公差＝最大极限尺寸－最小极限尺寸＝上偏差－下偏差

因为最大极限尺寸总是大于最小极限尺寸，所以尺寸公差一定为正值。

例如，某一孔的尺寸为 $\phi30\pm0.01$，那么

基本尺寸＝$\phi30$

最大极限尺寸＝$\phi30.010$

最小极限尺寸＝$\phi29.990$

$$\text{上偏差 } ES = \text{最大极限尺寸} - \text{基本尺寸} = 30.010 - 30 = +0.010$$

$$\text{下偏差 } EI = \text{最小极限尺寸} - \text{基本尺寸} = 29.990 - 30 = -0.010$$

$$\text{公差} = \text{最大极限尺寸} - \text{最小极限尺寸} = 30.010 - 29.990 = 0.020 = ES - EI = +0.010 - (-0.010) = 0.020$$

如果实际尺寸在 $\phi30.010$ 与 $\phi29.990$ 之间，即为合格。

(6) 零线、公差带和公差带图。如图 9-42 所示，零线是在公差带图中用以确定偏差的一条基准线，即零偏差线。通常零线表示基本尺寸。在零线左端标上“0”“＋”“－”号，零线上方偏差为正；零线下方偏差为负。公差带是由代表上、下偏差的两条直线所限定的一个区域。公差带的区域宽度和位置是构成公差带的两个要素。为了简便地说明上述术语及其相互关系，在实际应用中，一般以公差带图表示。公差带图是以放大图形式画出方框的，注出零线，方框宽度表示公差值大小，方框的左右长度可根据需要任意确定。为了区别轴和孔的公差带，一般用斜线表示孔的公差带；用加点表示轴的公差带。

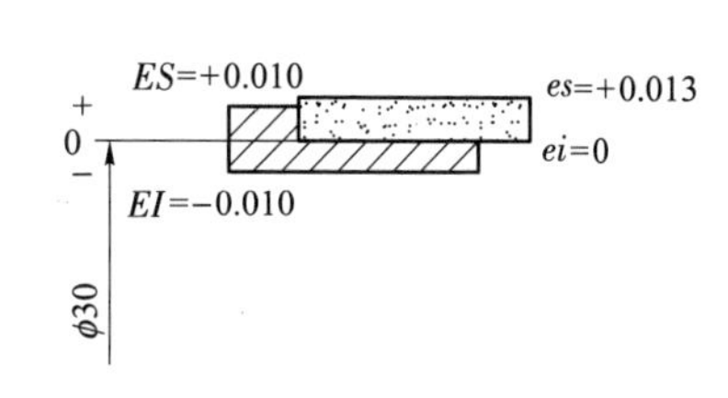

图 9-42 公差带图

(三) 标准公差、基本偏差和公差代号

1. 标准公差

标准公差是国家标准所列的以确定公差带大小的任一公差。标准公差等级是确定尺寸精确程度的等级。标准公差分 20 个等级，即 IT01、IT0、IT1～IT18，表示标准公差，阿拉伯数字表示标准公差等级，其中 IT01 级最高，等级依次降低，IT18 级最低。对于一定的基本尺寸，标准公差等级越高，标准公差值越小，尺寸的精确程度越高。国家标准将 500mm 以内的基本尺寸范围分成 13 段，按不同的标准公差等级列出了各段基本尺寸的标准公差值，如表 9-4 所示。

表 9-4　标准公差部分数值(摘自 GB/T 1800.1—2009)

基本尺寸/mm		标准公差等级																	
		IT1	IT2	IT3	IT4	IT5	IT6	IT7	IT8	IT9	IT10	IT11	IT12	IT13	IT14	IT15	IT16	IT17	IT18
大于	至	μm											mm						
—	3	0.8	1.2	2	3	4	6	10	14	25	40	60	0.1	0.14	0.25	0.4	0.6	1	1.4
3	6	1	1.5	2.5	4	5	8	12	18	30	48	75	0.12	0.18	0.3	0.48	0.75	1.2	1.8
6	10	1	1.5	2.5	4	6	9	15	22	36	58	90	0.15	0.22	0.36	0.58	0.9	1.5	2.2
10	18	1.2	2	3	5	8	11	18	27	43	70	110	0.18	0.27	0.43	0.7	1.1	1.8	2.7
18	30	1.5	2.5	4	6	9	13	21	33	52	84	130	0.21	0.33	0.52	0.84	1.3	2.1	3.3
30	50	1.5	2.5	4	7	11	16	25	39	62	100	160	0.25	0.39	0.62	1	1.6	2.5	3.9
50	80	2	3	5	8	13	19	30	46	74	120	190	0.3	0.46	0.74	1.2	1.9	3	4.6
80	120	2.5	4	6	10	15	22	35	54	87	140	220	0.35	0.54	0.87	1.4	2.2	3.5	5.4
120	180	3.5	5	8	12	18	25	40	63	100	160	250	0.4	0.63	1	1.6	2.5	4	6.3
180	250	4.5	7	10	14	20	29	46	72	115	185	290	0.46	0.72	1.15	1.85	2.9	4.6	7.2
250	315	6	8	12	16	23	32	52	81	130	210	320	0.52	0.81	1.3	2.1	3.2	5.2	8.1
315	400	7	9	13	18	25	36	57	89	140	230	360	0.57	0.89	1.4	2.3	3.6	5.7	8.9
400	500	8	10	15	20	27	40	63	97	155	250	400	0.63	0.97	1.55	2.5	4	6.3	9.7
500	630	9	11	16	22	32	44	70	110	175	280	440	0.7	1.1	1.75	2.8	4.4	7	11

2. 基本偏差

基本偏差用以确定公差带相对于零线位置的上偏差或下偏差，一般是指靠近零线的那个偏差，如图 9-43 所示，当公差带位于零线上方时，其基本偏差为下偏差；当公差带位于零线下方时，其基本偏差为上偏差。

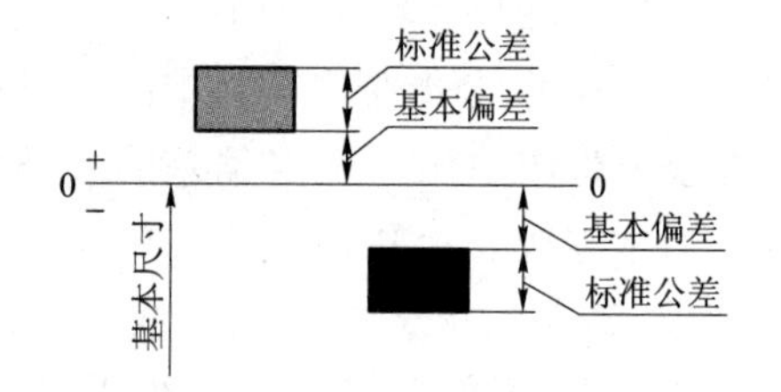

图 9-43　基本偏差示意图

国家标准对孔和轴分别规定了 28 种基本偏差，孔的基本偏差用大写的拉丁字母表示，轴的基本偏差用小写的拉丁字母表示，如图 9-44 所示。

从基本偏差系列示意图中可以看出，孔的基本偏差从 A～H 为下偏差，从 J～ZC 为上偏差；轴的基本偏差从 a～h 为上偏差，从 j～zc 为下偏差；JS 和 js 没有基本偏差，其上、下偏差关于零线对称，分别是＋IT/2、－IT/2。基本偏差系列示意图只表示公差带的位置，不表示公差带的大小，公差带开口的一端由标准公差确定。

当基本偏差和标准公差等级确定后，孔和轴的公差带大小和位置及配合类别也随之确定。基本偏差和标准公差的计算式如下：

$$ES=EI-IT \text{ 或 } EI=ES-IT,\quad ei=es-IT \text{ 或 } es=ei-IT$$

3. 公差带代号

孔和轴的公差带代号由基本偏差代号和表示公差等级的数字组成。

例如，ϕ50H8，H8 为孔的公差带代号，由孔的基本偏差代号 H 和公差等级代号 8 组成；ϕ50f7，f7 为轴的公差带代号，由轴的基本偏差代号 f 和公差等级代号 7 组成。

(四) 配合的基本概念和种类

在机器装配中，基本尺寸相同的、相互配合在一起的孔和轴公差带之间的关系称为配合。

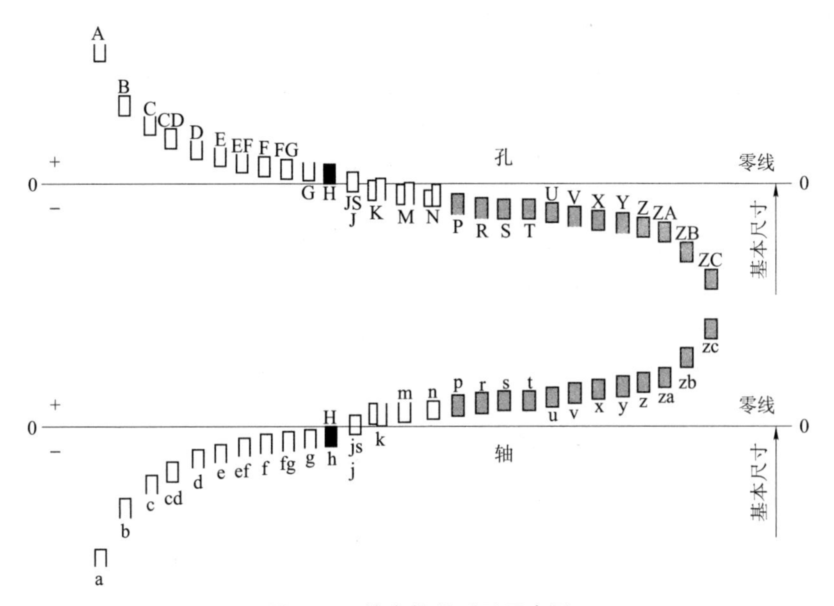

图 9-44 基本偏差系列示意图

由于孔和轴的实际尺寸不同,装配后可能产生“间隙”和“过盈”。在孔与轴的配合中,孔的尺寸减去轴的尺寸所得的代数差是正值时为间隙,是负值时为过盈。

配合按其出现的间隙和过盈不同,分为以下三类:

(1) 间隙配合。孔的公差带在轴的公差带之上,任取一对孔和轴相配合都产生间隙(包括最小间隙为零)的配合,称为间隙配合,如图 9-45(a)所示。

(2) 过盈配合。孔的公差带在轴的公差带之下,任取一对孔和轴相配合都产生过盈(包括最小过盈为零)的配合,称为过盈配合,如图 9-45(b)所示。

(3) 过渡配合。孔的公差带与轴的公差带相互重叠,任取一对孔和轴相配合,可能产生间隙,也可能产生过盈的配合,称为过渡配合,如图 9-45(c)所示。

(五) 配合制度

当基本尺寸确定后,如果孔和轴的极限偏差都任意变动,将不便于设计和加工。因此,国家标准规定了基准制,包括基孔制和基轴制两种配合制度。

(1) 基孔制。基孔制是指基本偏差为一定的孔的公差带与不同基本偏差的轴的公差带形成的各种配合的一种制度。基孔制配合的孔称为基准孔,其基本偏差代号为“H”,下偏差为零,即它的最小极限尺寸等于基本尺寸。如图 9-46 所示为采用基孔制配合所得到的各种配合。

在基孔制中,基准孔 H 与轴配合,a～h(共 11 种)用于间隙配合;j～n(共 5 种)主要用于过渡配合;p～zc(共 12 种)主要用于过盈配合。

(2) 基轴制。基轴制是指基本偏差为一定的轴的公差带与不同基本偏差的孔的公差带形成的各种配合的一种制度。基轴制配合的轴称为基准轴,其基本偏差代号为“h”,上偏差为零,即它的最大极限尺寸等于基本尺寸。如图 9-47 所示为采用基轴制配合所得到的各种配合。

在基轴制中,基准轴 h 与孔配合,A～H(共 11 种)用于间隙配合;J～N(共 5 种)主要用于过渡配合;P～ZC(共 12 种)主要用于过盈配合。

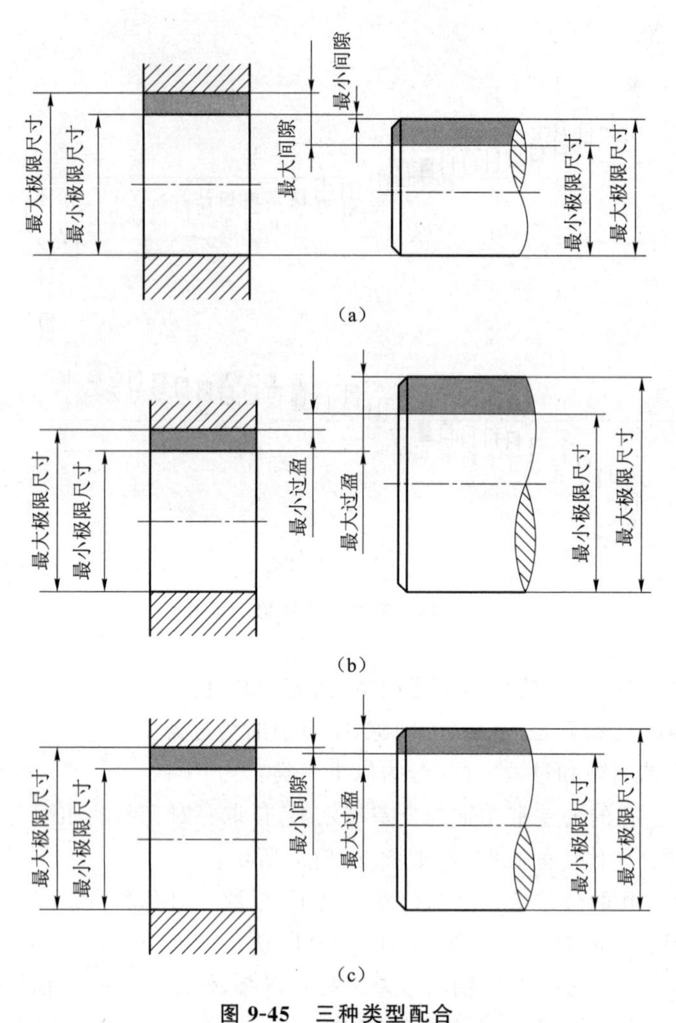

（a）

（b）

（c）

图 9-45　三种类型配合

（a）间隙配合；（b）过盈配合；（c）过渡配合

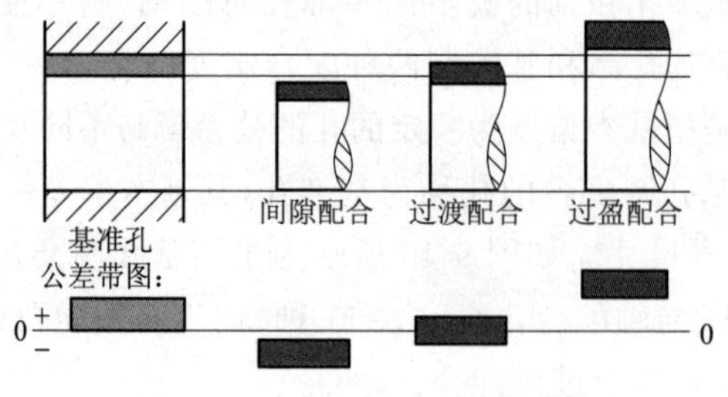

图 9-46　基孔制配合示意图

（六）极限与配合的选用

极限与配合的选用包括基准制、配合类别和公差等级三种内容。

（1）基准制。优先选用基孔制，可以减少定值刀具、量具的规格数量。只有在具有明显的经济效益和不适宜采用基孔制的场合，才采用基轴制。

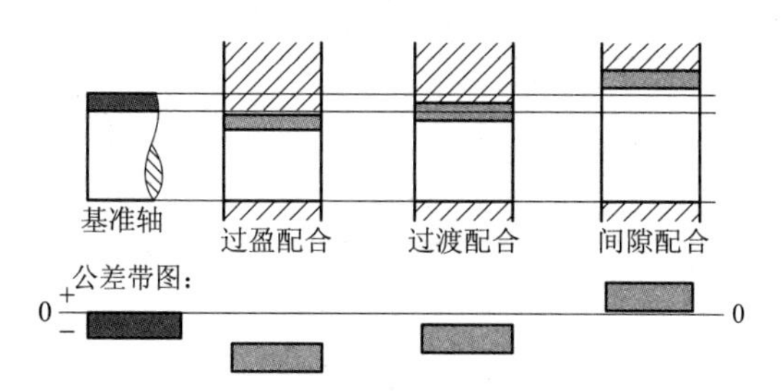

图 9-47 基轴制配合示意图

在零件与标准件配合时，应按标准件所用的基准制来确定。例如，滚动轴承内圈与轴的配合采用基孔制；滚动轴承外圈与轴承座的配合采用基轴制。

（2）配合类别。国家标准中规定了优先选用、常用和一般用途的孔、公差带，应根据配合特性和使用功能，尽量选用优先和常用配合，具体如表 9-5 和表 9-6 所示。

表 9-5 基孔制优先和常用配合

基准孔	轴																				
	a	b	c	d	e	f	g	h	js	k	m	n	p	r	s	t	u	v	x	y	z
	间隙配合								过渡配合			过盈配合									
H6						H6/f5	H6/g5	H6/h5	H6/js5	H6/k5	H6/m5	H6/n5	H6/p5	H6/r5	H6/s5	H6/t5					
H7						H7/f6	◤H7/g6	◤H7/h6	H7/js6	◤H7/k6	H7/m6	◤H7/n6	◤H7/p6	H7/r6	◤H7/s6	H7/t6	◤H7/u6	H7/v6	H7/x6	H7/y6	H7/z6
H8					H8/e7	◤H8/f7	H8/g7	◤H8/h7	H8/js7	H8/k7	H8/m7	H8/n7	H8/p7	H8/r7	H8/s7	H8/t7	H8/u7				
				H8/d8	H8/e8	H8/f8		H8/h8													
H9			H9/c9	◤H9/d9	H9/e9	H9/f9		◤H9/h9													
H10			H10/c10	H10/d10				H10/h10													
H11	H11/a11	H11/b11	◤H11/c11	H11/d11				◤H11/h11													
H12		H12/b12						H12/h12													

注：1. $\frac{H6}{n5}$、$\frac{H7}{p6}$在基本尺寸≤3 mm 和$\frac{H8}{r7}$在基本尺寸≤100 mm 时，为过渡配合。

2. 标注◤符号者为优先配合。

表 9-6 基轴制优先和常用配合

基准轴	孔																				
	A	B	C	D	E	F	G	H	Js	K	M	N	P	R	S	T	U	V	X	Y	Z
	间隙配合								过渡配合			过盈配合									
h5						F6/h5	C6/h5	H6/h5	Js6/h5	K6/h5	M6/h5	N6/h5	P6/h5	R6/h5	S6/h5	T6/h5					
h6						F7/h6	◤G7/h6	◤H7/h6	Js7/h6	◤K7/h6	M7/h6	◤N7/h6	◤P7/h6	R7/h6	◤S7/h6	T7/h6	◤U7/h6				
h7					E8/h7	◤F8/h7		◤H8/h7	Js8/h7	K7/h7	M7/h7	N7/h7									
h8				D8/h8	E8/h8	F8/h8		H8/h8													
h9				◤D9/h9	E9/h9	F9/h9		◤H9/h9													
h10				D10/h10				H10/h10													
h11	A11/h11	B11/h11	◤C11/h11	D11/h11				◤H11/h11													
h12		B12/h12						H12/h12													

注：标注◤符号者为优先配合。

当零件之间具有相对转动或移动时，必须选择间隙配合；当零件之间无键、销等紧固件，只依靠结合面之间的过盈实现传动时，必须选择过盈配合；当零件之间不要求有相对运动，同轴度要求较高，且不是依靠该配合传递动力时，通常选用过渡配合。

(3) 公差等级。公差等级，即标准公差等级，是确定尺寸精确程度的等级。标准公差分 20 个等级，即 IT01、IT0、IT1～IT18。其中 IT01 级最高，等级依次降低，IT18 级最低。对于一定的基本尺寸，标准公差等级越高，标准公差值越小，尺寸的精确程度越高。

(七) 公差与配合的标注

1. 公差在零件图中的标注

在零件图中的标注公差带代号有三种形式，如图 9-48 所示。

(1) 标注公差带代号，如图 9-48(a)所示。这种标注法适用于大量生产的零件，采用专用量具检验零件。

(2) 标注极限偏差，如图 9-48(b)所示。这种标注法适用于单件、小批量生产的零件。上偏标差注在基本尺寸的右上方，下偏差标注在基本尺寸的右下方。极限偏差数字比基本尺寸数字小一号，小数点前的整数对齐，后面的小数位数应相同。

(3) 公差带代号与极限偏差一起标注，如图 9-48(c)所示。这种标注法适用于产品转产频繁的生产中。

2. 在装配图中的标注

在装配图中标注配合代号，配合代号用分数形式表示，分子为孔的公差带代号，分母为轴

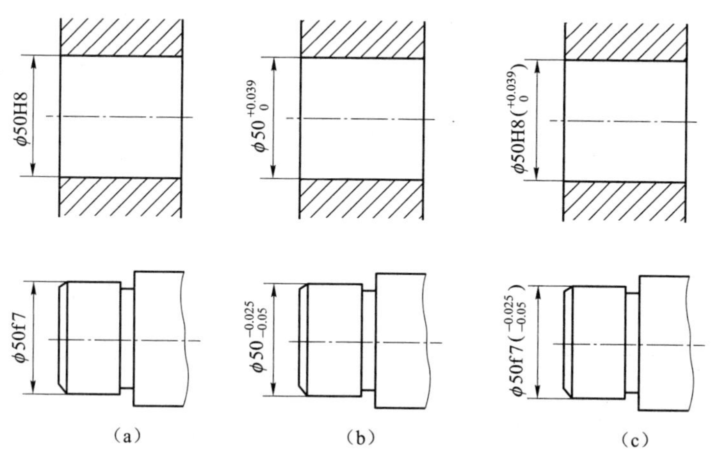

图 9-48 零件图中的公差标注

的公差带代号。装配图中标注配合代号有三种形式，如图 9-49 所示。

(1) 标注孔和轴的配合代号，如图 9-49(a)所示。这种标注法应用最多。

(2) 当需要标注孔和轴的极限偏差时，将孔的基本尺寸和极限偏差标注在尺寸线上方，将轴的基本尺寸和极限偏差标注在尺寸线下方，如图 9-49(b)和图 9-49(c)所示。

(3) 当零件与标准件或外购件配合时，在装配图中可以只标注该零件的公差带代号，如图 9-49(d) 所示。

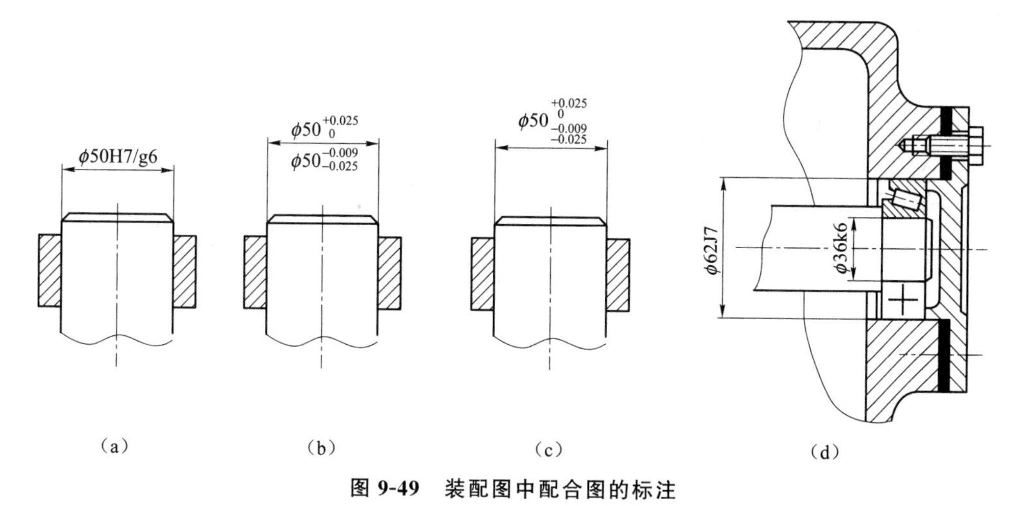

图 9-49 装配图中配合图的标注

三、几何公差及其标注

在机械加工中某些精度要求较高的零件，除了要保证其尺寸公差外，还要保证其形状、方向、位置和跳动公差。几何公差是指零件的实际形状、方向、位置和跳动对理想形状、方向、位置和跳动的允许变动量，它是评定产品质量的又一项重要指标，直接影响到机器、仪表、量具和工艺装备的精度、性能、强度和使用寿命等。如图 9-50(a)所示，为保证滚柱的工作质量，除了注出直径的尺寸公差 $\phi 12^{-0.006}_{-0.017}$外，还注出了滚柱轴线的形状公差 [— | φ0.006] 。此代号表示滚柱实际轴线与理想轴线之间的变动量——直线度，其实际轴线必须在 φ0.006 mm 的圆柱面

内。如图 9-50(b)所示，箱体上的两个孔是安装齿轮轴的。如果两个孔轴线歪斜太大，就会影响齿轮的啮合传动。为了保证正确啮合，应使两孔的轴线保证一定的垂直位置——垂直度。图中，[⊥ | 0.05]→说明一个孔的轴线必须位于距离为 0.05 mm 且垂直于另一个孔的轴线的两个平行平面之间。

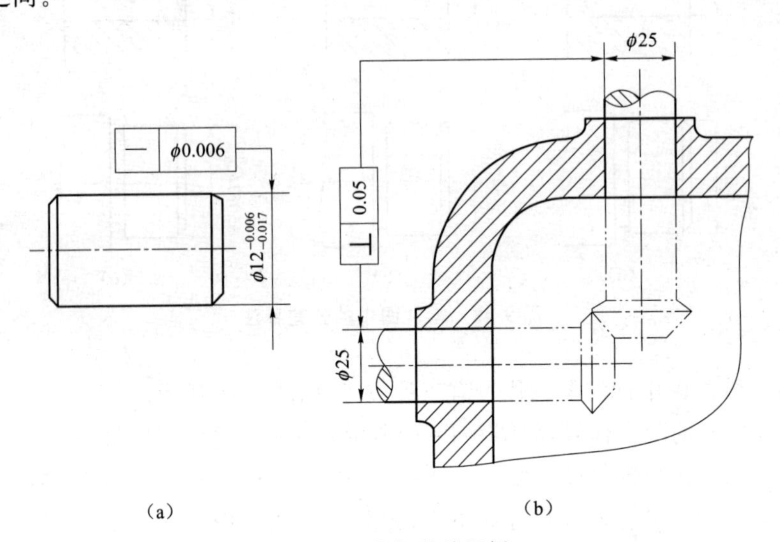

图 9-50 几何公差示例

(a) 形状公差示例；(b) 位置公差示例

(1) 几何公差代号。几何公差代号包括几何公差各项的符号(如表 9-7 所示)、几何公差框格及指引线、几何公差数值、其他有关符号及基准代号等。它们的画法如图 9-51 所示，框格内的字体与图样中的尺寸数字同高。

表 9-7 几何特征符号

公差类型	几何特征	符　号	有无基准
形状公差	直线度	—	无
	平面度	⏥	无
	圆度	○	无
	圆柱度	⌭	无
	线轮廓度	⌒	无
	面轮廓度	⌓	无
方向公差	平行度	//	有
	垂直度	⊥	有
	倾斜度	∠	有
	线轮廓度	⌒	有
	面轮廓度	⌓	有

续表

公差类型	几何特征	符　号	有无基准
位置公差	位置度	⌖	有或无
	同心度 （用于中心点）	◎	有
	同轴度 （用于轴线）	◎	有
	对称度	⌯	有
	线轮廓度	⌒	有
	面轮廓度	⌓	有
跳动公差	圆跳动	↗	有
	全跳动	⌰	有

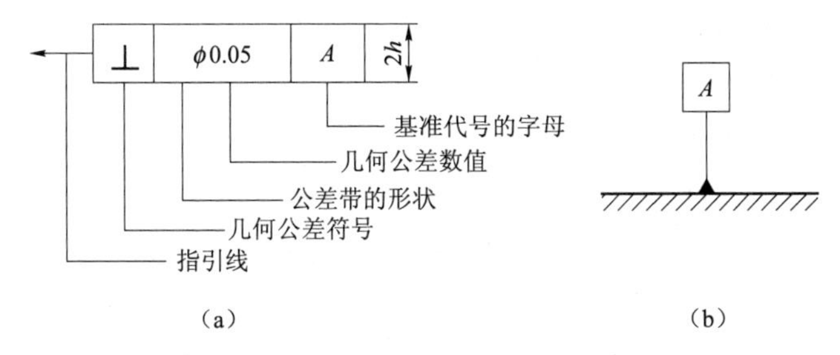

图 9-51　几何公差代号及基准代号的画法

（a）几何公差代号的画法；（b）基准代号的画法

（2）几何公差标注示例。如图 9-52 所示为气门阀杆。从图中可以看到，当被测要素是线或表面时，从框格引出的指引线箭头应指在该要素的轮廓或其延长线上；当被测要素是轴线时，应将箭头与该要素的尺寸线对齐，如 M8×1 轴线的同轴度注法。当基准要素是轴线时，应加上基准符号与该要素的尺寸线对齐，如图中的基准 A。

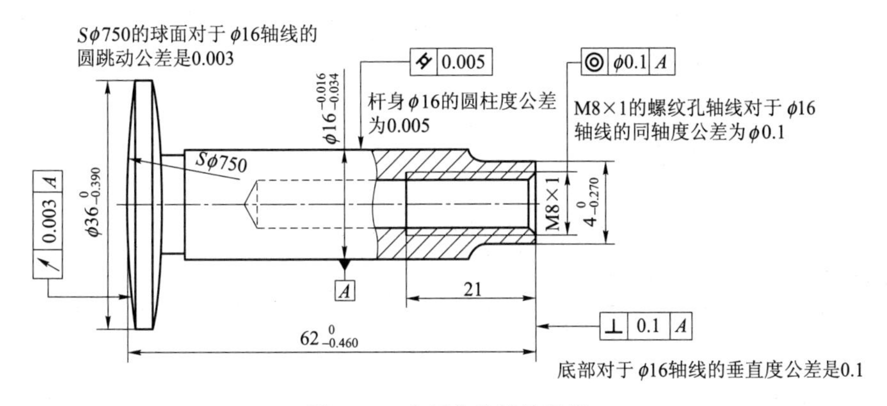

图 9-52　几何公差标注示例

任务6 零件图的读图

任务目的

通过本任务的学习，要求掌握零件图的读图方法和步骤，会对某个零件图进行分析，得出零件的基本信息。

任务引入

前面已经学习了多种零件的视图表达方法，但在生产实践中广泛使用的仍然是零件图如何读懂零件图成了从事相关工作最基本的技能，这也是本任务的学习目标。

本任务主要包括读零件图的方法和步骤；读图示例。

知识准备

零件图上的技术要求，除介绍过的表面粗糙度、尺寸公差、形位公差外，还有对零件的材料、热处理及表面处理等的要求。

在设计、制造机器的实际工作中，看零件图是一项非常重要的工作。例如，设计零件要参考同类型的零件图；研究分析零件的结构特点，使所设计的零件结构更先进、合理，要看零件图；对设计的零件图进行校对、审批，要看零件图；生产制造零件时，为制定适当的加工方法和检测手段，以确保零件的加工质量，更要看零件图；进行技术改造，研究改进设计，也要看零件图；等等。看零件图的目的要求如下：

(1)了解零件的名称、用途、材料等。

(2)了解组成零件各部分结构的形状、特点和功用，以及它们之间的相对位置。

(3)了解零件的大小、制造方法和所提出的技术要求。

一、读零件图的方法和步骤

1. 首先看标题栏，粗略了解零件

看标题栏，了解零件的名称、材料、数量、比例等，从而大体了解零件的功用。对不熟悉的、比较复杂的零件图，通常还需参考有关的技术资料，如该零件所在部件的装配图、与该零件相关的零件图以及技术说明书等，以便从中了解该零件在机器或部件中的功用、结构特点和工艺要求，为看零件图创造条件。

2. 分析研究视图，明确表达目的

看视图，首先应找到主视图，根据投影关系识别其他视图的名称和投影方向，了解各视图相互之间的关系，从而弄清各视图的表达目的。

3. 深入分析视图，想象结构形状

在分清视图、明确表达目的的基础上，应进一步对零件进行分析：分部位对投影，形体分析看大概，线面分析攻细节，结构分析明作用，相关视图同分析，综合起来想整体。

4. 分析所有尺寸，弄清尺寸要求

零件图上的尺寸是制造、检验零件的重要依据。分析尺寸的主要目的如下：

(1) 根据零件的结构特点、设计和制造工艺要求，找出尺寸基准，分清设计基准和工艺基准，明确尺寸种类和标注形式。

(2) 分析影响性能的主要尺寸标注是否合理，标准结构要素的尺寸标注是否符合要求，其余尺寸是否满足工艺要求。

(3) 校核尺寸标注是否完整等。

5. 分析技术要求，综合看懂全图

零件图的技术要求是制造零件的质量指标。看图时，应根据零件在机器中的作用，分析零件的技术要求是否能在低成本的前提下保证产品质量。主要分析零件的表面粗糙度、尺寸公差和形位公差要求，先弄清配合面或主要加工面的加工精度要求，了解其代号含义；再分析其余加工面和非加工面的相应要求，了解零件加工工艺特点和功能要求；然后了解分析零件的材料热处理、表面处理或修饰、检验等其他技术要求，以便根据现有加工条件，确定合理的加工工艺方法，保证这些技术要求的实现。

二、读图示例

现以如图 9-53 所示的柱塞泵泵体零件图为例，说明读零件图的方法和步骤。

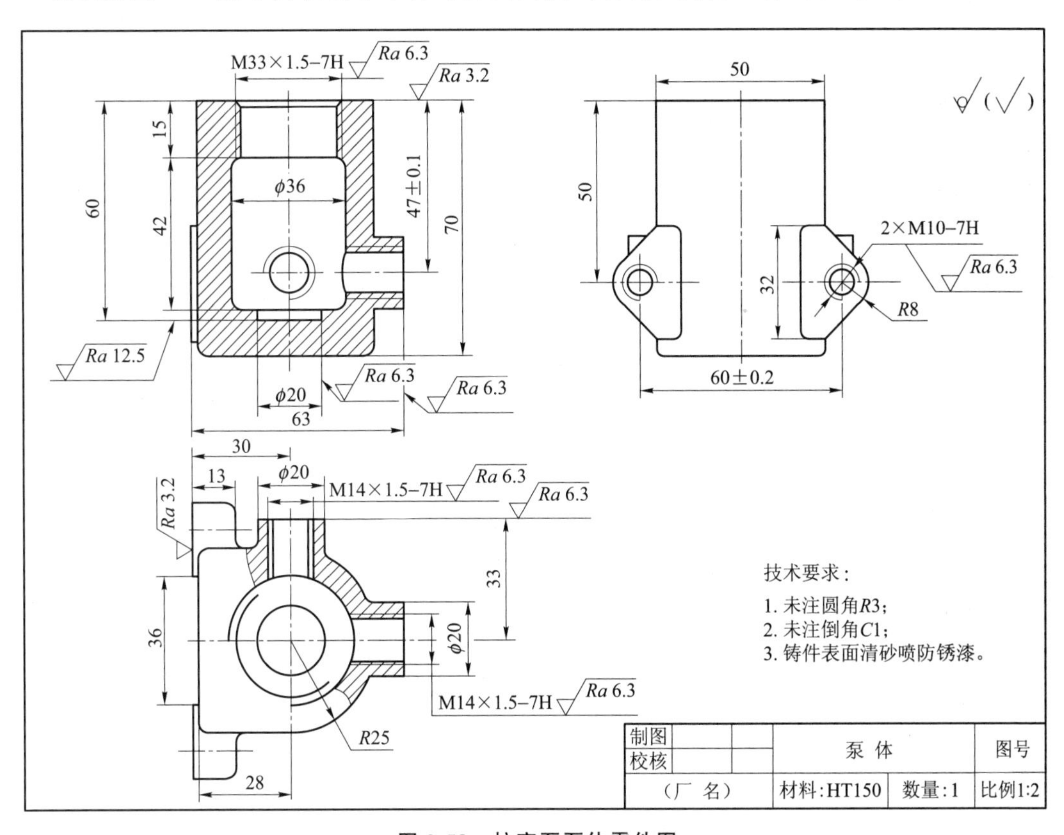

图 9-53 柱塞泵泵体零件图

1. 看标题栏，了解零件的名称、材料、比例等内容

粗略了解零件的用途、大致的加工方法和零件的结构特点。从图 9-53 可知，零件的名称为泵体，属于箱体类零件。它必有容纳其他零件的空腔结构。材料是铸铁，零件毛坯是铸造而成的,结构较复杂,加工工序较多。

2. 分析视图

弄清各视图之间的投影关系及所采用的表达方法。图中为三个基本视图:主视图为全剖,俯视图采用了局部剖,左视图为外形图。

3. 分析投影,想象零件的结构形状

读图的基本方法是分形体看,先看主要部分,后看次要部分;先看整体,后看细节;先看易懂的部分,后看难懂的部分。同时,还可根据尺寸及功用判断、想象形体。分析图 9-53 中的各投影可知,泵体零件由泵体和两块安装板组成。

(1) 泵体部分。其外形为柱状,内腔为圆柱形,用来容纳柱塞泵的柱塞等零件。后面和右边各有一个凸起,分别有进、出油孔与泵体内腔相通。从所标注的尺寸可知,两个凸起都是圆柱形。

(2) 安装板部分。从左视图和俯视图可知,在泵体左边有两块三角形安装板,上面有安装用的螺钉孔。通过以上分析,可以想象出泵体的整体形状,如图 9-54 所示。

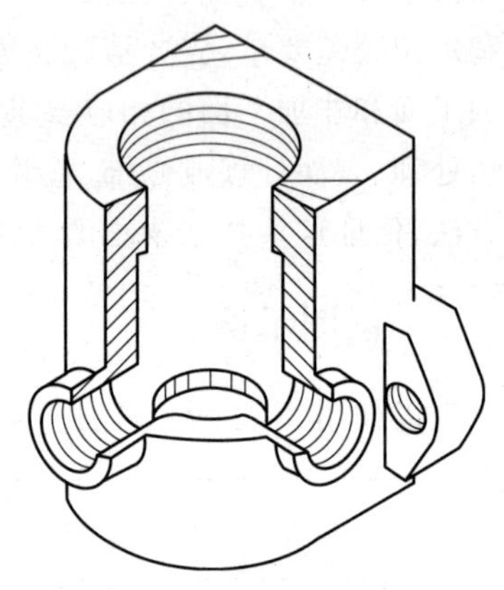
图 9-54　柱塞泵泵体轴测图

4. 分析尺寸和技术要求

分析零件的尺寸时,除了找到长、宽、高三个方向的尺寸基准外,还应按形体分析法,找到定形、定位尺寸,进一步了解零件的形状特征,特别要注意精度高的尺寸,并了解其要求及作用。在图 9-53 中,从俯视图的尺寸 13、30 可知,长度方向的基准是安装板的左端面;从主视图的尺寸 70、47±0.1 可知,高度方向的基准是泵体上顶面;从俯视图尺寸 33 和左视图的尺寸 60±0.2 可知,宽度方向的基准是泵体前后对称面。进出油孔的中心高 47±0.1 和安装板两螺孔的中心距 60±0.2,要求比较高,加工时必须保证。

分析表面粗糙度时,要注意它与尺寸精度的关系,还应了解零件制造、加工时的某些特殊要求。两螺孔端面及顶面等处表面为零件结合面。为防止漏油,表面粗糙度要求较高。

任务 7　零件的测绘

任务目的

通过本任务的学习,要求理解零件测绘方法和步骤,会对某个零件图进行分析,绘出简单零件的零件图。

任务引入

作零件图是设计师表达设计思想、交流设计最基本的方法之一,准确绘制零件图是一项非常重要的动手技能。本任务主要简单介绍零件图的绘图方法和步骤。

本任务主要包括零件测绘方法和步骤;零件尺寸的测量方法;零件测绘时的注意事项。

知识准备

根据实际零件绘制草图、测量并标注尺寸，给出必要的技术的绘图过程，称为零件测绘。测绘零件的工作常在现场进行。由于条件限制，一般是先画零件草图，即以目测比例，徒手绘制零件图，然后根据草图和有关资料，用仪器或计算机绘制出零件工作图。

一、零件测绘方法和步骤

1. 分析零件

了解零件的名称、类型、材料及在机器中的作用，分析零件的结构、形状和加工方法。

2. 拟订表达方案

根据零件的结构特点，按其加工位置或工作位置，确定主视图的投射方向，再按零件结构形状的复杂程度，选择其他视图的表达方案。

3. 绘制零件草图

下面以球阀阀盖为例，说明绘制零件草图的步骤。阀盖属于盘盖类零件，用两个视图即可表达清楚。画图步骤如图9-55所示。

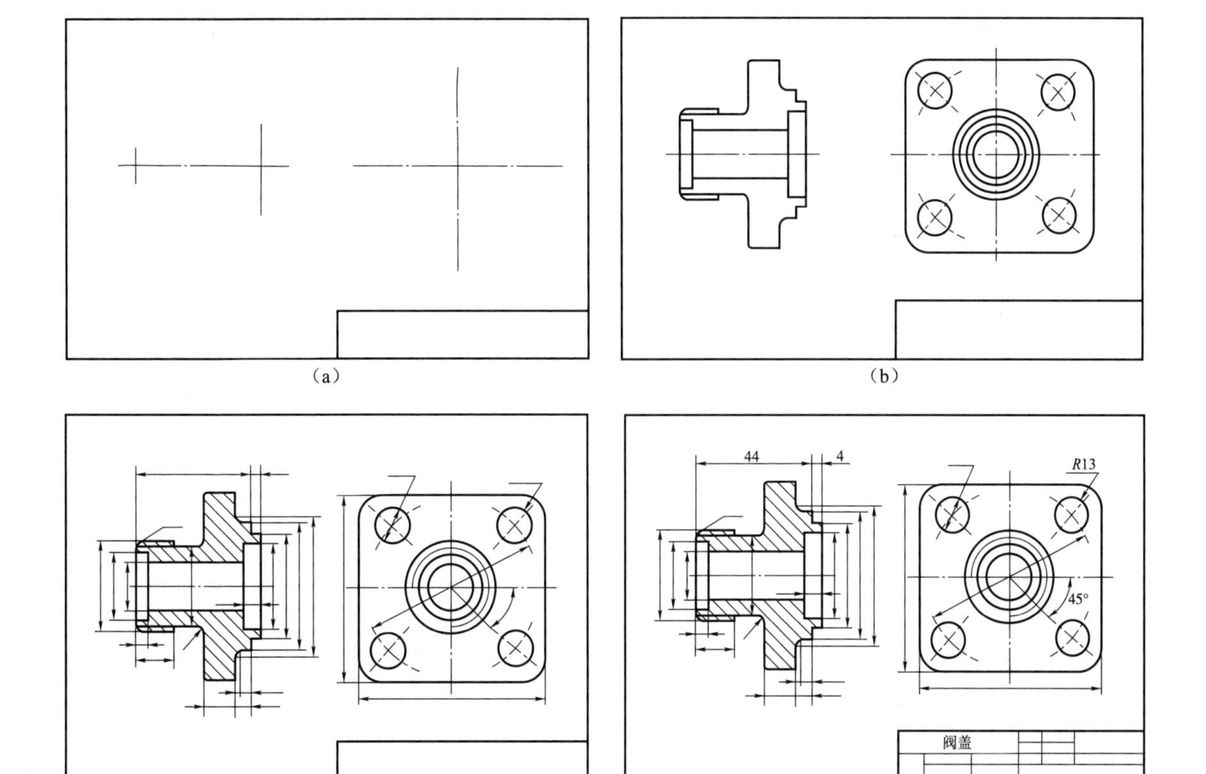

图9-55 零件图绘制的方法和步骤

(1) 布局定位。在图纸上画出主、左视图的对称中心线和作图基准线，如图9-55(a)所示。布置视图时，要考虑到各视图之间留出标注尺寸的位置。

(2) 以目测比例画出零件的内、外结构形状，如图 9-55(b)所示。

(3) 选定尺寸基准，按正确、完整、合理的要求画出所有尺寸界线、尺寸线和箭头。经仔细核对后，按规定线型将图线描深，如图 9-55(c)所示。

(4) 测量零件上的各个尺寸，在尺寸线上逐个填上相应的尺寸数值，如图 9-55(d)所示。

(5) 注写技术要求和标题栏，如图 9-55(d)所示。

二、零件尺寸的测量方法

测绘尺寸是零件测绘过程中必要的步骤，零件上全部尺寸的测量应集中进行，这样可以提高工作效率，避免遗漏。切勿边画尺寸线，边测量，边标注尺寸。

测量尺寸时，要根据零件尺寸的精确程度选用相应的量具。常用金属直尺、内外卡钳测量不加工和无配合的尺寸；用游标卡尺、千分尺等测量精度要求高的尺寸；用螺纹规测量螺距；用圆角规测量圆角；用曲线尺等测量曲面、曲线。如图 9-56 和图 9-57 所示分别为测量壁厚和曲线、曲面的方法。

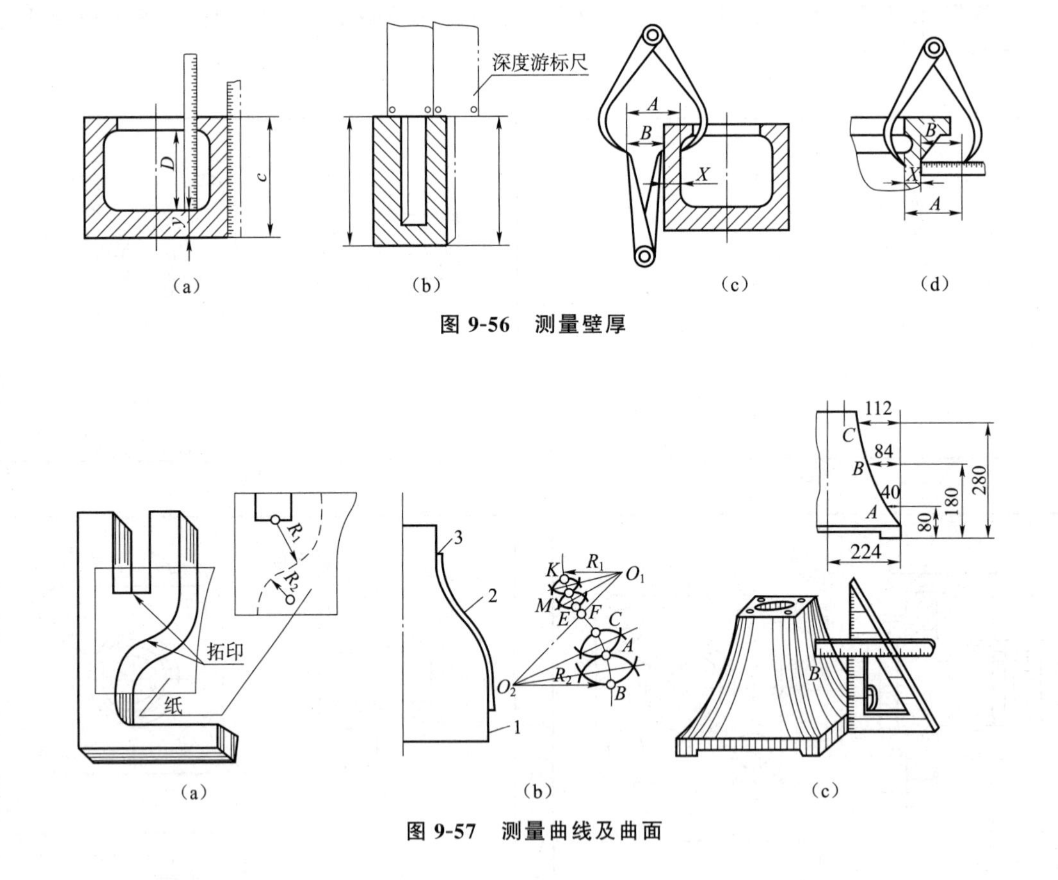

图 9-56　测量壁厚

图 9-57　测量曲线及曲面

三、零件测绘时的注意事项

(1) 零件的制造缺陷，如砂眼、气孔、刀痕等，以及长期使用所产生的磨损，均不应画出。

(2) 零件上因制造、装配所要求的工艺结构，如铸造圆角、倒圆、倒角、退刀槽等结构，必须查阅有关标准后画出。

(3) 有配合关系的尺寸一般只需要测出基本尺寸。配合性质和公差数值应在结构分析的基础上,查阅有关手册确定。

(4) 对螺纹、键槽、齿轮的轮齿等标准结构的尺寸,应将测得的数值与有关标准核对,使尺寸符合标准系列。

(5) 零件的表面粗糙度、极限与配合、技术要求等,可根据零件的作用参考同类产品的图样或有关资料确定。

(6) 根据设计要求,参照有关资料确定零件的材料。

项目小结

本项目主要介绍了零件图的作用与内容、视图表达、尺寸标注、技术要求、工艺结构及读画零件图的方法和步骤。重点围绕如何看懂零件图,系统地说明了零件图的大部分内容,也是对前面知识的综合应用。

项目10 装 配 图

学习目标

1. 了解装配图的作用与内容；
2. 理解装配体零部件图的编号和明细栏的绘制；
3. 理解装配图的绘制过程；
4. 学会读懂装配体的装配图。

任务1 装配图的作用和内容

任务目的

通过本任务的学习，要求理解装配图的作用和内容，了解装配图的基本信息，对装配图有初步认识。

任务引入

在机械设计和机械制造的过程中，装配图是不可缺少的重要技术文件。它是表达机器或部件的工作原理及零件、部件间的装配、连接关系的技术图样。那么如何绘制和阅读装配图呢？

本任务主要包括装配图的作用；装配图的内容。

知识准备

一、装配图的作用

装配图在生产中有着重要的作用。在机械设计中，一般要先画出装配图，再根据装配图设计拆画零件图。同时，装配图又可以为安装、调试、操作和检修机器提供所需的尺寸和技术要求。因此，装配图是表达设计思想、指导生产和进行技术交流的重要技术文件。

二、装配图的内容

如图10-1所示为齿轮油泵的装配图。从图中可以看出，一张完整的装配图应具有以下4方面的内容：

(一) 一组视图

用一组视图表达机器或部件的工作原理、零件间的装配关系和连接方式，以及主要零件的结构形状。如图10-1所示，齿轮油泵的装配图是由局部剖视图和向视图组成的。

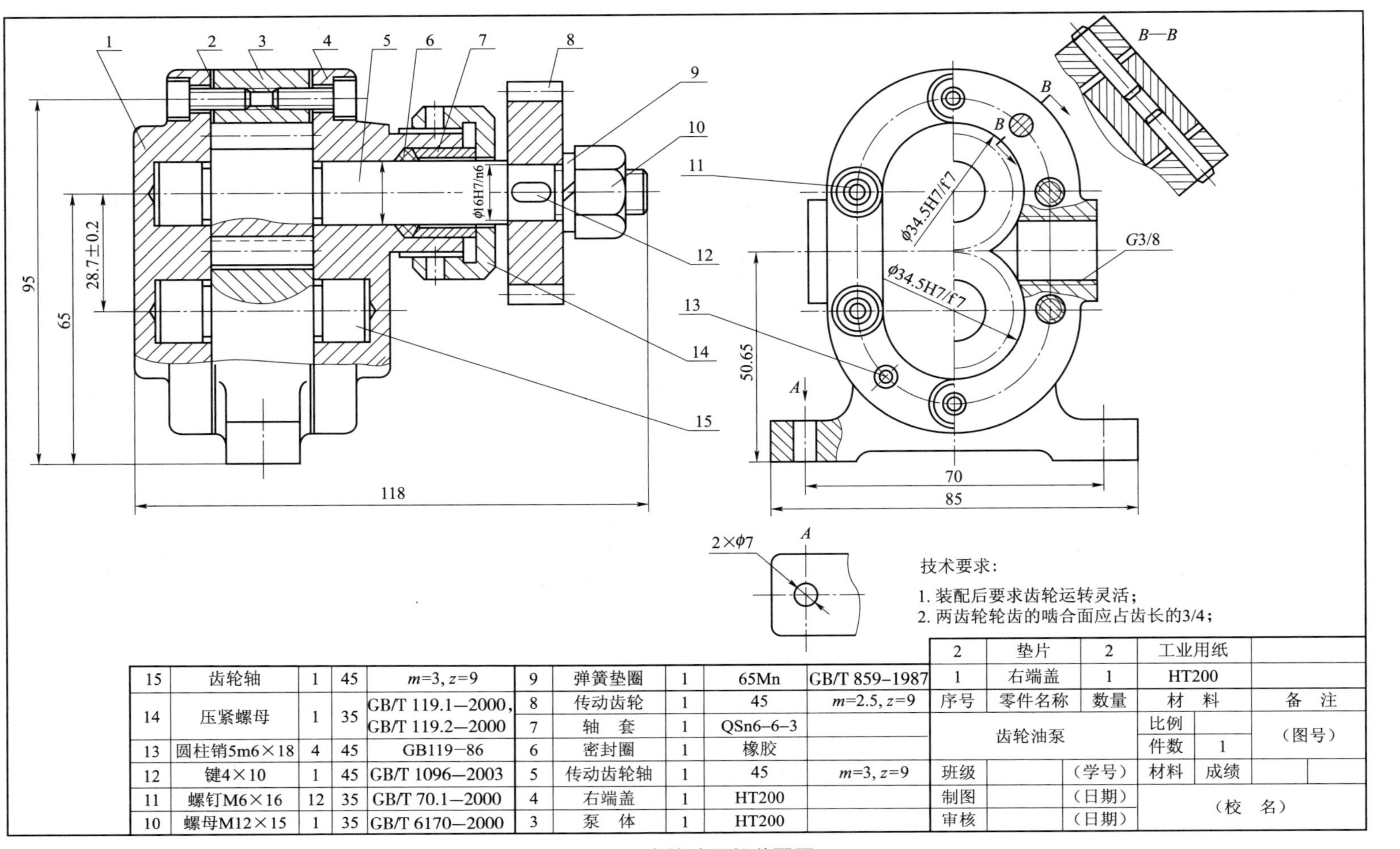

序号	零件名称	数量	材料	备注
15	齿轮轴	1	45	m=3, z=9
14	压紧螺母	1	35	GB/T 119.1—2000, GB/T 119.2—2000
13	圆柱销5m6×18	4	45	GB119-86
12	键4×10	1	45	GB/T 1096—2003
11	螺钉M6×16	12	35	GB/T 70.1—2000
10	螺母M12×15	1	35	GB/T 6170—2000
9	弹簧垫圈	1	65Mn	GB/T 859-1987
8	传动齿轮	1	45	m=2.5, z=9
7	轴　套	1	QSn6-6-3	
6	密封圈	1	橡胶	
5	传动齿轮轴	1	45	m=3, z=9
4	右端盖	1	HT200	
3	泵　体	1	HT200	
2	垫片	2	工业用纸	
1	右端盖	1	HT200	

齿轮油泵			比例		（图号）
			件数	1	
班级		（学号）	材料	成绩	
制图		（日期）	（校　名）		
审核		（日期）			

图 10-1　齿轮油泵的装配图

(二) 必要的尺寸

装配图是用来控制装配质量，表明零、部件之间装配关系的图样，因此，装配图必须有一组表示机器或部件的规格（性能）尺寸、装配尺寸、安装尺寸、总体尺寸和其他重要尺寸等。

1. 规格（性能）尺寸

它是表示机器或部件的规格（性能）尺寸，是设计、了解和选用该机器或部件的依据。如图10-1中表达齿轮油泵出油口的规格（性能）尺寸为$G3/8$。

2. 装配尺寸

它是表示零件间装配关系的尺寸，一般包括以下几种：

（1）配合尺寸。它是表示两零件间具有配合性质的尺寸。如图10-1中的ϕ34.5H7/f7、ϕ16H7/n6为配合尺寸。

（2）相对位置尺寸。它是表示装配或拆画零件图时，需要保证的零件间或部件间比较重要的相对位置尺寸。如图10-1中两轴的中心距28.7±0.2。

3. 安装尺寸

它是机器或部件安装时所需要的尺寸。如图10-1中两孔的中心距70，螺孔距底面高50.65。

4. 总体尺寸

它是表示机器或部件整体轮廓大小的尺寸，即总长、总宽和总高。它为包装、运输和安装时所占的空间大小提供了依据。如图10-1中的总长118，总宽85，总高95。

5. 其他重要尺寸

它包括零件运动的极限尺寸、主要零件的主要尺寸。如图10-1中两个齿轮的中心距28.7±0.2、螺孔距底面高50.65。

以上五类尺寸并不是孤立的，有的尺寸具有几种含义。因此，在标注装配图尺寸时，不是一律要将上述五种尺寸标注齐，而是依具体情况而定。

(三) 技术要求

用文字说明机器或部件的装配、安装、检验、运转和使用的技术要求。它们包括表达装配方法；对机器或部件工作性能的要求；指明检验、试验的方法和条件；指明包装、运输、操作及维护保养应注意的问题；等等。

(四) 零件序号和明细栏

为了便于读图、进行图样管理和做好生产准备工作，装配图中的所有零部件必须编写序号，并填写明细栏。

1. 零件序号

（1）相同的零部件序号只标注一次。

（2）在图形轮廓的外面编写序号，并填写在指引线的横线上或小圆中，横线或小圆用细实线画出。指引线从所指零件的可见轮廓线内引出，并在末端画一个小圆点。序号的字号要比尺寸数字大一号或两号，也可以不画水平线或圆，在指引线另一端附近注写序号，序号的字号要比尺寸数字大两号，如图10-2所示。

（3）指引线不能相交，当它通过有剖面线的区域时，不应与剖面线平行。必要时，可将指引线折弯一次。

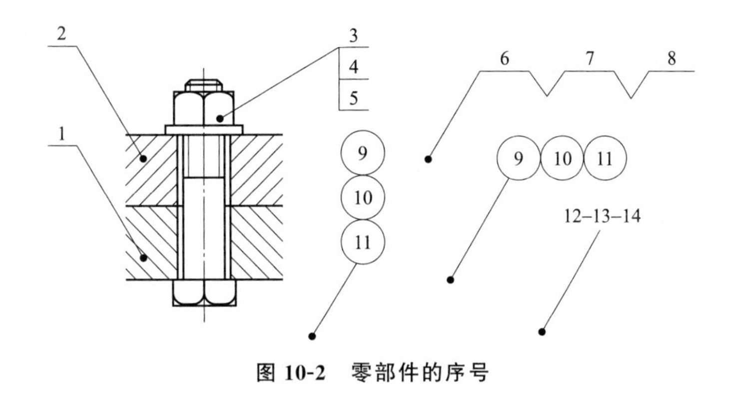

图 10-2 零部件的序号

(4) 一组紧固件以及装配关系清楚的零件图,可以采用公共指引线,如图 10-2 所示。

(5) 零部件序号应沿水平或垂直方向按顺时针或逆时针方向顺序排列起来。

(6) 标准件在装配图上只编写一个序号。

2. 明细栏

明细栏是装配图全部零部件的详细目录,它直接画在标题栏的上方,序号由下而上顺序书写,如位置不够,可在标题栏左边画出。对于标准件,应将其规定符号填写在备注栏内(如图 10-1 所示),也可以将标准件的数量和规定直接用指引线标明在视图的适当位置上。明细栏外框为粗实线,内格除垂直分割线外均为细实线,如图 10-1 所示的格式可供学习时使用。

任务 2 装配图的表达方法

任务目的

通过本任务的学习,要求理解装配图的规定画法和特殊表达方法,为后续装配图的读、绘提供必要的知识基础。

任务引入

装配图的表达方法和零件图基本相同,用视图、剖视图、断面图和局部放大图等表达机器的内、外结构。但是,零件图用以表达单个零件的各部分形状结构,而装配图用以表达由许多个零件组成的装配体,侧重于表达装配体的工作原理、装配关系、连接方式等,因此,它具有与零件图相同的表达方式,并且具有其自身的一些规定画法和特殊的表达方法。

本任务主要包括装配图的规定画法;装配图的特殊表达方法。

知识准备

一、装配图的规定画法

1. 关于接触面与非接触面的画法

规定:接触面和基本尺寸相同的两个零件的配合面只画一条轮廓线;不接触和不配合的表

面，即使间隙很小，仍应该画出两条轮廓线。如图 10-3(a)所示。

2. 装配图上剖面线的画法

(1) 相邻两个零件的剖面线倾斜方向应该相反。若多个零件装配在一起，则可用不同间隔的剖面线来表示区别，如图 10-3(b)和图 10-3(c)所示。

(2) 当零件的剖面宽度≤2mm 时，允许将剖面涂黑，代替剖面符号。

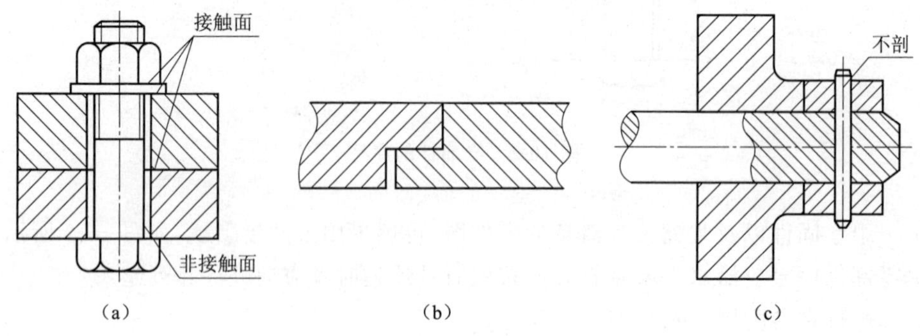

图 10-3　装配图的规定画法

二、装配图的特殊表达方法

装配图的特殊表达方法包括以下几方面内容：

1. 拆卸画法

在装配体上，为了避免遮盖某些零件的投影，在其他的视图上可以假想这些零件已经被拆去，不画。拆卸画法中需要标注“拆去×××”。

2. 沿结合面剖切的画法

沿某些零件的接合面剖切，也就是将剖切面和观察者之间的零件拆掉后进行投影，零件的接合面上不画剖面线，但被剖切的部分需要画出剖面线。

3. 假想画法

假想画法用双点画线表示其轮廓。在装配图中，用于下面两种情况。

(1) 对于部件的某些运动范围和极限位置，可以用假想画法表达，如图 10-4 所示。

(2) 表明与部件有关，但不属于该部件的相邻部件，可以用假想画法表示部件的装配连接关系。

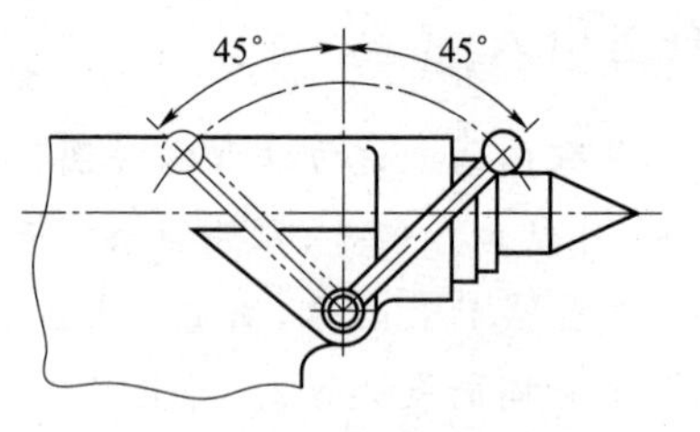

图 10-4　假想画法

4. 夸大画法

在装配图中，如果对一些薄片零件、细丝弹簧、细小间隙等，无法按其实际的尺寸画图，则可以不采用原比例，以适当的夸大比例画出。

5. 展开画法

当轮系的各轴线不在同一平面上时，为了表达在传动机构中传动关系和各轴的装配关系，假想用剖切平面按照传动顺序，沿各轴的轴线将传动机构剖开，再将其展开成一个平面，并画出，如图 10-5 所示。

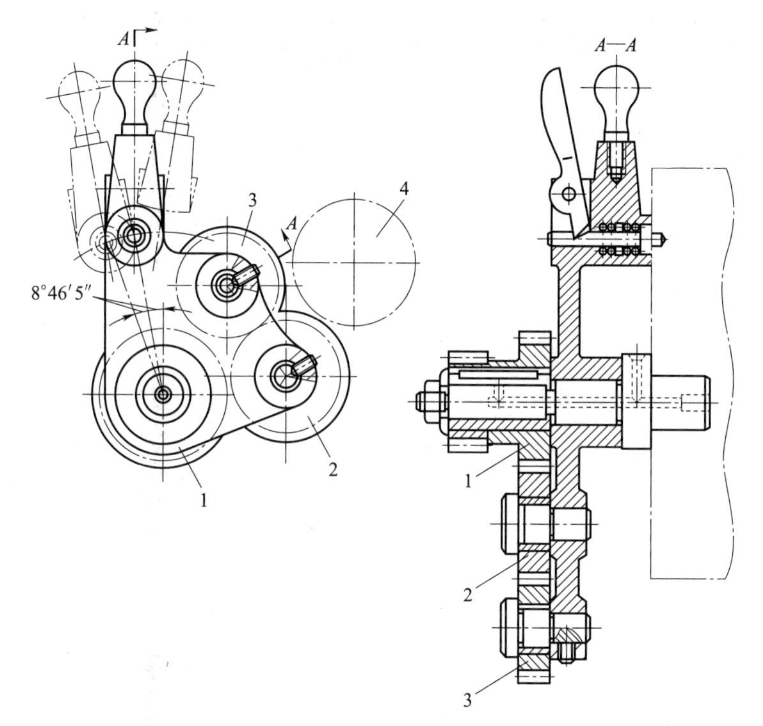

图 10-5　展开画法

6. 简化画法

(1) 在装配图中,若干重复出现的零件组(如螺栓连接),允许只详细地画出一组或几组,其余的只需要用细点画线表示其位置即可,如图 10-6(a)所示。

(2) 零件的某些工艺结构(如倒角、圆角)允许不画,螺栓头部、螺母、滚动轴承等均可以采用简化画法。

(3) 在装配图中,带传动的带可以用粗实线简化表示,链传动中的链可以用细点画线简化表示,如图 10-6 (b)所示。

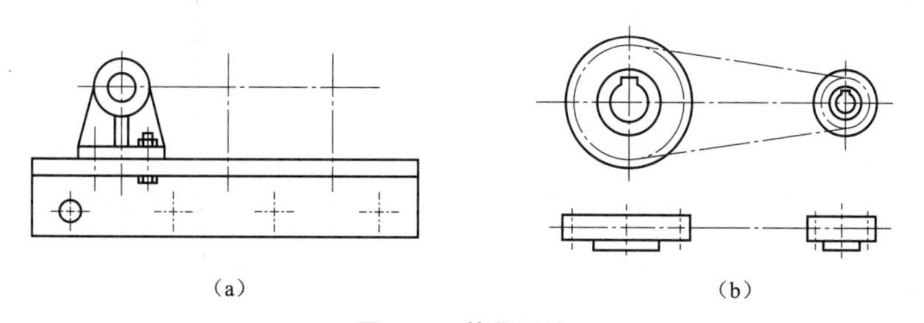

(a)　　(b)

图 10-6　简化画法

7. 单独画出某一零件

在装配图中,对于个别结构复杂或没有表达清楚的零件,可以单独画出这个零件的视图。在视图的上方,要标明零件序号和视图的名称;在相应视图的附近,要用箭头指明投影方向,并标注相同的字母。

任务3　装配结构的合理性

任务目的

通过本任务的学习，要求理解常见的装配结构，为后续装配图的读、绘提供必要的知识基础。

任务引入

为了使零件装配成机器或部件后不但能达到性能要求，而且装、拆方便，对零件上的装配结构要有一定的合理性要求。确定合理的装配结构，必须具有丰富的实践经验，这也是本任务的学习目标。

本任务主要包括装配结构的合理性。

知识准备

为了保证机器或部件的工作性能和便于拆卸、加工，必须注意装配结构的合理性。现将几种典型的装配结构简介如下：

(1) 轴肩和孔的端面接触时，在孔口处应加工出倒角、倒圆［如图 10-7(b)所示］或在轴上加工退刀槽［如图 10-7(c)所示］，以确保两个端面的紧密接触。图 10-7(a)中的轴肩与孔端面无法靠紧。

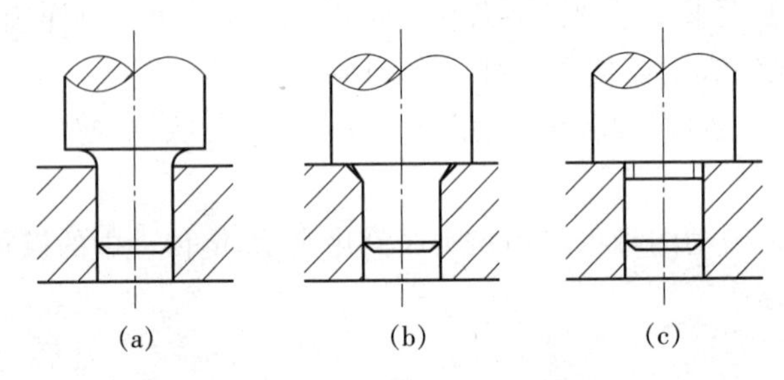

图 10-7　轴肩与孔面接触的工艺结构

(2) 两个零件在同一方向上只允许有一对接触面，否则就需要提高两个接触面之间的尺寸精度来避免干涉。但这将会给零件的制造和装配等工作增加困难，所以同一方向上只宜有一对接触面，如图 10-8 所示。

(3) 螺纹紧固件的防松结构。为防止机器在工作时产生的振动或冲击导致螺纹紧固件松动，影响机器的正常工作，甚至诱发严重事故，在螺纹连接中一定要设计防松装置。常用的防松装置有双螺母、弹簧垫圈、止退垫圈和开口销等，如图 10-9 所示。

(4) 滚动轴承的轴向定位结构要便于装拆。如图 10-10 所示，轴肩大端直径应小于轴承内圈外径，箱体台阶孔直径应大于轴承外环内径。

(5) 在设计螺栓和螺钉位置时，应考虑其维修、安装、拆装的方便，如图 10-11 所示。

(6) 采用圆柱销或圆锥销定位时，要考虑孔的加工和销的拆装方便，尽可能加工成通孔，

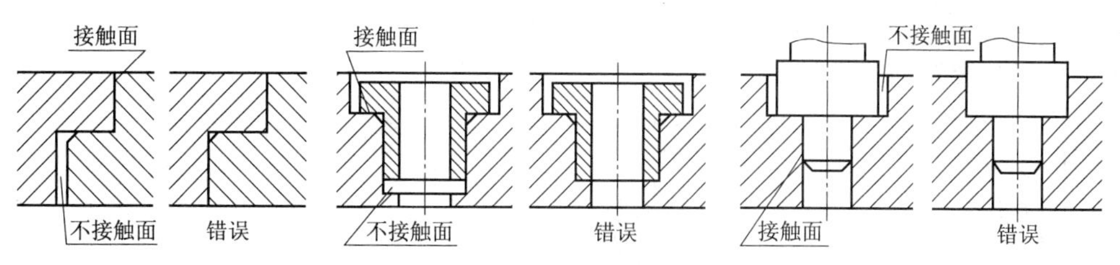

图 10-8　两个零件接触面的工艺结构

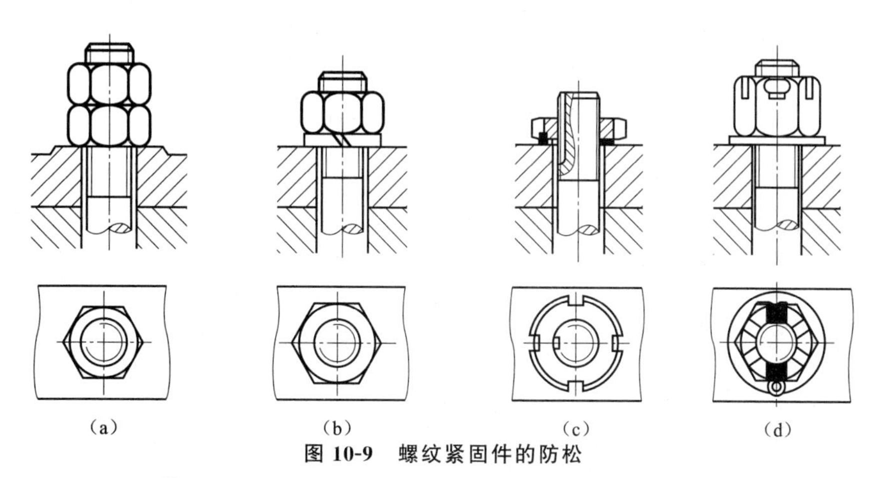

图 10-9　螺纹紧固件的防松

(a) 用双螺母防松；(b) 用弹簧垫圈防松；(c) 用止退垫圈防松；(d) 用开口销防松

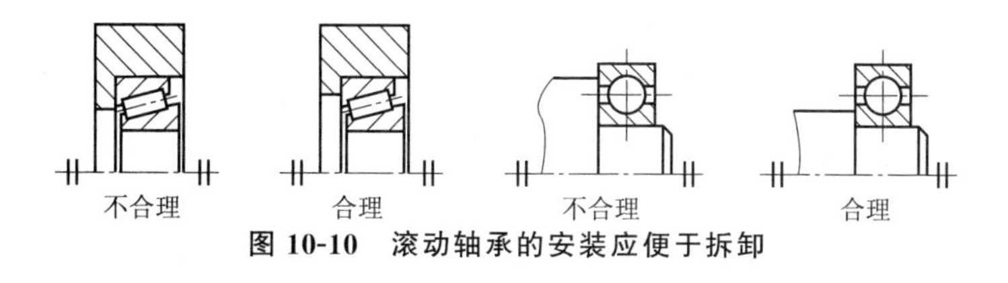

图 10-10　滚动轴承的安装应便于拆卸

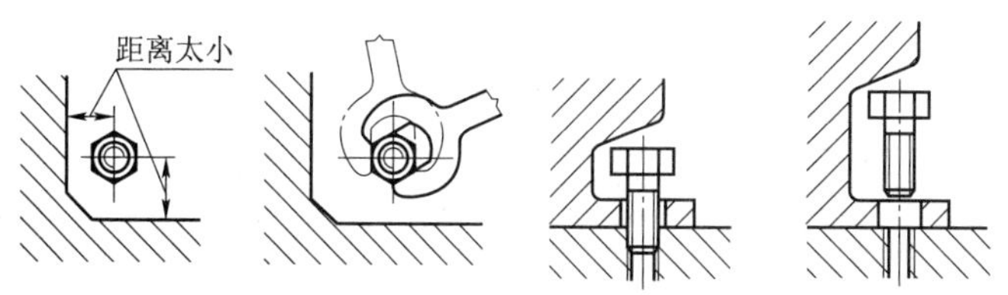

图 10-11　紧固件要有足够的装卸空间

如图 10-12 所示。

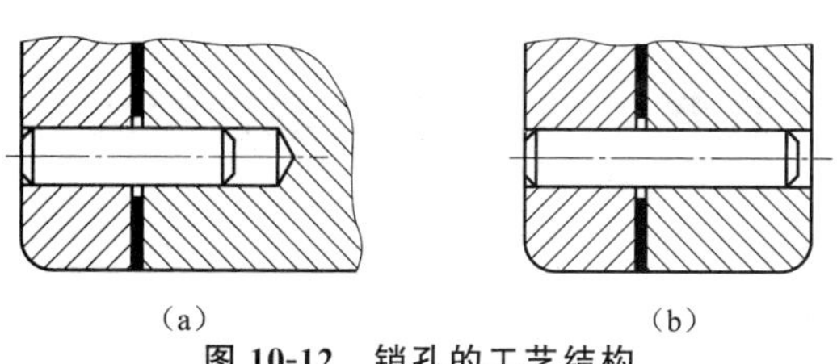

图 10-12　销孔的工艺结构

(a) 销定位（不合理）；(b) 定位销孔做成通孔（合理）

(7) 为防止内部的液体或气体向外渗漏，同时也防止灰尘等杂质进入机器，应采取合理的、可靠的密封装置，如图 10-13 所示。

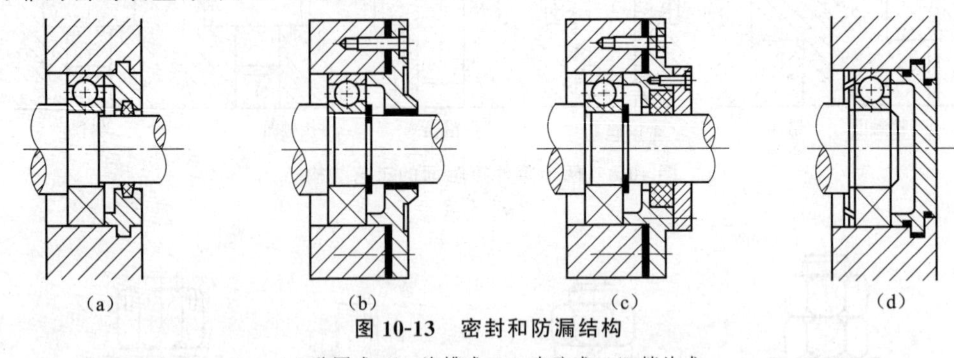

图 10-13　密封和防漏结构

(a) 毡圈式；(b) 沟槽式；(c) 皮碗式；(d) 挡片式

(8) 在安装滚动轴承时，为防止其轴向窜动，有必要采用一些轴向定位结构来固定其内、外圈。常用的结构有轴肩、台肩、圆螺母和各种挡圈，如图 10-14 所示。

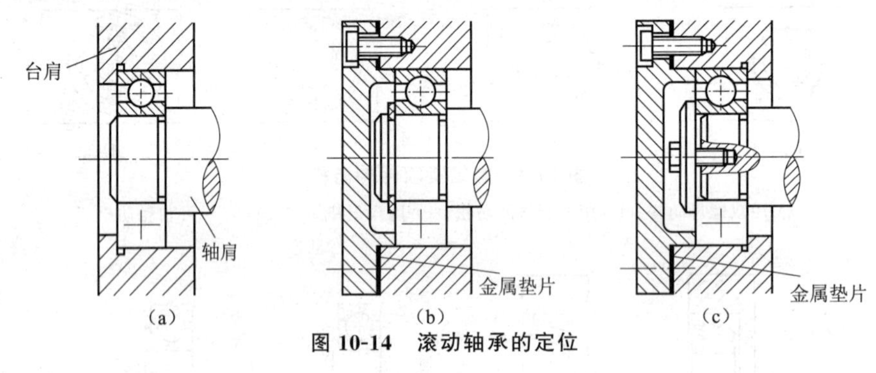

图 10-14　滚动轴承的定位

(9) 螺纹连接的合理结构。为了保证螺纹能顺利旋紧，可考虑在螺纹尾部加工退刀槽或在螺孔端口加工倒角。为了保证连接件与被连接件的良好接触，应在被连接件上加工出沉孔[如图 10-15(a)所示]或凸台[如图 10-15(b)所示]，而如图 10-15(c)所示是不正确的设计。

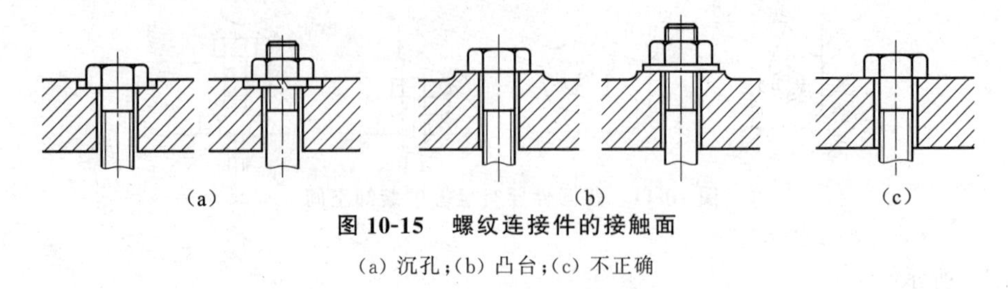

图 10-15　螺纹连接件的接触面

(a) 沉孔；(b) 凸台；(c) 不正确

任务 4　由零件图画装配图

任务目的

通过本任务的学习，要求理解装配图的画图步骤和方法，学会绘制简单零件的装配图。

任务引入

在机械设计和机械制造的过程中，装配图是不可缺少的重要技术文件。它是表达机器或部件的工作原理及零部件间的装配、连接关系的技术图样。理解装配图的画法是工程人员必备的能力之一。

本任务主要包括了解部件的装配关系和工作原理；确定表达方案；画装配图。

知识准备

部件是由零件所组成的，根据部件所属的零件图，就可以拼画成部件的装配图。现以如图10-16所示的球阀为例，说明由零件图画装配图的步骤和方法，参照球阀各主要零件的零件图。

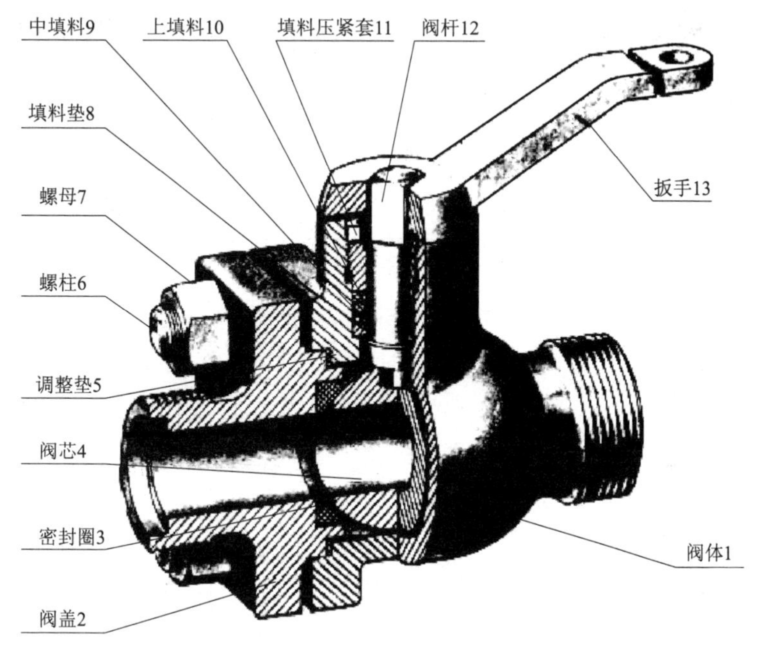

图10-16　球阀的轴测装配图

一、了解部件的装配关系和工作原理

对部件实物或装配示意图进行仔细的分析，了解各零件间的装配关系和部件的工作原理。由图10-16可以看出，球阀是由13个零件组成的，工作时扳动扳手带动阀杆旋转，使阀芯通孔改变位置，从而调节通过球阀的流量大小。阀体和阀盖用螺柱与螺母连接。为了密封，在阀杆和阀体间装有密封环与螺纹压环，并在阀芯两侧装有密封圈。

二、确定表达方案

根据已学过的机件的各种表达方法(包括装配图的一些特殊表达方法)，考虑选用何种表达方案，才能较好地反映部件的装配关系、工作原理和主要零件的结构形状。

画装配图与画零件图一样，应先确定表达方案，也就是视图选择：首先，选定部件的安放位置，选择主视图；然后，选择其他视图。

1. 装配图的主视图选择

部件的安放位置应与部件的工作位置相符合，这样对于设计和指导装配都会带来方便。

例如，球阀的工作位置情况多变，但一般将其通路放成水平位置。当部件的工作位置确定后，接着就选择部件的主视图方向。经过比较，应将能清楚地反映主要装配关系和工作原理的那个视图作为主视图，并采取适当的剖视，比较清晰地表达各个主要零件以及零件间的相互关系。在球阀装配图中所选定的球阀的主视图就体现了上述选择主视图的原则。

2. 其他视图的选择

根据选定的主视图，再选取能反映其他装配关系、外形及局部结构的视图。如球阀装配图所示，球阀沿前后对称面剖开的主视图，虽清楚地反映了各零件间的主要装配关系和球阀的工作原理，可是球阀的外形结构以及其他一些装配关系还没有表达清楚。于是选取左视图，补充反映了它的外形结构；选取俯视图，并作 $B—B$ 局部视图，反映扳手与定位凸块的关系。

三、画装配图

确定装配图的视图表达方案后，根据视图表达方案以及部件的大小与复杂程度，选取适当比例，安排各视图的位置，从而选定图幅，便可着手画图。在安排各视图的位置时，要注意留有供编写零部件序号、明细栏，以及注写尺寸和技术要求的地方。

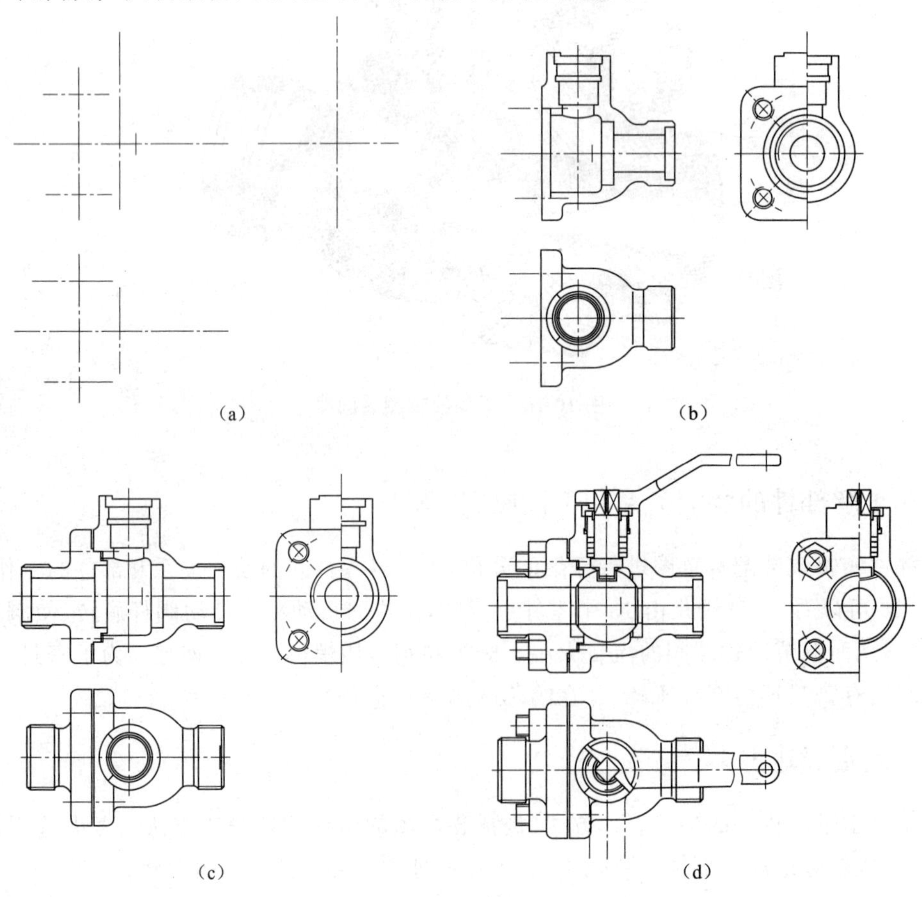

图 10-17　球阀装配图视图底稿的画图步骤

(a) 画对称基线；(b) 画阀体轮廓线；(c) 画阀盖的三视图；(d) 画其他零件和扳手

画图时，应先画出各视图的主要轴线（装配干线）、对称中心线和作图基线（某些零件的基面或端面）。由主视图开始，几个视图配合进行。画剖视图时，以装配干线为准，由内向外逐个画出各个零件，也可由外向里画，视作图方便而定。如图 10-17 所示为球阀装配图视图底稿的画图步骤。底稿线完成后，需经校核，再加深，画剖面线，标注尺寸。最后，编写零部件序号，填写明细栏，再经校核，签署姓名，完成球阀装配图的绘制过程，得到如图 10-18 所示的球阀装配图。

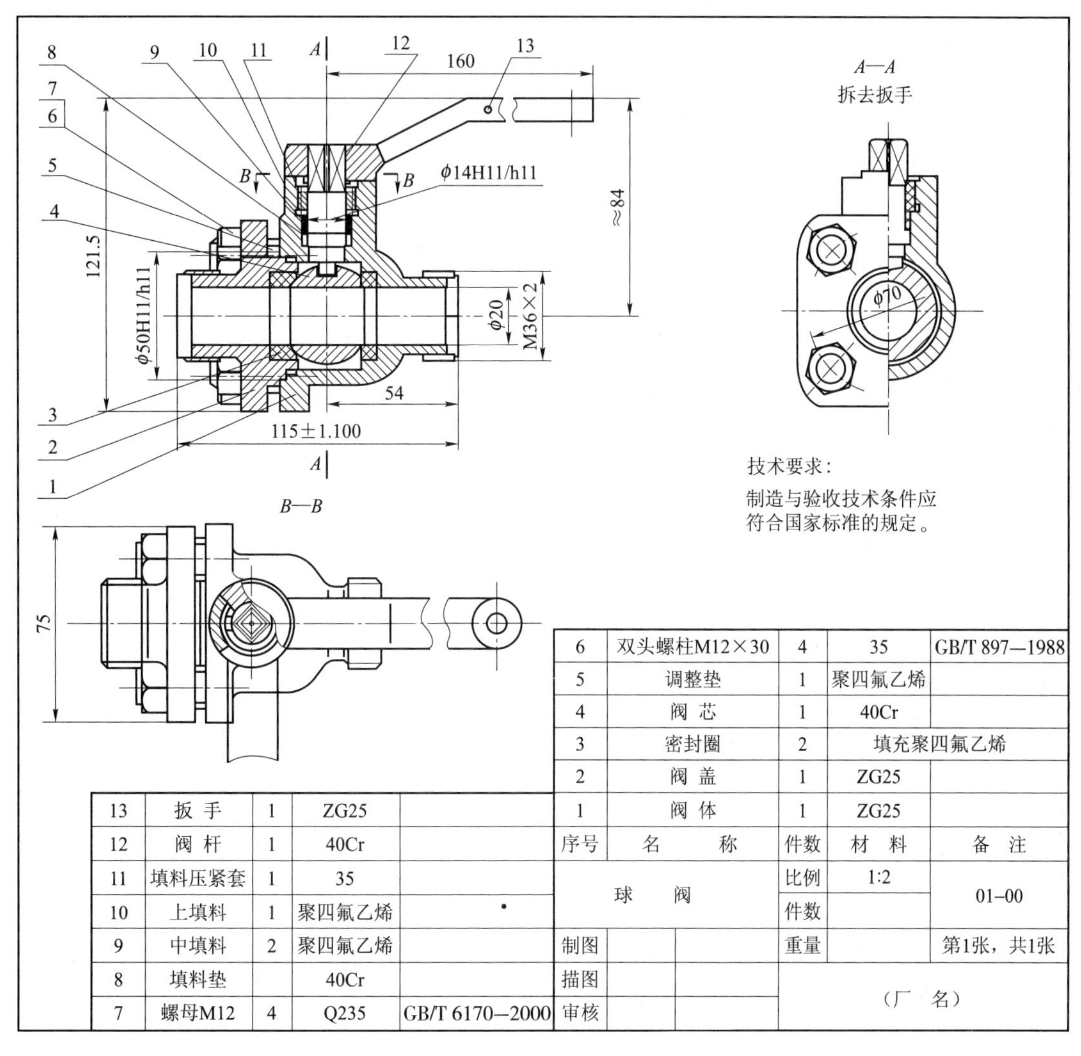

图 10-18 球阀装配图

任务5 读装配图

任务目的

通过本任务的学习，要求了解读装配图的基本要求，理解读装配图的方法和步骤，了解由装配图拆画零件图的方法。

任务引入

在生产、维修和使用、管理机械设备和技术交流等工作过程中，常需要阅读装配图。在设计过程中，也经常要参阅一些装配图，以及由装配图拆画零件图。因此，作为工程界的从业人员，必须掌握读装配图以及由装配图拆画零件图的方法。

本任务主要包括读装配图的基本要求；读装配图的方法和步骤；由装配图拆画零件图。

知识准备

一、读装配图的基本要求

读装配图的基本要求可归纳如下：

(1)了解部件的名称、用途、性能和工作原理。

(2)弄清各零件间的相对位置、装配关系和装拆顺序。

(3)弄懂各零件的结构形状及作用。

读装配图要达到上述要求，既要掌握制图知识，还需要具备一定的生产和相关专业知识。

二、读装配图的方法和步骤

现以如图 10-18 所示的球阀为例，说明读装配图的一般方法和步骤。

(一) 概括了解

由标题栏、明细栏了解部件的名称、用途以及各组成零件的名称、数量、材料等，对于有些复杂的部件或机器，还需查看说明书和有关技术资料，以便对部件或机器的工作原理和零件间的装配关系做深入的分析了解。

由图 10-18 中的标题栏、明细栏可知，该图所表达的是管路附件——球阀，该阀共由 13 种零件组成。球阀的主要作用是控制管路中流体的流通量。从其作用及技术要求可知，密封结构是该阀的关键部位。

(二) 分析各视图及其所表达的内容

如图 10-18 所示的球阀共采用 3 个基本视图：主视图采用局部剖视图，主要反映该阀的组成、结构和工作原理；俯视图采用局部剖视图，主要反映阀盖、阀体以及扳手和阀杆的连接关系；左视图采用半剖视图，主要反映阀盖和阀体等零件的形状，以及阀盖和阀体间连接孔的位置与尺寸等。

(三) 弄懂工作原理和零件间的装配关系

如图 10-18 所示的球阀有两条装配线。从主视图来看，一条是水平方向，另一条是垂直方向。其装配关系如下：阀盖和阀体用 4 个双头螺柱和螺母连接，并用合适的调整垫调节阀芯与密封圈之间的松紧程度。在阀体垂直方向上装配有阀杆，阀杆下部的凸块嵌入阀芯上的凹槽内。为防止流体泄漏，在此处装有填料垫、填料，并旋入填料压紧套将填料压紧。

球阀的工作原理如下：当扳手处在主视图中的位置时，阀门为全部开启，管路中流体的流通量最大；当将扳手顺时针旋转到俯视图中双点画线所示的位置时，阀门为全部关闭，管路中流体的流通量为零；当扳手处在这两个极限位置之间时，管路中流体的流通量随扳手的位置而改变。

(四) 分析零件的结构形状

在弄懂部件的工作原理和零件间的装配关系后，分析零件的结构形状可有助于进一步了解部件的结构特点。

分析某一零件的结构形状时，首先要在装配图中找出反映该零件形状特征的投影轮廓。接着可按视图间的投影关系、同一零件在各剖视图中的剖面线方向、间隔必须一致的画法规定，将该零件的相应投影从装配图中分离出来。然后根据分离出的投影，按形体分析和结构分析的方法，弄清零件的结构形状。

三、由装配图拆画零件图

在设计过程中，需要由装配图拆画零件图，简称拆图。拆图应在读懂装配图的基础上进行。

(一) 拆画零件图时要注意的三个问题

(1) 由于装配图与零件图的表达要求不同，在装配图上往往不能把每个零件的结构形状完全表达清楚，有的零件在装配图中的表达方法也不符合该零件的结构特点。因此，在拆画零件图时，对那些未能表达完全的结构形状，应根据零件的作用、装配关系和工艺要求予以确定并表达清楚。此外，对所画零件的视图表达方法，一般不应简单地按装配图照抄。

(2) 由于装配图上对零件的尺寸标注不完全，因此，在拆画零件图时，除装配图上已有的与该零件有关的尺寸要直接照搬外，其余尺寸可按比例从装配图上量取。对于标准结构和工艺结构，可查阅相关国家标准来确定。

(3) 标注表面粗糙度、尺寸公差、形位公差等技术要求时，应根据零件在装配体中的作用，参考同类产品及有关资料确定。

(二) 拆图实例

下面以如图 10-18 所示的球阀中的阀盖为例，介绍拆画零件图的一般步骤。

(1)确定表达方案。由装配图上分离出阀盖的轮廓，如图 10-19 所示。根据端盖类零件的表达特点，决定主视图采用沿对称面的全剖，侧视图采用一般视图。

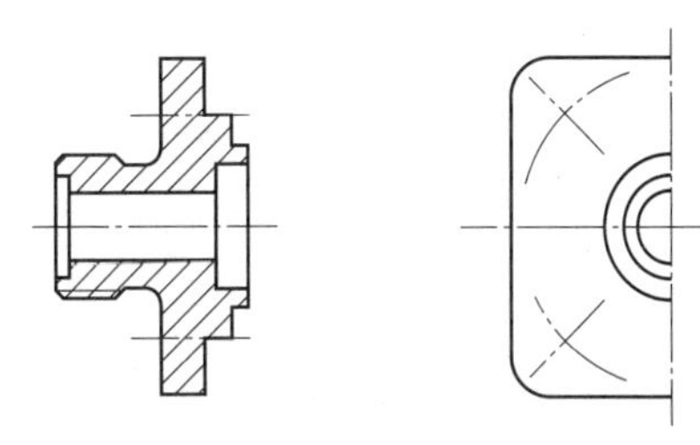

图 10-19　由装配图上分离出阀盖的轮廓

(2)尺寸标注。对于装配图上已有的与该零件有关的尺寸，要直接照搬，其余尺寸可按比例从装配图上量取。对于标准结构和工艺结构，可查阅相关国家标准确定，标注阀盖的尺寸。

(3)技术要求标注。根据阀盖在装配体中的作用，参考同类产品的有关资料，标注表面粗糙度、尺寸公差、形位公差等，并注写技术要求。

(4)填写标题栏，核对检查，完成后的全图如图 10-20 所示。

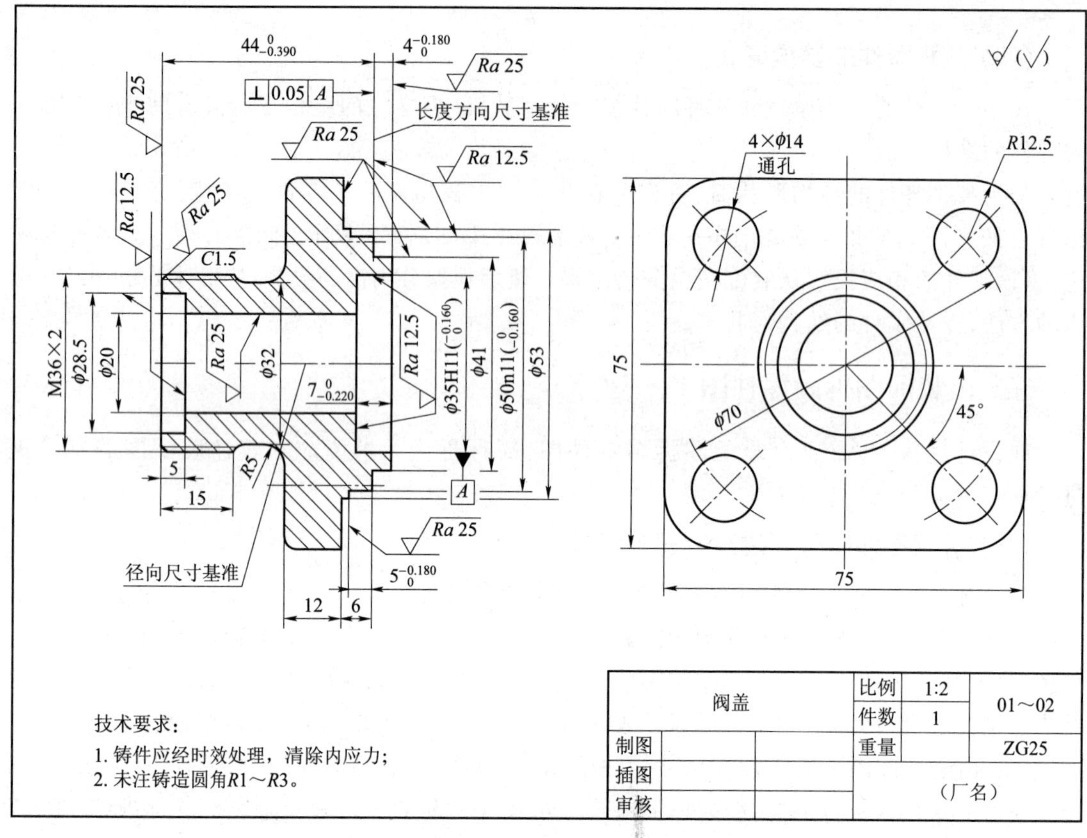

图 10-20　阀盖零件图

项目小结

本项目主要介绍了装配图的作用和内容、装配图的表达方案、装配图的工艺结构、画装配图的方法和步骤以及读装配图的方法。通过学习，要求能读懂中等难度的装配图，能够绘制简单的装配图。

项目 11　计算机辅助绘图

学习目标

1. 掌握 AutoCAD 2010 的一般操作；
2. 熟悉 AutoCAD 2010 实体绘图命令和图形编辑修改方法；
3. 使用 AutoCAD 2010 绘制一般平面图形。

任务 1　AutoCAD 2010 的基本知识与操作

任务目的

通过本任务的学习，要求熟悉 AutoCAD 2010 的界面，掌握 AutoCAD 2010 的命令输入、参数设置及文件操作等基本操作，为后续学习提供必要的知识基础。

任务引入

AutoCAD 是由美国 Autodesk 公司开发研制的 CAD 技术应用软件。它是利用计算机的软硬件系统来辅助工程技术人员进行产品的开发、设计、修改、模拟和输出的一门综合性应用技术软件。AutoCAD 彻底改变了传统的绘图模式，将设计人员从繁重的手工绘图中解脱出来，极大地提高了绘图速度。

本任务主要包括 AutoCAD 快速入门；AutoCAD 命令的输入方式；AutoCAD 的参数设置；AutoCAD 的文件操作。

知识准备

一、AutoCAD 快速入门

AutoCAD 2010 的工作界面如图 11-1 所示。该工作界面包括标题栏、菜单栏、工具栏、绘图区、命令行、状态栏、坐标系等部分，下面将详细介绍。

1. 标题栏

标题栏位于 AutoCAD 2010 窗口顶部，显示 AutoCAD 2010 图标及名称和当前打开的文件名称。

2. 菜单栏

菜单栏提供了下拉式菜单，可以执行 AutoCAD 2010 的大部分命令。AutoCAD 2010 的菜单栏包括“文件(F)”“编辑(E)”“视图(V)”“插入(I)”“格式(O)”“工具(T)”“绘图(D)”“标注(N)”“修改(M)”“窗口(W)”“帮助(H)”菜单。单击菜单栏中的某一项，或者同时按下 Alt 键和显示在该菜单名后面的热键字符，就会显示相应的下拉菜单。例如，要弹出“编辑(E)”下拉菜单，可同时按下 Alt 键和 E 键。

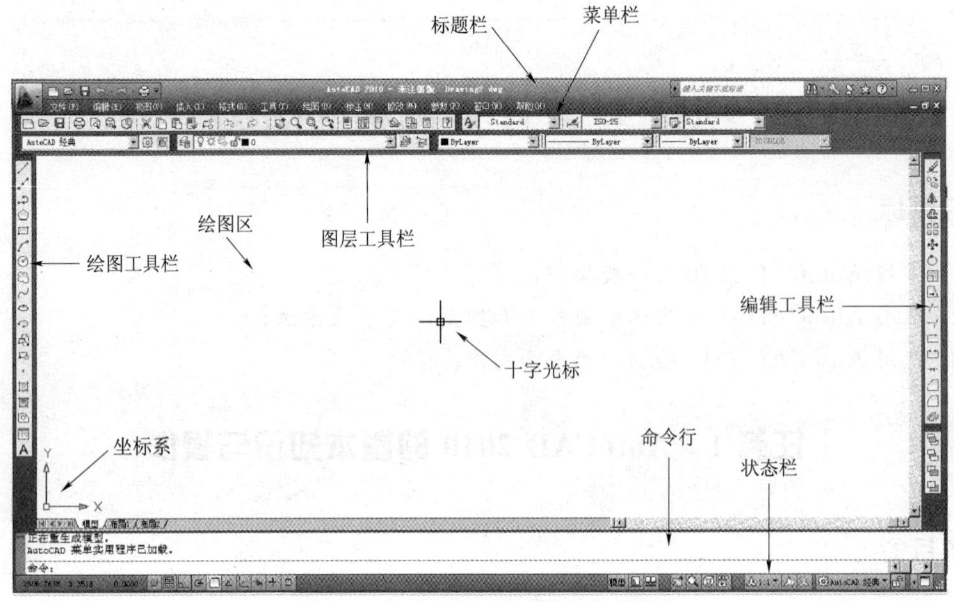

图 11-1　AutoCAD 2010 的工作界面

3. 工具栏

工具栏中包含许多由图标表示的命令按钮。在 AutoCAD 2010 中，系统共提供了 20 多个已命名的工具栏。工具栏可以是固定的，也可以是浮动的。在默认情况下，有些工具栏处于打开状态，有些则处于隐藏状态。若要打开某个隐藏的工具栏，可以在工具栏上右击，在系统弹出的如图 11-2 所示的快捷菜单中选择该工具栏的名称。

CAD 标准
UCS
UCS II
Web
标注
标注约束
✔ 标准
标准注释
布局
参数化
参照
参照编辑
测量工具
插入点
查询
查找文字
动态观察
对象捕捉
多重引线
✔ 工作空间
光源
✔ 绘图
✔ 绘图次序
几何约束
建模
漫游和飞行
平滑网格
平滑网格图元
三维导航
实体编辑
视觉样式
视口
视图
缩放
✔ 特性
贴图
✔ 图层
图层 II
文字
相机调整

图 11-2　快捷菜单

4. 绘图区

绘图区为视图窗口，位于 AutoCAD 工作界面的中心区域，也叫作绘图工作区。单击视图窗口下面和右边的滚动条箭头，可以左右或上下移动视图。绘图区的左下方有“模型”“布局 1”和“布局 2”选项卡，可以用来在模型空间和图纸空间之间切换。

5. 命令行

命令行位于绘图区的底部，是用户和计算机进行人机交互的窗口，接收用户输入的命令，并显示 AutoCAD 的提示信息。在 AutoCAD 2010 中，“命令行”窗口可以拖放为浮动窗口，如图 11-3 所示。

6. 状态栏

状态栏位于 AutoCAD 软件窗口的底部。状态栏中包括坐标显示区和“捕捉”“栅格”“正交”“极轴”“对象捕捉”“对象追踪”“DYN”“线宽”“模型”按钮。当移动鼠标时，坐标显示区将动态地显示当前的坐标值。在 AutoCAD 中，坐标显示区有三种显示模式：“相对”“绝对”和“关”。

```
加载自定义文件成功。自定义组: IMPRESSION
正在重生成模型。
xtj.arx 与此版本的 AutoCAD 不兼容。
AcRxDynamicLinker 加载"D:\xtj2007\xtj.arx"失败
C:\Program Files\AutoCAD 2010\acad.exe
AutoCAD 菜单实用程序已加载。
命令:
```

图 11-3　AutoCAD 2010 的命令行

7. 坐标系

在 AutoCAD 软件中,有一个固定的世界坐标系(World Coordinate System,WCS)。世界坐标系的原点位于屏幕左下角,X 表示横坐标,Y 表示纵坐标。绘图区左下角显示当前坐标系的图标。该图标标示坐标系类型及 X、Y、Z 轴的方向。

二、AutoCAD 命令的输入方式

1. 激活命令的方法

在 AutoCAD 中进行绘图等操作时,首先要激活相应的命令。激活 AutoCAD 命令有以下几种方法:

(1) 单击工具栏中的命令按钮图标,就会得到相应的命令。例如,要绘制一条直线,可以在左侧的绘图工具栏中单击 命令按钮。

(2) 在菜单栏中选择命令。例如,要绘制圆,就打开"绘图"下拉菜单,然后选择其中的"圆"命令,即可激活绘制圆的命令。

(3) 在命令行中输入命令的简化字符并回车。例如,可以在命令行中输入 LINE 并回车来绘制直线。AutoCAD 为了方便用户操作,也可以只输入 L 来激活绘制直线的命令。其他许多命令也有简化形式,用户可以通过编辑 AutoCAD 程序参数文件 acad. pgp 来重新定义适合自己使用的 AutoCAD 命令缩写。

在激活了绘图等操作的命令时,AutoCAD 的命令行就会显示该命令的提示。通过查看命令行的提示,用户能够随时掌握自己所进行的操作。

2. 结束命令的方法

在 AutoCAD 中,大部分命令在完成操作后即自动退出,但是在某些情形下需要强制退出。例如,在激活直线命令并完成所需求的直线绘制后,系统并不能自动退出该命令。另外,如果在执行某个命令的过程中,不想再继续操作,也需要强制退出。每个命令强制退出的方法各不相同,大体可以分为下列几种方法:

(1) 按键盘上的 Esc 键。

(2) 在绘图区右击,系统弹出如图 11-4 所示的快捷菜单,选择"确认"或"取消"命令。

(3) 在执行某个命令的过程中,如果单击某个下拉菜单中的命令或者工具栏中的某个按钮,此前正在执行的那个命令就会自动退出。

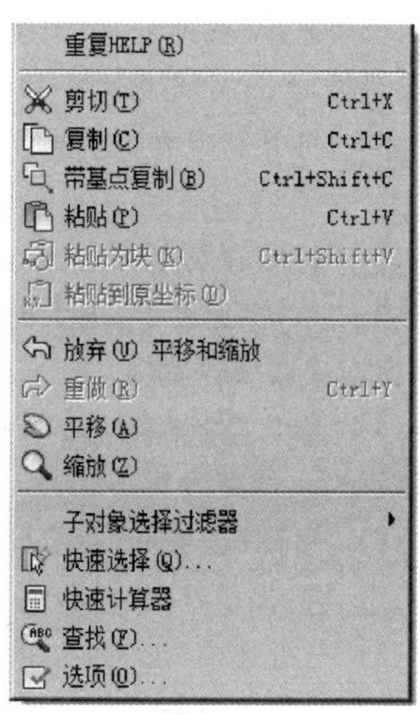

图 11-4　"强制退出"快捷菜单

三、AutoCAD 的参数设置

AutoCAD 2010 是一个开放的绘图平台，用户可以很方便地进行系统参数设置。选择“工具”→“选项”菜单命令，系统弹出如图 11-5 所示的“选项”对话框。该对话框中包含“文件”“显示”“打开和保存”“打印和发布”“系统”“用户系统配置”“草图”“三维建模”“选择集”“配置”10 个选项卡。下面对这些选项卡进行详细说明。

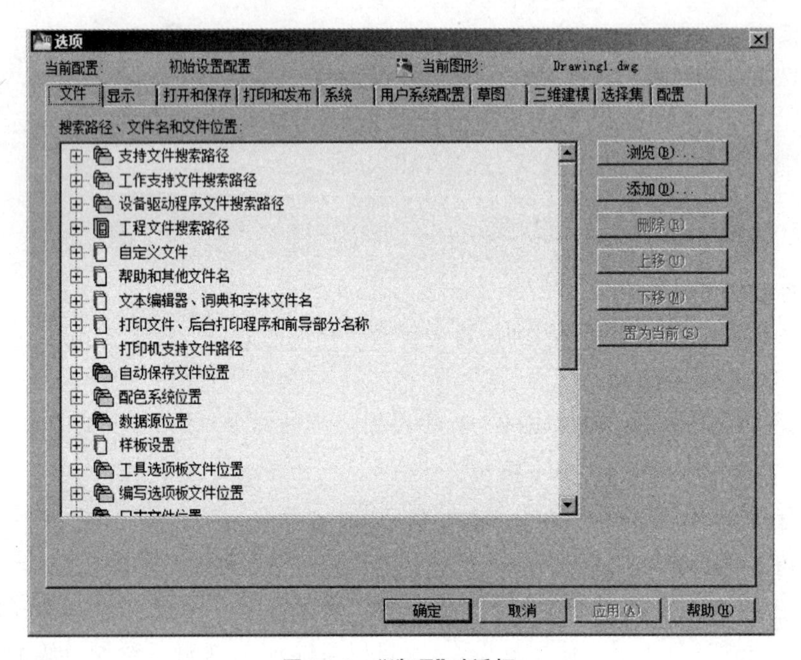

图 11-5 “选项”对话框

（1）“文件”选项卡，用于设置 AutoCAD 支持文件搜索路径，驱动程序文件、菜单文件和其他有关文件的搜索路径，以及有关支持文件。

（2）“显示”选项卡，用于设置绘图工作界面的显示格式、窗口元素、布局元素、图形显示精度、显示性能、十字光标大小和参照编辑的褪色度等显示属性。

（3）“打开和保存”选项卡，用于设置文件保存、文件打开、外部参照和文件安全措施等属性。

（4）“打印和发布”选项卡，用于设置打印机的打印参数。

（5）“系统”选项卡，用于设置当前三维图形的显示特性、当前定点设备、布局重生成选项、数据库连接选项等属性。

（6）“用户系统配置”选项卡，用于设置坐标输入的优先级、是否使用快捷菜单、插入比例、隐藏线设置、线宽设置等属性。

（7）“草图”选项卡，用于设置自动捕捉、自动捕捉标记大小、自动追踪、对齐点获取、靶框大小、工具栏提示外观等属性。

（8）“三维建模”选项卡，用于生成三维模型。三维模型是物体的多边形表示，通常用计算机或者其他视频设备进行显示。显示的物体可以是现实世界的实体，也可以是虚构的物体。任何物理自然界中存在的东西都可以用三维模型表示。

(9)“选择集”选项卡,用于设置拾取框大小、夹点大小、选择模式、选择预览、夹点等属性。

(10)“配置”选项卡,用于新建、重命名、删除系统配置。

四、AutoCAD 的文件操作

1. 新建 AutoCAD 图形文件

选择菜单栏“文件”→“新建”命令,系统弹出如图 11-6 所示的“选择样板”对话框,可以选择图形样板。

图 11-6 “选择样板”对话框

在“选择样板”对话框中,选中样板列表框中某一样板文件,则其右边的“预览”框中将显示该样板的预览图像。单击“确定”按钮,则以当前样板创建出新图形。

通常在样板中已经包含了绘图的一些通用设置,如图层、线型、文字样式、尺寸标注样式、标题栏、图框等。利用样板创建新图形,免去了绘制新图形时进行的重复操作。采用样板不仅能提高绘图效率,而且能保证图形的一致性。

2. 打开 AutoCAD 图形文件

选择菜单栏“文件”→“打开”命令,系统弹出如图 11-7 所示的“选择文件”对话框,可以选择已经保存过的图形文件。

在“选择文件”对话框的文件列表框中,选中需要打开的图形文件,则其预览图像就显示在右边的“预览”框中。在 AutoCAD 中,共有 4 种文件打开方式,分别是“打开”“以只读方式打开”“局部打开”和“以只读方式局部打开”。当采用“打开”和“局部打开”方式打开文件时,可以对图形文件进行编辑;当采用“以只读方式打开”和“以只读方式局部打开”方式打开文件时,不能对图形文件进行编辑。

3. 保存 AutoCAD 图形文件

选择菜单栏“文件”→“保存”命令,系统弹出如图 11-8 所示的“图形另存为”对话框,可以选择文件夹并保存图形文件。

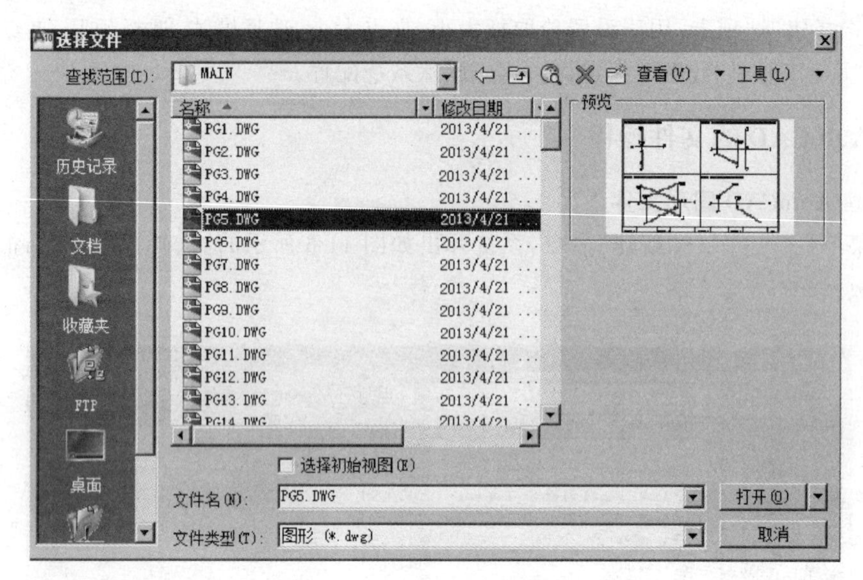

图 11-7 “选择文件”对话框

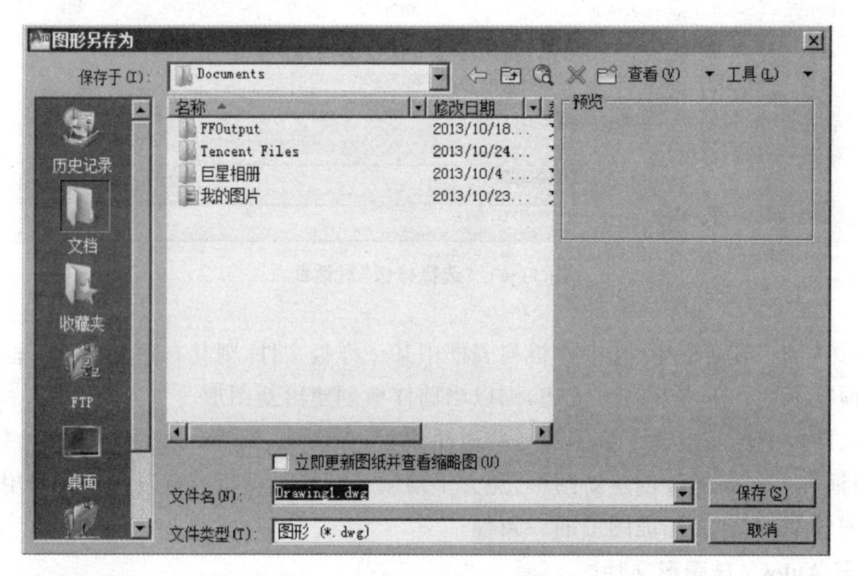

图 11-8 “图形另存为”对话框

在默认情况下，文件以“AutoCAD 2010 图形(*.dwg)”格式保存，也可以在“文件类型”下拉列表中选择其他保存格式。在对保存过的图形文件进行修改后，再次使用“保存”命令进行保存时，系统将不再弹出对话框而是直接保存该文件。

在绘图的过程中，系统会定时自动保存图形，但并不是将图形保存到当前文件夹，而是保存到由系统变量所指定的文件夹。在“选项”对话框的“打开和保存”选项卡中，可以设定自动保存图形的时间间隔和格式。

4. 退出 AutoCAD 系统

选择菜单栏“文件”→“关闭”命令，可以关闭当前图形文件；选择菜单栏“文件”→“退出”命令，可以退出系统；也可以通过在命令行中输入命令“QUIT”并回车来退出系统。

任务 2　基本绘图命令

任务目的

通过本任务的学习使同学们掌握 AutoCAD 软件基本绘图命令的使用，熟悉直线、圆弧、圆、矩形、正多边形等基本绘图命令。

任务引入

AutoCAD 软件是目前市面上最流行的二维平面绘图软件之一，它适用于社会的各个行业，熟练掌握 AutoCAD 软件绘图是同学们必需的基本技能，也是将来就业的一个砝码。本任务主要讨论 AutoCAD 软件最基本的绘图命令。

本任务主要包括绘制线段命令；绘制圆命令；绘制圆弧命令；绘制矩形命令；绘制正多边形命令。

知识准备

一、绘制线段命令

1. 调用方法

常用的有以下 3 种方法：

(1) 单击绘图工具栏中的 按钮。

(2) 选择"绘图"→"直线"菜单命令。

(3) 在命令行中输入命令"Line"或"L"并回车。

2. 命令说明

绘制直线有 3 种方式可以选择，如下所示：

(1) 在命令行显示"指定下一点或[闭合(C)/放弃(U)]:"的提示下，可以在绘图区内连续选择一系列点绘制直线段。

(2) 在命令行显示"指定下一点或[闭合(C)/放弃(U)]:"的提示下，若输入字符"C"并回车，AutoCAD 便在第一点和最后一点之间自动创建直线。

(3) 许多 AutoCAD 的命令在执行过程中，命令行提示要求指定一点，如绘制直线时，命令行显示"命令:_line 指定第一点:"和"指定下一点或[放弃(U)]:"。根据这种提示，可以在绘图区内选择某一点，也可以用鼠标在绘图区某个位置单击，或者在命令行中输入点的坐标。

【例 11-1】 根据如图 11-9 所示的尺寸绘制直线。

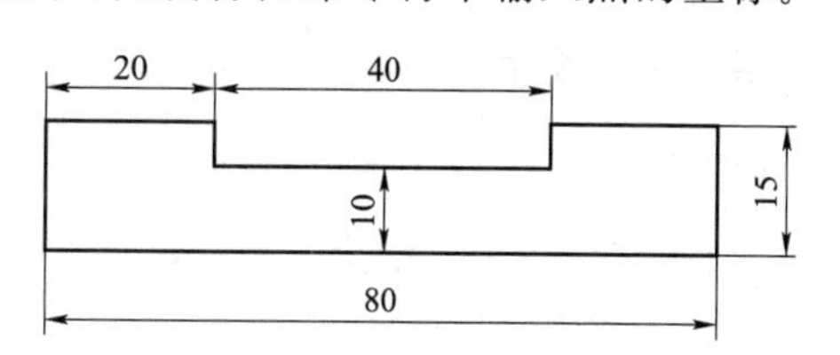

图 11-9　绘制直线实例

制步骤如下：

(1) 单击绘图工具栏中的 按钮。

(2) "命令：_line 指定第一点"移动光标在绘图区内单击，拾取第一点。

(3)“指定下一点或[放弃(U)]:@ 0,-15”。

(4)“指定下一点或[放弃(U)]:@ 80,0”。

(5)“指定下一点或[闭合(C)/放弃(U)]:@ 0,15”。

(6)“指定下一点或[闭合(C)/放弃(U)]:@ -20,0”。

(7)“指定下一点或[闭合(C)/放弃(U)]:@ 0,-5”。

(8)“指定下一点或[闭合(C)/放弃(U)]:@ -40,0”。

(9)“指定下一点或[闭合(C)/放弃(U)]:@ 0,5”。

(10)“指定下一点或[闭合(C)/放弃(U)]: C ”。

二、绘制圆命令

1. 调用方法

常用的有以下 3 种方法:

(1) 单击绘图工具栏中的 按钮。

(2) 选择“绘图”→“圆”菜单命令,“圆”菜单命令如图 11-10 所示。

(3)在命令行中输入命令“Circle”或“C”并回车。

2. 命令说明

绘制圆有 6 种方式可以选择,如下所示:

(1) 圆心、半径(R):指定圆心和半径绘制圆。

(2) 圆心、直径(D):指定圆心和直径绘制圆。

(3) 两点(2):指定圆周的两点绘制圆。

(4) 三点(3):指定圆周的三点绘制圆。

(5) 相切、相切、半径(T):选择两个对象与之相切,并指定圆的半径来绘制圆。

(6) 相切、相切、相切(A):选择三个对象与之相切来绘制圆。

【例 11-2】根据如图 11-11 所示的尺寸绘制圆。

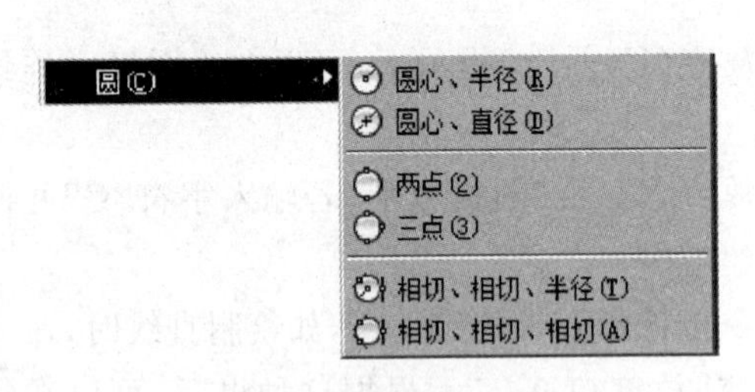

图 11-10 “圆”菜单命令

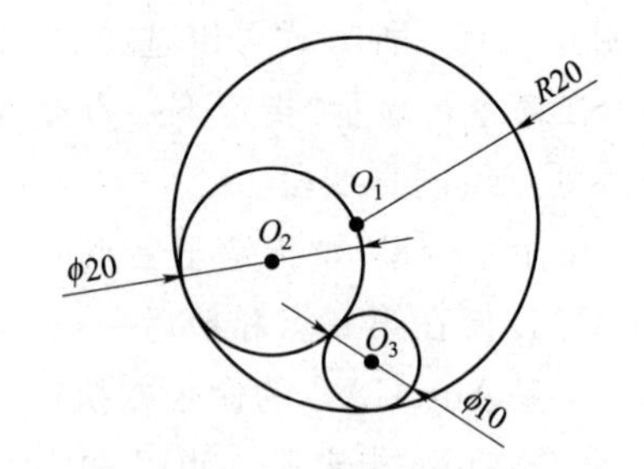

图 11-11 绘制圆实例

绘制步骤如下:

(1) 单击绘图工具栏中的 按钮。

(2) 依据命令行“命令:_circle 指定圆的圆心或[三点(3P)/两点(2P)/相切、相切、半径(T)]:”光标拾取 O_1 点。

(3) 输入半径 20:“指定圆的半径或[直径(D)]<22.4290>:20”(画出半径为 20 的圆)。

(4) 单击绘图工具栏中的 按钮。

(5) 输入画圆方式 t:“命令:_circle 指定圆的圆心或[三点(3P)/两点(2P)/相切、相切、半径(T)]:t”。

(6) 依据命令行“指定对象与圆的第一个切点:”,拾取圆 O_1 上的一点。

(7) “指定对象与圆的第二个切点:”,拾取圆 O_1 的圆心 O_1。

(8) 输入半径 10:“指定圆的半径＜20.000＞:10”(画出与圆 O_1 相切的半径为 10 的圆)。

(9) 单击绘图工具栏中的 按钮。

(10) 输入画圆方式 t:“命令:_circle 指定圆的圆心或[三点(3P)/两点(2P)/相切、相切、半径(T)]:t”。

(11) 依据命令行“指定对象与圆的第一个切点:”,拾取圆 O_1 上的一点。

(12) “指定对象与圆的第二个切点:”,拾取圆 O_1 上的一点。

(13) 输入半径 5:“指定圆的半径＜20.0000＞:5”(画出与圆 O_2 和圆 O_1,相切的半径为 5 的圆 O_3)。

三、绘制圆弧命令

1. 调用方法

常用的有以下 3 种方法:

(1) 单击绘图工具栏中的 按钮。

(2) 在命令行中输入命令“ARC”并回车。

(3) 选择“绘图”→“圆弧”菜单命令,“圆弧”菜单命令如图 11-12 所示。

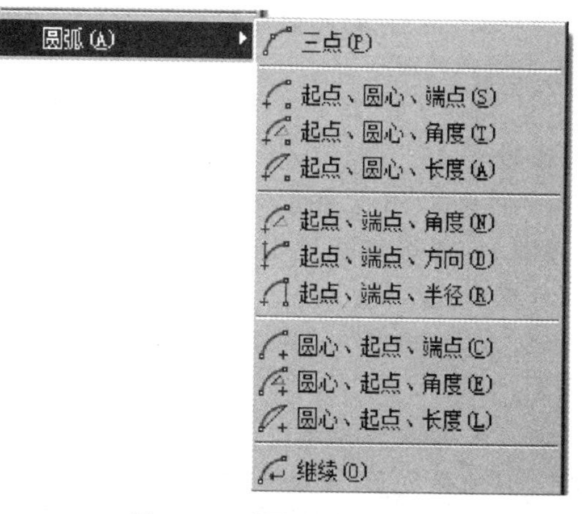

图 11-12 “圆弧”菜单命令

2. 命令说明

圆弧是圆的一部分,AutoCAD 提供了 11 种不同的方法来绘制圆弧,如下所示:

(1) 三点(P):指定三点绘制圆弧。

(2) 起点、圆心、端点(S):指定起点、圆心、端点绘制圆弧。

(3) 起点、圆心、角度(T):指定起点、圆心、角度绘制圆弧。

(4) 起点、圆心、长度(A):指定起点、圆心、长度绘制圆弧。

(5) 起点、端点、角度(N):指定起点、端点、角度绘制圆弧。

(6) 起点、端点、方向(D):指定起点、端点、方向绘制圆弧。

(7) 起点、端点、半径(R):指定起点、端点、半径绘制圆弧。

(8) 圆心、起点、端点(C):指定圆心、起点、端点绘制圆弧。

(9) 圆心、起点、角度(E):指定圆心、起点、角度绘制圆弧。

(10) 圆心、起点、长度(L):指定圆心、起点、长度绘制圆弧。

(11) 继续(O):创建圆弧,使其相切于上一次绘制的直线或圆弧。

3. 绘制圆弧实例

下面简单介绍几种绘制圆弧的方法。

(1)“三点”绘制圆弧。

【例 11-3】根据图 11-13 绘制圆弧。

步骤如下：

(1) 单击绘图工具栏中的 按钮。

(2) 在命令行“命令：_arc 指定圆弧的起点或[同心(C)]：”的提示下，指定圆弧的第一点 A。

(3) 在命令行“指定圆弧的第二个点或[圆心(C)/端点(E)]：”的提示下，指定圆弧的第二点 B。

(4) 在命令行“指定圆弧的端点：”的提示下，指定圆弧的第三点 C，完成圆弧的绘制。

(2)“起点、圆心、端点”绘制圆弧。

【例 11-4】根据图 11-14 绘制圆弧。

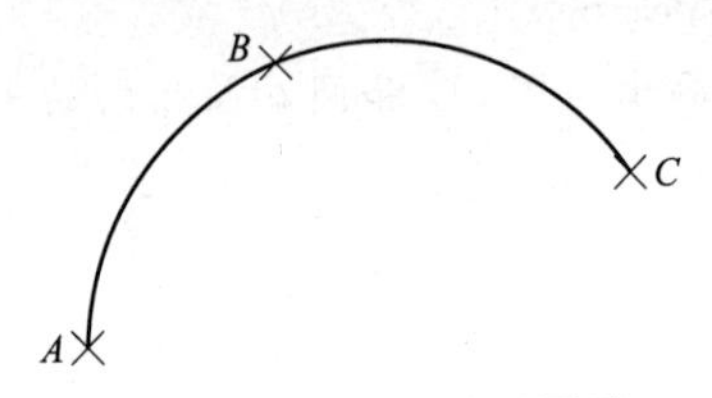

图 11-13 “三点”绘制圆弧

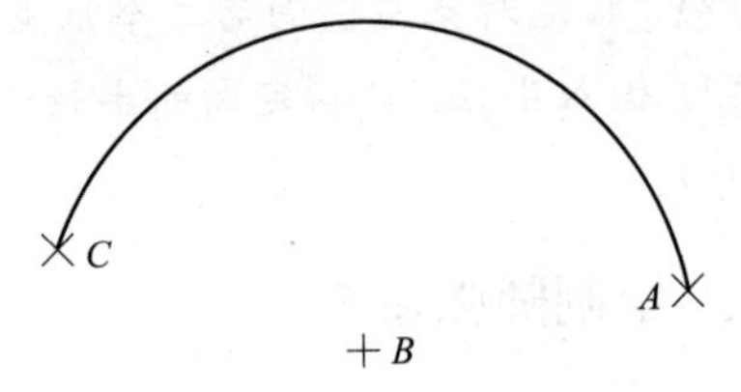

图 11-14 “起点、圆心、端点”绘制圆弧

步骤如下：

(1) 选择“绘图”→“圆弧”→“起点、同心、端点”菜单命令。

(2) 在命令行“命令：_arc 指定圆弧的起点或[同心(C)]：”的提示下，指定圆弧的起点 A。

(3) 在命令行“指定圆弧的第二个点或[圆心(C)/端点(E)]：_c 指定圆弧的圆心：”的提示下，指定圆弧的圆心 B。

(4) 在命令行“指定圆弧的端点或[角度(A)/弦长(I)：”的提示下，指定圆弧的端点 C，完成圆弧的绘制。

(3)“起点、圆心、角度”绘制圆弧。

【例 11-5】根据图 11-15 绘制圆弧。

步骤如下：

(1) 选择“绘图”→“圆弧”→“起点、圆心、角度”菜单命令。

(2) 在命令行“命令：_arc 指定圆弧的起点或[同心(C)]：”的提示下，指定圆弧的起点 A。

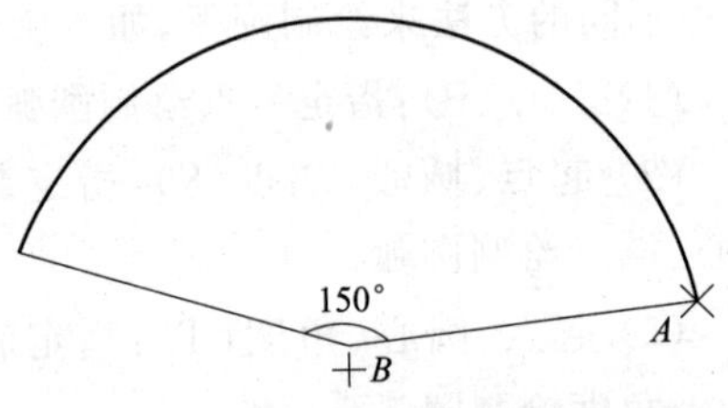

图 11-15 “起点、圆心、角度”绘制圆弧

(3) 在命令行“指定圆弧的第二个点或[圆心(C)/端点(E)]：_c 指定圆弧的圆心：”的提示下，指定圆弧的圆心 B。

(4) 在命令行“指定圆弧的端点[角度(A)/弦长(I)]：_a 指定包含角：”的提示下，输入圆弧的包含角度 150°，完成圆弧的绘制。

四、绘制矩形命令

1. 调用方法

常用的有以下 3 种方法：

(1) 单击绘图工具栏中的按钮。

(2) 在命令行中输入命令“Rectang”或“Rec”并回车。

(3) 选择“绘图”→“矩形”菜单命令。

2. 命令说明

(1) 单击按钮后，命令行中显示“指定第一个角点或[倒角(C)/标高(E)/圆角(F)/厚度(T)/宽度(W)]”，各项解释如下：

① “倒角(C)”选项：绘制一个带倒角的矩形，需要指定矩形的两个倒角距离。

② “标高(E)”选项：指定矩形所在平面的高度，默认矩形在 *XOY* 平面内，一般用于绘制三维图。

③ “圆角(D)”选项：绘制一个带圆角的矩形，需要指定圆角矩形的圆角半径。

④ “厚度(T)”选项：按照已设定的厚度绘制矩形，一般用于绘制三维图形。

⑤ “宽度(W)”选项：按照已设定的线宽绘制矩形，需要指定矩形的线宽。

(2) 指定了矩形的第一个角点后，命令行中会显示“指定另一个角点或[面积(A)/尺寸(D)/旋转(R)]”，各选项解释如下：

① “面积(A)”选项：通过指定矩形的面积的长度(或宽度)绘制矩形。

② “尺寸(D)”选项：通过指定矩形的长度、宽度和矩形另一角点的方向绘制矩形。

③ “旋转(R)”选项：通过指定旋转的角度和拾取两个参考点绘制矩形。

3. 绘制矩形实例

(1) 绘制圆角矩形。

【例 11-6】根据图 11-16 绘制带圆角的矩形。

步骤如下：

(1) 单击绘图工具栏中的按钮。

(2) 在命令行“指定第一个角点或[倒角(C)/标高(E)/圆角(F)/厚度(T)/宽度(W)]:”的提示下，输入字符 F。

(3) 在命令行“指定矩形的圆角半径＜0.0000＞:”的提示下，输入圆角半径 5。

(4) 在命令行“指定第一个角点或[倒角(C)/标高(E)/圆角(F)/厚度(T)/宽度(W)]:”的提示下，在绘图区内移动十字光标，单击指定矩形的第一个角点。

(5) 在命令行“指定另一个角点或[面积(A)/尺寸(D)/旋转(R)]:”的提示下，在绘图区内移动十字光标，单击指定矩形的另一个角点，完成圆角矩形的绘制。

(2) 绘制倒角矩形。

【例 11-7】根据图 11-17 绘制带倒角的矩形。

图 11-16　绘制圆角矩形

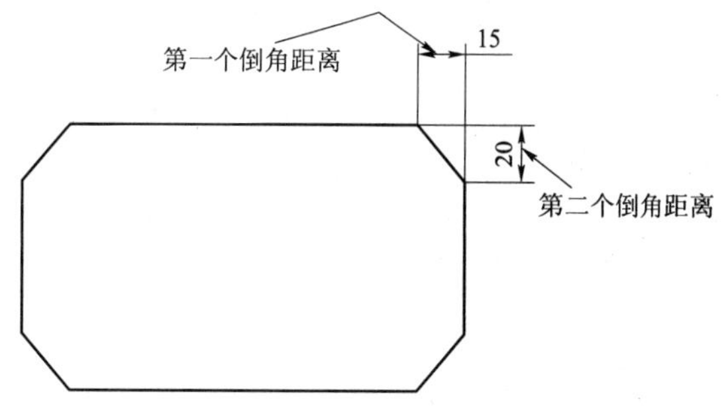

图 11-17　绘制倒角矩形

步骤如下：

(1) 单击绘图工具栏中的 按钮。

(2) 在命令行“指定第一个角点或[倒角(C)/标高(E)/圆角(F)/厚度(T)/宽度(W)]：”的提示下，输入字符C。

(3) 在命令行“指定矩形的第一个倒角距离＜10.0000＞：”的提示下，输入第一个倒角距离15。

(4) 在命令行“指定矩形的第二个倒角距离＜20.0000＞：”的提示下，输入第二个倒角距离20。

(5) 在命令行“指定第一个角点或[倒角(C)/标高(E)/圆角(F)/厚度(T)/宽度(W)]：”的提示下，在绘图区内移动十字光标，单击指定矩形的第一个角点。

(6) 在命令行“指定另一个角点或[面积(A)/尺寸(D)/旋转(R)]：”的提示下，在绘图区内移动十字光标，单击指定矩形的另一个角点，完成倒角矩形的绘制。

五、绘制正多边形命令

1. 调用方法

常用的有以下3种方法：

(1) 单击绘图工具栏中的 按钮。

(2) 在命令行中输入命令“Polygo”或“pol”并回车。

(3) 选择“绘图”→“正多边形”菜单命令。

2. 命令说明

(1) 单击 按钮后，命令行中显示“指定正多边形的中心点或[边(E)]”，指定多边形的中心点后，命令行中将显示“输入选项[内接于圆(I)/外切于圆(C)]＜I＞：”提示信息。

① “内接于圆(I)”选项：表示绘制的多边形将内接于设想的圆。

② “外切于圆(C)”选项：表示绘制的多边形将外切于设想的圆。

(2) 如果在“指定正多边形的中心点或[边(E)]”的提示下选择“边(E)”选项，则可将指定的两个点作为多边形一条边的两个端点来绘制多边形。

3. 绘制矩形实例

(1) 内接于圆法绘制正多边形。

【例11-8】 根据图11-18绘制正多边形。

步骤如下：

(1) 单击绘图工具栏中的 按钮。

(2) 在命令行“命令：_polygon 输入边的数目＜4＞：”的提示下，输入边数5。

(3) 在命令行“指定正多边形的中心点或[边(E)]：”的提示下，在绘图区内移动十字光标，单击指定正多边形的中心点。

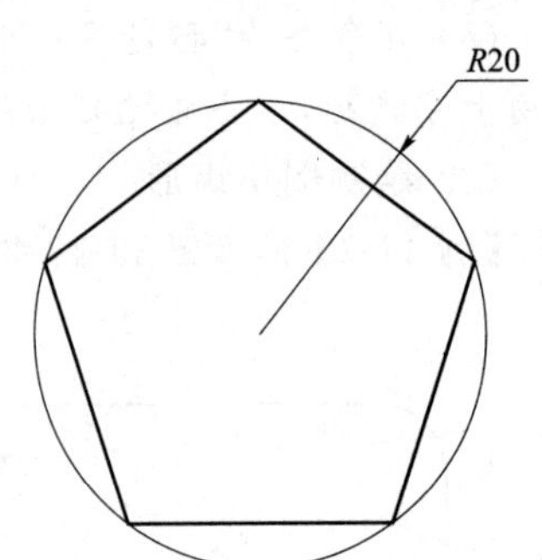

图11-18 绘制内接于圆的正五边形

(4) 在命令行“输入选项[内接于圆(I)/外切于圆(C)]＜I＞：”的提示下，输入I。

(5) 在命令行“指定圆的半径:”的提示下,输入圆的半径 20,完成绘制内接于圆的正五边形。

(2) 外切于圆法绘制正多边形。

【例 11-9】 根据图 11-19 绘制正多边形。

步骤如下:

(1) 单击绘图工具栏中的按钮。

(2) 在命令行“命令:_polygon 输入边的数目<4>”的提示下,输入边数 5。

(3) 在命令行“指定正多边形的中心点或[边(E)]:”的提示下,在绘图区内移动十字光标,单击指定正多边形的中心点。

(4) 在命令行“输入选项[内接于圆(I)/外切于圆(C)]<I>:”的提示下,输入 C。

(5) 在命令行“指定圆的半径:”的提示下,输入圆的半径 30,完成绘制外切于圆的正五边形。

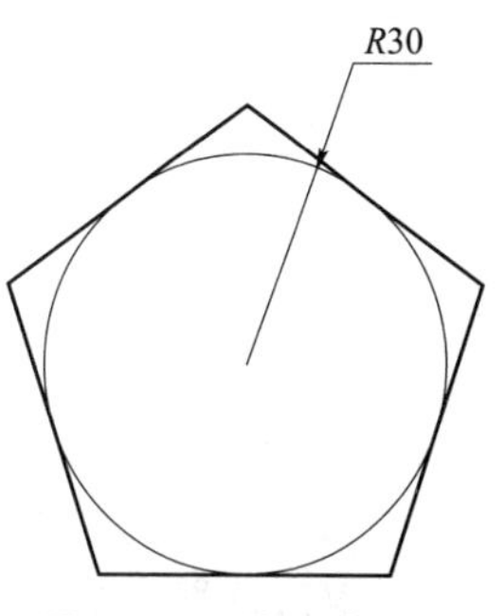

图 11-19 绘制外切于圆的正五边形

任务 3 图形编辑命令

任务目的

通过本任务的学习,要求了解 AutoCAD 中的选择对象方式,掌握 AutoCAD 常用的图形编辑命令。

任务引入

图形编辑是指对已有图形进行移动、旋转、缩放、复制、删除、恢复及各种修改操作。AutoCAD 的图形编辑功能可以帮助用户合理构图,准确作图,减少绘图的重复操作,提高绘图的工作效率。

本任务主要包括选择对象方式;图形编辑命令。

知识准备

一、选择对象方式

在 AutoCAD 中,可以对简单的对象进行编辑:先选择对象,然后选择编辑的方法。当某个对象被选中时,它会高亮显示,同时被选对象的要点上会出现“夹点”小方框。选择对象有下列几种常用的方式:

1. 单击选取方式

单击选取方式是将鼠标置于要选取的对象的边线上并单击,如图 11-20 所示。按住 Shift 键不放,可以单击选择多个对象。单击选取的优点是选取对象的操作方便、直观,缺点是效率不高、精确度低。

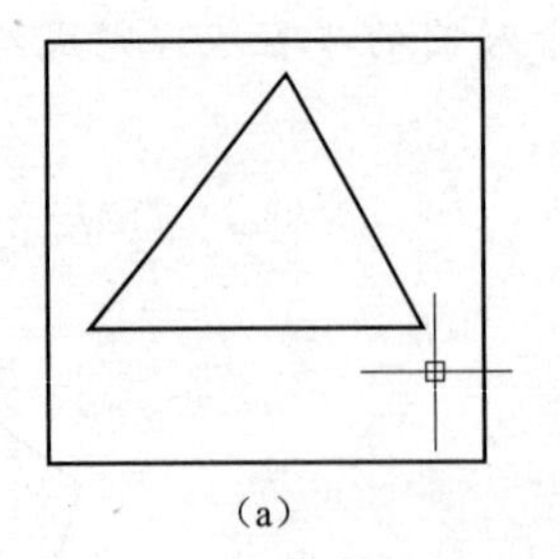

(a)

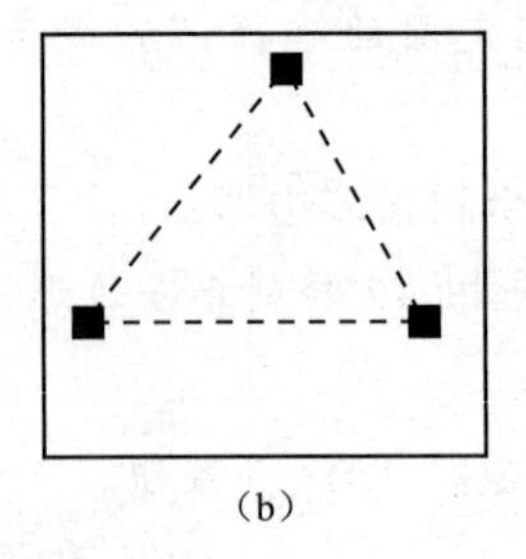

(b)

图 11-20 单击选取方式

(a) 单击前;(b) 单击后

2. 窗口选取方式

移动十字光标,在绘图区内某处单击,从左向右拖动鼠标,就产生了一个矩形选择窗口(边线为实线,窗口内为蓝色)。在矩形选择窗口的另一个对角点单击,此时便选中了整体位于矩形窗口内的对象。窗口选取方式只能选择完全在矩形窗口中的对象,如图 11-21 所示。

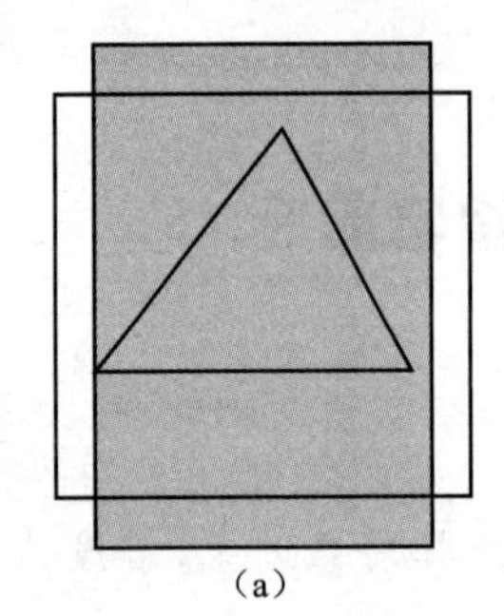

(a)

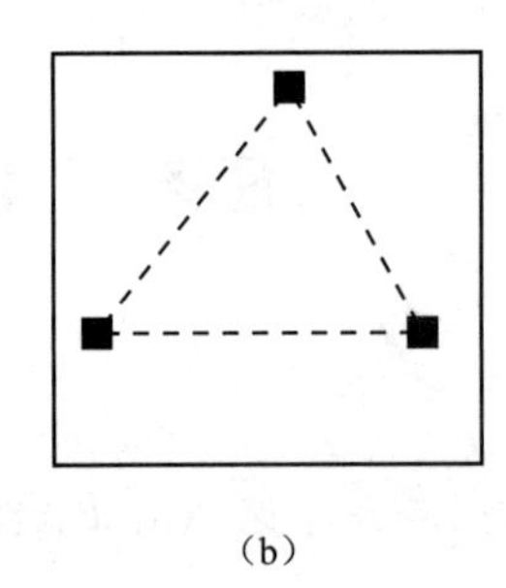

(b)

图 11-21 窗口选取方式

(a) 选取前;(b) 选取后

3. 窗口交叉选取方式

移动十字光标。在绘图区内某处单击,从右向左拖动鼠标,也产生了一个矩形选择窗口(边线为虚线,窗口内为绿色)。在矩形选择窗口的另一个对角点单击,此时便选中了矩形窗口中的对象。窗口交叉选取方式不仅能选择完全在矩形窗口中的对象,而且能选择部分在矩形窗口中的对象,如图 11-22 所示。

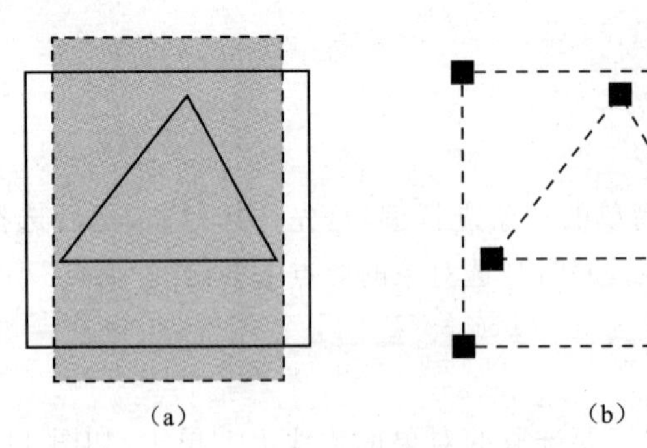

(a) (b)

图 11-22 窗口交叉选取方式

(a) 选取前;(b) 选取后

二、图形编辑命令

在对图形进行编辑的过程中，可以非常方便地应用右侧的工具栏进行操作，下面对图形编辑过程中的常用命令进行简单的介绍。

1. 删除

选择“修改”→“删除”命令，或者在右侧工具栏中单击按钮，或者在命令行中输入字符“ERASE”，都可以将选中的对象删除。

在一般情况下，当发出“删除”命令后，需要选择要删除的对象，然后按回车键或空格键结束对象选择，同时删除已选择的对象。如果在“选项”对话框的“选择”选项卡中，选中了“选择模式”选项区域中的“先选择后执行”复选框，就可以先选择对象，然后单击按钮进行删除。

2. 移动

选择“修改”→“移动”命令，或者在右侧工具栏中单击按钮，或者在命令行中输入字符“MOVE”，都可以将选中的对象进行移动操作，移动操作只会改变对象的位置，而不能改变其方向和大小。

如图 11-23 所示，移动图形中的三角形，步骤如下：

(1) 单击右侧工具栏中的按钮。

(2) 在命令行“选择对象：”的提示下，选择三角形，按回车键结束对象的选取。

(3) 在命令行“指定基点或[位移(D)]＜位移＞：”的提示下，单击三角形的左下角点。

(4) 根据命令行提示“指定第二个点或＜使用第一个点作为位移＞：”，移动光标到指定位置，单击即完成移动。

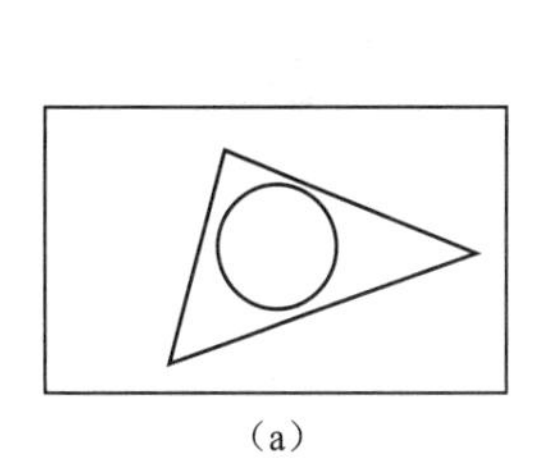
(a)

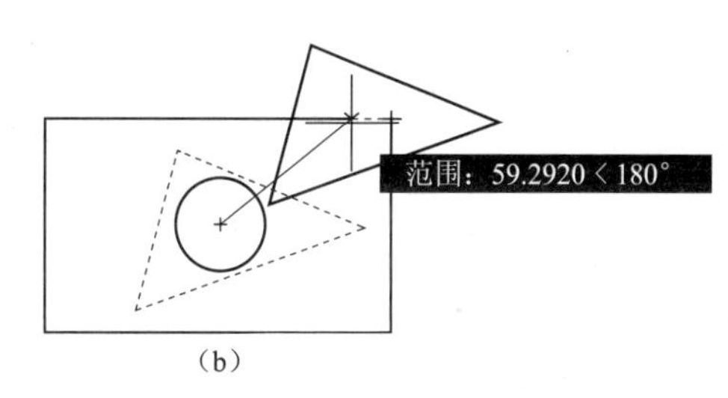

(b)

图 11-23 移动操作

(a) 移动前；(b) 移动后

3. 旋转

选择“修改”→“旋转”命令，或者在右侧工具栏中单击按钮，或者在命令行中输入字符“ROTATE”或“RO”，可以将选中的对象绕基点旋转指定的角度。

如图 11-24 所示，旋转图形中的三角形，步骤如下：

(1) 单击右侧工具栏中的按钮。

(2) 在命令行“选择对象：”的提示下，选择三角形，按回车键结束对象的选取。

(3) 在命令行“指定基点：”的提示下，单击三角形的中心点。

(4) 在命令行“指定旋转角度，或[复制(C)/参照(R)＜0＞]：”的提示下，移动光标到指定位置，单击即完成旋转(也可以输入旋转角度值)。

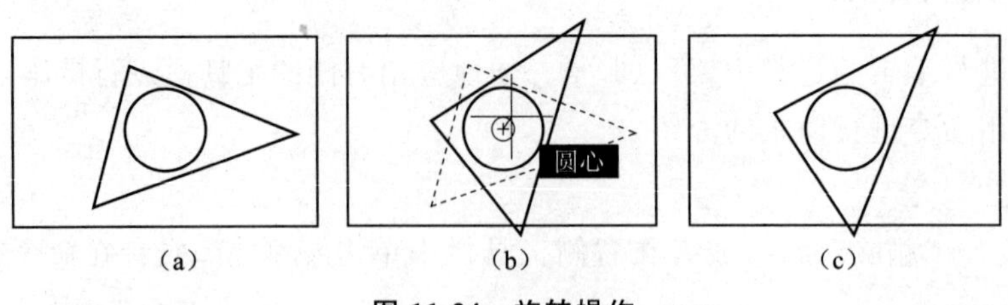

图 11-24　旋转操作

(a) 旋转前；(b) 旋转中；(c) 旋转后

4. 复制

选择“修改”→“复制”命令，或者在右侧工具栏中单击按钮，或者在命令行中输入字符“COPY”或“CO”，可以将选中的对象复制出副本，并放置到指定位置。

如图 11-25 所示，将图形复制多个副本，步骤如下：

(1) 单击右侧工具栏中的按钮。

(2) 在命令行“选择对象：”的提示下，选择三角形及圆，按回车键结束对象的选取。

(3) 在命令行“指定基点或[位移(D)]＜位移＞：”的提示下，单击三角形的左下角点。

(4) 在命令行“指定第二点或[退出(E)/放弃(U)]＜退出＞：”的提示下，移动十字光标，移动光标到指定位置，单击即复制了一个副本。

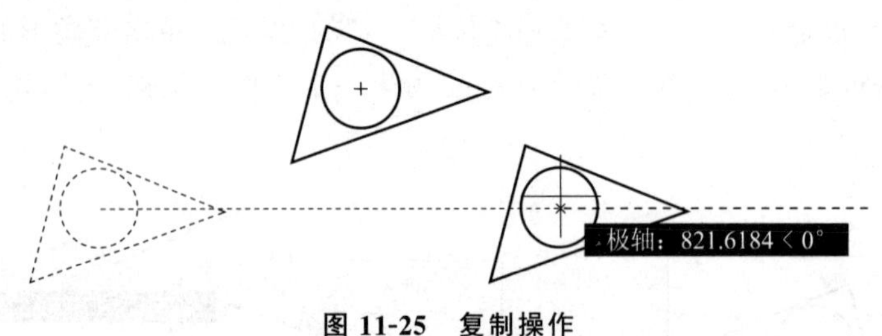

图 11-25　复制操作

5. 偏移

选择“修改”→“偏移”命令，或者在右侧工具栏中单击按钮，或者在命令行中输入字符“OFFSET”或“O”，可以将选中的对象进行偏移复制来创建平行线或等距离分布图形。

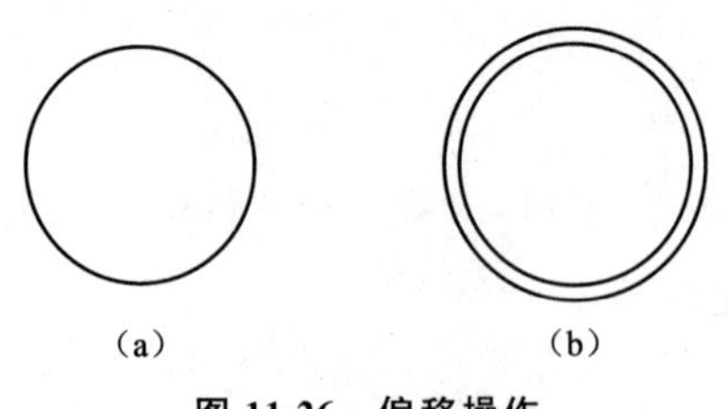

图 11-26　偏移操作

(a) 偏移前；(b) 偏移后

如图 11-26 所示，将圆进行偏移操作，步骤如下：

(1) 单击右侧工具栏中的按钮。

(2) 在命令行“指定偏移距离或[通过(T)/删除(E)/图层(L)]＜通过＞：”的提示下，输入要偏移的距离 20，并按回车键。

(3) 在命令行“选择要偏移的对象，或[退出(E)/放弃(U)]＜退出＞：”的提示下，选取圆。

(4) 在命令行“指定要偏移的那一侧上的点，或[退出(E)/多个(M)/放弃(U)]＜退出＞：”的提示下，移动十字光标到圆外，单击即完成一次偏移。此时命令并没有退出，可以继续选择圆并进行偏移。若想退出命令,可以按 Esc 键。

6. 镜像

选择“修改”→“镜像”命令,或者在右侧工具栏中单击按钮,或者在命令行中输入字符“MIRROR”或“MI”,可以将选中的对象以镜像线对称复制。

如图 11-27 所示,镜像图形中的几何图形,步骤如下:

(1) 单击右侧工具栏中的按钮。

(2) 在命令行“选择对象:”的提示下,选择镜像线左侧的图形,按回车键结束选取。

(3) 在命令行“指定镜像线的第一点:”的提示下,选择镜像线上的一个点。

(4) 在命令行“指定镜像线的第二点:”的提示下,选择镜像线上的另一个点。

(5) 在命令行“要删除源对象吗?[是(Y)/否(N)]<N>:”的提示下,若输入 N,则不删除左侧的源对象,生成的图形如图 11-27(b)所示;若输入 Y,则删掉左侧的源对象,生成的图形如图 11-27(c)所示。

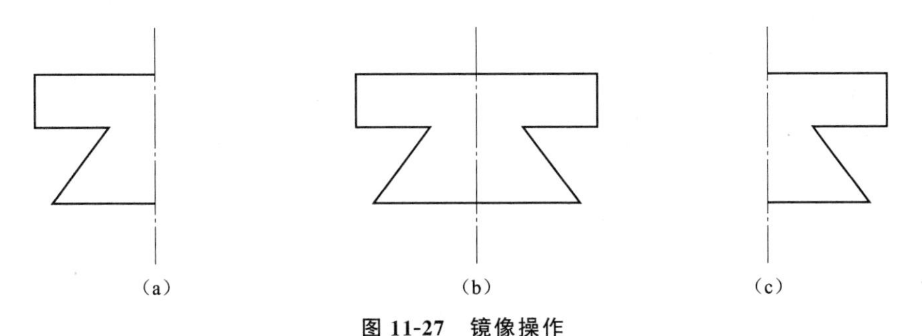

图 11-27 镜像操作

(a) 镜像前;(b) 不删除源对象;(c) 删除源对象

7. 阵列

选择“修改”→“阵列”命令,或者在右侧工具栏中点击按钮,或者在命令行中输入字符“ARRAY”或“A”,打开“阵列”对话框。在此对话框中,可以选择以矩形阵列(如图 11-28 所示)或环形阵列(如图 11-29 所示)的方式复制对象。

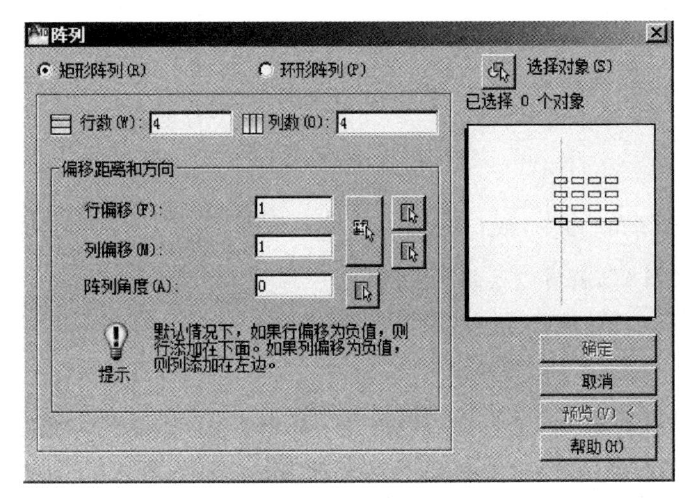

图 11-28 矩形阵列

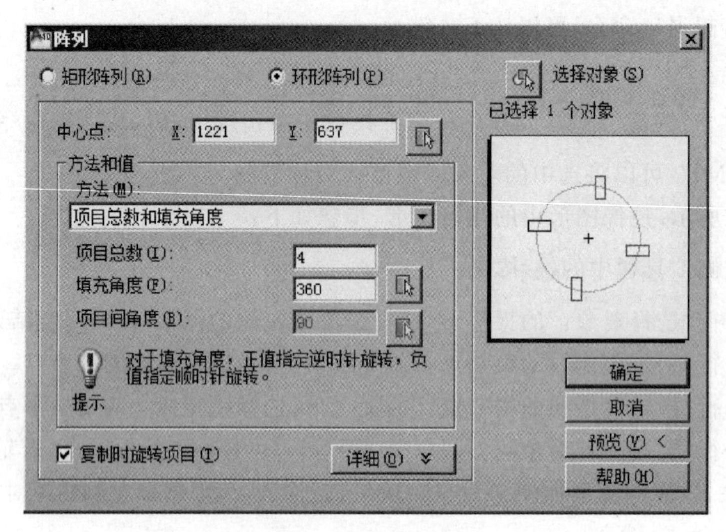

图 11-29 环形阵列

如图 11-30 所示，将小圆进行环形阵列，步骤如下：

(1) 单击右侧工具栏中的按钮。

(2) 在“阵列”对话框中，单击“选择对象(S)”按钮，选择小圆，按回车键结束对象的选取。

(3) 在“阵列”对话框中的“项目总数”文本框中输入 8。

(4) 在“阵列”对话框中，单击按钮，选择中心点，单击“确定”按钮完成阵列。

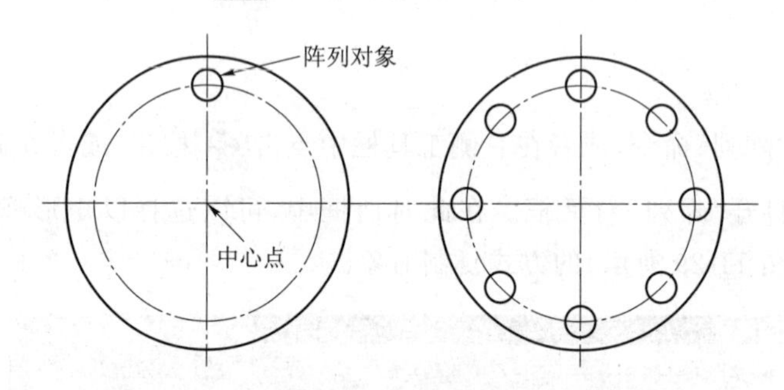

图 11-30 环形阵列

8. 倒角

选择“修改”→“倒角”命令，或在右侧工具栏中单击按钮，或者在命令行中输入字符“CHAMFER”或“CHA”，就可以绘制对象倒角。

如图 11-31 所示，对对象进行倒角操作，步骤如下：

(1) 单击右侧工具栏中的按钮。

(2) 在命令行“选择第一条直线或[放弃(U)/多段线(P)/距离(D)/角度(A)/修剪(T)/方式(E)/多个(M)]:”的提示下，输入 D,并按回车键。

(3) 在命令行“指定第一个角距离＜0.0000＞:”的提示下,输入4。

(4) 在命令行“指定第二个角距离＜2.0000＞:”的提示下,输入4。

(5) 在命令行“选择第一条直线或[放弃(U)/多段线(P)/距离(D)/角度(A)/修剪(T)/方式(E)/多个(H)]:”的提示下,选择一条边线。

(6) 在命令行“选择第二条直线,并按住Shift键选择要应用角点的直线:”的提示下,选择另一条边线,就创建了一个倒角。重复倒角命令,创建短轴的倒角图如图11-31(b)所示。

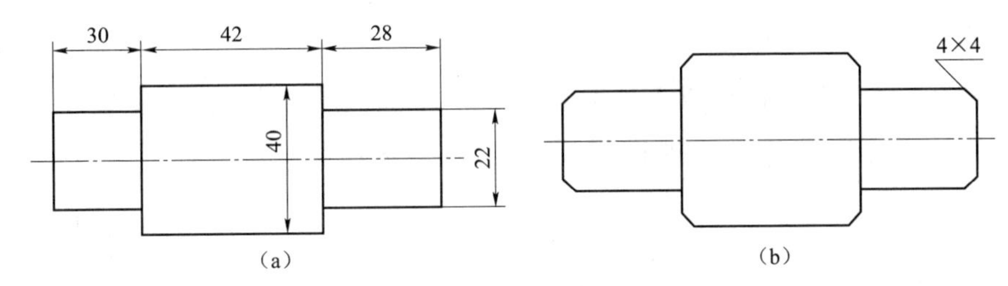

图11-31 倒角操作

9. 圆角

选择“修改”→“圆角”命令,或在右侧工具栏中单击按钮,或者在命令行中输入字符“FILLET”,就可以绘制对象圆角。

如图11-32所示,进行圆角操作,步骤如下:

(1) 单击右侧工具栏中的按钮。

(2) 在命令行“选择第一个对象或[放弃(U)/多段线(P)/半径(R)/修剪(T)多个(M)]:”的提示下,输入R,并按回车键。

(3) 在命令行“指定圆角半径＜10.0000＞:”的提示下,输入4。

(4) 在命令行“选择第一个对象或[放弃(U)/多段线(P)/半径(R)/修剪(T)多个(M)]:”的提示下,选择一条边线。

(5) 在命令行“选择第二个对象,或按住Shift键选择要应用角点的对象:”的提示下,选择另一条边线,就创建了一个圆角。重复圆角命令,创建短轴的圆角如图11-32所示。

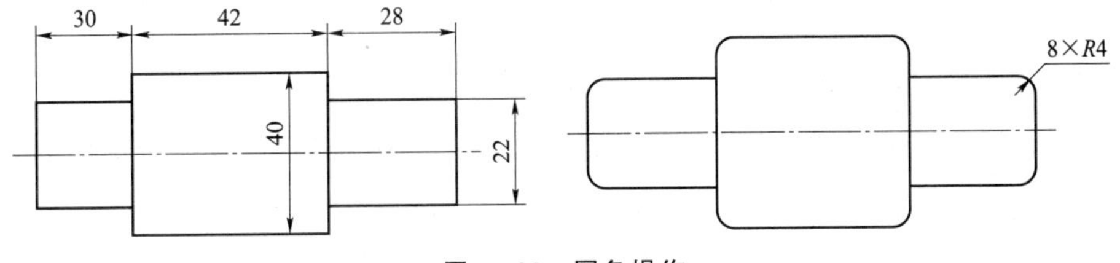

图11-32 圆角操作

10. 打断

选择“修改”→“打断”命令,或者在右侧工具栏中单击按钮,或者在命令行中输入字符“BREAK”或“BR”,就可以将对象断开或部分删除。

在默认情况下,以选择对象时的拾取点作为第一个断点,需要另外指定第二个断点。如果直接选取对象上的另一个点或者在对象的一端之外拾取一点，将删除对象上位于两个拾取点之间的部分。在确定第二个断点时，如果在命令行输入@，可以使第一个断点与第二个断点重合，从而将对象分开。在对矩形、圆等封闭图形使用打断命令时，AutoCAD 默认沿逆时针方向把第一个断点到第二个断点之间的直线段或圆弧删除。

11. 打断于点

在右侧工具栏中单击按钮，就可以将对象的某一处断开，并没有进行删除。“打断于点”与“打断”命令的功能相似，这里不再赘述。

12. 分解

选择“修改”→“分解”命令，或者单击右侧工具栏中的按钮，或在命令行中输入字符“EXPLODE”，选择图形对象后按回车键，就可以分解该图形对象。

13. 修剪

选择“修改”→“修剪”命令，或者在右侧工具栏中单击按钮，或在命令行中输入字符“TRIM”，就可以以某一个对象为剪切边修剪其他对象。

如图 11-33 所示，进行修剪操作，步骤如下：

(1) 单击右侧工具栏中的按钮。

(2) 在命令行“选择对象”的提示下，选择如图 11-33(a)所示的剪切边，并按回车键。

(3) 在命令行“选择要修剪的对象，或按住 Shift 键选择要延伸的对象，或[栏选(F)/窗交(C)/投影(P)/边(E)/删除(R)/放弃(U)]:”的提示下，选择要修剪的对象，如图 11-33(b)所示，即完成修剪操作。

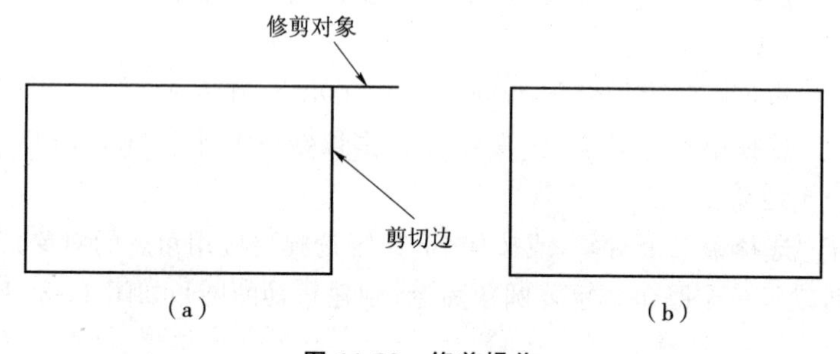

图 11-33 修剪操作

14. 延伸

选择“修改”→“延伸”命令，或者在右侧工具栏中单击按钮，或者在命令行中输入字符“EXTEND”，可以延长指定对象与另一对象相交。

如图 11-34 所示，将直线进行延伸操作，步骤如下：

(1) 单击右侧工具栏中的按钮。

(2) 在命令行“选择对象:”的提示下，选择如图 11-34(a)所示的参照边，并按回车键。

(3) 在命令行“选择要延伸的对象，或按住 Shift 键选择要修剪的对象，或[栏选(F)/窗交(C)/投影(P)/边(E)/放弃(U)]:”的提示下，选择要延伸的对象，如图 11-34(b)所示，即完成延伸操作。

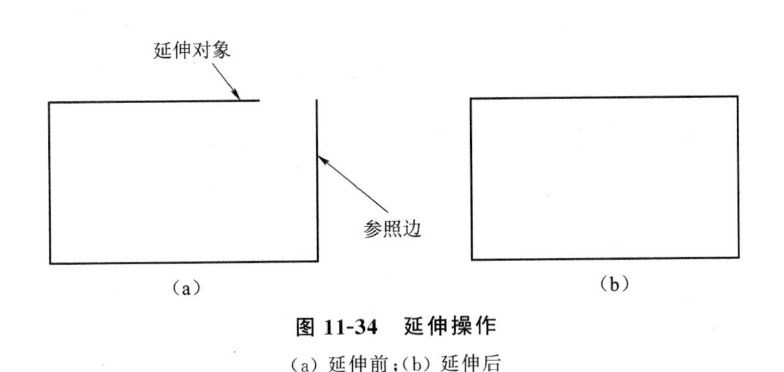

图 11-34 延伸操作

(a) 延伸前;(b) 延伸后

任务 4 辅助绘图命令

任务目的

通过本任务的学习,要求理解 AutoCAD 的各种辅助绘图命令,重点掌握 AutoCAD 中图层的使用。

任务引入

在 AutoCAD 中设计和绘图时,如果对图形要求不高,可以大致输入图形的尺寸。但是,多数图形对尺寸要求较高,必须根据指定的尺寸绘图。这时可以使用系统提供的辅助绘图工具。

本任务主要包括辅助绘图工具;图层及其管理;图形显示工具。

知识准备

一、辅助绘图工具

1. 栅格和捕捉栅格点

栅格是显示在图形界限内的一种位置参考坐标,是由用户控制是否可见而不能打印出来的点构成的精确定位的网格,与坐标系相似。栅格可以用来帮助定位,对于提高绘图精度和速度有很大帮助。打开和关闭栅格及栅格捕捉的方法有以下几种:

(1)状态栏:单击状态栏中的“栅格”和“捕捉”按钮。

(2)功能键:按 F7 键可以打开或关闭栅格,按 F9 键可以打开或关闭捕捉。

(3)命令行:在命令行窗口中输入栅格命令“Grid”。

(4)菜单栏:选择“工具”→“草图设置”命令,打开“草图设置”对话框。在“捕捉和栅格”选项卡中,选择或取消“启用捕捉”和“启用栅格”复选框,如图 11-35 所示。

使用“草图设置”对话框中的“捕捉和栅格”选项卡,可以设置捕捉和栅格的相关参数,在此不再详述。

2. 正交模式

在正交模式下绘图,可以准确地绘制出水平和垂直的直线,可以用以下方法打开或关闭正交模式:

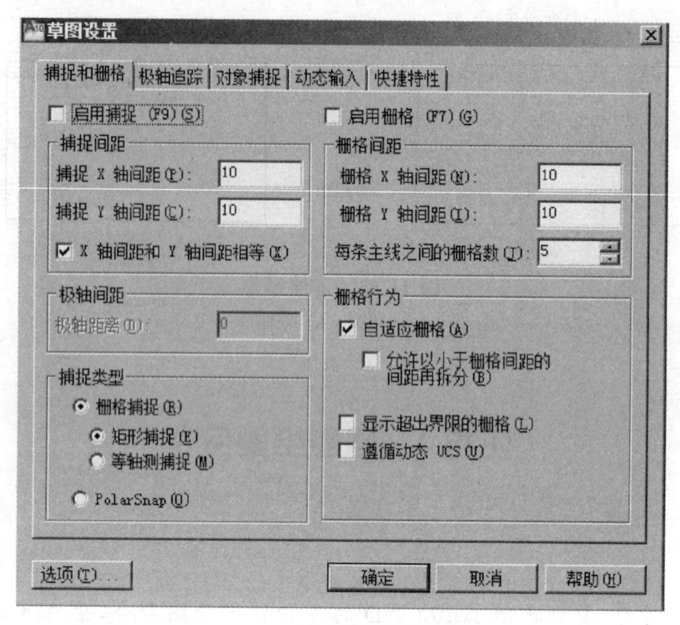

图 11-35 “草图设置”对话框

(1)状态栏:单击状态栏中的“正交”按钮,正交模式在打开与关闭之间切换。

(2)功能键:按 F8 键可以在打开或关闭正交模式之间切换。

(3)命令行:在命令行窗口中输入正交命令“ORTHO”。

3. 对象捕捉

在使用 AutoCAD 绘制图形时常常会需要拾取某些特征点,如端点、中点、圆心、交点等,凭眼睛看来拾取这些特征点是不准确的。AutoCAD 提供了对象捕捉功能来捕捉对象上这些特定的几何点,以便快速、精确地绘图。

对象捕捉的方式有两种:一种是临时对象捕捉方式;另一种是自动对象捕捉方式。下面分别介绍这两种对象捕捉方式。

(1) 临时对象捕捉方式。在工具栏上单击鼠标右键,选中“对象捕捉”命令,“对象捕捉”工具栏将出现在屏幕上,工具栏中各图标按钮的意义如图 11-36 所示。从左至右依次为临时追踪点、捕捉自、端点、中点、交点、外观交点、延长线、圆心、象限点、切点、垂足、平行线、插入点、节点、最近点、无捕捉、对象捕捉设置点。

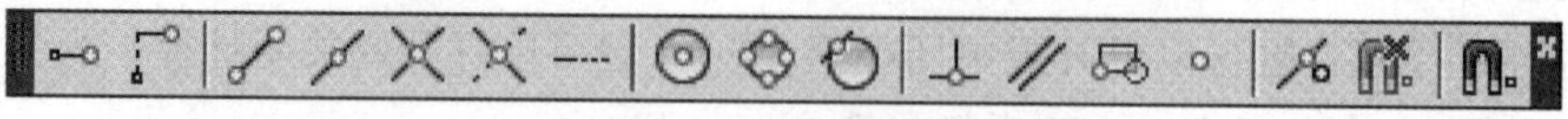

图 11-36 对象捕捉工具栏

在绘图过程中,当用户需要捕捉特征点时,单击对象捕捉工具栏中的相应图标按钮,再把光标移到要捕捉的对象上的特征点附近,即可准确地捕捉到相应的特征点。

临时对象捕捉方式只一次有效,也就是说,在使用了一次捕捉后,下一次使用时,还要单击相应的按钮。

(2) 自动对象捕捉方式。设置了自动对象捕捉功能之后,在绘图过程中将会一直保持着自动对象捕捉状态,直到用户关闭。自动对象捕捉功能需要通过“草图设置”对话框来进行设置。选择“工具”菜单栏中的“草图设置”命令,打开“草图设置”对话框。选择“对象捕捉”选项卡,如图 11-37 所示,在其中完成设置。

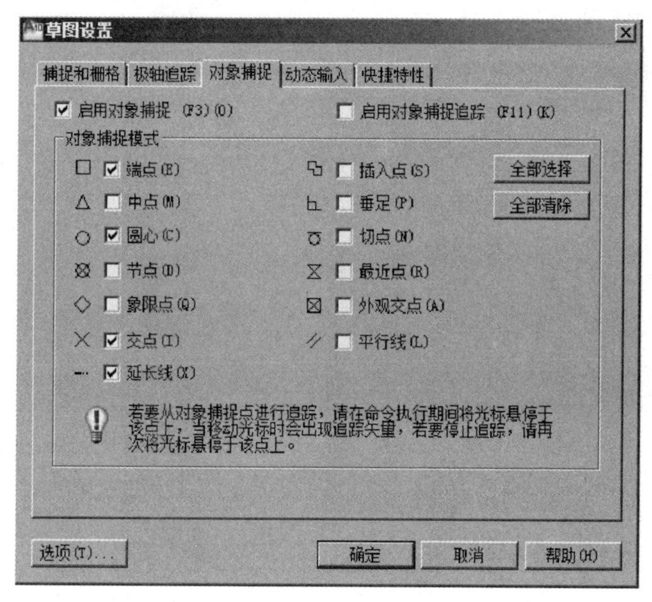

图 11-37 自动对象捕捉

AutoCAD2010 提供了 13 种捕捉方式,要启动相应的捕捉方式,只需要选中对应的复选框即可。

单击状态行中的“对象捕捉”图标按钮,可以打开或关闭对象捕捉模式。注意:对象捕捉功能只有在配合绘图命令过程中才起作用。

4. 自动追踪

在按指定角度绘制图形对象或与其他图形对象有特定关系的对象时,使用自动追踪功能可以快速而准确地定位,从而提高绘图效率。因此,自动追踪功能是非常有用的绘图辅助工具。自动追踪有极轴追踪和对象捕捉追踪两种功能。

(1) 极轴追踪。极轴追踪是指在系统要求指定一个点时,按照事先设置的角度增量显示一条无限延长的辅助线,沿该辅助线即可追踪得到光标点。例如,绘制一段长度为 100、与 X 轴成 30°角的直线,用极轴追踪功能实现起来会很方便。

极轴追踪参数可以在“草图设置”对话框的“极轴追踪”选项卡中设置,如图 11-38 所示。

在“极轴追踪”选项卡中,将增量角设置为 30°,启动绘制直线命令。指定起点后,当移动光标接近 30°或者以 30°为增量的角度时,在屏幕上 30°角方向就会出现一条辅助线,并同时显示追踪提示。追踪提示给出了距离和角度值,如图 11-39 所示。沿着辅助线移动光标,直到提示显示距离为 100(直接输入距离 100),此时光标所在的点即是所希望获取的点。

单击状态栏上的“极轴”图标按钮,可以实现打开或关闭极轴追踪。

(2) 对象捕捉追踪。在绘制对象过程中,如果事先不知道具体的追踪方向,但知道与其他对象的某种关系,此时即可使用对象捕捉追踪。使用对象捕捉追踪可以沿着基于对象捕捉点的对齐路径进行追踪。例如,可以沿着基于对象端点、中点或两个对象交点的路径选择一个点。

如图 11-40 所示,已知直线 AB,欲绘制另一条直线 CD,使 D 点在 B 点的水平延长线上。

开始使用对象追踪绘制直线 CD[如图 11-40(a)所示]。为获得捕捉点,在另一条直线的端点 B 上移动光标[如图 11-40(b)所示]。然后沿水平路径移动光标,确定所画直线的另一个端点 D[如图 11-40(c)所示]。

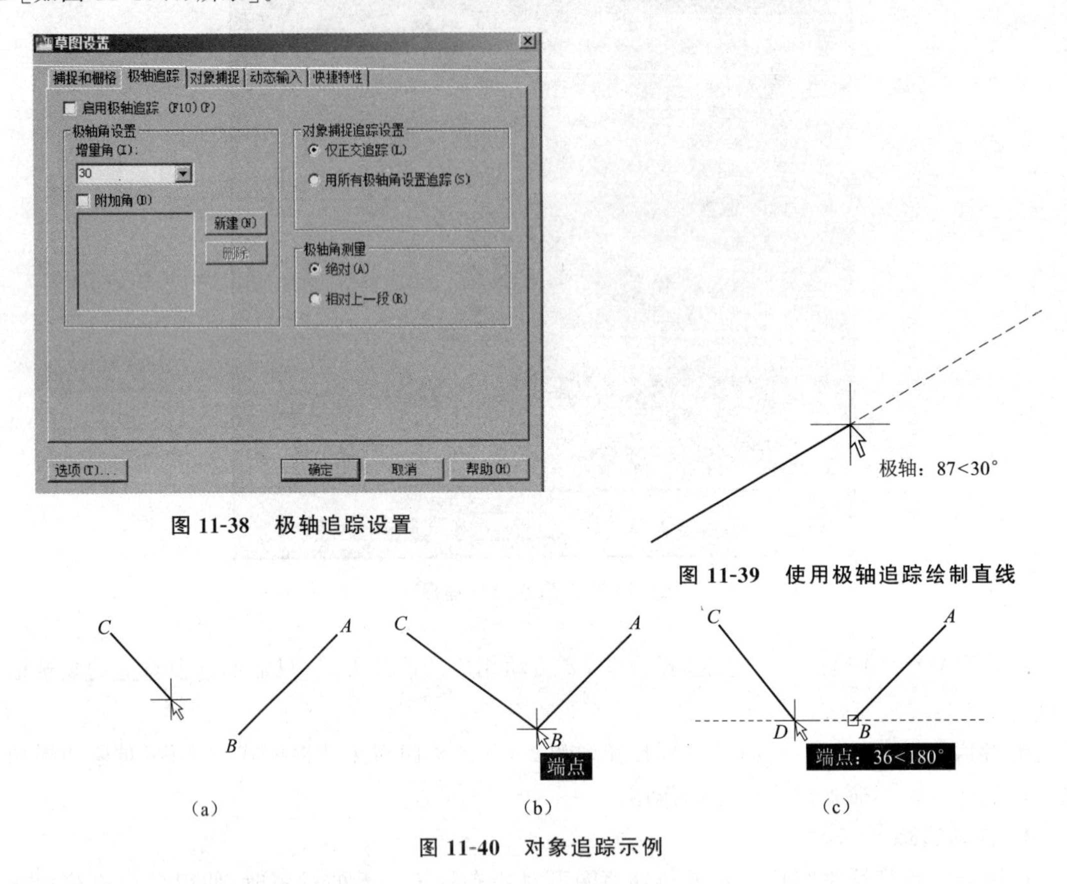

图 11-38　极轴追踪设置

图 11-39　使用极轴追踪绘制直线

图 11-40　对象追踪示例

单击状态栏中的“对象追踪”图标按钮,可以实现打开或关闭对象追踪。

二、图层及其管理

1. 图层概念

图层相当于图纸绘图中使用的重叠透明图纸,这是 AutoCAD 中的主要组织工具。在机械、建筑等工程制图的图形中,主要包括基准线、轮廓线、剖面线、虚线、文字说明及尺寸标注等元素。如果用图层来管理,不仅能够使图形的各种信息清晰、有序,而且会给图形的编辑、修改和输出带来方便。

2. 图层特性管理器

选择菜单栏中的“格式”→“图层”命令,打开“图层特性管理器”对话框,如图 11-41 所示。在该对话框左侧的“过滤器”树列表中显示了当前图形中所有使用的图层、组过滤器。在图层列表中,显示了图层的详细信息。

3. 新建图层

在开始绘制新图形时,AutoCAD 将创建一个名为 0 的特殊图层。在默认情况下。图层 0 将被指定使用 7 号颜色。图层 0 不能被删除和重命名。在没有建立新层之前,所有的操作都

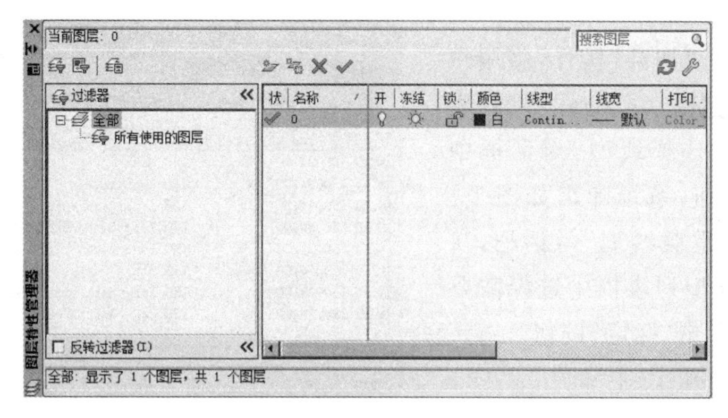

图 11-41 “图层特性管理器”对话框

在此层上进行。在绘图工程中,如果用户要使用更多的图层来组织自己的图形,就需要新建图层。在“图层特性管理器”对话框中,单击“新建图层”按钮,就在图层列表中创建了一个名称为“图层 1”的新图层。在默认情况下,新建图层与当前图层的状态、线型、线宽、颜色等设置相同。图层的命名、线型、线宽、颜色没有统一的标准,因此,在设置图层参数时,用户应该有一个统一的规范,以方便交流和协作。

4. 图层颜色的设置

颜色在图形中具有非常重要的作用,可用来表示不同的功能和区域。图层的颜色就是图层中图形对象的颜色。对不同的图层,可以设定相同的颜色,也可以设置不同的颜色。如果设置不同的颜色,那么绘制复杂的图形时就可以很容易区分图形的各个部分。

若要改变某一图层的颜色,在“图层特性管理器”对话框中,单击该图层“颜色”属性项,系统弹出“选择颜色”对话框,如图 11-42 所示,为该图层选择一种颜色后,单击“确定”按钮退出。

5. 设置图层线型

图层线型是指图层上图形对象的线型,如虚线、点画线、实线等。在使用 AutoCAD 进行工程制图时,可以使用不同的线型来区分不同的对象。

在默认情况下,图层的线型设置为 Continuous(实线)。若要改变线型,可以在图层列表中单击某个图层的“线型”属性项,系统弹出如图 11-43 所示的“选择线型”对话框。在“已加载的线型”列表框中选择一种线型,然后单击“确定”按钮。

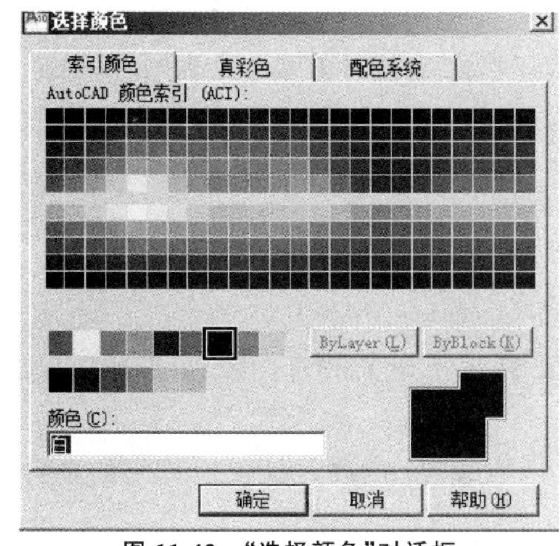

图 11-42 “选择颜色”对话框

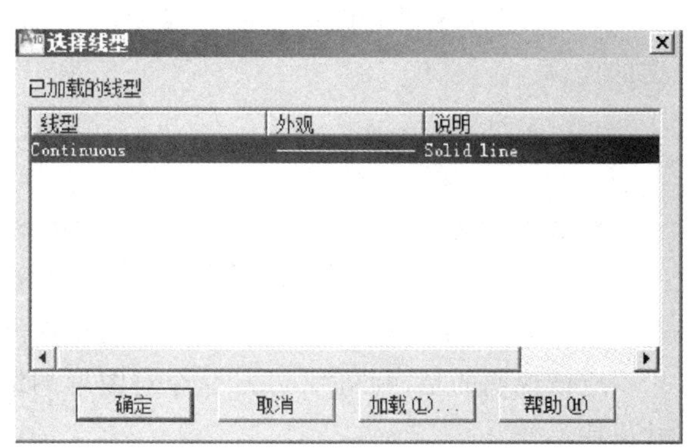

图 11-43 “选择线型”对话框

如果已加载的线型中缺少用户需要的线型，则需要进行“加载”操作，将用户需要的线型添加到“已加载的线型”列表框中。此时，单击“选择线型”对话框中的“加载(L)...”按钮，系统弹出如图 11-44 所示的“加载或重载线型”对话框，从当前线型文件的线型列表框中选择需要加载的线型，然后单击“确定”按钮。

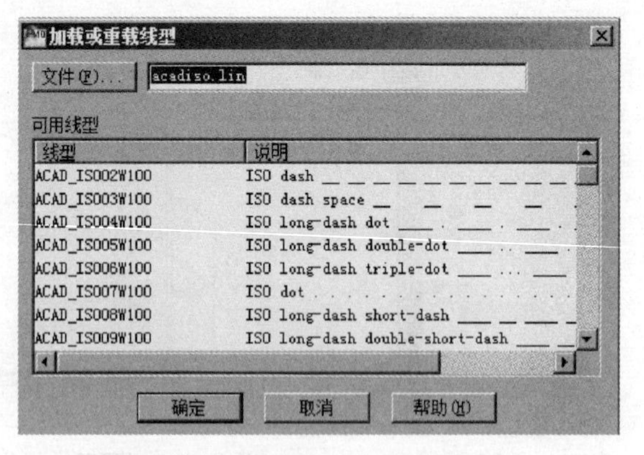

图 11-44 “加载或重载线型”对话框

6. 设置线型比例

系统除了提供实线线型外，还提供了大量的非连续线型。在 AutoCAD 中，可以通过设置线型比例来改变非连续线型的外观。选择菜单栏中的“格式”→“线型”命令，弹出“线型管理器”对话框，如图 11-45 所示，可以设置图形中的线型比例。

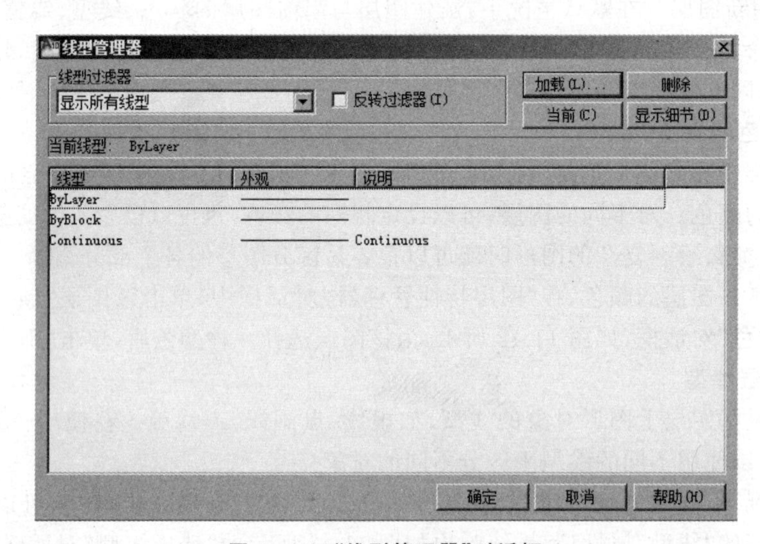

图 11-45 “线型管理器”对话框

“线型管理器”对话框显示了当前的线型列表。在线型列表中选择了某一线型后，可以在“详细信息”选项区域中设置线型的“全局比例因子”和“当前对象缩放比例”。其中，“全局比例因子”用于设置图形中所有线型的比例，“当前对象缩放比例”用于设置当前选中线型的比例。

三、图形显示工具

1. 缩放视图

在绘制工程图过程中，常常会需要将实体的某个局部放大，以便详细观察、设计。为此，AutoCAD 提供了“Zoom”命令来放大或缩小视图。

应该说明的是，利用“Zoom”命令对图形的缩放只是视觉上的放大和缩小，图形的真实尺寸保持不变。

调用“Zoom”命令的方法有以下几种：

(1)菜单栏：选择“视图”菜单的“缩放”子菜单中的命令。

(2)工具栏：按“缩放”工具栏中的相关图标按钮，如 、 。

(3)命令行：在命令行中输入缩放命令“Zoom”。

如图 11-46 所示为“缩放”下拉菜单，下面仅对常用的缩放选项做一介绍。

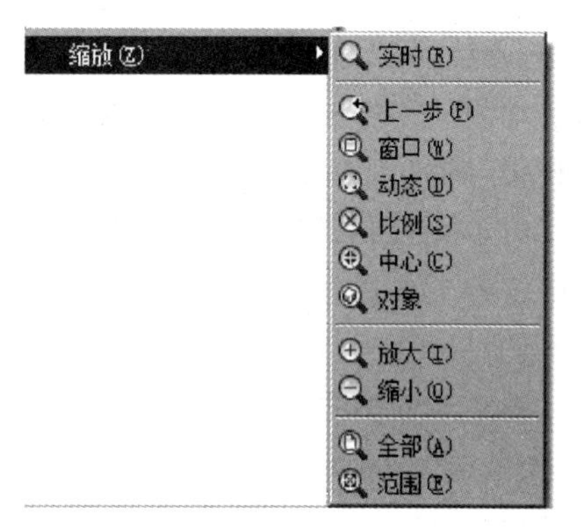

图 11-46 “缩放”下拉菜单

(1)窗口。通过指定要查看区域的两个对角定义一个矩形，将矩形窗口中的图形放大。

(2)实时。在图形窗口中按住左键后向下移动鼠标指针，图形将会缩小；反之，向上移动鼠标，图形将会放大。如果使用带滚轮鼠标，则滚动滚轮可以实现同样的功能。

(3)全部：在图形界限范围内显示当前全部图形。如果图形超出了图形界限，则图形充满整个图形窗口。

(4)范围：在屏幕上尽可能大地显示所有图形，使图形充满整个图形窗口。

2. 平移视图

AutoCAD 为用户提供了“Pan”命令，可以方便地查看落在显示窗体外的图形对象。这种平移方式比使用窗口滚动条来查看窗口外的图形对象方便、快捷得多。

平移视图就如同一张图纸放在窗口中移来移去一样，图形本身的坐标位置并未改变。

调用“Pan”命令的方法有以下几种：

(1)菜单栏：选择“视图”菜单的“平移”子菜单中的命令。

(2)工具栏：按“平移”工具栏中的相关图标按钮，如 。

(3)命令行：在命令行中输入缩放命令“Pan”。

任务 5 基本尺寸标注命令

任务目的

通过本任务的学习，要求理解 AutoCAD 的基本尺寸标注命令，重点掌握 AutoCAD 中线型尺寸、半径、直径、角度及公差的标注。

任务引入

尺寸标注是绘图中的一项重要内容，用于表示定位图形的大小、形状，是图形识读的主要依据。本任务主要介绍几种基本尺寸标注命令。

本任务主要包括尺寸标注简介；尺寸标注命令。

知识准备

一、尺寸标注简介

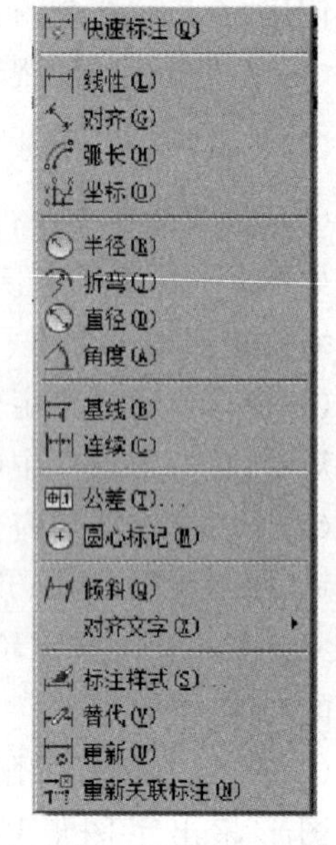

图 11-47 “标注”下拉菜单

尺寸标注是绘图中的一项重要内容，它用于表示定位图形的大小、形状，是图形识读的主要依据。AutoCAD 的尺寸标注命令可自动测量并标注图形，因此，绘图时一定要力求准确，并善于运用栅格、捕捉、正交模式及捕捉等定位工具。

由于标注类型较多，AutoCAD 把标注命令和标注编辑命令集中安排在“标注”下拉菜单和“标注”图标菜单中，分别如图 11-47 和图 11-48 所示。

图 11-48 中的“标注”图标菜单，其项目从左至右分别为线性标注、对齐标注、坐标标注、半径标注、折弯标注、直径标注、角度标注、快速标注、基线标注、连续标注、形位公差标注、圆心标记、编辑标注、编辑标注文字、标注更新、标注样式等。

二、尺寸标注命令

在进行标注之前，要选择一种尺寸标注的格式。如果没有选择尺寸标注的格式，则使用当前格式。如果还没有建立格式，则尺寸标注被指定为使用缺省格式“ISO-25”。

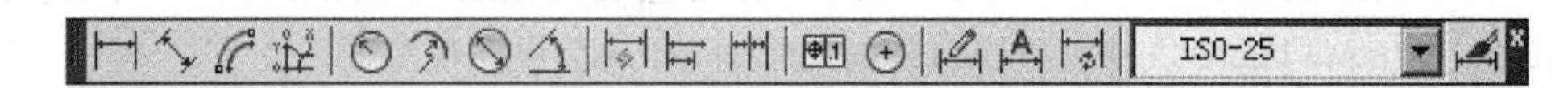

图 11-48 “标注”图标菜单

1. 长度型尺寸标注

长度型尺寸标注主要有水平和垂直型、对齐型、基线型、连续型 4 种尺寸标注，它们可用不同方式标注图形的长度尺寸。

(1) 水平和垂直型尺寸标注命令 (DIMLINEAR)。

① 命令行：DIMLINEAR。

② 下拉菜单：“标注”→“线性 (L)”。

③ 图标菜单：。

DIMLINEAR 命令可用于标注水平和垂直或旋转的尺寸。执行此命令后，命令行显示如下：

命令：dimlinear

指定第一条尺寸界线起点或＜选择对象＞：

指定第二条尺寸界线起点：

指定尺寸线位置或[多行文字(M)/文字(T)/角度(A)/水平(H)/垂直(V)/旋转(R)]：

“指定第一条尺寸界线起点或＜选择对象＞：”可以有以下两种响应：

① 如果按回车键或鼠标右键，则提示用户直接选择要进行尺寸标注的对象，选取对象后，

系统将会自动标注。

② 如果指定第一条尺寸界线的原点，则系统继续提示用户指定第二条尺寸界线的原点："指定第二条尺寸界线起点："。确定第二条尺寸界线的原点后，将显示以下提示：

"指定尺寸线位置或[多行文字(M)/文字(T)/角度(A)/水平(H)/垂直(V)/旋转(R)]："

如果用户指定一个点，则 AutoCAD 便用该点来定位尺寸线，并因此确定了尺寸界线的绘制方向，随后以测量值为默认值标注尺寸文本。提示中各选项的含义如下：

A. 多行文字(M)：用于指定或增加多行尺寸文本，会出现"多行文字编辑器"对话框。

B. 文字(T)：用于指定或增加尺寸文本。

C. 角度(A)：用于改变尺寸文本的角度。

D. 水平(H)：强制进行水平尺寸标注。

E. 垂直(V)：强制进行垂直尺寸标注。

F. 旋转(R)：进行旋转型尺寸标注，使尺寸标注旋转指定的角度。

(2) 对齐型尺寸标注命令（DIMALIGNED）。

① 命令行：MALIGNED。

② 下拉菜单："标注"→"对齐（G）"。

③ 图标菜单：。

DIMALIGNED 命令标注的尺寸线与尺寸界线的两个原点的连线平行。若是圆弧，则 DIMALIGNED 标注的尺寸线与圆弧的两个端点所产生的弦保持平行。执行命令后，提示中各选项的含义与 DIMLINEAR 命令相同。

(3) 基准型（DIMBASELINE）和连续型（DIMCONTINUE）尺寸标注命令。

① 命令行：DIMBASELINE(或 DIMCONTINUE)。

② 下拉菜单："标注"→"基线（B）"[或"连续（C）"]。

③ 图标菜单：或。

DIMBASELINE 命令用于在图形中以第一尺寸线为基准标注图形尺寸，DIMCONTINUE 命令用于在同一尺寸线水平或垂直方向上连续标注尺寸。

2. 圆弧型尺寸标注

圆弧型尺寸标注主要有直径、半径及圆心标注 3 种方式。

(1) 直径型尺寸标注（DIMDIAMETER）。

① 命令行：DIMDIAMETER。

② 下拉菜单："标注"→"直径（D）"。

③ 图标菜单：。

DIMDIAMETER 命令用于标注圆或圆弧的直径，直径型尺寸标注中的尺寸数字带有前缀"ϕ"。执行 DIMDIAMETER 命令后会显示如下提示：

命令：dimdiameter

选择圆弧或圆：

标注文字＝

指定尺寸线位置或[多行文字(M)/文字(T)/角度(A)]："选择圆弧或圆："让用户选择要

标注的圆弧或圆。选择后将显示以下提示:“指定尺寸线位置或[多行文字(M)/文字(T)/角度(A)]:”,要求用户指定尺寸线的位置或输入尺寸文本和尺寸文本的标注角度。

(2)半径型尺寸标注 (DIMRADIUS)。

① 命令行:DIMRADIUS。

② 下拉菜单:“标注”→“半径 (R)”。

③ 图标菜单:。

DIMRADIUS 命令用于标注圆或圆弧的半径,命令执行时显示的提示与 DIMDIAMETER 命令执行时显示的提示基本类似。DIMRADIUS 命令标注的尺寸线只有一个箭头,并且尺寸标注中尺寸数字的前缀为“R”。

(3) 圆心标注 (DIMCENTER)。

① 命令行:DIMCENTER。

② 下拉菜单:“标注”→“圆心标记 (M)”。

③ 图标菜单:。

该命令可创建圆或圆弧的中心标记或中心线。

3. 角度型尺寸标注命令 (DIMANGULAR)

① 命令行:DIMANGULAR。

② 下拉菜单:“标注”→“角度 (A)”。

③ 图标菜单:。

DIMANGULAR 命令能够精确地生成并测量对象之间的夹角。它可用来标注两条直线之间的夹角、圆弧或圆的一部分圆心角,或任何不共线的三点的夹角。标注角度的尺寸线是弧线,尺寸线的位置随光标。指定执行 DIMANGULAR 命令后会显示如下提示:

命令:_dimangular

选择圆弧、圆、直线或<指定顶点>:

选择第二条直线:

指定标注弧线位置或[多行文字(M)/文字(T)/角度(A)]:

标注文字=44

“选择圆弧、圆、直线或‹指定顶点›:”可以有以下两类响应:

(1) 如果按回车键或鼠标右键,则通过用户指定的 3 个点来标注角度(这 3 个点并不一定位于已存在的几何图形上),系统将显示以下提示:

指定角的顶点:

指定角的第一个端点:

指定角的第二个端点:

指定标注弧线位置或[多行文字(M)/文字(T)/角度(A)]:

(2) 如果选择的是直线,则通过指定的两条直线来标注其角度;如果选择的是圆弧,则以圆弧的中心作为角度的顶点,以圆弧的两个端点作为角度的两个端点来标注弧的夹角;如果选择的是圆,则以圆心作为角度的顶点,以圆周上指定的两点作为角度的两个端点来标注弧的夹角。

另外,还有 LEADER(引出线尺寸标注)、DIMORDINATE(坐标型尺寸标注)等尺寸标注命令。

任务 6 平面图形绘制示例

任务目的

通过本任务的学习，要求熟悉使用 AutoCAD 绘图软件绘制平面图形的方法和步骤，学会用 AutoCAD 软件绘制简单的零件图。

任务引入

之前的各个任务都只介绍某个元素该如何绘制，但 AutoCAD 绘图软件主要用来绘制平面图形。如何绘制平面图形？本任务将采用实例的方式来说明具体的绘图方法和步骤。

本任务主要包括平面图形绘制示例。

知识准备

以如图 11-49 所示的图形为例，介绍绘制平面图形的基本步骤。

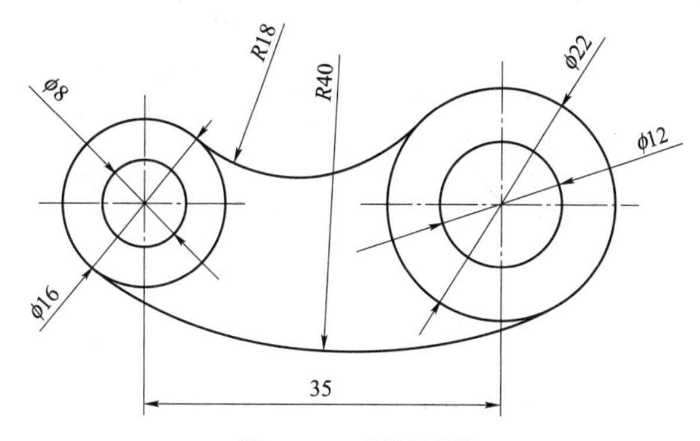

图 11-49 平面图形

步骤如下：

(1) 在“图层管理器”对话框中新建图层 1，线型为 Dashdot，颜色为红色。

(2) 将图层 1 置为当前层，绘制如图 11-50(a)所示的中心线。

(3) 利用复制命令，将竖直的中心线向右偏移 35 mm 进行复制，如图 11-50(b)所示。

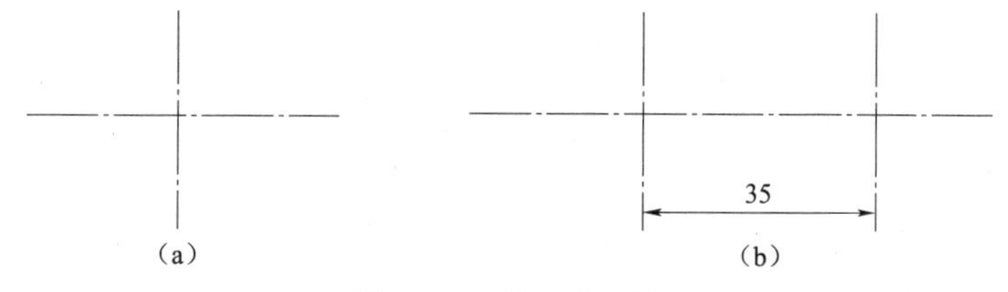

图 11-50 绘制中心线

(4) 将图层 0 设为当前层，绘制四个圆，尺寸如图 11-51 所示。

(5) 选择菜单栏中的“绘图”→“圆”→“相切、相切、半径”命令，绘制半径分别为 18 和 40

的圆，如图 11-52 所示。

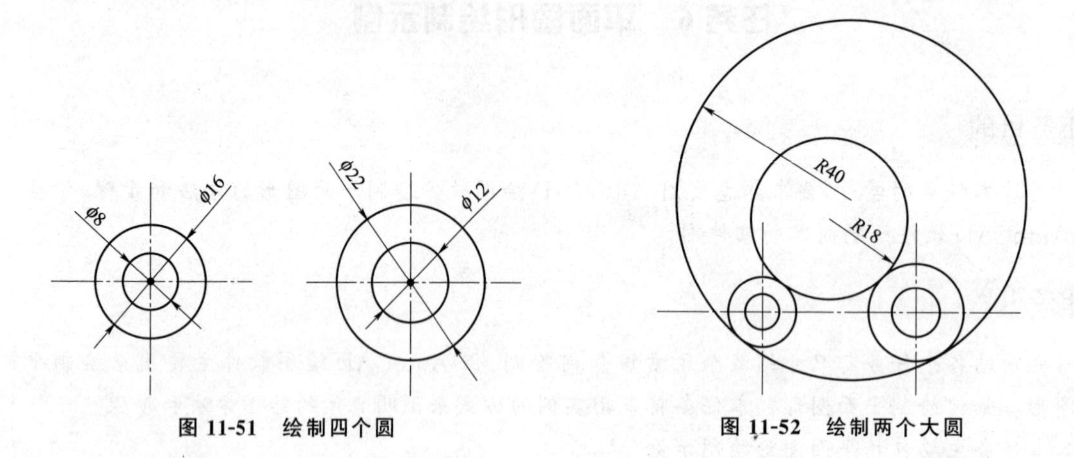

图 11-51　绘制四个圆　　　图 11-52　绘制两个大圆

（6）利用“打断”命令，将两个大圆切点以外的部分打断并删除，就得到了要画的图形，如图 11-53 所示。

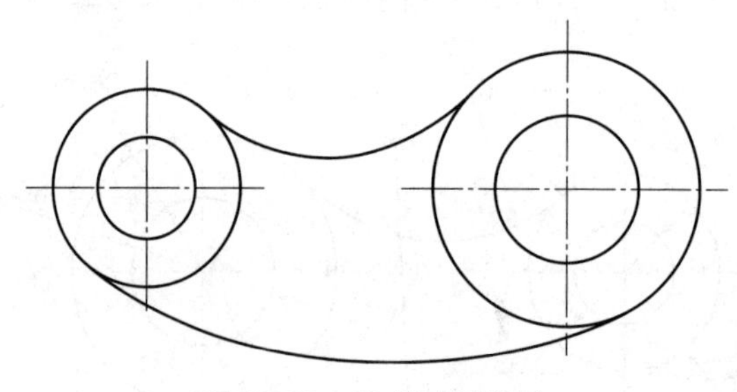

图 11-53　完成平面图形

（7）检查无误后标注尺寸，并保存图形文件，如图 11-49 所示。

项目小结

本项目主要介绍了 AutoCAD 2010 绘图软件的基本操作方法，包括软件基本操作、基本图形绘制、基本编辑命令、辅助绘图命令、基本尺寸标注命令及平面图形绘制示例等内容。通过本项目，学生能够掌握 AutoCAD 绘图的一般方法和步骤，会用 AutoCAD 2010 软件绘制一般难度的零件图。

附　　录

附录 A　螺　　纹

表 A-1　普通螺纹直径与螺距（摘自 GB/T 196、197—2003）　　mm

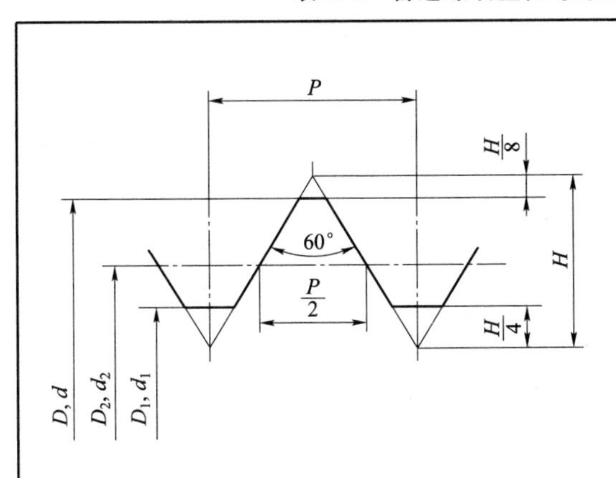

D——内螺纹的基本大径（公称直径）
d——外螺纹的基本大径（公称直径）
D_2——内螺纹的基本中径
d_2——外螺纹的基本中径
D_1——内螺纹的基本小径
d_1——外螺纹的基本小径
P——螺距
H——$\frac{\sqrt{3}}{2}P$

标注示例：

M24（公称直径为 24 mm、螺距为 3 mm 的粗牙右旋普通螺纹）

M24×1.5-LH（公称直径为 24 mm、螺距为 1.5 mm 的细牙左旋普通螺纹）

公称直径 D、d		螺距 P		粗牙中径 D_2、d_2	粗牙小径 D_1、d_1
第一系列	第二系列	粗牙	细牙		
3		0.5	0.35	2.675	2.459
	3.5	(0.6)		3.100	2.850
4		0.7	0.5	3.545	3.242
	4.5	(0.75)		4.013	3.688
5		0.8		4.480	4.134
6		1	0.75(0.5)	5.350	4.917
8		1.25	1,0.75,(0.5)	7.188	6.647
10		1.5	1.25,1,0.75,(0.5)	9.026	8.376
12		1.75	1.5,1.25,1,0.75,(0.5)	10.863	10.106
	14	2	1.5(1.25),1,(0.75),(0.5)	12.701	11.835
16		2	1.5,1,(0.75),(0.5)	14.701	13.835
	18	2.5	1.5,1,(0.75),(0.5)	16.376	15.294
20		2.5		18.376	17.294
	22	2.5	2,1.5,1,(0.75),(0.5)	20.376	19.294
24		3	2,1.5,1,(0.75)	22.051	20.752
	27	3	2,1.5,1,(0.75)	25.051	23.752
30		3.5	(3),2,1.5,1,(0.75)	27.727	26.211

注：1. 优先选用第一系列，括号内的尺寸尽可能不用，第三系列未列入。
　　2. M14×1.25 仅用于火花塞。

表 A-2　梯形螺纹(摘自 GB/T 5796.1～5796.4—2005)　mm

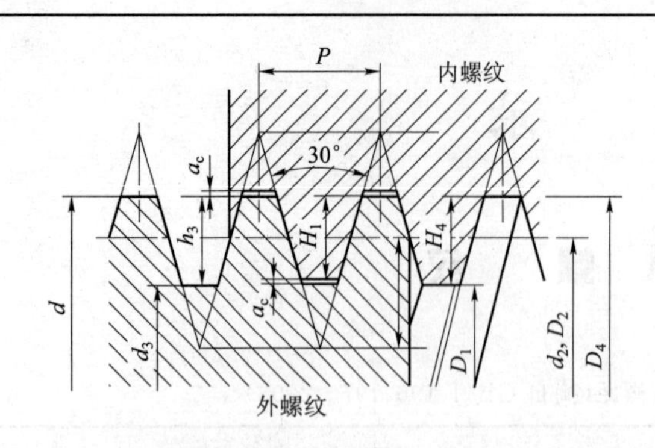

d——外螺纹大径(公称直径)
d_3——外螺纹小径
D_4——内螺纹大径
D_1——内螺纹小径
d_2——外螺纹中径
D_2——内螺纹中径
P——螺距
a_c——牙顶间隙
$h_3 = H_4 + H_1 + a_c$

标记示例:

Tr40×7-7H(单线梯形内螺纹,公称直径 $d=40$ mm,螺距 $P=7$,右旋,中径公差带为 7H,中等旋合长度)

Tr60×18(P9)LH-8c-L(双线梯形外螺纹,公称直径 $d=60$ mm,导程 $P_h=18$,螺距 $P=9$,左旋,中径公差带为 8c,长旋合长度)

梯形螺纹的基本尺寸

d 公称系列		螺距 P	中径 $d_2=D_2$	大径 D_4	小径		d 公称系列		螺距 P	中径 $d_2=D_2$	大径 D_4	小径	
第一系列	第二系列				d_3	D_1	第一系列	第二系列				d_3	D_1
8	—	1.5	7.25	8.3	6.2	6.5	32	—		29.0	33	25	26
—	9		8.0	9.5	6.5	7	—	34	6	31.0	35	27	28
10	—	2	9.0	10.5	7.5	8	36	—		33.0	37	29	30
—	11		10.0	11.5	8.5	9	—	38		34.5	39	30	31
12	—	3	10.5	12.5	8.5	9	40	—	7	36.5	41	32	33
—	14		12.5	14.5	10.5	11	—	42		38.5	43	34	35
16	—		14.0	16.5	11.5	12	44	—		40.5	45	36	37
—	18	4	16.0	18.5	13.5	14	—	46		42.0	47	37	38
20	—		18.0	20.5	15.5	16	48	—	8	44.0	49	39	40
—	22		19.5	22.5	16.5	17	—	50		46.0	51	41	42
24	—	5	21.5	24.5	18.5	19	52	—		48.0	53	43	44
—	26		23.5	26.5	20.5	21	—	55	9	50.5	56	45	46
28	—		25.5	28.5	22.5	23	60	—		55.5	61	50	51
—	30	6	27.0	31.0	23.0	24	—	65	10	60.0	66	54	55

注:1. 优先选用第一系列的直径。
2. 表中所列的螺距和直径是优先选择的螺距及与之对应的直径。

表 A-3 55°密封管螺纹

第 1 部分 圆柱内螺纹与圆锥外螺纹(摘自 GB/T 7306.1—2000)
第 2 部分 圆锥内螺纹与圆锥外螺纹(摘自 GB/T 7306.2—2000)

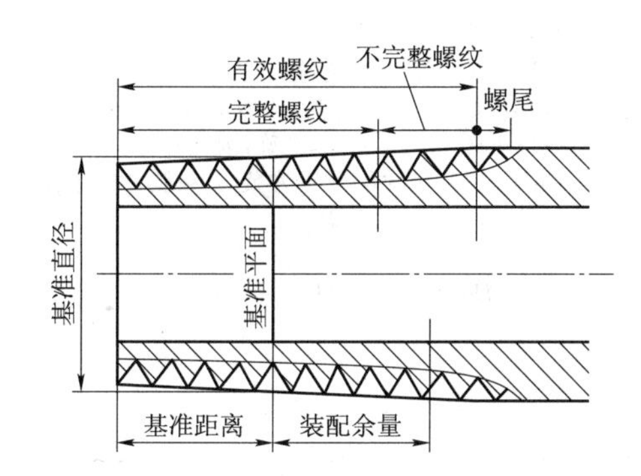

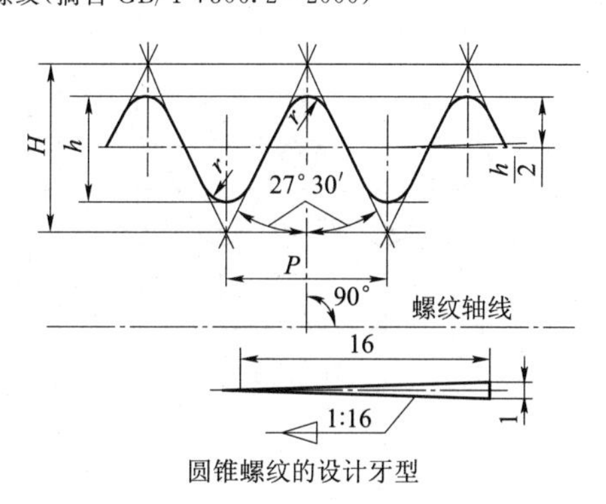

圆锥螺纹的设计牙型

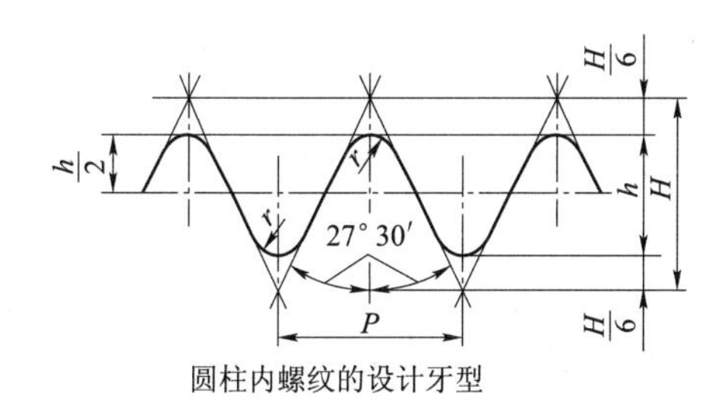

圆柱内螺纹的设计牙型

标注示例:

GB/T 7306.1—2000

R_p3/4(尺寸代号3/4，右旋，圆柱内螺纹)

$R_1$3(尺寸代号3，右旋，圆锥外螺纹)

R_p3/4LH(尺寸代号3/4，左旋，圆柱内螺纹)

$R_p/R_1$3(右旋圆锥外螺纹，圆柱内螺纹螺纹副)

GB/T 7306.2—2000

R_c3/4(尺寸代号 3/4,右旋,圆锥内螺纹)

R_c3/4LH(尺寸代号 3/4,左旋,圆锥内螺纹)

$R_2$3(尺寸代号 3,右旋,圆锥内螺纹)

$R_2/R_2$3(右旋圆锥内螺纹、圆锥外螺纹螺纹副)

尺寸代号	每 25.4 mm 内所含的牙数 n	螺距 P/mm	牙高 h/mm	基准平面内的基本直径/mm			基准距离(基本)/mm	外螺纹的有效螺纹不小于/mm
				大径(基准直径) $d=D$	中径 $d_2=D_2$	小径 $d_1=D_1$		
1/16	28	0.907	0.581	7.723	7.142	6.561	4	6.5
1/8	28	0.907	0.581	9.728	9.147	8.566	4	6.5
1/4	19	1.337	0.856	13.157	12.301	11.445	6	9.7
3/8	19	1.337	0.856	16.662	15.806	14.950	6.4	10.1
1/2	14	1.814	1.162	20.955	19.793	18.631	8.2	13.2
3/4	14	1.814	1.162	26.441	25.279	24.117	9.5	14.5
1	11	2.309	1.479	33.249	31.770	30.291	10.4	16.8
11/14	11	2.309	1.479	41.910	40.431	38.952	12.7	19.1
11/12	11	2.309	1.479	47.803	46.324	44.845	12.7	19.1
2	11	2.309	1.479	59.614	58.135	56.656	15.9	23.4
21/2	11	2.309	1.479	75.184	73.705	72.226	17.5	26.7
3	11	2.309	1.479	87.884	86.405	84.926	20.6	29.8
4	11	2.309	1.479	113.030	111.551	110.072	25.4	35.8
5	11	2.309	1.479	138.430	136.951	135.472	28.6	40.1
6	11	2.309	1.479	163.830	162.351	160.872	28.6	40.1

表 A-4　55°非密封管螺纹（摘自 GB/T 7307—2001）

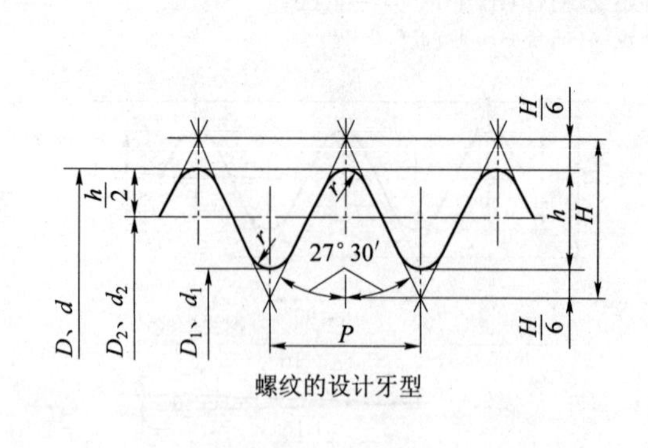

螺纹的设计牙型

标注示例：
G2(尺寸代号 2，右旋，圆柱内螺纹)
G3A(尺寸代号 3，右旋，A 级圆柱外螺纹)
G2 - LH(尺寸代号 2，左旋，圆柱外螺纹)
G4B - LH(尺寸代号 4，左旋，B 级圆柱外螺纹)
注：$r=0.137\ 329P$
$P=25.4/n$
$H=0.960\ 401P$

尺寸代号	每 25.4 mm 内所含的牙数 n	螺距 P/mm	牙高 h/mm	基本直径/mm		
				大径 $d=D$	中径 $d_2=D_2$	小径 $d_1=D_1$
1/16	28	0.907	0.581	7.723	7.142	6.561
1/8	28	0.907	0.581	9.728	9.147	8.566
1/4	19	1.337	0.856	13.157	12.301	11.445
3/8	19	1.337	0.856	16.662	15.806	14.950
1/2	14	1.814	1.162	20.955	19.793	18.631
3/4	14	1.814	1.162	26.441	25.279	24.117
1	11	2.309	1.479	33.249	31.770	30.291
11/4	11	2.309	1.479	41.910	40.431	38.952
11/2	11	2.309	1.479	47.803	46.324	44.845
2	11	2.309	1.479	59.614	58.135	56.656
21/2	11	2.309	1.479	75.184	73.705	72.226
3	11	2.309	1.479	87.884	86.405	84.926
4	11	2.309	1.479	113.030	111.551	110.072
5	11	2.309	1.479	138.430	136.951	135.472
6	11	2.309	1.479	163.830	162.351	160.872

附录B 常用标准件

表 B-1 六角头螺栓(一) mm

六角头螺栓—A 和 B 级(摘自 GB/T 5782—2000)
六角头螺栓—细牙—A 和 B 级(摘自 GB/T 5785—2000)

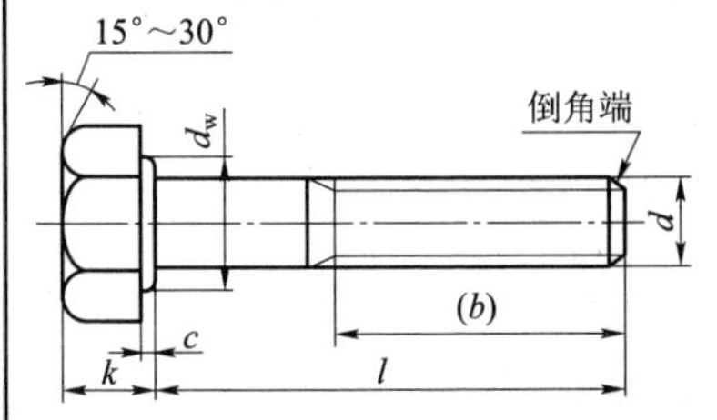

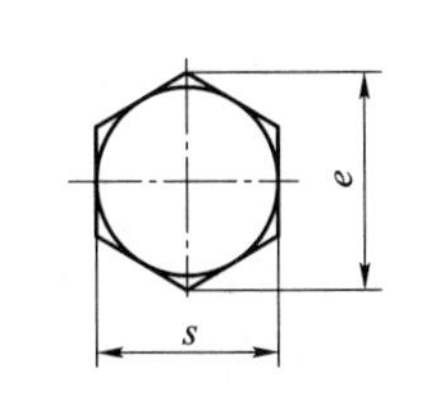

标记示例:
螺栓 GB/T 5782—2000 M12×100
(螺纹规格 d=M12,公称长度 l=100,性能等级为 8.8 级,表面氧化,杆身半螺纹,A 级的六角头螺栓)

六角头螺栓—全螺纹—A 和 B 级(摘自 GB/T 5783—2000)
六角头螺栓—细牙—全螺纹—A 和 B 级(摘自 GB/T 5786—2000)

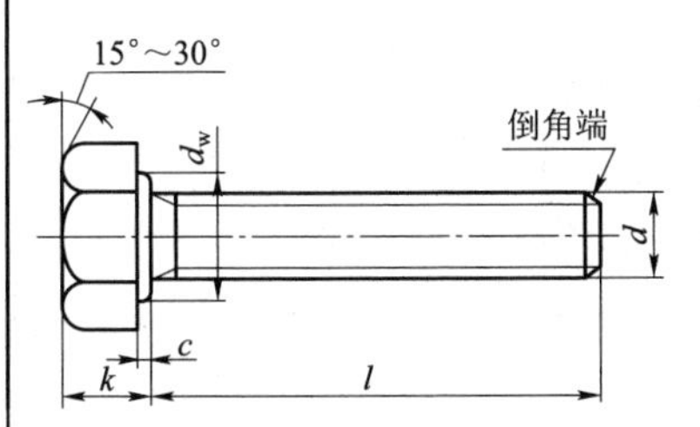

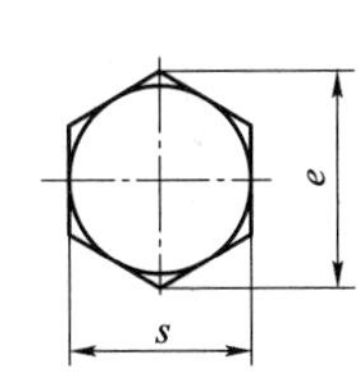

标记示例:
螺栓 GB/T 5786—2000 M30×2×80
(螺纹规格 d=M30×2,公称长度 l=80,性能等级为 8.8 级,表面氧化,全螺纹,B 级的细牙六角头螺栓)

螺纹规格	d	M4	M5	M6	M8	M10	M12	M16	M20	M24	M30	M36	M42	M48
	$D\times P$	—	—	—	M8×1	M10×1	M12×15	M16×15	M20×2	M24×2	M30×2	M36×3	M42×3	M48×3
$b_{参考}$	$l\leqslant125$	14	16	18	22	26	30	38	46	54	66	78	—	—
	$125<l\leqslant200$	—	—	—	28	32	36	44	52	60	72	84	96	108
	$l>200$	—	—	—	—	—	—	57	65	73	85	97	109	121
c_{max}		0.4	0.5		0.6			0.8					1	
$k_{公称}$		2.8	3.5	4	5.3	6.4	7.5	10	12.5	15	18.7	22.5	26	30
s_{max}=公称		7	8	10	13	16	18	24	30	36	46	55	65	75
e_{min}	A	7.66	8.79	11.05	14.38	17.77	20.03	26.75	33.53	39.98	—	—	—	—
	B	—	8.63	10.89	14.2	17.59	19.85	26.17	32.95	39.55	50.85	60.79	72.02	82.6
d_{wmin}	A	5.9	6.9	8.9	11.6	14.6	16.6	22.5	28.2	33.6	—	—	—	—
	B	—	6.7	8.7	11.4	14.4	16.4	22	27.7	33.2	42.7	51.1	60.6	69.4
$l_{范围}$	GB 5782	25~40	25~50	30~60	35~80	40~100	45~120	55~160	65~200	80~240	90~300	110~360	130~400	140~400
	GB 5785											110~300		
	GB 5783	8~40	10~50	12~60	16~80	20~100	25~100	35~100	40~100				80~500	100~500
	GB 5786	—	—	—			25~120	35~160	40~200				90~400	100~500
$l_{系列}$	GB 5782 GB 5785	20~65(5 进位)、70~160(10 进位)、180~400(20 进位)												
	GB 5783 GB 5786	6、8、10、12、16、18、20~65(5 进位)、70~160(10 进位)、180~500(20 进位)												

注:1. P 为螺距,末端按 GB/T2—2001 规定。
2. 螺纹公差:6g;机械性能等级:8.8。
3. 产品等级:A 级用于 $d\leqslant24$ 和 $l\leqslant10d$ 或≤150 mm(按较小值);
B 级用于 $d>24$ 和 $l>10d$ 或>150 mm(按较小值)。

表 B-2　六角头螺栓(二)

mm

六角头螺栓—C 级(摘自 GB/T 5780—2000)

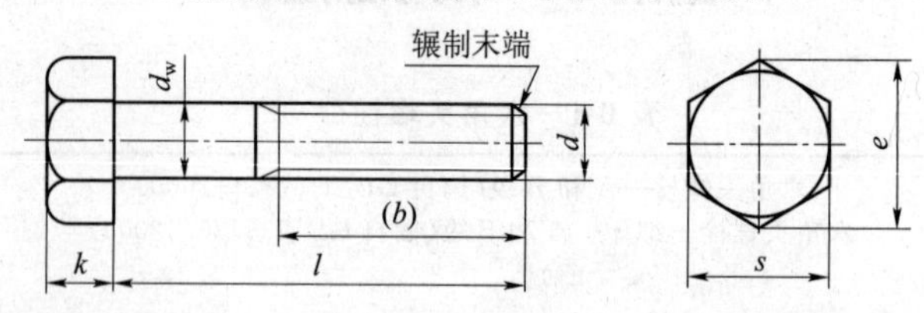

标记示例:

螺栓 GB/T 5780—2000　M20×100

(螺纹规格 d=M20,公称长度 l=100,性能等级为 4.8 级,不经表面处理,杆身半螺纹,C 级的六角头螺栓)

六角头螺栓—全螺纹—C 级(摘自 GB/T 5781—2000)

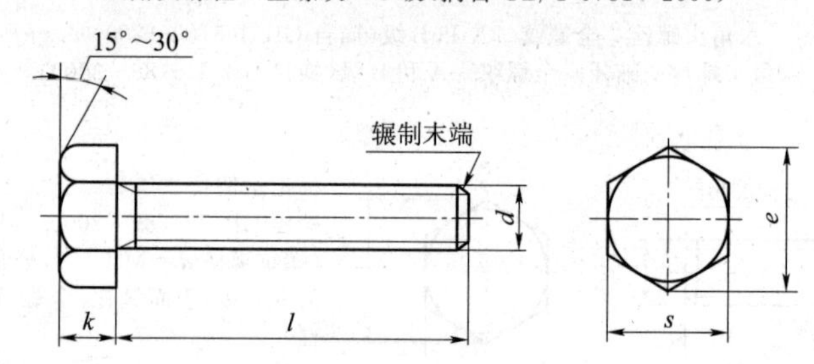

标记示例:

螺栓 GB/T 5781　M12×80

(螺纹规格 d=M12,公称长度 l=80,性能等级为 4.8 级,不经表面处理,全螺纹,C 级的六角头螺栓)

螺纹规格 d		M5	M6	M8	M10	M12	M16	M20	M24	M30	M36	M42	M48
$b_{参考}$	l≤125	16	18	22	26	30	38	40	54	66	78	—	—
	125<l≤200	—	—	28	32	36	44	52	60	72	84	96	108
	l>200	—	—	—	—	—	57	65	73	85	97	109	121
$k_{公称}$		3.5	4.0	5.3	6.4	7.5	10	12.5	15	18.7	22.5	26	30
s_{max}		8	10	13	16	18	24	30	36	46	55	65	75
c_{max}		8.63	10.9	14.2	17.6	19.9	26.2	33.0	39.6	50.9	60.8	72.0	82.6
d_{max}		5.48	6.48	8.58	10.6	12.7	16.7	20.8	24.8	30.8	37.0	45.0	49.0
$l_{范围}$	GB/T 5780—2000	25~50	30~60	35~80	40~100	45~120	55~160	65~200	80~240	90~300	110~300	160~420	180~480
	GB/T 5781—2000	10~40	12~50	16~65	20~80	25~100	35~100	40~100	50~100	60~100	70~100	80~420	90~480
$l_{系列}$		10、12、16、20~50(5 进位)、(55)、60、(65)、70~160(10 进位)、180、220~500(20 进位)											

注:1. 括号内的规格尽可能不用,末端按 GB/T 2—2000 规定。

2. 螺纹公差:8g(GB/T 5780—2000);6g(GB/T 5781—2000);机械能等级:4.6、4.8;产品等级:C。

表 B-3 I 型六角螺母

mm

I 型六角螺母—A 和 B 级(摘自 GB/T 6170—2000)
I 型六角螺母—细牙—A 和 B 级(摘自 GB/T 6171—2000)
I 型六角螺母—C 级(摘自 GB/T 41—2000)

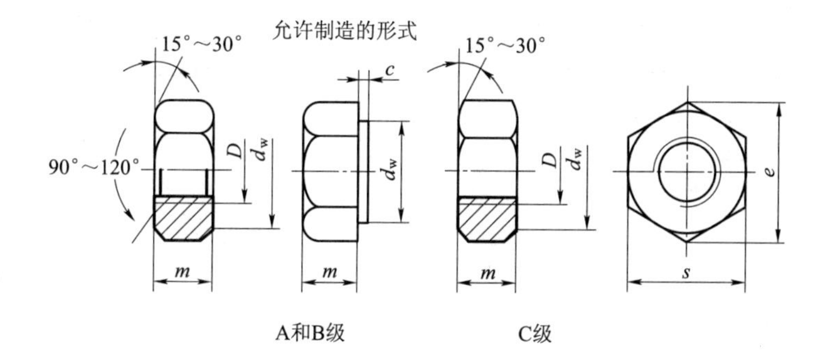

标记示例:
螺母 GB/T 41—2000 M12
(螺纹规格 D=M12,性能等级为 5 级,不经表面处理,C 级的 I 型六角螺母)
螺母 GB/T 6171—2000 M24×2
(螺纹规格 D=M24,螺距 P=2,性能等级为 10 级,不经表面处理,B 级的 I 型细牙六角螺母)

螺纹规格														
螺纹规格	D	M4	M5	M6	M8	M10	M12	M16	M20	M24	M30	M36	M42	M48
	$D \times P$	—	—	—	M8×1	M10×1	M12×1.5	M16×1.5	M20×2	M24×2	M30×2	M36×3	M42×3	M48×3
c		0.4	0.5		0.6			0.8				1		
s_{max}		7	8	10	13	16	18	24	30	36	46	55	65	75
e_{min}	A、B 级	7.66	8.79	11.05	14.38	17.77	20.03	26.75	32.95	39.95	50.85	60.79	72.02	82.6
	C 级	—	8.63	10.89	14.2	17.59	19.85	26.17						
m_{max}	A、B 级	3.2	4.7	5.2	6.8	8.4	10.8	14.8	18	21.5	25.6	31	34	38
	C 级	—	5.6	6.1	7.9	9.5	12.2	15.9	18.7	22.3	26.4	31.5	34.9	38.9
d_{wmin}	A、B 级	5.9	6.9	8.9	11.6	14.6	16.6	22.5	27.7	33.2	42.7	51.1	60.6	69.4
	C 级	—	6.9	8.7	11.5	14.5	16.5	22						

注:1. P 为螺距。
2. A 级用于 $D \leqslant 16$ 的螺母;B 级用于 $D > 16$ 的螺母;C 级用于 $D \geqslant 5$ 的螺母。
3. 螺纹公差:A、B 级为 6H,C 级为 7H;机械性能等级:A、B 级为 6、8、10 级,C 级为 4、5 级。

表 B-4　双头螺柱（摘自 GB/T 897～900—1988）　mm

$b_m=1d$（GB/T 897—1988）；　$b_m=1.25d$（GB/T 898—1988）；　$b_m=1.5d$（GB/T 899—1988）；
$b_m=2d$（GB/T 900—1988）

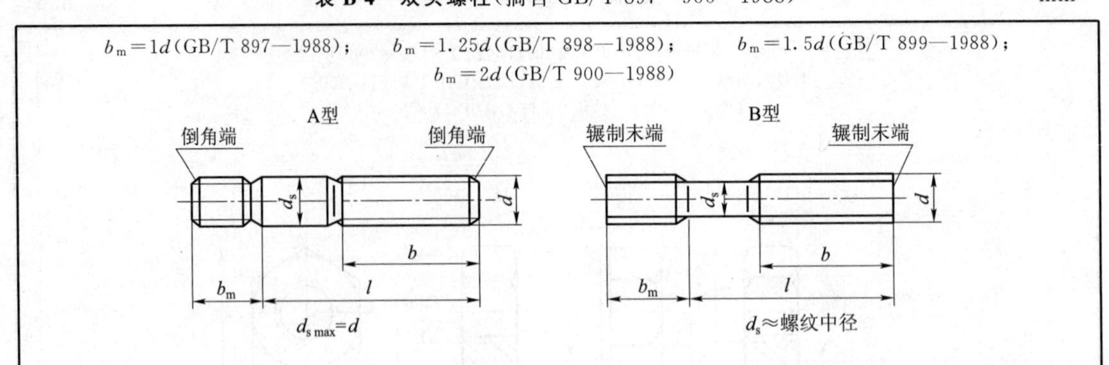

标记示例：

螺柱 GB/T 900—1988　M10×50

（两端均为粗牙普通螺纹，$d=10$，$l=50$，性能等级为 4.8 级，不经表面处理，B 型，$b_m=2d$ 的双头螺柱）

螺柱 GB/T 900—1988　AM10 - 10×1×50

（旋入机体一端为粗牙普通螺纹，旋螺母端为螺距 $P=1$ 的细牙普通螺纹，$d=10$，$l=50$，性能等级为 4.8 级，不经表面处理，A 型，$b_m=2d$ 的双头螺柱）

螺纹规格 d	b_m（旋入机体端长度）				$\frac{l}{b}$（$\frac{螺柱长度}{旋螺母端长度}$）
	GB/T 897	GB/T 898	GB/T 899	GB/T 900	
M4	—	—	6	8	$\frac{16\sim22}{8}$　$\frac{25\sim40}{14}$
M5	5	6	8	10	$\frac{16\sim22}{10}$　$\frac{25\sim50}{16}$
M6	6	8	10	12	$\frac{20\sim22}{10}$　$\frac{25\sim30}{14}$　$\frac{32\sim75}{18}$
M8	8	10	12	16	$\frac{20\sim22}{12}$　$\frac{25\sim30}{16}$　$\frac{32\sim90}{22}$
M10	10	12	15	20	$\frac{25\sim28}{14}$　$\frac{30\sim38}{16}$　$\frac{40\sim120}{26}$　$\frac{130}{32}$
M12	12	15	18	24	$\frac{25\sim30}{14}$　$\frac{32\sim40}{16}$　$\frac{45\sim120}{26}$　$\frac{130\sim180}{32}$
M16	16	20	24	32	$\frac{30\sim38}{16}$　$\frac{40\sim55}{20}$　$\frac{60\sim120}{30}$　$\frac{130\sim200}{36}$
M20	20	25	30	40	$\frac{35\sim40}{20}$　$\frac{45\sim65}{30}$　$\frac{70\sim120}{38}$　$\frac{130\sim200}{44}$
(M24)	24	30	36	48	$\frac{45\sim50}{25}$　$\frac{55\sim75}{35}$　$\frac{80\sim120}{46}$　$\frac{130\sim200}{52}$
(M30)	30	38	45	60	$\frac{60\sim65}{40}$　$\frac{70\sim90}{50}$　$\frac{95\sim120}{66}$　$\frac{130\sim200}{72}$　$\frac{210\sim250}{85}$
M36	36	45	54	72	$\frac{65\sim75}{45}$　$\frac{80\sim110}{60}$　$\frac{120}{78}$　$\frac{130\sim200}{84}$　$\frac{210\sim300}{97}$
M42	42	52	63	84	$\frac{70\sim80}{50}$　$\frac{85\sim110}{70}$　$\frac{120}{90}$　$\frac{130\sim200}{96}$　$\frac{210\sim300}{109}$
M48	48	60	72	96	$\frac{80\sim90}{60}$　$\frac{95\sim110}{80}$　$\frac{120}{102}$　$\frac{130\sim200}{108}$　$\frac{210\sim300}{121}$

注：1. 尽可能不采用括号内的规格，末端按 GB/T 2—2001 规定。

2. $b_m=1d$，一般用于钢对钢；$b_m=(1.25\sim1.5)d$，一般用于钢对铸铁；$b_m=2d$，一般用于钢对铝合金。

表 B-5 螺钉(一)

mm

开槽盘头螺钉
(摘自GB/T 67—2008)

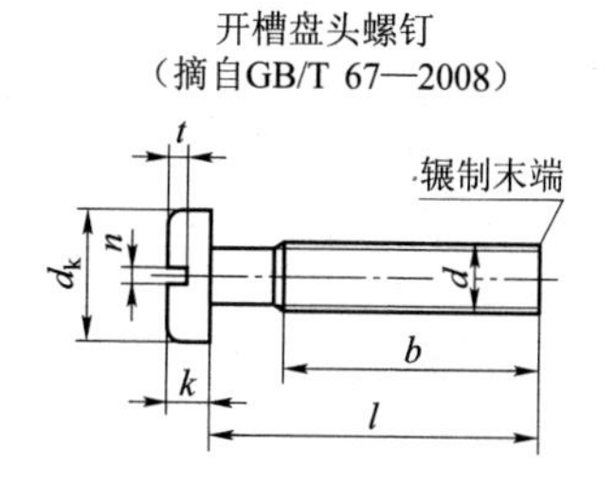

开槽沉头螺钉
(摘自GB/T 68—2000)

圆的或平的
辗制末端
90°

开槽半沉头螺钉
(摘自GB/T 69—2000)

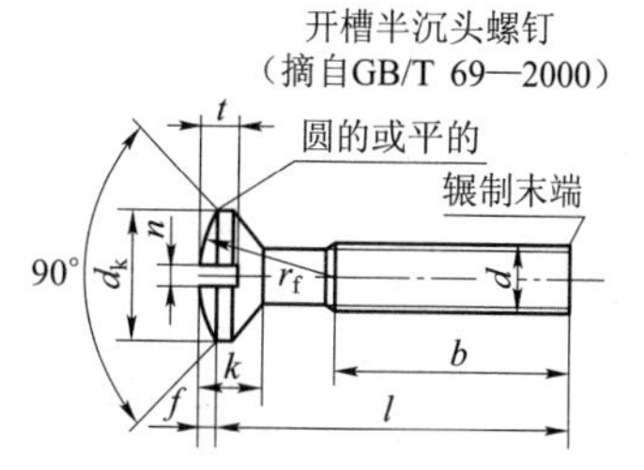

(无螺纹部分杆径≈中径或=螺纹大径)

标记示例:

螺钉 GB/T 67 M5×60

(螺纹规格 d=M5,l=60,性能等级为 4.8 级,不经表面处理的开槽盘头螺钉)

螺纹规格 d	P	b_{min}	n 公称	f	r_f	k_{max}		d_{kmax}		t_{min}			$l_{范围}$		全螺纹时最大长度	
				GB/T 69	GB/T 69	GB/T 67	GB/T 68 GB/T 69	GB/T 67	GB/T 68 GB/T 69	GB/T 67	GB/T 68	GB/T 69	GB/T 67	GB/T 68 GB/T 69	GB/T 67	GB/T 68 GB/T 69
M2	0.4	25	0.5	4	0.5	1.3	1.2	4	3.8	0.5	0.4	0.8	2.5～20	3～20	30	
M3	0.5		0.8	6	0.7	1.8	1.65	5.6	5.5	0.7	0.6	1.2	4～30	5～30		
M4	0.7	38	1.2	9.5	1	2.4	2.7	8	8.4	1	1	1.6	5～40	6～40	40	45
M5	0.8				1.2	3		9.5	9.3	1.	1.1	2	6～50	8～50		
M6	1		1.6	12	1.4	3.6	3.3	12	12	1.4	1.2	2.4	8～60	8～60		
M8	1.25		2	16.5	2	4.8	4.65	16	16	1.9	1.8	3.2	10～80			
M10	1.5		2.5	19.5	2.3	6	5	20	20	2.4	2	3.8				
$l_{系列}$	2、2.5、3、4、5、6、8、10、12、(14)、16、20～50(5 进位)、(55)、60、(65)、70、(75)、80															

注:螺纹公差:6g;机械性能等级:4.8、5.8;产品等级:A。

表 B-6 螺钉(二)

mm

开槽锥端紧定螺钉
(摘自GB/T 71—1985)

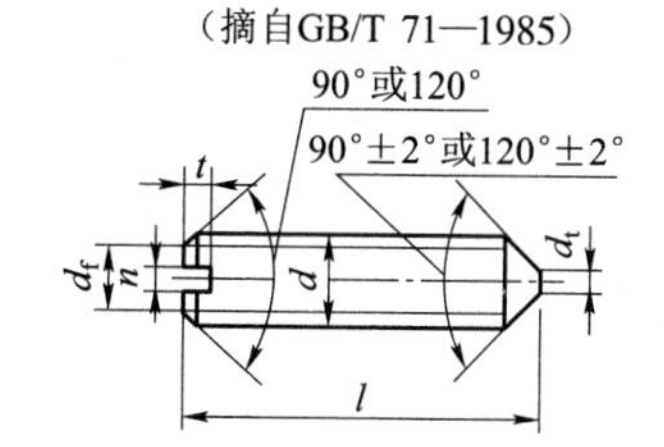

开槽平端紧定螺钉
(摘自GB/T 73—1985)

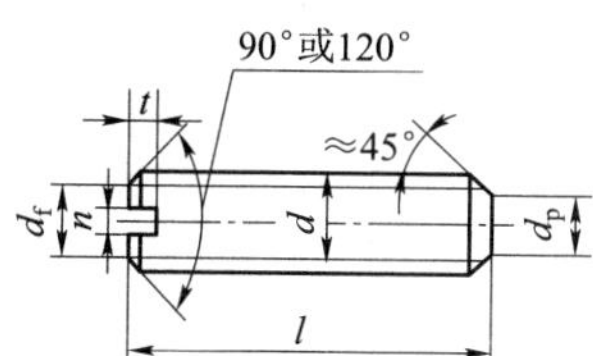

开槽长圆柱端紧定螺钉
(摘自GB/T 75—1985)

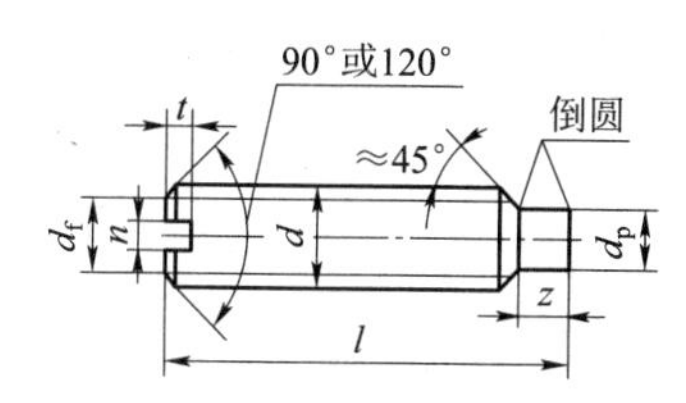

标记示例:

螺钉 GB/T 71 M5×20

(螺纹规格 d=M5,公称长度 l=20,性能等级为 14H 级,表面氧化的开槽锥端紧定螺钉)

螺纹规格 d	P	d_t	d_{max}	d_{pmax}	$n_{公称}$	t_{max}	z_{max}	$l_{范围}$		
								GB 71	GB 73	GB 75
M2	0.4	螺纹小径	0.2	1	0.25	0.84	1.25	3～10	2～10	3～10
M3	0.5		0.3	2	0.4	1.05	1.75	4～16	3～16	5～16
M4	0.7		0.4	2.5	0.6	1.42	2.25	6～20	4～20	6～20
M5	0.8		0.5	3.5	0.8	1.63	2.75	8～25	5～25	8～25
M6	1		1.5	4	1	2	3.25	8～30	6～30	8～30
M8	1.25		2	5.5	1.2	2.5	4.3	10～40	8～40	10～40
M10	1.5		2.5	7	1.6	3	5.3	12～50	10～50	12～50
M12	1.75		3	8.5	2	3.6	6.3	14～60	12～60	14～60
$l_{系列}$	2、2.5、3、4、5、6、8、10、12、(14)、16、20、25、30、35、40、45、50、(55)、60									

注:螺纹公差:6g;机械性能等级:14H、22H;产品等级:A。

表 B-7　内六角圆柱头螺钉(摘自 GB/T 70.1—2008)　　mm

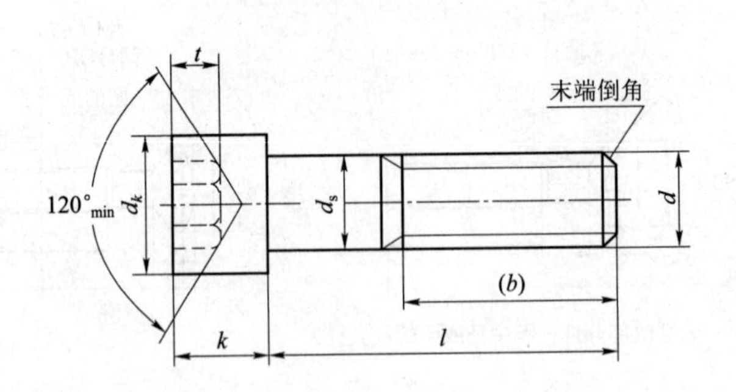

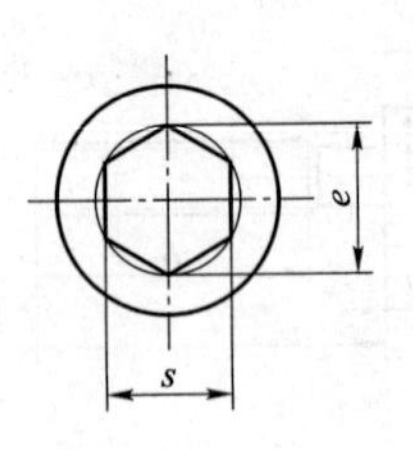

标记示例：

螺钉 GB/T 70.1　M5×20

(螺纹规格 d=M5，公称长度 l=20，性能等级为 8.8 级，表面氧化的内六角圆柱头螺钉)

螺纹规格 d		M4	M5	M6	M8	M10	M12	(M14)	M16	M20	M24	M30	M36
螺矩 P		0.7	0.8	1	1.25	1.5	1.75	2	2	2.5	3	3.5	4
$b_{参考}$		20	22	24	28	32	36	40	44	52	60	72	84
d_{kmax}	光滑头部	7	8.5	10	13	16	18	21	24	30	36	45	54
	滚花头部	7.22	8.72	10.22	13.27	16.27	18.27	21.33	24.33	30.33	36.39	45.39	54.46
k_{max}		4	5	6	8	10	12	14	16	20	24	30	36
t_{min}		2	2.5	3	4	5	6	7	8	10	12	15.5	19
$S_{公称}$		3	4	5	6	8	10	12	14	17	19	22	27
e_{min}		3.44	4.58	5.72	6.86	9.15	11.43	13.72	16	19.44	21.73	25.15	30.35
d_{smax}		4	5	6	8	10	12	14	16	20	24	30	36
$l_{范围}$		6～40	8～50	10～60	12～80	16～100	20～120	25～140	25～160	30～200	40～200	45～200	55～200
全螺纹时最大长度		25	25	30	35	40	45	55	55	65	80	90	100
$l_{系列}$		6、8、10、12、(14)、(16)、20～50(5 进位)、(55)、60、(65)、70～160(10 进位)、180、200											

注：1. 括号内的规格尽可能不用，末端按 GB/T 2—2001 规定。

2. 机械性能等级：8.8、12.9。

3. 螺纹公差：机械性能等级 8.8 级时为 6g，12.9 级时为 5g、6g。

4. 产品等级：A。

表 B-8 垫圈 mm

小垫圈—A 级(GB/T 848—2002)
平垫圈—A 级(GB/T 97.1—2002)
平垫圈—倒角型—A 级(GB/T 97.2—2002)

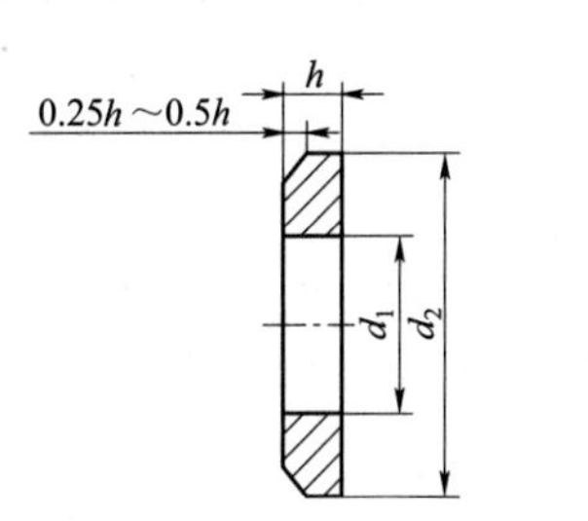

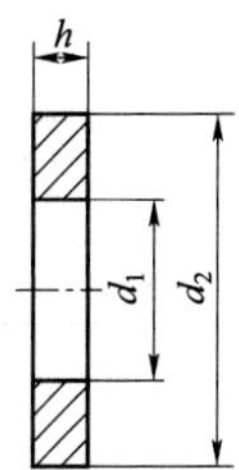

标记示例:
垫圈 GB/T 97.1—2002
(标准系列,规格 8,性能等级为 140HV 级,不经表面处理的平垫圈)

公称尺寸(螺纹规格 d)		1.6	2	2.5	3	4	5	6	8	10	12	14	16	20	24	30	36
d_1	GB/T 848	1.7	2.2	2.7	3.2	4.3	5.3	6.4	8.4	10.5	13	15	17	21	25	31	37
	GB/T 97.1																
	GB/T 97.2	—	—	—	—	—											
d_2	GB/T 848	3.5	4.5	5	6	8	9	11	15	18	20	24	28	34	39	50	60
	GB/T 97.1	4	5	6	7	9	10	12	16	20	24	28	30	37	44	56	66
	GB/T 97.2	—	—	—	—	—	10	12	16	20	24	28	30	37	44	56	66
h	GB/T 848	0.3	0.3	0.5	0.5	0.5	1	1.6	1.6	1.6	2	2.5	2.5	3	4	4	5
	GB/T 97.1																
	GB/T 97.2	—	—	—	—	—											

表 B-9 标准型弹簧垫圈(摘自 GB 93—1987) mm

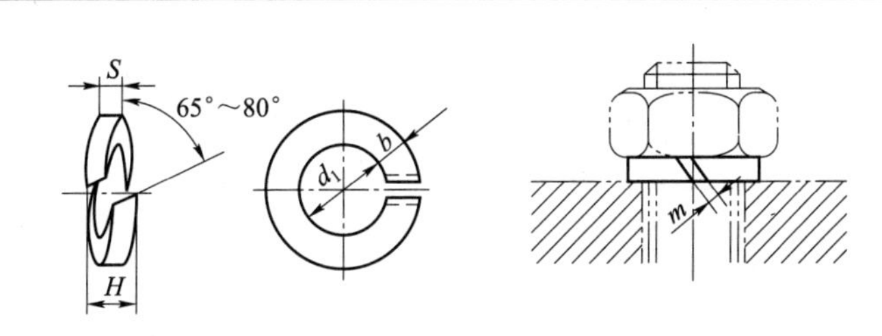

标记示例:
垫圈 GB 93—1987 10
(规格 10,材料为 65Mn,表面氧化的标准型弹簧垫圈)

规格(螺纹大径)	4	5	6	8	10	12	16	20	24	30	36	42	48
$d_{1\min}$	4.1	5.1	6.1	8.1	10.2	12.2	16.2	20.2	24.5	30.5	36.5	42.5	48.5
$S=b_{公称}$	1.1	1.3	1.6	2.1	2.6	3.1	4.1	5	6	7.5	9	10.5	12
$m\leqslant$	0.55	0.65	0.8	1.05	1.3	1.55	2.05	2.5	3	3.75	4.5	5.25	6
$H_{\max}$	2.75	3.25	4	5.25	6.5	7.75	10.25	12.5	15	18.75	22.5	26.25	30

注:m 应大于零。

表 B-10　圆柱销(摘自 GB/T 119.1—2000)　mm

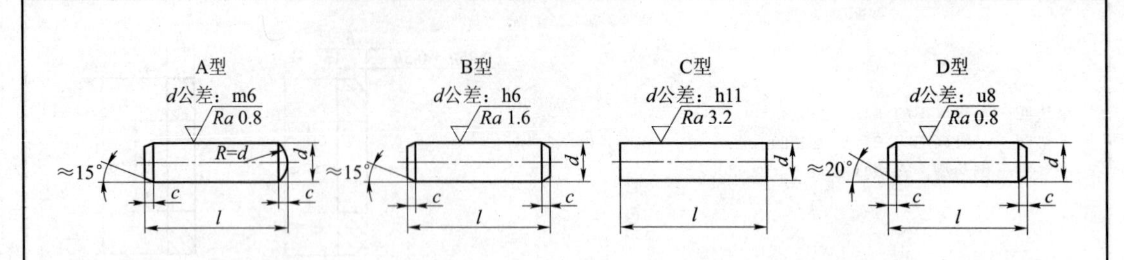

标记示例：
圆柱销 GB/T 119.1　6 m6×30
(公称直径 d=6,公差为 m6,公称长度 l=30,材料为钢,不经表面处理的圆柱销)
圆柱销 GB/T 119.1　6 m6×30—Al
(公称直径 d=6,公差为 m6,公称长度 l=30,材料为 Al 组奥氏体不锈钢,表面简单处理的圆柱销)

d(公称) m6/h8	2	3	4	5	6	8	10	12	16	20	25
a=	0.25	0.40	0.50	0.63	0.80	1.0	1.2	1.6	2.0	2.5	3.0
c=	0.35	0.5	0.63	0.8	1.2	1.6	2	2.5	3	3.5	4
$l_{范围}$	6～20	8～30	8～40	10～50	12～60	14～80	18～95	22～140	26～180	35～200	50～200
$l_{系列}$(公称)	2、3、4、5、6～32(2 进位)、35～100(5 进位)、120～≥200(按 20 递增)										

表 B-11　圆锥销(摘自 GB/T 117—2000)　mm

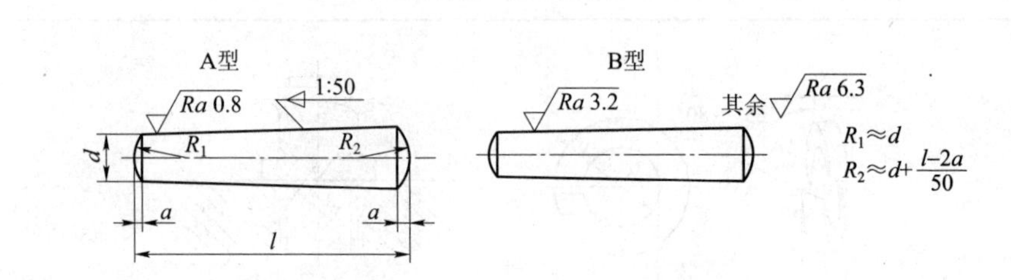

标记示例：
圆锥销 GB/T 117　10×60
(公称直径 d=10,长度 l=60,材料为 35 钢,热处理硬度 28～38HRC,表面氧化处理的 A 型圆锥销)

$d_{公称}$	2	2.5	3	4	5	6	8	10	12	16	20	25
a≈	0.25	0.3	0.4	0.5	0.63	0.8	1.0	1.2	1.6	2.0	2.5	3.0
$l_{范围}$	10～35	10～35	12～45	14～55	18～60	22～90	22～120	26～160	32～180	40～200	45～200	50～200
$l_{系列}$	2、3、4、5、6～32(2 进位)、35～100(5 进位)、120～200(20 进位)											

表 B-12　普通平键键槽的尺寸及公差(摘自 GB/T 1095—2003)　　mm

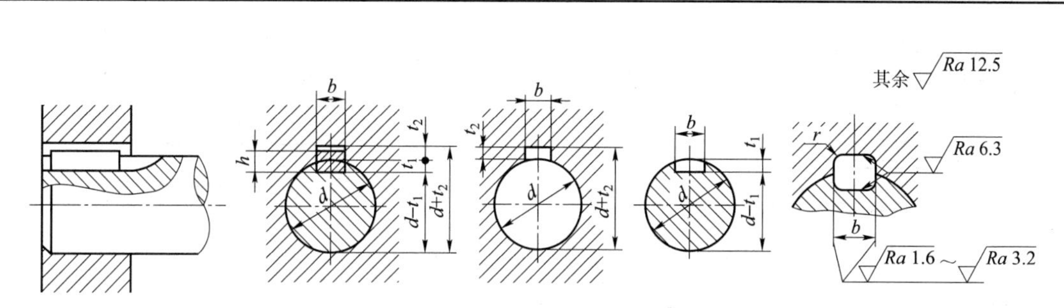

注：在工作图中，轴槽深用 t_1 或 $(d-t_1)$ 标注，轮毂槽深用 $(d+t_2)$ 标注。

轴的直径 d	键尺寸 $b\times h$	键槽											
		宽度 b						深度				半径 r	
		基本尺寸	极限偏差					轴 t_1		毂 t_2			
			正常连接		紧密连接	松连接							
			轴 N9	毂 JS9	轴和毂 P9	轴 H9	毂 D10	基本尺寸	极限偏差	基本尺寸	极限偏差	min	max
自 6～8	2×2	2	−0.004 −0.029	±0.012 5	−0.006 −0.031	+0.025 0	+0.060 +0.020	1.2	+0.1 0	1	+0.1 0	0.08	0.16
>8～10	3×3	3						1.8		1.4			
>10～12	4×4	4	0 −0.030	±0.015	−0.012 −0.042	+0.030 0	+0.078 +0.030	2.5		1.8			
>12～17	5×5	5						3.0		2.3		0.16	0.25
>17～22	6×6	6						3.5		2.8			
>22～30	8×7	8	0 −0.036	±0.018	−0.015 −0.051	+0.036 0	+0.098 +0.040	4.0	+0.2 0	3.3	+0.2 0		
>30～38	10×8	10						5.0		3.3		0.25	0.40
>38～44	12×8	12	0 −0.043	±0.026	+0.018 −0.061	+0.043 0	+0.120 +0.050	5.0		3.3			
>44～50	14×9	14						5.5		3.8			
>50～58	16×10	16						6.0		4.3			
>58～65	18×11	18						7.0		4.4			
>65～75	20×12	20	0 −0.052	±0.031	+0.022 −0.074	+0.052 0	+0.149 +0.065	7.5		4.9		0.40	0.60
>75～85	22×14	22						9.0		5.4			
>85～95	25×14	25						9.0		5.4			
>95～110	28×16	28						10.0		6.4			
>110～130	32×18	32	0 −0.062	±0.037	−0.026 −0.088	+0.062 0	+0.180 +0.080	11.0		7.4			
>130～150	36×20	36						12.0	+0.3 0	8.4	+0.3 0	0.70	1.0
>150～170	40×22	40						13.0		9.4			
>170～200	45×25	45						15.0		10.4			

注：$(d-t_1)$ 和 $(d+t_2)$ 两组组合尺寸的极限偏差按相应的 t_1 与 t_2 的极限偏差选取，但 $(d-t_1)$ 的极限偏差应取负号(−)。

表 B-13 普通平键的尺寸与公差(摘自 GB/T 1096—2003) mm

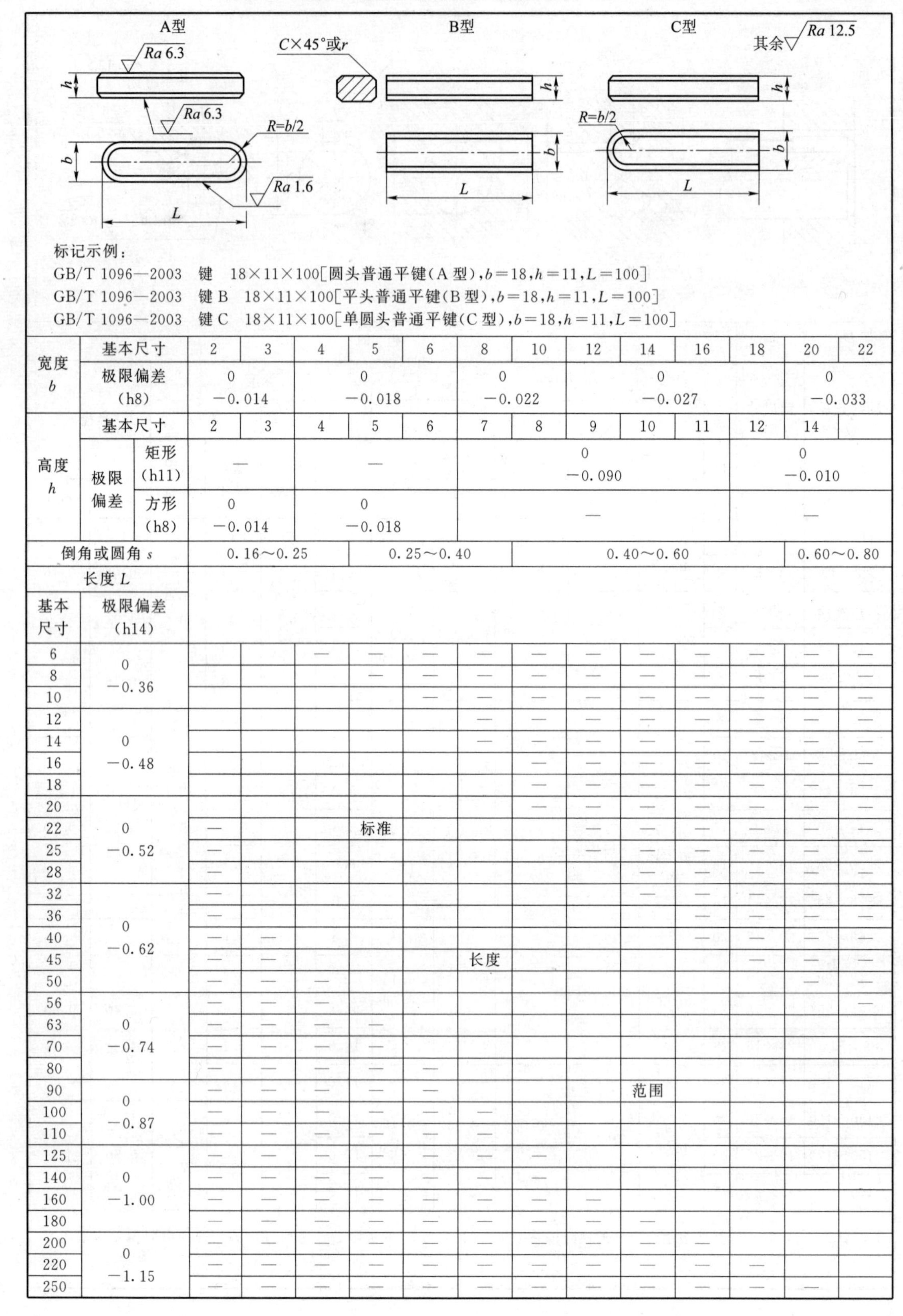

标记示例:

GB/T 1096—2003 键 18×11×100[圆头普通平键(A型),b=18,h=11,L=100]

GB/T 1096—2003 键B 18×11×100[平头普通平键(B型),b=18,h=11,L=100]

GB/T 1096—2003 键C 18×11×100[单圆头普通平键(C型),b=18,h=11,L=100]

宽度 b	基本尺寸		2	3	4	5	6	8	10	12	14	16	18	20	22
	极限偏差(h8)		0 −0.014		0 −0.018			0 −0.022		0 −0.027				0 −0.033	
高度 h	基本尺寸		2	3	4	5	6	7	8	9	10	11	12	14	
	极限偏差	矩形(h11)	—		—			0 −0.090					0 −0.010		
		方形(h8)	0 −0.014		0 −0.018			—					—		
倒角或圆角 s			0.16~0.25			0.25~0.40			0.40~0.60					0.60~0.80	
长度 L															
基本尺寸	极限偏差(h14)														
6	0 −0.36				—	—	—	—	—	—	—	—	—	—	—
8						—	—	—	—	—	—	—	—	—	—
10							—	—	—	—	—	—	—	—	—
12	0 −0.48							—	—	—	—	—	—	—	—
14								—	—	—	—	—	—	—	—
16									—	—	—	—	—	—	—
18									—	—	—	—	—	—	—
20	0 −0.52								—	—	—	—	—	—	—
22			—			标准				—	—	—	—	—	—
25			—							—	—	—	—	—	—
28			—								—	—	—	—	—
32	0 −0.62		—								—	—	—	—	—
36			—									—	—	—	—
40			—	—								—	—	—	—
45			—	—				长度					—	—	—
50			—	—	—									—	—
56	0 −0.74		—	—	—										—
63			—	—	—	—									
70			—	—	—	—									
80			—	—	—	—	—								
90	0 −0.87		—	—	—	—	—				范围				
100			—	—	—	—	—	—							
110			—	—	—	—	—	—							
125	0 −1.00		—	—	—	—	—	—	—						
140			—	—	—	—	—	—	—						
160			—	—	—	—	—	—	—	—					
180			—	—	—	—	—	—	—	—	—				
200	0 −1.15		—	—	—	—	—	—	—	—	—	—			
220			—	—	—	—	—	—	—	—	—	—	—		
250			—	—	—	—	—	—	—	—	—	—	—	—	

表 B-14 半圆键(摘自 GB/T 1098—2003、GB/T 1099.1—2003)　　mm

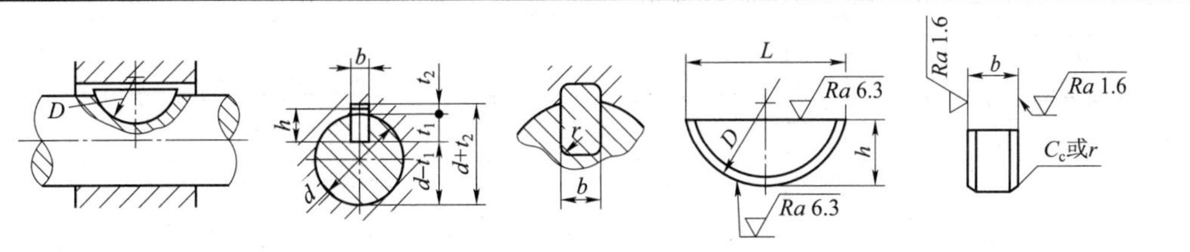

半圆键　键槽的剖面尺寸(摘自 GB/T 1098—2003)
普通型　半圆键(摘自 GB/T 1099.1—2003)

标记示例:
GB/T 1099.1 键 6×10×25
(宽度 $b=6$,高度 $h=10$,直径 $D=25$,普通型半圆键)

键尺寸				键槽				
				轴		轮毂 t_2		
b	h(h11)	D(h12)	c	t_1	极限偏差	t_2	极限偏差	半径 r
1.0	1.4	4	0.16~0.25	1.0	$^{+0.1}_{0}$	0.6	$^{+0.1}_{0}$	0.16~0.25
1.5	2.6	7		2.0		0.8		
2.0	2.6	7		1.8		1.0		
2.0	3.7	10		2.9		1.0		
2.5	3.7	10		2.7		1.2		
3.0	5.0	13		3.8	$^{+0.2}_{0}$	1.4		
3.0	6.5	16		5.3		1.4		
4.0	6.5	16	0.25~0.40	5.0		1.8		0.25~0.40
4.0	7.5	19		6.0		1.8		
5.0	6.5	16		4.5		2.3		
5.0	7.5	19		5.5		2.3		
5.0	9.0	22		7.0		2.3		
6.0	9.0	22		6.5	$^{+0.3}_{0}$	2.8		
6.0	10.0	25		7.5		2.8	$^{+0.2}_{0}$	
8.0	11.0	28	0.40~0.60	8.0		3.3		0.40~0.60
10.0	13.0	32		10.0		3.3		

注:1. 在图样中,轴槽深用 t_1 或 $(d-t_1)$ 标注,轮毂槽深用 $(d+t_2)$ 标注。$(d-t_1)$ 和 $(d+t_2)$ 的两个组合尺寸的极限偏差按相应的 t_1 与 t_2 的极限偏差选取,但 $(d-t_1)$ 的极限偏差应为负偏差。
2. 键长 L 的两端允许倒成圆角,倒角半径 $r=0.5\sim1.5$ mm。
3. 键宽 b 的下偏差统一为"-0.025"。

表 B-15 滚动轴承　　mm

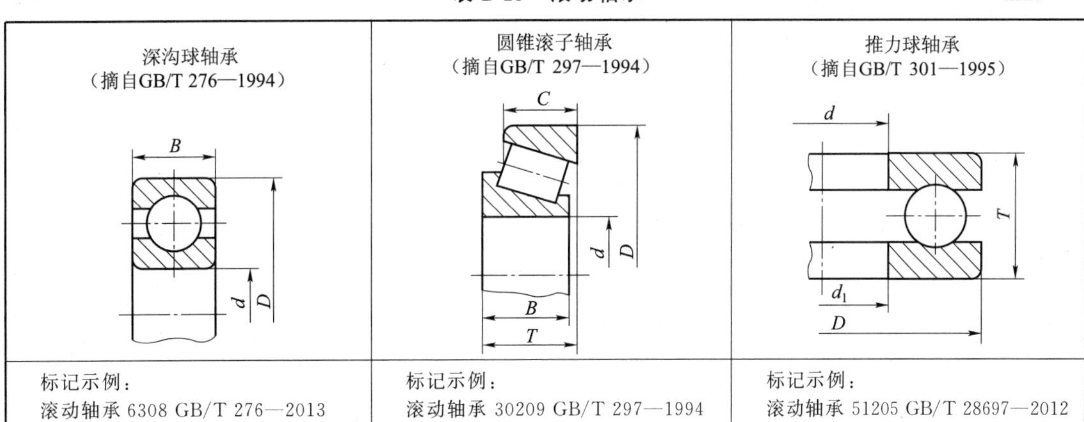

深沟球轴承(摘自GB/T 276—1994)	圆锥滚子轴承(摘自GB/T 297—1994)	推力球轴承(摘自GB/T 301—1995)
标记示例: 滚动轴承 6308 GB/T 276—2013	标记示例: 滚动轴承 30209 GB/T 297—1994	标记示例: 滚动轴承 51205 GB/T 28697—2012

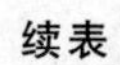

轴承型号	尺寸/mm			轴承型号	尺寸/mm					轴承型号	尺寸/mm			
	d	*D*	*B*		*d*	*D*	*B*	*C*	*T*		*d*	*D*	*T*	d_1
尺寸系列[(0)2]				尺寸系列[02]						尺寸系列[12]				
6202	15	35	11	30203	17	40	12	11	13.25	51202	15	32	12	17
6203	17	40	12	30204	20	47	14	12	15.25	51203	17	35	12	19
6204	20	47	14	30205	25	52	15	13	16.25	51204	20	40	14	22
6205	25	52	15	30206	30	62	16	14	17.25	51205	25	47	15	27
6206	30	62	16	30207	35	72	17	15	18.25	51206	30	52	16	32
6207	35	72	17	30208	40	80	18	16	19.75	51207	35	62	18	37
6208	40	80	18	30209	45	85	19	16	20.75	51208	40	68	19	42
6209	45	85	19	30210	50	90	20	17	21.75	51209	45	73	20	47
6210	50	90	20	30211	55	100	21	18	22.75	51210	50	78	22	52
6211	55	100	21	30212	60	110	22	19	23.75	51211	55	90	25	57
6212	60	110	22	30213	65	120	23	20	24.75	51212	60	95	26	62
尺寸系列[(0)3]				尺寸系列[03]						尺寸系列[13]				
6302	15	42	13	30302	15	42	13	11	14.25	51304	20	47	18	22
6303	17	47	14	30303	17	47	14	12	15.25	51305	25	52	18	27
6304	20	52	15	30304	20	52	15	13	16.25	51306	30	60	21	32
6305	25	62	17	30305	25	62	17	15	18.25	51307	35	68	24	37
6306	30	72	19	30306	30	72	19	16	20.75	51308	40	78	26	42
6307	35	80	21	30307	35	80	21	18	22.75	51309	45	85	28	47
6308	40	90	23	30308	40	90	23	20	25.25	51310	50	95	31	52
6309	45	100	25	30309	45	100	25	22	27.25	51311	55	105	35	57
6310	50	110	27	30310	50	110	27	23	29.25	51312	60	110	35	62
6311	55	120	29	30311	55	120	29	25	31.50	51313	65	115	36	67
6312	60	130	31	30312	60	130	31	26	33.50	51314	70	125	40	72
注：圆括号中的尺寸系列代号在轴承代号中省略。														

附录C　极限与配合

表 C-1　基本尺寸小于 500 mm 的标准公差　　μm

基本尺寸/mm	公差等级																			
	IT01	IT0	IT1	IT2	IT3	IT4	IT5	IT6	IT7	IT8	IT9	IT10	IT11	IT12	IT13	IT14	IT15	IT16	IT17	IT18
≤3	0.3	0.5	0.8	1.2	2	3	4	6	10	14	25	40	60	100	140	250	400	600	1 000	1 400
>3～6	0.4	0.6	1	1.5	2.5	4	5	8	12	18	30	48	75	120	180	300	480	750	1 200	1 800
>6～10	0.4	0.6	1	1.5	2.5	4	6	9	15	22	36	58	90	150	220	360	580	900	1 500	2 200
>10～18	0.5	0.8	1.2	2	3	5	8	11	18	27	43	70	110	180	270	430	700	1 100	1 800	2 700
>18～30	0.6	1	1.5	2.5	4	6	9	13	21	33	52	84	130	210	330	520	840	1 300	2 100	3 300
>30～50	0.7	1	1.5	2.5	4	7	11	16	25	39	62	100	160	250	390	620	1 000	1 600	2 500	3 900
>50～80	0.8	1.2	2	3	5	8	13	19	30	46	74	120	190	300	460	740	1 200	1 900	3 000	4 600
>80～120	1	1.5	2.5	4	6	10	15	22	35	54	87	140	220	350	540	870	1 400	2 200	3 500	5 400
>120～180	1.2	2	3.5	5	8	12	18	25	40	63	100	160	250	400	630	1 000	1 600	2 500	4 000	6 300
>180～250	2	3	4.5	7	10	14	20	29	46	72	115	185	290	460	720	1 150	1 850	2 900	4 600	7 200
>250～315	2.5	4	6	8	12	16	23	32	52	81	130	210	320	520	810	1 300	2 100	3 200	5 200	8 100
>315～400	3	5	7	9	13	18	25	36	57	89	140	230	360	570	890	1 400	2 300	3 600	5 700	8 900
>400～500	4	6	8	10	15	20	27	40	68	97	155	250	400	630	970	1 550	2 500	4 000	6 300	9 700

表 C-2　轴的极限偏差(摘自 GB/T 1801.4—2009)　　μm

基本尺寸/mm	常用及优先公差带(带圈者为优先公差带)												
	a	b		c			d				e		
	11	11	12	9	10	⑪	8	⑨	10	11	7	8	9
>0~3	−270 −330	−140 −200	−140 −240	−60 −85	−60 −100	−60 −120	−20 −34	−20 −45	−20 −60	−20 −80	−14 −24	−14 −28	−14 −39
>3~6	−270 −345	−140 −215	−140 −260	−70 −100	−70 −118	−70 −145	−30 −48	−30 −60	−30 −78	−30 −105	−20 −32	−20 −38	−20 −50
>6~10	−280 −370	−150 −240	−150 −300	−80 −116	−80 −138	−80 −170	−40 −62	−40 −79	−40 −98	−40 −130	−25 −40	−25 −47	−25 −61
>10~14 >14~18	−290 −400	−150 −260	−150 −330	−95 −138	−95 −165	−95 −205	−50 −77	−50 −93	−50 −120	−50 −160	−32 −50	−32 −59	−32 −75
>18~24 >24~30	−300 −430	−160 −290	−160 −370	−110 −162	−110 −194	−110 −240	−65 −98	−65 −117	−65 −149	−65 −195	−40 −61	−40 −73	−40 −92
>30~40	−310 −470	−170 −330	−170 −420	−120 −182	−120 −220	−120 −280	−80 −119	−80 −142	−80 −180	−80 −240	−50 −75	−50 −89	−50 −112
>40~50	−320 −480	−180 −340	−180 −430	−130 −192	−130 −230	−130 −290							
>50~65	−340 −530	−190 −380	−190 −490	−140 −214	−140 −260	−140 −330	−100 −146	−100 −174	−100 −220	−100 −290	−60 −90	−60 −106	−60 −134
>65~80	−360 −550	−200 −390	−200 −500	−150 −224	−150 −270	−150 −340							
>80~100	−380 −600	−200 −440	−220 −570	−170 −257	−170 −310	−170 −390	−120 −174	−120 −207	−120 −260	−120 −340	−72 −109	−72 −126	−72 −159
>100~120	−410 −630	−240 −460	−240 −590	−180 −267	−180 −320	−180 −400							
>120~140	−460 −710	−260 −510	−260 −660	−200 −300	−200 −360	−200 −450	−145 −208	−145 −245	−145 −305	−145 −395	−85 −125	−85 −148	−85 −185
>140~160	−520 −770	−280 −530	−280 −680	−210 −310	−210 −370	−210 −460							
>160~180	−580 −830	−310 −560	−310 −710	−230 −330	−230 −390	−230 −480							
>180~200	−660 −950	−340 −630	−340 −800	−240 −355	−240 −425	−240 −530	−170 −242	−170 −285	−170 −355	−170 −460	−100 −146	−100 −172	−100 −215
>200~225	−740 −1 030	−380 −670	−380 −840	−260 −375	−260 −445	−260 −550							
>225~250	−820 −1 110	−420 −710	−420 −880	−280 −395	−280 −465	−280 −570							
>250~280	−920 −1 240	−480 −800	−480 −1 000	−300 −430	−300 −510	−300 −620	−190 −271	−190 −320	−190 −400	−190 −510	−110 −162	−110 −191	−110 −240
>280~315	−1050 −1 370	−540 −860	−540 −1 060	−330 −460	−330 −540	−330 −650							
>315~355	−1 200 −1 560	−600 −960	−600 −1 170	−360 −500	−360 −590	−360 −720	−210 −299	−210 −350	−210 −440	−210 −570	−125 −182	−125 −214	−125 −265
>355~400	−1 350 −1 710	−680 −1 040	−680 −1 250	−400 −540	−400 −630	−400 −760							
>400~450	−1 500 −1 900	−760 −1 160	−760 −1 390	−440 −595	−440 −690	−440 −840	−230 −327	−230 −385	−230 −480	−230 −630	−135 −198	−135 −232	−135 −290
>450~500	−1 650 −2 050	−840 −1 240	−840 −1 470	−480 −635	−480 −730	−480 −880							

续表

基本尺寸/mm	常用及优先公差带(带圈者为优先公差带)															
	f					g			h							
	5	6	⑦	8	9	5	⑥	7	5	⑥	⑦	8	⑨	10	⑪	12
>0~3	−6 −10	−6 −12	−6 −16	−6 −20	−6 −31	−2 −6	−2 −8	−2 −12	0 −4	0 −6	0 −10	0 −14	0 −25	0 −40	0 −60	0 −100
>3~6	−10 −15	−10 −18	−10 −22	−10 −28	−10 −40	−4 −9	−4 −12	−4 −16	0 −5	0 −8	0 −12	0 −18	0 −30	0 −48	0 −75	0 −120
>6~10	−13 −19	−13 −22	−13 −28	−13 −35	−13 −49	−5 −11	−5 −14	−5 −20	0 −6	0 −9	0 −15	0 −22	0 −36	0 −58	0 −90	0 −150
>10~14 >14~18	−16 −24	−16 −27	−16 −34	−16 −43	−16 −59	−6 −14	−6 −17	−6 −24	0 −8	0 −11	0 −18	0 −27	0 −43	0 −70	0 −110	0 −180
>18~24 >24~30	−20 −29	−20 −33	−20 −41	−20 −53	−20 −72	−7 −16	−7 −20	−7 −28	0 −9	0 −13	0 −21	0 −33	0 −52	0 −84	0 −130	0 −210
>30~40 >40~50	−25 −36	−25 −41	−25 −50	−25 −64	−25 −87	−9 −20	−9 −25	−9 −34	0 −11	0 −16	0 −25	0 −39	0 −62	0 −100	0 −160	0 −250
>50~65 >65~80	−30 −43	−30 −49	−30 −60	−30 −76	−30 −104	−10 −23	−10 −29	−10 −40	0 −13	0 −19	0 −30	0 −46	0 −74	0 −120	0 −190	0 −300
>80~100 >100~120	−36 −51	−36 −58	−36 −71	−36 −90	−36 −123	−12 −27	−12 −34	−12 −47	0 −15	0 −22	0 −35	0 −54	0 −87	0 −140	0 −220	0 −350
>120~140 >140~160 >160~180	−43 −61	−43 −68	−43 −83	−43 −106	−43 −143	−14 −32	−14 −39	−14 −54	0 −18	0 −25	0 −40	0 −63	0 −100	0 −160	0 −250	0 −400
>180~200 >200~225 >225~250	−50 −70	−50 −79	−50 −96	−50 −122	−50 −165	−15 −35	−15 −44	−15 −61	0 −20	0 −29	0 −46	0 −72	0 −115	0 −185	0 −290	0 −460
>250~280 >280~315	−56 −79	−56 −88	−56 −108	−56 −137	−56 −186	−17 −40	−17 −49	−17 −69	0 −23	0 −32	0 −52	0 −81	0 −130	0 −210	0 −320	0 −520
>315~355 >355~400	−62 −87	−62 −98	−62 −119	−62 −151	−62 −202	−18 −43	−18 −54	−18 −75	0 −25	0 −36	0 −57	0 −89	0 −140	0 −230	0 −360	0 −570
>400~450 >450~500	−68 −95	−68 −108	−68 −131	−68 −165	−68 −223	−20 −47	−20 −60	−20 −83	0 −27	0 −40	0 −63	0 −97	0 −155	0 −250	0 −400	0 −630

续表

基本尺寸/mm	常用及优先公差带(带圈者为优先公差带)														
	js			k			m			n			p		
	5	⑥	7	5	⑥	7	5	6	7	5	⑥	7	5	⑥	7
＞0～3	±2	±3	±5	+4 0	+6 0	+10 0	+6 +2	+8 +2	+12 +2	+8 +4	+10 +4	+14 +4	+10 +6	+12 +6	+16 +6
＞3～6	±2.5	±4	±6	+6 +1	+9 +1	+13 +1	+9 +4	+12 +4	+16 +4	+13 +8	+16 +8	+20 +8	+17 +12	+20 +12	+24 +12
＞6～10	±3	±4.5	±7	+7 +1	+10 +1	+16 +1	+12 +6	+15 +6	+21 +6	+16 +10	+19 +10	+25 +10	+21 +15	+24 +15	+30 +15
＞10～14 ＞14～18	±4	±5.5	±9	+9 +1	+12 +1	+19 +1	+15 +7	+18 +7	+25 +7	+20 +12	+23 +12	+30 +12	+26 +18	+29 +18	+36 +18
＞18～24 ＞24～30	±4.5	±6.5	±10	+11 +2	+15 +2	+23 +2	+17 +8	+21 +8	+29 +8	+24 +15	+28 +15	+36 +15	+31 +22	+35 +22	+43 +22
＞30～40 ＞40～50	±5.5	±8	±12	+13 +2	+18 +2	+27 +2	+20 +9	+25 +9	+34 +9	+28 +17	+33 +17	+42 +17	+37 +26	+42 +26	+51 +26
＞50～65 ＞65～80	±6.5	±9.5	±15	+15 +2	+21 +2	+32 +2	+24 +11	+30 +11	+41 +11	+33 +20	+39 +20	+50 +20	+45 +32	+51 +32	+62 +32
＞80～100 ＞100～120	±7.5	±11	±17	+18 +3	+25 +3	+38 +3	+28 +13	+35 +13	+48 +13	+38 +23	+45 +23	+58 +23	+52 +37	+59 +37	+72 +37
＞120～140 ＞140～160 ＞160～180	±9	±12.5	±20	+21 +3	+28 +3	+43 +3	+33 +15	+40 +15	+55 +15	+45 +27	+52 +27	+67 +27	+61 +43	+68 +43	+83 +43
＞180～200 ＞200～225 ＞225～250	±10	±14.5	±23	+24 +4	+33 +4	+50 +4	+37 +17	+46 +17	+63 +17	+51 +31	+60 +31	+77 +31	+70 +50	+79 +50	+96 +50
＞250～280 ＞280～315	±11.5	±16	±26	+27 +4	+36 +4	+56 +4	+43 +20	+52 +20	+72 +20	+57 +34	+66 +34	+86 +34	+79 +56	+88 +56	+108 +56
＞315～355 ＞355～400	±12.5	±18	±28	+29 +4	+40 +4	+61 +4	+46 +21	+57 +21	+78 +21	+62 +37	+73 +37	+94 +37	+87 +62	+98 +62	+119 +62
＞400～450 ＞450～500	±13.5	±20	±31	+32 +5	+45 +5	+68 +5	+50 +23	+63 +23	+86 +23	+67 +40	+80 +40	+103 +40	+95 +68	+108 +68	+131 +68

续表

基本尺寸/mm	常用及优先公差带(带圈者为优先公差带)														
	r			s			t			u		v	x	y	x
	5	6	7	5	⑥	7	5	6	7	⑥	7	6	6	6	6
>0~3	+14 +10	+16 +10	+20 +10	+18 +14	+20 +14	+24 +14	—	—	—	+24 +18	+28 +18	—	+26 +20	—	+32 +26
>3~6	+20 +15	+23 +15	+27 +15	+24 +19	+27 +19	+31 +19	—	—	—	+31 +23	+35 +23	—	+36 +28	—	+43 +35
>6~10	+25 +19	+28 +19	+34 +19	+29 +23	+32 +23	+38 +23	—	—	—	+37 +28	+43 +28	—	+43 +34	—	+51 +42
>10~14	+31 +23	+34 +23	+41 +23	+36 +28	+39 +28	+46 +28	—	—	—	+44 +33	+51 +33	—	+51 +40	—	+61 +50
>14~18							—	—	—			+50 +39	+56 +45	—	+71 +60
>18~24	+37 +28	+41 +28	+49 +28	+44 +35	+48 +35	+56 +35	—	—	—	+54 +41	+62 +41	+60 +47	+67 +54	+76 +63	+86 +73
>24~30							+50 +41	+54 +41	+62 +41	+61 +48	+69 +48	+68 +55	+77 +64	+88 +75	+101 +88
>30~40	+45 +34	+50 +34	+59 +34	+54 +43	+59 +43	+68 +43	+59 +48	+64 +48	+73 +48	+76 +60	+85 +60	+84 +68	+96 +80	+110 +94	+128 +112
>40~50							+65 +54	+70 +54	+79 +54	+86 +70	+95 +70	+97 +81	+113 +97	+130 +114	+152 +136
>50~65	+54 +41	+60 +41	+71 +41	+66 +53	+72 +53	+83 +53	+79 +66	+85 +66	+96 +66	+106 +87	+117 +87	+121 +102	+141 +122	+163 +144	+191 +172
>65~80	+56 +43	+62 +43	+73 +43	+72 +59	+78 +59	+89 +59	+88 +75	+94 +75	+105 +75	+121 +102	+132 +102	+139 120+	+165 +146	+193 +174	+229 +210
>80~100	+66 +51	+73 +51	+86 +51	+86 +71	+93 +71	+106 +91	+106 +91	+113 +91	+126 +91	+146 +124	+159 +124	+168 +146	+200 +178	+236 +214	+280 +258
>100~120	+69 +54	+76 +54	+89 +54	+94 +79	+101 +79	+114 +79	+110 +104	+126 +104	+136 +104	+166 +144	+179 +144	+194 +172	+232 +210	+276 +254	+332 +310
>120~140	+81 +63	+88 +63	+103 +63	+110 +92	+117 +92	+132 +92	+140 +122	+147 +122	+162 +122	+195 +170	+210 +170	+227 +202	+273 +248	+325 +300	+390 +365
>140~160	+83 +65	+90 +65	+105 +65	+118 +100	+125 +100	+140 +100	+152 +134	+159 +134	+174 +134	+215 +190	+230 +190	+253 +228	+305 +280	+365 +340	+440 +415
>160~180	+86 +68	+93 +68	+108 +68	+126 +108	+133 +108	+148 +108	+164 +146	+171 +146	+186 +146	+235 +210	+250 +210	+277 +252	+335 +310	+405 +380	+490 +465
>180~200	+97 +77	+106 +77	+123 +77	+142 +122	+151 +122	+168 +122	+186 +166	+195 +166	+212 +166	+265 +236	+282 +236	+313 +284	+379 +350	+454 +425	+549 +520
>200~225	+100 +80	+109 +80	+126 +80	+150 +130	+159 +130	+176 +130	+200 +180	+209 +180	+226 +180	+287 +258	+304 +258	+339 +310	+414 +385	+499 +470	+604 +575
>225~250	+104 +84	+113 +84	+130 +84	+160 +140	+169 +140	+186 +140	+216 +196	+225 +196	+242 +196	+313 +284	+330 +284	+369 +340	+454 +425	+549 +520	+669 +640
>250~280	+117 +94	+126 +94	+146 +94	+181 +158	+290 +158	+210 +158	+241 +218	+250 +218	+270 +218	+347 +315	+367 +315	+417 +385	+507 +475	+612 +580	+742 +710
>280~315	+121 +98	+130 +98	+150 +98	+193 +170	+202 +170	+222 +170	+263 +240	+272 +240	+292 +240	+382 +350	+402 +350	+457 +425	+557 +525	+682 +650	+822 +790
>315~355	+133 +108	+144 +108	+165 +108	+215 +190	+226 +190	+247 +190	+293 +268	+304 +268	+325 +268	+426 +390	+447 +390	+511 +475	+626 +590	+766 +730	+936 +900
>355~400	+139 +114	+150 +114	+171 +114	+233 +208	+244 +208	+265 +208	+319 +294	+330 +294	+351 +294	+471 +435	+492 +435	+566 +530	+696 +660	+856 +820	+1 036 +1 000
>400~450	+153 +126	+166 +126	+189 +126	+259 +232	+272 +232	+295 +232	+357 +330	+370 +330	+393 +330	+530 +490	+553 +490	+635 +595	+780 +740	+960 +920	+1 140 +1 100
>450~500	+159 +132	+172 +132	+195 +132	+279 +252	+292 +252	+315 +252	+387 +360	+400 +360	+423 +360	+580 +540	+603 +540	+700 +660	+860 +820	+1 040 +1 000	+1 290 +1 250

注：当基本尺寸小于1 mm时，各级的a和b均不采用。

表 C-3　孔的极限偏差(摘自 GB/T 1800.2—2009)　　μm

基本尺寸/mm	常用及优先公差带(带圈者为优先公差带)													
	A	B		C	D				E		F			
	11	11	12	⑪	8	⑨	10	11	8	9	6	7	⑧	9
>0~3	+330 +270	+200 +140	+240 +140	+120 +60	+34 +20	+45 +20	+60 +20	+80 +20	+28 +14	+39 +14	+12 +6	+16 +6	+20 +6	+31 +6
>3~6	+345 +270	+215 +140	+260 +140	+145 +70	+48 +30	+60 +30	+60 +30	+105 +30	+38 +20	+50 +20	+18 +10	+22 +10	+28 +10	+40 +10
>6~10	+370 +280	+240 +150	+300 +150	+170 +80	+62 +40	+76 +40	+98 +40	+130 +40	+47 +25	+61 +25	+22 +13	+28 +13	+35 +13	+49 +13
>10~14 >14~18	+400 +290	+260 +150	+330 +150	+205 +95	+77 +50	+93 +50	+120 +50	+160 +50	+59 +32	+75 +32	+27 +16	+34 +16	+43 +16	+59 +16
>18~24 >24~30	+430 +300	+290 +160	+370 +160	+240 +110	+98 +65	+117 +65	+149 +65	+195 +65	+73 +40	+92 +40	+33 +20	+41 +20	+53 +20	+72 +20
>30~40	+470 +310	+330 +170	+420 +170	+280 +170	+119 +80	+142 +80	+180 +80	+240 +80	+89 +50	+112 +50	+41 +25	+50 +25	+64 +25	+87 +25
>40~50	+480 +320	+340 +180	+430 +180	+290 +180										
>50~65	+530 +340	+380 +190	+490 +190	+330 +140	+146 +100	+170 +100	+220 +100	+290 +100	+106 +6	+134 +80	+49 +30	+60 +30	+76 +30	+104 +30
>65~80	+550 +360	+390 +200	+500 +200	+340 +150										
>80~100	+600 +380	+440 +220	+570 +220	+390 +170	+174 +120	+207 +120	+260 +120	+340 +120	+126 +72	+159 +72	+58 +36	+71 +36	+90 +36	+123 +36
>100~120	+630 +410	+460 +240	+590 +240	+400 +180										
>120~140	+710 +460	+510 +260	+660 +260	+450 +200	+208 +145	+245 +145	+305 +145	+395 +145	+148 +85	+135 +85	+68 +43	+83 +43	+106 +43	+143 +43
>140~160	+770 +520	+530 +280	+680 +280	+460 +210										
>160~180	+830 +580	+560 +310	+710 +310	+480 +230										
>180~200	+950 +660	+630 +340	+800 +340	+530 +240	+242 +170	+285 +170	+355 +170	+460 +170	+172 +100	+215 +100	+79 +50	+96 +50	+122 +50	+165 +50
>200~225	+1 030 +740	+670 +380	+840 +380	+550 +260										
>225~250	+1 110 +820	+710 +420	+880 +420	+570 +280										
>250~280	+1 240 +920	+800 +480	+1 000 +480	+620 +300	+271 +190	+320 +190	+400 +190	+510 +190	+191 +110	+240 +110	+88 +56	+108 +56	+137 +56	+186 +56
>280~315	+1 370 +1 050	+860 +540	+1 060 +540	+650 +330										
>315~355	+1 560 +1 200	+960 +600	+1 170 +600	+720 +360	+299 +210	+350 +210	+440 +210	+570 +210	+214 +125	+265 +125	+98 +62	+119 +62	+151 +62	+202 +62
>355~400	+1 710 +1 350	+1 040 +680	+1 250 +680	+760 +400										
>400~450	+1 900 +1 500	+1 160 +760	+1 390 +760	+840 +440	+327 +230	+385 +230	+480 +230	+630 +230	+232 +135	+290 +135	+108 +68	+131 +68	+165 +68	+223 +68
>450~500	+2 050 +1 650	+1 240 +840	+1 470 +840	+880 +480										

续表

基本尺寸/mm	常用及优先公差带(带圈者为优先公差带)																	
	G		H							J			K			M		
	6	⑦	6	⑦	⑧	⑨	10	⑪	12	6	7	8	6	⑦	8	6	7	8
>0~3	+8 +2	+12 +2	+6 +0	+10 +0	+14 +0	+25 +0	+40 +0	+60 +0	+100 +0	±3	±5	±7	0 −6	0 −10	0 −14	−2 −8	−2 −12	−2 −16
>3~6	+12 +4	+16 +4	+8 +0	+12 +0	+18 +0	+30 +0	+48 +0	+75 +0	+120 +0	±4	±6	±9	+2 −6	+3 −9	+5 −13	−1 −9	0 −12	+2 −16
>6~10	+14 +5	+20 +5	+9 +0	+15 +0	+22 +0	+36 +0	+58 +0	+90 +0	+150 +0	±4.5	±7	±11	+2 −7	+5 −10	+6 −16	−3 −12	0 −15	+1 −21
>10~14 >14~18	+17 +6	+24 +6	+11 +0	+18 +0	+27 +0	+43 +0	+70 +0	+110 +0	+180 +0	±5.5	±9	±13	+2 −9	+6 −12	+8 −19	−4 −15	0 −18	+2 −25
>18~24 >24~30	+20 +7	+28 +7	+13 +0	+21 +0	+33 +0	+52 +0	+84 +0	+130 +0	+210 +0	±6.5	±10	±16	+2 −11	+6 −15	+10 −23	−4 −17	0 −21	+4 −29
>30~40 >40~50	+25 +9	+34 +9	+16 +0	+25 +0	+39 +0	+62 +0	+100 +0	+160 +0	+250 +0	±8	±12	±19	+3 −13	+7 −18	+12 −27	−4 −20	0 −25	+5 −34
>50~65 >65~80	+29 +10	+40 +10	+19 +0	+30 +0	+46 +0	+74 +0	+120 +0	+190 +0	+300 +0	±9.5	±15	±23	+4 −15	+9 −21	+14 −32	−5 −24	0 −30	+5 −41
>80~100 >100~120	+34 +12	+47 +12	+22 +0	+35 +0	+54 +0	+87 +0	+140 +0	+220 +0	+350 +0	±11	±17	±27	+4 −18	+10 −25	+16 −38	−6 −28	0 −35	+6 −48
>120~140 >140~160 >160~180	+39 +14	+54 +14	+25 +0	+40 +0	+63 +0	+100 +0	+160 +0	+250 +0	+400 +0	±12.5	±20	±31	4 −21	+12 −28	+20 −43	−8 −33	0 −40	+8 −55
>180~200 >200~225 >225~250	+44 +15	+61 +15	+29 +0	+46 +0	+72 +0	+115 +0	+185 +0	+290 +0	+460 +0	±14.5	±23	±36	+5 −24	+13 −33	+22 −50	−8 −37	0 −46	+9 −63
>250~280 >280~315	+49 +17	+69 +17	+32 +0	+52 +0	+81 +0	+130 +0	+210 +0	+320 +0	+520 +0	±16	±26	±40	+5 −27	+16 −36	+25 −56	−9 −41	0 −52	+9 −72
>315~355 >355~400	+54 +18	+75 +18	+36 +0	+57 +0	+89 +0	+140 +0	+230 +0	+360 +0	+570 +0	±18	±28	±44	+7 −29	+17 −40	+28 −61	−10 −46	0 −57	+11 −78
>400~450 >450~500	+60 +20	+83 +20	+40 +0	+63 +0	+97 +0	+155 +0	+250 +0	+400 +0	+630 +0	±20	±31	±48	+8 −32	+18 −45	+29 −68	−10 −50	0 −63	+11 −86

续表

基本尺寸/mm	常用及优先公差带(带圈者为优先公差带)											
	N			P		R		S		T		U
	6	⑦	8	6	⑦	6	7	6	⑦	6	7	⑦
>0~3	-4 -10	-4 -14	-4 -18	-6 -12	-6 -16	-10 -16	-10 -20	-14 -20	-14 -24	—	—	-18 -28
>3~6	-5 -13	-4 -16	-2 -20	-9 -17	-8 -20	-12 -20	-11 -23	-16 -24	-15 -27	—	—	-19 -31
>6~10	-7 -16	-4 -19	-3 -25	-12 -21	-9 -24	-16 -25	-13 -28	-20 -29	-17 -32	—	—	-22 -37
>10~14	-9 -20	-5 -23	-3 -30	-15 -26	-11 -29	-20 -31	-16 -34	-25 -36	-21 -39	—	—	-26 -44
>14~18												
>18~24	-11 -24	-7 -28	-3 -36	-18 -31	-14 -35	-24 -37	-20 -41	-31 -44	-27 -48	—	—	-33 -54
>24~30										-37 -50	-33 -54	-40 -61
>30~40	-12 -28	-8 -33	-3 -42	-21 -37	-17 -42	-29 -45	-25 -50	-38 -54	-34 -59	-43 -59	-39 -64	-51 -76
>40~50										-49 -65	-45 -70	-61 -86
>50~65	-14 -33	-9 -39	-4 -50	-26 -45	-21 -51	-35 -54	-30 -60	-47 -66	-42 -72	-60 -79	-55 -85	-76 -106
>65~80						-37 -56	-32 -62	-53 -72	-48 -78	-69 -88	-64 -94	-91 -121
>80~100	-16 -38	-10 -45	-4 -58	-30 -52	-24 -59	-44 -66	-38 -73	-64 -86	-58 -93	-84 -106	-78 -113	-111 -146
>100~120						-47 -69	-41 -76	-72 -94	-66 -101	-97 -119	-91 -126	-131 -166
>120~140	-20 -45	-12 -52	-4 -67	-36 -61	-28 -68	-56 -81	-48 -88	-85 -110	-77 -117	-115 -140	-107 -147	-155 -195
>140~160						-58 -83	-50 -90	-93 -118	-85 -125	-127 -152	-119 -159	-175 -215
>160~180						-61 -86	-53 -93	-101 -126	-93 -133	-139 -164	-131 -171	-195 -235
>180~200	-22 -51	-14 -60	-5 -77	-41 -70	-33 -79	-68 -97	-60 -106	-113 -142	-105 -151	-157 -186	-149 -195	-219 -265
>200~225						-71 -100	-63 -109	-121 -150	-113 -159	-171 -200	-163 -209	-241 -287
>225~250						-75 -104	-67 -113	-131 -160	-123 -169	-187 -216	-179 -225	-267 -313
>250~280	-25 -57	-14 -66	-5 -86	-47 -79	-36 -88	-85 -117	-74 -126	-149 -181	-138 -190	-209 -241	-198 -250	-295 -347
>280~315						-89 -121	-78 -130	-161 -193	-150 -202	-231 -263	-220 -272	-330 -382
>315~355	-26 -62	-16 -73	-5 -94	-51 -87	-41 -98	-97 -133	-87 -144	-179 -215	-169 -226	-257 -293	-247 -304	-369 -426
>355~400						-103 -139	-93 -150	-197 -233	-187 -244	-283 -319	-273 -330	-414 -471
>400~450	-27 -67	-17 -80	-6 -103	-55 -95	-45 -108	-113 -153	-103 -166	-219 -259	-209 -272	-317 -357	-307 -370	-467 -530
>450~500						-119 -159	-109 -172	-239 -279	-229 -279	-347 -387	-337 -400	-517 -580

注:当基本尺寸小于 1 mm 时,各级的 A 和 B 均不采用。

表 C-4 形位公差的公差数值(摘自 GB/T 1184—1996)

公差项目	主参数 L/mm	公差等级											
		1	2	3	4	5	6	7	8	9	10	11	12
		公差值/μm											
直线度、平面度	≤10	0.2	0.4	0.8	1.2	2	3	5	8	12	20	30	60
	＞10～16	0.25	0.5	1	1.5	2.5	4	6	10	15	25	40	80
	＞16～25	0.3	0.6	1.2	2	3	5	8	12	20	30	50	100
	＞25～40	0.4	0.8	1.5	2.5	4	6	10	15	25	40	60	120
	＞40～63	0.5	1	2	3	5	8	12	20	30	50	80	150
	＞63～100	0.6	1.2	2.5	4	6	10	15	25	40	60	1 001	200
	＞100～160	0.8	1.5	3	5	8	12	20	30	50	80	20	250
	＞160～250	1	2	4	6	10	15	25	40	60	100	150	300
圆度、圆柱度	≤3	0.2	0.3	0.5	0.8	1.2	2	3	4	6	10	14	25
	＞3～6	0.2	0.4	0.6	1	1.5	2.5	4	5	8	12	18	30
	＞6～10	0.25	0.4	0.6	1	1.5	2.5	4	6	9	15	22	36
	10～18	0.25	0.5	0.8	1.2	2	3	5	8	11	18	27	43
	＞18～30	0.3	0.6	1	1.5	2.5	4	6	9	13	21	33	52
	＞30～50	0.4	0.6	1	1.5	2.5	4	7	11	16	25	39	62
	＞50～80	0.5	0.8	1.2	2	3	5	8	13	19	30	46	74
	＞80～120	0.6	1	1.5	2.5	4	6	10	15	22	35	54	87
	＞120～180	1	1.2	2	3.5	5	8	12	18	25	40	63	100
	＞180～250	1.2	2	3	4.5	7	10	14	20	29	46	72	115
平行度、垂直度、倾斜度	≤10	0.4	0.8	1.5	3	5	8	12	20	30	50	80	120
	＞10～16	0.5	1	2	4	6	10	15	25	40	60	100	150
	＞16～25	0.6	1.2	2.5	5	8	12	20	30	50	80	120	200
	＞25～40	0.8	1.5	3	6	10	15	25	40	60	100	150	250
	＞40～63	1	2	4	8	12	20	30	50	80	120	200	300
	＞63～100	1.2	2.5	5	10	15	25	40	60	100	150	250	400
	＞100～160	1.5	3	6	12	20	30	50	80	120	200	300	500
	＞160～250	2	4	8	15	25	40	60	100	150	250	400	600
同轴度、对称度、圆跳动、全跳动	≤1	0.4	0.6	1.0	1.5	2.5	4	6	10	15	25	40	60
	＞1～3	0.4	0.6	1.0	1.5	2.5	4	6	10	20	40	60	120
	＞3～6	0.5	0.8	1.2	2	3	5	8	12	25	50	80	150
	＞6～10	0.6	1	1.5	2.5	4	6	10	15	30	60	100	200
	＞10～18	0.8	1.2	2	3	5	8	12	20	40	80	120	250
	＞18～30	1	1.5	2.5	4	6	10	15	25	50	100	150	300
	＞30～50	1.2	2	3	5	8	12	20	30	60	120	200	400
	＞50～120	1.5	2.5	4	6	10	15	25	40	80	150	250	500
	＞120～250	2	3	5	8	12	20	30	50	100	200	300	600